AF331523

HISTOIRE NATURELLE

DES ARAIGNÉES

(ARANÉIDES)

Paris. — Imprimé par E. Thunot et Ce, rue Racine, 26.

HISTOIRE NATURELLE

DES

ARAIGNÉES

(ARANÉIDES)

PAR

EUGÈNE SIMON,

MEMBRE DES SOCIÉTÉS ENTOMOLOGIQUES DE FRANCE
ET DE BERLIN.

OUVRAGE

contenant 207 figures intercalées dans le texte,
et suivi du **Catalogue** synonymique des espèces européennes.

PARIS

LIBRAIRIE ENCYCLOPÉDIQUE DE RORET,

RUE HAUTEFEUILLE, 12.

1864

Faire connaître avec les détails suffisants l'organisation si compliquée des araignées, donner le tableau des espèces connues jusqu'à ce jour, les réunir par groupes en tenant compte des habitudes et des caractères anatomiques, décrire les mœurs si intéressantes des principales d'entre elles, résumer enfin dans un cadre restreint tous les travaux anciens et modernes qui ont été publiés sur cette classe d'animaux, en y joignant les observations qui me sont propres, tel est le but que je me suis proposé en publiant ce traité.

HISTOIRE NATURELLE
DES ARAIGNÉES.

(ARANÉIDES)

INTRODUCTION.

Les nombreux animaux qui composent l'embranchement des articulés ont été répartis par les naturalistes en trois grands groupes : les insectes, les crustacés et les arachnides : les aranéides, ou araignées proprement dites, forment le premier ordre de la dernière de ces classes.

Quoique répandues sur toute la surface de la terre et en nombre immense, les araignées n'ont encore fixé l'attention que d'un très-petit nombre d'observateurs.

Ce n'est réellement que dès l'année 1805 qu'elles commencèrent à être connues ; c'est à cette époque, en effet, que Walckenaer les distingua des autres arachnides sous le nom d'*aranéides*, et que le premier il subdivisa le grand genre *aranea* de Linné en un nombre assez considérable de divisions qui sont encore universellement adoptées (1).

Plus tard, en 1836, ce savant publia le grand ouvrage intitulé *Histoire des insectes aptères* (2) qui est encore le guide suivi scrupuleusement par la plupart des auteurs.

Cependant, presque en même temps, Lister, en Angleterre, donnait son *Histoire des araignées* (3) trop courte et trop incomplète; Clerck (4) et Degéer (5), en Suède, poursuivaient des études sur les mœurs de quelques espèces, et M. Lucas, en France, faisait paraître son *Histoire des animaux articulés* (6). De nos jours, plusieurs entomologistes ont enrichi la science et l'enrichissent encore de faits intéressants et nouveaux : tels sont, en Angleterre M. Blacwall (7); en Suède M. Sundevall (8); en Allemagne MM. Hahn (9) et Koch (10) qui ont fait connaître un nombre consi-

---

(1) *Tableau des aranéides*, 1805, WALCKENAER.

(2) *Histoire naturelle des insectes aptères*, 1836, WALCKENAER. (*Suites à Buffon.*)

(3) *Histoire des araignées* (de Araneis), LISTER.

(4) *Araneorum suecica*, CLERCK.

(5) Mémoires de DECÉER. (*Journal de physique, Bulletin universel*, etc.)

(6) *Histoire naturelle des crustacés, myriapodes et arachnides.* 1836, LUCAS.

(7) Mémoires BLACKWALL. (*Transactions of the Linnean Society.*)

(8) Svinska Spindlarness (*Act. Reg. ac. scient. Holm.* 1829), SUNDEVALL.

(9) *Monographie der Spinnen*, 1820, HAHN.—*Die Arachniden* (16 vol.) 1828-1847, HAHN et KOCH.

(10) *Ubersicht des Arachniden systems*, KOCH, 1850.

dérable d'espèces, et en France MM. Lucas (1), Nicolet (2), Doumerc, Léon Dufour (3), Vinson (4), etc., qui ont rapporté d'explorations lointaines des espèces nombreuses et encore inconnues.

L'organisation compliquée de ces animaux est aujourd'hui suffisamment connue, grâce aux ouvrages de Tréviranus (5), de Muller (6) et de Strauss (7), aux études approfondies de Dugès (8) et de L. Dufour (9) en France, de Brant et de Ratzburg (10) en Allemagne, mais surtout aux beaux travaux que M. Émile Blanchard a publiés récemment (11).

La classe des aranéides forme une des divisions les plus naturelles et les mieux circonscrites de la série animale.

Elles ont pour caractères distinctifs et exclusifs d'avoir :

---

(1) *Exploration scientifique de l'Algérie* (articulés), 1841-42, Lucas.

(2) *Historia de Chile*, dans Gay (insectes aptères), Gervais et Nicolet.

(3) Grand nombre d'articles et de mémoires (*Annales des sciences,* — *Journaux*, etc., etc.) Dufour.

(4) *Araignées des îles Bourbon, Maurice et Madagascar*, 1862, Vinson.

(5) *Ueber der innern bauder Arachnidum,* Tréviranus.

(6) *Recherches sur la physiologie comparée du sens de la vision*, 1836, Muller.

(7) *Anatomie comparée des animaux articulés*, Strauss.

(8) *Annales des sciences naturelles* (zoologie), 1836, Dugès.

(9) *Annales des sciences naturelles*, *Annales des sciences physiques*, Léon Dufour.

(10) *Annales des sciences naturelles* (zoologie), 1840, Brant et Ratzburg.

(11) *Organisation du règne animal* (arachnides), Blanchard.

1° Un tégument peu résistant ; — 2° une segmentation peu apparente ; — 3° le corps divisé en deux tronçons, dont le premier appelé *céphalo-thorax* résulte de la fusion de la tête et du thorax ; — 4° des yeux toujours simples et généralement au nombre de huit ; — 5° des antennes modifiées en crochets venimeux ; — 6° une pièce buccale unique ; — 7° huit pattes locomotrices ; — 8° jamais d'ailes ; — 9° des glandes spéciales qui sécrètent un liquide soyeux ;— 10° des organes respiratoires localisés ; — 11° un système nerveux dont les ganglions sont réunis et confondus en deux masses logées dans le céphalo-thorax ; — 12° et enfin de ne subir aucune métamorphose, c'est-à-dire de naître avec la forme qu'elles doivent garder toute leur vie.

Avant de faire connaître la classification des genres qui composent ce grand groupe d'articulés, et de décrire les mœurs des principales espèces, il m'a semblé indispensable de donner un abrégé à la fois succinct et complet de leur anatomie et de leur physiologie. C'est aux recherches de Tréviranus et de Dugès, mais surtout au grand ouvrage de M. Émile Blanchard, que j'emprunterai les détails qui vont suivre.

ANATOMIE ET PHYSIOLOGIE.

I. DES ORGANES EXTÉRIEURS.

Le corps des araignées se compose de deux parties principales : l'une, appelée *corselet* ou *céphalo-thorax*, dont le tégument est résistant et supporte les yeux, les pattes et les appendices de la bouche ; l'autre, nommée *abdomen*, dont la peau molle et sans divisions est percée d'ouvertures communiquant avec les organes intérieurs.

CÉPHALO-THORAX. — Sa paroi supérieure est formée d'une plaque coriacée, qu'on a nommé *bouclier* ; elle est large à sa partie moyenne et se rétrécit en avant, où elle se recourbe pour former un rebord frontal, sur lequel sont placés les yeux ; en arrière elle est déprimée et échancrée au-dessus de l'insertion de l'abdomen (Fig. 1).

Sa surface présente des sillons partant d'un point central, et s'étendant jusqu'aux bords latéraux où ils aboutissent à la naissance de chaque patte.

Toute la région ventrale et inférieure du thorax est occupée par un sternum, formé de deux pièces également coriaces, polygonales et très-inégales de grandeur. La pièce antérieure sur laquelle viennent s'articuler les pattes-mâchoires, était anciennement considérée comme une *lèvre* inférieure ; elle est très-petite, variable dans sa forme suivant les genres, et constitue le plancher de la cavité buccale (Fig. 3).

La pièce postérieure ou *plastron* est grande, a une forme arrondie ou ovoïde, sa partie antérieure est généralement excavée, postérieurement elle se termine en pointe, ses bords latéraux présentent des échancrures dans lesquelles les pattes viennent s'insérer. Ce plastron, qui paraît unique,

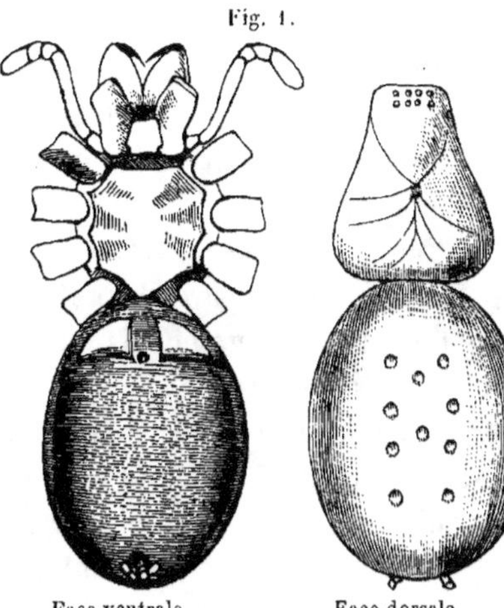

Fig. 1.

Face ventrale.   Face dorsale.

est formé par la fusion des quatre arceaux inférieurs des zoonites du thorax, si distincts dans le scorpion.

Ce céphalo-thorax des aranéides est le plus souvent recouvert de poils; dans quelques genres il en est entièrement dépourvu.

Appendices céphaliques. — On en distingue de trois sortes : les *yeux*, les *antennes* et la *languette*.

1° *Yeux*. — Les yeux sont généralement au nombre de huit, quelques genres seulement en ont six : ils sont toujours simples, jamais composés comme ceux des insectes ; identiques entre eux, et à peu près immobiles. Ils sont groupés sur une éminence antérieure du céphalo-thorax ; mais leur disposition varie suivant les genres. On verra par la suite que cette disposi-

Fig. 2.

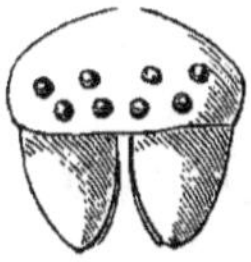

Yeux de l'argyronète.

tion est en rapport avec les habitudes et le genre de vie de l'araignée.

2° *Antennes-pinces* ou *chélicères*. — Les insectes sont

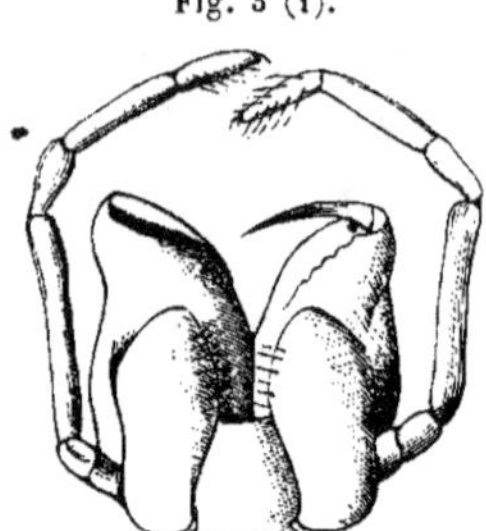

Fig. 3 (1).

pourvus d'organes appelés *antennes*, qui servent au sens du tact et probablement aussi au sens de l'ouïe. Chez les araignées, on ne trouve rien de pareil ; aussi les anatomistes en étaient-ils venus à déclarer que ces organes n'existent pas chez ces animaux ; cela est une erreur : les araignées en sont pourvues aussi bien que les insectes, seulement ces organes devant servir à des usages différents, ont été modifiés dans leur structure, et se présentent sous une forme toute particulière : ce sont deux appendices courts, ramassés, placés en avant ou au-dessous du bouclier céphalothoracique, et terminés à leur extrémité par un crochet. La première de ces deux pièces est presque toujours cylindrique ou en cône tronqué, aplanie à sa face interne, et offrant le plus souvent, à l'extrémité de son côté interne, une rainure, dont les bords sont garnis de dents acérées, et dans la cavité de laquelle le crochet ou onglet s'insère en se reployant. Ce crochet est mobile, arqué, très-dur, pointu, et a, près de son extrémité, un petit trou qui livre passage au venin avec lequel l'araignée donne la mort aux autres insectes pour s'en nourrir.

En considérant ces organes, il semble impossible de

---

(1) Bouche de la tégénaire vue en dessous, — chélicères, — pattes-mâchoires, — lèvre ou pièce antérieure du sternum.

les assimiler aux antennes des insectes ; ils paraissent même offrir plus de ressemblance avec les mandibules de ces animaux. Aussi Savigny, qui avait su distinguer la différence qui les éloigne des mandibules, n'avait pas reconnu non plus, dans les chélicères, des pièces anatomiquement comparables aux antennes, et avait été conduit à les considérer comme des organes exclusivement propres aux aranéides ; il les désignait sous le nom de *forcipules*.

Mais la question a été tout à fait résolue par M. Émile Blanchard, qui a démontré que les nerfs qui se rendent à ces organes, sont exactement les mêmes que ceux des antennes des insectes, et qu'ils partent comme eux du ganglion supérieur ou cérébroïde, tandis que ceux qui se rendent aux mandibules proviennent du ganglion inférieur ou thoracique.

5° *Pièce buccale ou languette.* — La languette, qui est la seule pièce buccale proprement dite, est placée sur la ligne médiane, au-dessus de la lèvre et au-dessous des chélicères.

Cette pièce, que Latreille a distinguée sous le nom de *camérostôme*, est en continuité de tissu avec les téguments membraneux de la région antérieure du céphalothorax. Elle peut être considérée comme représentant à la fois les deux mandibules et les deux mâchoires des insectes, qui, devenant inutiles chez les araignées, seraient réduites à l'état de vestige et soudées ensemble. En effet, chez quelques jeunes aranéides, la languette porte à sa surface des sillons qui sont comme les traces de la soudure qui unit les mâchoires et les mandibules ; de plus, elle reçoit comme celles-ci, ses nerfs du ganglion inférieur thoracique ou sous-œsophagien.

Appendices thoraciques. — Le thorax porte cinq paires d'appendices, dont les uns servent à la manducation, les autres à la locomotion ; les premiers sont désignés sous le nom de *pattes-mâchoires*, et les seconds sous celui de *pattes-ambulatoires* ou *locomotrices* : ils offrent néanmoins la même conformation.

1° *Pattes-mâchoires*. — La proie étant saisie et tuée par les chélicères, l'araignée, pour en pomper les liquides intérieurs, a besoin de déchirer préalablement l'enveloppe solide qui la recouvre. Les organes affectés à cet usage sont, comme chez

les crabes, les écrevisses, etc., empruntés au système appendiculaire thoracique. En effet, si l'on examine une araignée, on voit en avant de la tête deux petits appendices mobiles, s'appuyant chacun sur une pièce élargie, très-avancée sous la bouche et articulée sur les côtés de la petite pièce sternale antérieure que l'on appelle communément la *lèvre*. Si l'on étudie ces organes, on reconnaît bientôt qu'ils sont formés, comme les pattes locomotrices, de plusieurs articles dont une pièce basilaire ou *hanche*, un *trochanter*, une *cuisse*, une *jambe* et un *tarse*, avec cette différence cependant que leur développement est moindre, que la pièce basilaire s'étale en forme de mâchoire et est garnie de poils raides au côté interne, et que le tarse n'est formé que de deux articles, à peu près d'égale longueur.

Les anciens anatomistes considéraient cette pièce basilaire comme l'analogue des mâchoires des insectes, et la portion libre comme l'analogue des palpes ; mais, comme je viens de le démontrer, ces appendices sont de véritables pattes modifiées et affectées à un usage spécial.

Une particularité remarquable, que je ne ferai qu'indiquer ici, c'est que, tandis que chez la femelle le tarse porte seulement deux petits crochets simples et rétractiles, celui du mâle est renflé, renferme un crochet qui offre un développement fort considérable, et se trouve converti en un organe qui joue un rôle important dans l'acte de la reproduction.

2° *Pattes-ambulatoires.* — On en compte quatre paires, et ce nombre est caractéristique chez toutes les arachnides. — On distingue dans ces organes une première pièce basilaire ou *hanche* insérée sur le thorax, à sa suite une seconde très-petite appelée *trochanter*, une troisième beaucoup plus longue que l'on nomme *cuisse*, ensuite une quatrième formant un angle aigu avec la précédente, et qui a reçu le nom de *jambe*, enfin le *tarse* composé de trois articles (Fig. 4).

Quelques remarques sont nécessaires à propos de chacune de ces pièces. Les hanches, appelées aussi *coxopodites*, ne sont pas seulement destinées à supporter les pattes, elles servent aussi à fermer de chaque côté la cage thoracique, en comblant l'espace qui sépare le sternum des bords du bouclier ; aussi sont-elles fortes, serrées les unes contre les autres et immobiles. Le *trochanter* est toujours très-court, soudé à sa jonction avec la hanche, très-mobile au contraire à sa jonction avec la cuisse qui a des mouvements très-étendus. La *jambe* est remarquablement courte, mais, pour suppléer à ce défaut, le premier article du *tarse* est soudé et en continuité avec elle. Cette particularité avait fait penser à quelques entomologistes que le tarse n'était composé que de deux articles : c'était une erreur, le tarse a trois articles ; seulement, le premier est réuni avec la jambe, et les deux derniers seulement sont mobiles. De ces deux articles, le dernier seul s'appuie sur le sol, et se termine par deux ou trois griffes ou onglets, cachées au milieu de poils raides et épais.

Les différents articles des pattes sont réunis par une portion membraneuse et élastique des téguments, qui permet des mouvements, dont l'étendue et la direction dépendent des échancrures ou des éminences placées à chaque extrémité des articles.

Pendant le repos, le corps appuie sur le sol, les deux paires de pattes antérieures sont dirigées en avant, la troisième est transversale, et la dernière est rejetée en arrière.

Dans la marche, le corps est soulevé et progresse sans oscillations, les trois premières paires de pattes prennent la même direction en avant ; la quatrième, au contraire, reste toujours en arrière. Les mouvements de ces appendices locomoteurs s'exécutent avec une rapidité et une précision surprenantes.

ABDOMEN. — Il est attaché au corselet par un pédicule cylindrique, court et cartilagineux, dont l'insertion varie selon les genres et les familles. La peau qui l'enveloppe est molle, sans annulations et homogène, quoique plus dure sur le dos, où elle est recouverte dans quelques genres exotiques d'une sorte de bouclier dur et corné.

Il est généralement ovale, plus ou moins allongé, plus ou moins arrondi, plus gros à sa partie antérieure qu'à sa partie postérieure. Dans quelques genres cependant, il est tout à fait globuleux ; dans d'autres, il est triangulaire ; dans d'autres enfin, c'est la partie postérieure qui est la plus large et la plus grosse.

Le dos des aranéides est orné le plus souvent de couleurs variées, formées soit par un dépôt de pigment dans l'épaisseur de la peau, soit par les poils et le duvet diversement colorés qui recouvrent leur épiderme. Ces couleurs paraissent être en rapport avec les lieux qu'elles habitent : ainsi, les espèces qui établissent leur toile dans les endroits obscurs, les grottes, les caves, etc. (*tégénaires, ségestries, drasses*), ont des teintes foncées et uniformes ; celles qui se cachent sous l'écorce des arbres (*mygales, clubiones*) sont brunes, plus ou moins rougeâtres ou verdâtres ; celles qui courent à terre (*lycoses, philodrômes, dolomèdes*) ont la couleur du sable, des feuilles sèches ou du terrain sur lequel elles vivent ; celles qui chassent au printemps sur les gazons (*sparasses*) sont vert émeraude ; celles qui vivent dans le calice des fleurs (*thomises*) sont ornées de couleurs rouges, jaunes ou violettes ; celles qui recherchent les vergers et les jardins (*épéires, théridions, attes*) se parent de teintes semblables à celles des végétaux qui les entourent, etc., etc. On comprend quel était le but de la nature en établissant ces rapports, quand on sait que toutes les araignées sont chasseuses, et qu'elles ont besoin de se dérober à la vue pour surprendre les insectes dont elles font leur nourriture.

On distingue encore sur cet abdomen huit petits points enfoncés, disposés par paires et sur deux lignes, mais qui ne sont pas toujours visibles. Ces trous, suivant la remarque de Dugès, correspondent à de petits tubercules qui, à l'intérieur du corps, donnent attache à des muscles.

La face ventrale (Fig. 1) est le plus souvent plane : sa
partie antérieure, qu'on appelle *épigastre*, et qui est séparée de la postérieure par un sillon, porte une ou deux
paires de plaques larges et dépourvues de poils, qui recouvrent les ouvertures des organes respiratoires situés
dans cette portion de l'abdomen ; ces plaques ont été
appelées *opercules branchiaux ;* entre elles et au milieu
de l'espace qui les sépare, se voit une ouverture arrondie,
qui est l'orifice des organes de la génération.

Sa partie postérieure présente l'ouverture anale placée
au milieu d'un petit chaperon, et entourée d'appendices
destinés à donner passage à la soie, et que pour cette
raison on a appelés *filières*.

Ces filières sont de petits mamelons articulés, au nombre
de quatre ou de six, et disposés par paires ou en couronne
autour du chaperon anal. Ils paraissent tronqués à leur
extrémité, et, si l'on soumet leur portion terminale à un
grossissement, on reconnaît que c'est une membrane
molle et percée, comme un crible, d'une infinité de petits trous. Ainsi le fil de l'araignée, dont nous admirons
souvent la finesse, est formé par la réunion de centaines
de ces filaments invisibles, simples d'abord, et accolés
ensemble après leur sortie de l'organe.

Avant de terminer ce qui a rapport aux téguments, je
dois faire remarquer, que si les araignées ne subissent
pas de métamorphoses comme les insectes, de même que
ces derniers le font à l'état de larve, elles renouvellent
plusieurs fois l'année et à des époques fixes l'enveloppe
épidermique qui les recouvre. C'est cette opération que
l'on appelle la *mue*.

II. DES ORGANES INTÉRIEURS ET DE LEURS FONCTIONS.

Système musculaire. — Les muscles des aranéides ont une couleur blanche un peu jaunâtre, ils sont formés d'une multitude de fibres parallèles, ayant des stries transversales très-prononcées, comme chez tous les animaux articulés en général.

Ces muscles prennent attache sur les pièces du système tégumentaire, et font mouvoir les diverses parties du corps par la contraction de leurs fibres.

Ceux qui mettent en mouvement les hanches, les antennes-pinces, etc., sont attachés au corselet, et partent tous en rayonnant d'un centre marqué par une fossule ou creux, qui se trouve au milieu.

Les articles des pattes se meuvent les uns sur les autres à l'aide de petits muscles d'une ténuité extrême, logés dans chaque article, où ils sont généralement au nombre de deux, dont l'un, appelé *extenseur*, sert à élever l'article, l'autre, appelé *fléchisseur*, sert à l'abaisser. Tous ces muscles agissent avec une rapidité excessive, et font exécuter aux pattes les mouvements les plus variés et les plus étendus. Ceux qui font mouvoir le crochet des antennes-pinces, sont très-puissants ; ils remplissent la tige qui est assez large, et s'insèrent sur ses parois et sur l'apodème du crochet, c'est-à-dire sur le prolongement cartilagineux, que celui-ci envoie dans le corps de la tige. L'abdomen étant presque mou, les muscles ne peuvent trouver sur ses téguments, des points d'attache aussi solides que sur les parois de la cage thoracique ; et cependant l'aranéide fait mouvoir son abdomen avec une extrême facilité en haut, en bas, et dans le sens latéral ; on remarque sous la peau du ventre deux ligaments qui prennent attache antérieurement sur une lame membraneuse, située au-dessous des opercules branchiaux, et postérieurement autour du cercle qui entoure l'anus et les filières ; la moitié supérieure de ces ligaments est cartilagineuse, la moitié postérieure, au contraire, est composée de fibres musculaires contractiles.

Du même point partent deux paires de muscles : l'une va s'insérer sur la membrane située dans le pédicule de l'abdomen, l'autre paire aboutit autour des organes respiratoires.

C'est à l'aide de ce simple mécanisme que l'araignée fait mouvoir son abdomen : les derniers muscles dont nous avons parlé, ont pour usage d'ouvrir ou de fermer les opercules branchiaux, de tirer en avant ou en arrière les organes sexuels.

Les filières sont mues par des muscles particuliers assez semblables à ceux des pattes.

APPAREIL ALIMENTAIRE ET SES ANNEXES. — Si l'on ouvre le corps de l'aranéide en dessus, et qu'on écarte avec soin les nombreux muscles qui remplissent le céphalothorax, on aperçoit la poche stomacale, et on est frappé du volume énorme et de la complica-

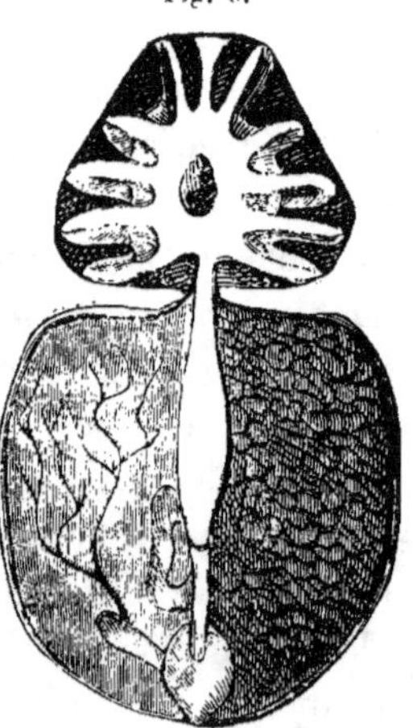

Fig. 5.

Appareil digestif et ses annexes.

tion de l'appareil alimentaire, surtout dans sa portion
antérieure ou thoracique.

La *bouche*, que Tréviranus croyait être une fente transversale de la languette, est, suivant Dugès, une petite ouverture très-difficile à voir, placée au milieu de téguments mous et membraneux. Cette bouche est l'orifice
d'un entonnoir ou pharynx, dont les parois sont solides et
se renouvellent à chaque mue; vient ensuite un œsophage très-court et cylindrique, qui débouche dans une
vaste cavité dont la forme et l'aspect sont des plus singuliers, et nullement comparables à ce qui se voit chez le
plus grand nombre des animaux. Cet estomac est divisé
dans son milieu, de sorte qu'il a la forme d'un anneau
maintenu ouvert par un gros muscle qui passe dans son
milieu; de chaque côté de cet organe rayonnent autant
de tubes cylindriques qu'il y a d'appendices; ce sont des
diverticulum ou des cœcum stomacaux, tubulaires, au
nombre de dix, qui, arrivés à la hanche de chaque patte,
se retournent en dessous, et aboutissent tous dans un réservoir ou poche placée sous l'estomac annulaire; c'est
un second estomac, séparé du supérieur par une lame
chitineuse et solide, sur laquelle vient s'insérer le muscle
dont nous avons parlé plus haut, et qui, après avoir traversé l'anneau, prend attache sur le bouclier; en se con-
tractant, ce muscle élève la lame cornée, comprime l'estomac annulaire, et force les aliments à passer dans
l'estomac inférieur. De cette poche, le liquide alimentaire
chemine dans un tube ou intestin, qui se rétrécit singulièrement au niveau du pédicule, pour s'élargir un peu,
mais faiblement, à l'intérieur de l'abdomen. Considéré
en dessus, cet intestin paraît droit, et semble avoir la
longueur de l'abdomen; mais si on l'examine de profil,

on reconnaît qu'il est replié sur lui-même, de haut en
bas : près de son extrémité postérieure se voit une vaste
poche arrondie, placée dessous : c'est le rectum, dans
lequel s'amassent les aliments digérés. Le tissu de l'estomac est d'une délicatesse extrême, examiné sous le
plus fort grossissement, il ne présente aucun vestige de
glandes, ni d'organes sécréteurs d'un liquide digestif;
mais on remarque que l'espace compris entre chaque
cœcum est rempli par une masse blanchâtre, soutenue et
enveloppée dans une membrane très-délicate; si on isole
ces corps avec soin, on reconnaît qu'ils sont formés de
tubes d'une longueur considérable, et d'une finesse
capillaire, qui après s'être repliés sur eux-mêmes, vont
s'ouvrir dans l'estomac; ils forment des paquets glandu-
laires, remplis d'un liquide qui est acide, car il rougit le
papier tournesol, et qui paraît avoir toutes les propriétés
du suc gastrique.

Quant à l'intestin, il est entièrement entouré par le
foie composé d'une masse considérable d'utricules qui
remplissent l'abdomen. Ces utricules, destinées à sécréter
la bile, communiquent avec des tubes qui, après s'être
anastomosés pour former quatre troncs principaux, vont
s'ouvrir dans l'intestin. Si on écarte ces utricules, on distingue au milieu d'eux des canaux plus ou moins nombreux, allant s'ouvrir dans le rectum : il ne paraît pas
douteux que ce ne soit un appareil urinaire, distinct de
l'appareil hépatique.

Tout le monde sait que les araignées sont carnassières,
et ne se nourrissent que d'insectes vivants; mais elles ne
mangent pas leur proie complétement, comme les insectes
carnassiers et les vertébrés insectivores : elles se contentent de déchirer l'enveloppe de leur victime et d'en

humer les liquides intérieurs à l'aide de leur bouche membraneuse. Ces aliments, quoique liquides, ont besoin pour être absorbés d'être soumis à l'acte de la digestion, et de subir dans l'estomac une élaboration, une désagrégation; ce travail est opéré par un liquide acide appelé suc gastrique, qui chez les araignées est sécrété, comme nous l'avons dit, en dehors du tube alimentaire par des glandes particulières.

La complication que nous avons observée dans la structure de l'estomac, paraît destinée à ralentir la marche du liquide nourricier, et en même temps à augmenter l'étendue des surfaces absorbantes.

Les matières cheminent avec une grande rapidité dans l'intestin, où elles se mêlent avec la bile, dont l'action complète la digestion. Arrivées dans la poche rectale, les fécès s'y amassent et se mélangent à un liquide blanc de lait assez épais, chargé d'acide urique, et qui est l'urine; cette matière est, comme chez les oiseaux et les reptiles, rejetée avec les excréments.

APPAREIL RESPIRATOIRE. — Tandis que chez les insectes, la respiration s'effectue au moyen de trachées qui se répandent par tout le corps, et que les organes respiratoires se trouvent ainsi divisés et dispersés; chez les aranéides, cette fonction est remplie par des organes groupés et localisés dans des poches toutes spéciales placées sous l'abdomen, et communiquant avec l'extérieur au moyen d'ouvertures ou stigmates.

Ces stigmates sont, comme nous l'avons déjà dit, placés en dessous et à la partie antérieure de l'abdomen, généralement au nombre de deux, dans quelques genres de quatre; ce sont de petites fentes bordées, comme chez les insectes, d'un rebord membraneux ou péri-

thrème, et, de plus, garnies de cils rangés régulièrement
sur leur pourtour. Leur bord interne donne attache à des
muscles très-multipliés, qui ouvrent ou ferment leur ouverture à des degrés différents, selon les besoins de la
respiration. Les sacs contenant l'appareil respiratoire
sont placés en dessous : ils sont globuleux, aplatis, formés d'une membrane d'un blanc argenté.

En ouvrant un de ces sacs, on voit que la tunique n'est
pas appliquée sur l'organe même, qui se trouve ainsi
logé dans une chambre relativement spacieuse ; celui-ci
ne forme pas une masse simple, il est composé de lamelles, généralement au nombre de cinquante à soixante,
couchées les unes sur les autres, comme les feuillets d'un
livre.

Les anciens naturalistes, ne tenant compte que de la
forme de ces organes, les avaient d'abord considérés
comme analogues aux poumons, et leur en avaient donné
le nom ; d'autres les avaient comparés aux branchies des
poissons et des crustacés : cependant des recherches
nouvelles firent voir que ces organes n'ont aucun rapport de structure avec les poumons, et qu'ils ne ressemblent aux branchies que par leur forme.

En effet, si on examine avec attention un de ces feuillets,
qui se détachent facilement, on voit qu'il ne forme pas
une lame simple, mais que c'est un sac aplati, renfermant une cavité ouverte à sa partie inférieure et communiquant avec l'air extérieur ; que les parois de ce sac sont
composées de deux membranes dont l'interne est solide,
encroûtée de chitine et tombe à chaque mue, tandis que
l'autre est molle et perméable, et enfin qu'entre les deux
membranes est un réseau très-fin et solide, analogue au
fil spiral des trachées des insectes.

Ces organes, au lieu d'être comparés aux poumons et aux branchies, doivent donc être considérés comme de véritables trachées ; seulement, comme nous l'avons déjà fait remarquer, tandis que chez les insectes, les trachées sont répandues dans tout le corps, qu'il y a diffusion de la fonction ; chez les aranéides, au contraire, elles sont groupées et ramassées ; il y a localisation de l'appareil, ce qui, comme on le sait, est une marque de supériorité.

C'est à l'aide d'un moyen bien simple et vraiment admirable que l'inspiration, ainsi que l'expiration, s'opère dans ces sacs pulmonaires : sur la tunique qui leur sert d'enveloppe, s'insère un ligament dur et résistant, qui monte verticalement à travers l'abdomen, pour aller s'attacher sur le péricarde du cœur, qui, comme nous le verrons plus loin, s'étend le long du dos de l'araignée. Chaque mouvement de diastole ou de systole de celui-ci attire ou repousse ce ligament, qui à son tour soulève ou aplatit le sac pulmonaire : on comprend que de cette manière, l'air est aspiré ou refoulé au dehors.

C'est à M. Blanchard que nous devons la connaissance de cette disposition anatomique.

Appareil circulatoire. — L'appareil circulatoire chez

Fig. 6.

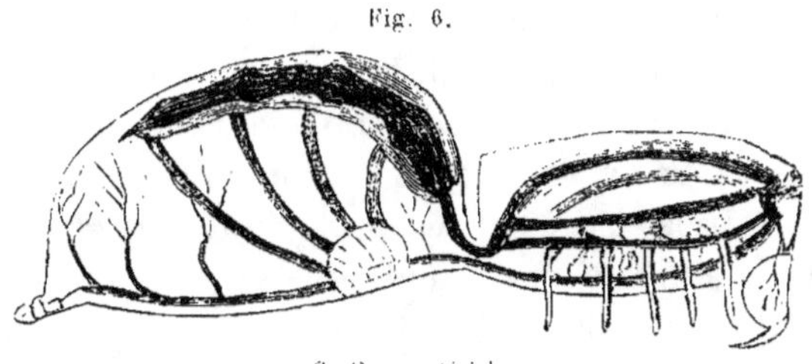

Système artériel.

les aranéides atteint un remarquable degré de perfec-

tion, et si on le compare à celui des insectes, on trouve
une différence notable, qui est du reste en rapport avec
l'état déjà plus perfectionné de l'appareil respiratoire.

Comme chez tous les invertébrés, le sang est un liquide
incolore, légèrement blanchâtre, coagulable, et qui tient
en suspension des corpuscules de forme ovalaire, appelés
globules.

Le cœur est placé à la partie dorsale de l'abdomen ;
c'est un tube musculeux, plus épais en avant qu'en arrière, et enveloppé dans une tunique mince, fibreuse,
relativement plus large, que l'on appelle *péricarde*, et
qui joue le rôle d'oreillette, comme nous le verrons bientôt.
Ce cœur tubulaire est partagé à l'intérieur en quatre
loges ou chambres, qui sont indiquées à l'extérieur par
quatre étranglements, et qui communiquent avec l'intérieur du péricarde au moyen de petits orifices appelés
auriculo-ventriculaires. Ces ouvertures sont garnies à
l'intérieur de replis membraneux, disposés en manière de
valvules, qui permettent l'entrée du sang, mais l'empêchent de sortir pendant la contraction. Quand le cœur se
contracte, en effet, il chasse le sang dans une artère qui
naît de l'extrémité de sa chambre antérieure ; ce vaisseau,
que l'on appelle *aorte*, traverse le pédicule, et, après son
entrée dans le *céphalothorax*, se divise en trois paires d'artères : la supérieure suit la ligne dorsale, et fournit des
artérioles aux yeux, aux chelicères et à la bouche ; la
seconde destinée à nourrir les organes, rampe sur l'estomac ; la troisième s'enfonce sous l'estomac et envoie
dans chaque patte des artères qui se prolongent jusqu'à l'extrémité. Ces trois paires d'artères viennent se
réunir en avant pour entourer le cerveau. De ce point
part un canal important qui se dirige en arrière, passe

sous les ganglions nerveux, pénètre dans l'abdomen, où il se continue jusqu'aux filières, en longeant la chaîne nerveuse. Cette artère recurrente, que l'on appelle *aorte abdominale*, fournit des branches nombreuses aux organes qui l'entourent. Le foie et l'appareil digestif sont de plus nourris par des vaisseaux particuliers qui émanent du cœur. Toutes ces artères sont des tubes membraneux, a parois assez résistantes, qu'il est possible de suivre, par des injections et des dissections, jusque dans la profondeur des organes, dans lesquels se perdent leurs ramifications les plus déliées ; mais si on veut les chercher plus loin, on s'aperçoit que le sang poursuit son cours à travers des canaux d'un autre ordre : ces canaux, en effet, destinés à ramener le sang vers le cœur, et qui constituent le système *veineux*, au lieu d'être limités par des membranes comme les artères, sont creusés entre les organes, les muscles principalement, dont les interstices leur servent de rigoles ou de gouttières. Un tissu analogue au tissu connectif, circonscrit exactement ces conduits que suit le fluide nourricier ; et si ce ne sont pas des vaisseaux, ce sont au moins des canaux très-parfaits. Le sang qui y circule ne franchit jamais les espaces tracés ; ces canaux s'anastomosent, se réunissent, et vont verser leur contenu dans deux grands réservoirs longitudinaux, situés à la face ventrale de l'abdomen.

Sur le passage de ces réservoirs, se trouvent les organes respiratoires ; le sang veineux y pénètre, s'hématose au contact de l'air, puis en ressort par quatre vaisseaux appelés *pneumo-cardiaques*, qui vont en remontant s'aboucher avec la tunique du péricarde et ramènent le sang dans son intérieur. De là, il n'a plus qu'à passer dans le cœur par les trous auriculo-ventriculaires, dont nous avons parlé. S'il est facile de s'expliquer comment les violentes contractions du cœur chassent le sang et le font circuler dans tous les artères, il est plus difficile de comprendre comment ce liquide suit un cours régulier dans les canaux veineux dépourvus de valvules, et remonte dans leur intérieur de la face ventrale à la face dorsale. Ce sont les muscles, qui, par leurs contractions, dilatent ou resserrent ces espaces ménagés pour la circulation, et font cheminer le sang dans leur intérieur ; quand celui-ci est arrivé aux poumons et les remplit, le ligament qui relie le péricarde aux sacs pulmonaires, repoussé par le cœur, comprime ces petites poches, et force le sang qu'elles contiennent à refluer dans les canaux pneumo-cardiaques. Le cœur joue aussi le rôle de pompe aspirante, et, en faisant le vide dans son intérieur pendant sa contraction, aspire pendant sa dilatation le sang contenu dans le péricarde (1).

Sécrétions spéciales. — Outre les glandes qui accompagnent l'appareil alimentaire, et dont les liquides sont indispensables à la digestion, on trouve chez les araignées deux organes sécréteurs, qui leur sont exclusifs, et dont les produits bien différents servent à l'entretien de leur existence et à la protection de leur progéniture. Le premier est un venin avec lequel elles tuent les insectes dont elles se nourrissent ; le second est un liquide visqueux qui, en se desséchant à l'air, forme

---

(1) Pour plus de détails, voir le beau travail de M. Émile Blanchard, *Organisation du règne animal* (Arachnides).

ces fils si déliés, avec lesquels elles construisent leurs filets, leur demeure, et le cocon protecteur de leurs œufs.

Glandes vénénipares. — Chez les aranéides, il existe de chaque côté de l'extrémité anté-rieure du tube digestif un organe sécréteur qui paraît être l'analogue d'une glande salivaire, et qui est destinée à produire non un liquide digestif, mais cette humeur veni-meuse, dont nous avons parlé; ce sont deux petits sacs allongés, pla-cés sous la région frontale du bou-

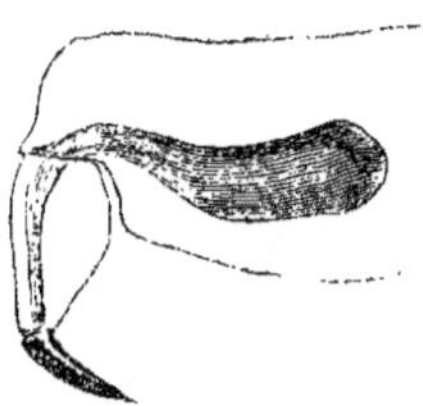

Figure 7.

Glande vénénipare.

clier céphalothoracique, et se prolongeant quelquefois jusqu'à sa partie postérieure. Leur paroi se compose d'une tunique externe fibreuse, résistante, et d'une membrane interne molle, muqueuse et recouverte de petites cellules ou glandules : en avant, ils se termi-nent par un canal excréteur membraneux, qui est logé dans les chélicères, et s'ouvre au dehors par une ouver-ture extrêmement étroite, placée près de la pointe du crochet.

Ce liquide, si redoutable pour les insectes, qu'il tue instantanément, ne produit aucun accident nuisible, lorsqu'il est inoculé sous la peau de l'homme ou des grands animaux. On raconte, il est vrai, comme nous le verrons en parlant des espèces, bien des histoires sur les effets terribles ou extraordinaires que détermine la morsure de certaines araignées du midi de l'Europe (1).

---

(1) Voyez Lycose tarentule, Latrodecte malmignatte.

Mais lorsqu'on vient à examiner l'authenticité de ces faits, à prendre des informations sur les lieux, ou même à faire des expériences directes, on reconnaît bien vite que ces narrations ne reposent sur aucune observation bien constatée, et ne sont le plus souvent que le produit de l'imagination (1).

Glandes séricipares. — Si quelques insectes, comme les punaises, les puces, etc., ont une salive âcre, acide, et assez analogue au venin dont nous venons de parler ; il n'en est pas un qui possède, comme l'araignée, des organes spéciaux destinés à produire un liquide soyeux. Les chenilles des bombyx, parmi lesquelles se rangent les vers à soie, fabriquent, il est vrai, une humeur qui, en se solidifiant à l'air, forme la soie employée dans l'industrie ; mais, chez ces larves, ce liquide est simplement le produit des glandes salivaires modifiées pour cet usage.

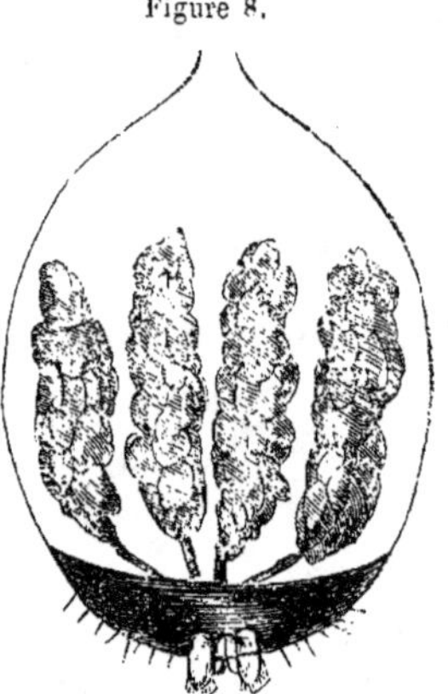

Figure 8.

Glandes séricipares.

Ces glandes séricipares, chez les aranéides, sont pla-

---

(1) A. Dugès a eu le courage de faire des expériences sur lui-même : les plus grosses araignées, les ségestries, les tégénaires, etc., ne produisirent qu'une légère rougeur qui se dissipa promptement. Il m'est arrivé souvent, en cherchant des araignées, de renouveler involontairement l'expérience, sans avoir jamais éprouvé le moindre accident. L'année dernière, une lycose tarentuline m'enfonça ses crochets dans le doigt, de manière à laisser une empreinte semblable à celle de deux petites piqûres d'aiguille ; la douleur fut vive, le sang jaillit, mais la petite plaie se cicatrisa sans même amener de rougeur.

M. Desmartis cite cependant deux cas d'analgésie locale qui aurait été produite par la piqûre d'une araignée.

cées dans l'abdomen et à la face ventrale : ce sont quatre faisceaux d'utricules disposées en grappes allongées, et versant leurs produits dans des canaux excréteurs ; ces derniers, après s'être anastomosés, fournissent quatre canaux principaux qui se rendent aux filières et à ces cribles si délicats dont nous avons parlé en décrivant ces organes. Entre ces faisceaux d'utricules, on trouve encore quelques autres glandules d'une structure plus simple, qui se présentent sous la forme de vaisseaux ramifiés, et dont le canal excréteur se rend aussi aux filières. Il ne paraît pas douteux que ces glandes d'une nature différente, ne produisent aussi de la soie, mais une soie ayant des qualités distinctes. En effet, il est facile de reconnaître que le liquide excrété par les filières n'est pas toujours de la même nature ; tantôt il est sec et peu adhérent, d'autres fois il est agglutinant et s'attache facilement aux objets qu'il touche. Ces deux liquides, qui sont excrétés séparément selon les besoins de l'animal, doivent certainement provenir d'organes un peu différents dans leur structure.

Cette sécrétion de la soie joue un très-grand rôle dans la vie de l'araignée, et son usage intervient à tous les instants de son existence : c'est elle qui lui sert à marcher sans se heurter sur les corps les plus âpres, à se maintenir sur les plus polis, à se précipiter à terre pour échapper à ses ennemis, à tendre de longs fils qui lui permettent de traverser les airs, à bâtir ces coques où elle se met à l'abri, à construire ces toiles et ces piéges souvent si compliqués et sans lesquels elle ne pourrait surprendre sa proie ailée : dans le combat, c'est encore avec ces fils qu'elle enlace et garrotte son adversaire ; au moment de la ponte, c'est avec eux qu'elle fabrique, soit ces sacs d'un tissu solide et imperméable, soit ces moelleux édredons qui envelopperont la progéniture.

Le développement de ces glandes n'est pas le même dans toutes les espèces, et est toujours en rapport avec l'importance et la perfection des travaux que les araignées doivent exécuter.

En effet, il en est qui mènent une vie errante, saisissent leur proie à la course, et ne se servent de leurs fils que pour envelopper leurs œufs; d'autres qui, encore vagabondes, tendent seulement quelques fils isolés, et se retirent dans des cellules soyeuses ; d'autres enfin, et c'est le plus grand nombre, qui construisent autour de leur demeure de grandes toiles destinées à retenir les insectes au passage : et, dans la construction de ces toiles, quelle variété !

Les unes sont irrégulières, à mailles lâches et entrecroisées ; les autres se présentent sous la forme de larges nappes horizontales, ressemblant à des hamacs et artistement travaillées ; les autres enfin, suspendues verticalement à travers les allées de nos jardins, sont formées de rayons et de cercles concentriques, dont la régularité et la précision du travail sont toujours un sujet d'étonnement.

La matière soyeuse, amenée au dehors à travers les cribles des filières, apparaît sous la forme d'une petite gouttelette, qui ne peut toucher un objet sans s'y fixer et y produire un fil que l'araignée tend en s'éloignant de ce point.

Fig. 9.

Filières en faisceau.

Ces filières se présentent sous trois formes : les premières, au nombre de six, sont toutes égales, longues, tronquées, placées à l'extrémité de l'abdomen où elles ressemblent à un

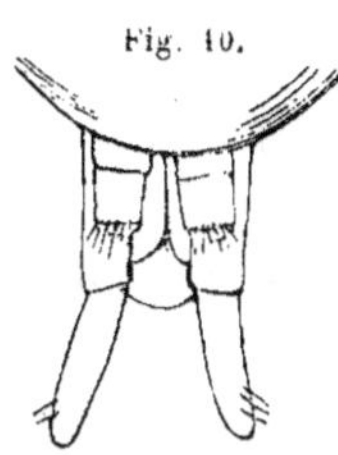

Fig. 10.

Filières palpiformes.

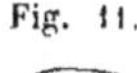

Fig. 11.

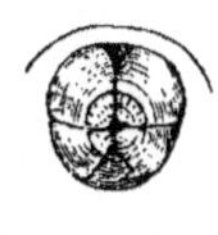

Filières
en rosace.

petit faisceau; les secondes ne sont le plus souvent qu'au nombre de quatre, dont les inférieures très-courtes sont larges, et dont les supérieures beaucoup plus longues ont la forme de petites pattes effilées; les dernières enfin sont situées tout à fait sous le ventre, au nombre de quatre ou de six, égales, courtes et inclinées les unes sur les autres, de manière à former une petite rosace autour de l'anus (1).

En automne, au moment de l'éclosion des œufs, et lors de la dispersion des jeunes, toutes ces petites araignées, laissant des fils sur leur passage, couvrent le terrain et le tronc des arbres de leurs filaments innombrables et tellement fins qu'ils ne sont visibles que lorsque le soleil les fait briller; c'est à cette

---

(1) La quantité plus ou moins grande de soie que produit chaque espèce, la manière différente dont chacune emploie cette matière, amènent, comme nous l'avons dit, des variations dans le volume et la forme des glandes séricipares. On pourrait croire que ces mêmes différences doivent exister dans les filières, et que ces organes étant à l'extérieur peuvent donner des caractères différentiels pour la classification des aranéides; il n'en est rien cependant, des araignées très-éloignées pour la conformation et les mœurs, comme les tégénaires et les mygales, les lycoses et les drasses, ont des filières semblables, tandis que d'autres voisines, telles que les linyphies et les agélènes par exemple, les ont conformées différemment. Cependant dans certains cas leur examen est indispensable, et leur configuration sert utilement à distinguer les tribus de quelques familles. Voici les noms des principaux types classés d'après la disposition de ces organes :

FILIÈRES PALPIFORMES.	FILIÈRES EN FAISCEAU.		FILIÈRES EN ROSACE.	
Mygale.	Ségestrie.	Clubione.	Scytode.	Pholque.
Agélène.	Dysdère.	Lycose.	Linyphie.	Latrodecte.
Tégénaire.	Drasse.	Atte.	Micriphante.	Théridion.
Hersélie.	Argyronète.	Erèse.	Epéïre.	Tétragnathe.
	Dolomède.		Thomise.	Philodrome.

époque aussi que l'on voit des flocons de ces fils détachés par le vent, s'élever dans les airs et retomber en longs filaments blancs, que l'on désigne communément sous le nom de *fils de la Vierge*.

L'industrie humaine n'a pu jusqu'à présent tirer aucun avantage de cette merveilleuse propriété que les araignées possèdent à un plus haut degré que les bombyx, d'émettre en abondance des fils fins, déliés et brillants : des expériences faites à diverses époques (1) ont amené,

---

(1) En 1710, le président Bon (*Dissertation sur l'araignée. — Histoire de l'académie de Montpellier*), qui publia une dissertation sur ce sujet, parvint à carder de la soie d'araignée en plongeant des cocons dans l'eau bouillante saturée de savon. Il obtint de cette manière une soie qu'on put filer facilement, et avec laquelle on fabriqua des bas, des gants et d'autres objets. Mais Réaumur (*Recueil de l'Académie des sciences*, 1710) chargé par l'Académie d'examiner la question, fit un rapport défavorable, et ces expériences n'eurent pas de suite.

En 1778, un Espagnol, DE TREMEYER (Raymondo Maria de TREMEYER, *Scelte d'opùsculi interessante. — Richerche e sperimenti sulla seta dei Regni et sulla loro generazione*), réussit à tirer directement la soie de l'araignée et à l'enrouler sur un dévidoir à mesure qu'elle sortait de ses filières : il ne paraît pas cependant en avoir obtenu de cette façon une assez grande quantité pour l'appliquer à aucun usage; mais en cardant, comme Bon l'avait déjà fait, la soie du cocon de l'épeïre diadème, il put en faire filer assez pour fabriquer une paire de bas, qu'il envoya au roi Charles III.

Walckenaer rapporte encore (*le Temps*, journal) que ROLT, négociant anglais, réussit aussi à dévider la soie de l'araignée et à l'enrouler à mesure qu'elle l'abandonnait. Il obtint ainsi un fil d'environ 18,000 pieds qui avait été filé en moins de deux heures par vingt-deux araignées.

M. Henry Berthoud, dans une de ses chroniques scientifiques, raconte que sous l'Empire, un Français nommé DUBOIS renouvela ces tentatives.

Il élevait des araignées dans des cages de bois ou de verre, où il les faisait filer. Il avait pu, dit-il, porter le nombre de ses ouvrières à quatre cent mille, elles travaillaient chacune dans une caisse séparée; mais cet expérimentateur ne parvint jamais à fabriquer un morceau d'étoffe de plus de 7 à 8 centimètres, et il se bornait à tisser de petits carrés hémostatiques contre les coupures.

Malgré tous ces essais infructueux, ainsi que le fait remarquer M. BERTHOUD, la question n'est pas encore résolue : des procédés nouveaux avec lesquels on peut dissoudre la soie avant de la filer, permettront peut-être d'obtenir des fils meilleurs et avec plus de facilité.

Il est encore possible que, dans la suite, on acclimate dans notre pays

il est vrai, des résultats assez satisfaisants; mais la difficulté d'élever un grand nombre d'araignées, animaux qui cohabitent difficilement ensemble et qui se nourrissent de proies vivantes, et aussi la ténuité de ces fils et la facilité avec laquelle ils se brisent, seront probablement toujours autant d'obstacles à ce que leur emploi prenne une grande extension. Comparée à celle du bombyx, la soie de l'araignée est plus fine, moins lisse et plus cassante; elle n'a aucune saveur, tandis que le cocon du ver à soie renferme un principe âcre et détestable.

SYSTÈME NERVEUX. — Le système nerveux des aranéides, quoique construit sur le même plan fondamental que celui des articulés, se présente cependant sous une forme toute différente en apparence, mais qui est due seulement à la centralisation plus grande des parties qui composent ce système. En effet, à la place de cette série de ganglions thoraciques et abdominaux qui existent chez les insectes et le scorpion même, on ne trouve chez les aranéides que deux masses nerveuses occupant une grande partie de la cavité céphalothoracique, et résultant de la fusion de ces mêmes ganglions, comme il est facile de le voir, chez les embryons de quelques aranéides, où la

Fig. 12.

Système nerveux
en dessus.

(comme on l'a fait pour le ver à soie) une de ces espèces étrangères qui, en raison de sa grande taille, produirait une soie plus forte et plus belle que tout ce que l'on connaît jusqu'à ce jour.

trace des soudures subsiste encore et est indiquée par
des sillons plus ou moins pro-
fonds.

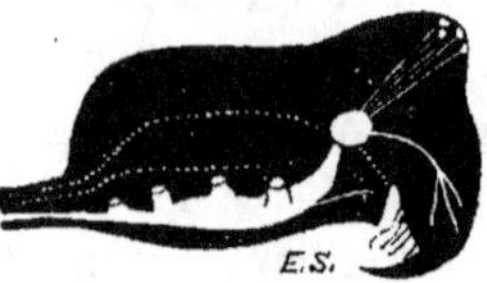

Fig. 13.

Système nerveux de profil.

La première masse nerveuse,
appelée *ganglion cérébroïde* ou
cerveau, est placée au-dessus
de l'œsophage et dans la portion
antéro-supérieure du céphalo-thorax ; elle a une forme
renflée, presque arrondie : elle envoie des nerfs relativement grêles aux yeux, aux chélicères et à la pièce buccale.
La seconde masse, que l'on appelle *ganglion thoracique*,
est placée plus en arrière : c'est un disque plat, prenant la
forme du plastron, uni en avant par des connectifs courts
et larges au ganglion cérébroïde, de manière à former
autour de l'œsophage un collier très-étroit. Il est formé
par la soudure du ganglion sous-œsophagien, des trois
ganglions thoraciques, et en arrière de tous les ganglions
abdominaux, qui, par exception dans la mygale, forment
une masse distincte. De cette plaque nerveuse partent
en rayonnant les nerfs des pattes-mâchoires et ambula-
toires, qu'il est possible de suivre jusqu'à l'extrémité de
ces organes, où ils se divisent à l'infini, et leur donnent
une sensibilité exquise : de sa partie postérieure naît un
faisceau de nerfs qui traverse le pédicule, s'engage dans
l'abdomen où il se distribue, en se ramifiant, à tous les
organes qu'il contient.

ORGANES DES SENS. — Sur les cinq sens, deux seulement chez les araignées sont bien développés et rési-
dent dans des organes distincts : ce sont les sens de la
vue et du toucher ; quant à ceux du goût, de l'odorat
et de l'ouïe, leur existence est probable, mais ne peut pas
être démontrée d'une manière certaine.

1° *Vision.* — Les yeux composés ou à facettes, si caractéristiques chez les insectes et les crustacés, manquent complétement chez les aranéides; on ne trouve chez elles que des yeux simples. Ceux-ci sont au nombre de huit ou plus rarement de six, et diversement placés sur le rebord antérieur du céphalo-thorax qui forme une espèce de front. Leur disposition, qui permet à l'araignée de voir tout à l'entour d'elle, sans se déplacer, varie suivant les genres, est constante pour chaque type, et est toujours en rapport avec ses mœurs et son genre de vie : ainsi les araignées qui se réfugient dans des tubes ont les yeux groupés et ramassés sur le front; celles qui vivent en plein air, les ont étalés sur le devant de la tête; celles qui courent de côté, les ont rejetés sur les parties latérales; celles qui sautent, les ont placés sur le sommet du corselet, etc., etc. On comprend, d'après cela, que la disposition de ces organes soit choisie comme caractère important pour la distinction et la classification des espèces.

Le volume considérable de certains de ses yeux simples, a facilité leur étude; Müller y a distingué : une *cornée* lisse, bombée, vitreuse, transparente et enchâssée dans le tégument, dont elle semble n'être qu'une continuation et avec lequel elle se renouvelle à chaque mue; un *cristallin* presque sphérique, adhérant à la cornée, la chambre antérieure de l'œil manquant complétement; en arrière de ce cristallin, un *corps vitré*, mou, blanchâtre, transparent, presque rond et entouré d'une couche épaisse de *pigment* de couleur foncée, qui remonte jusque sur le bord de la cornée, où elle simule une *iris;* sur la face postérieure de ce corps vitré, une *rétine* formée par l'épanouissement du nerf optique.

Quant à la manière dont s'opère la vision chez les araignées, la convexité extrême de la cornée, du cristallin et du corps vitré, fait présumer que la lumière en pénétrant dans l'œil y subit une réfraction très-forte, ce qui ne leur permettrait de distinguer les objets qu'à une faible distance; cependant la structure de ces organes qui se rapproche beaucoup de celle des animaux supérieurs, la précision des mouvements et la rapidité avec laquelle l'araignée aperçoit les plus petits insectes, doivent faire penser que la vision, chez elle, s'opère avec une grande netteté.

Le volume différent et la convexité plus ou moins grande de ces yeux indiquent qu'ils sont destinés à voir les objets à des distances plus ou moins éloignées.

Suivant la remarque de M. Vinson, il y a des aranéides diurnes et des aranéides nocturnes; dans ces deux espèces, les yeux ne se présentent pas sous le même aspect : chez les diurnes ils sont brillants, transparents, et semblent avoir une pupille et un iris; chez les nocturnes ils sont au contraire ternes et opaques.

2° *Toucher*. — La finesse des téguments chez les araignées et la grande multiplicité des nerfs, que nous avons vus se distribuer dans tous leurs appendices, donnent à ces insectes la faculté de sentir et d'apprécier la nature des corps qu'ils touchent, avec une précision parfaite.

L'étude des mœurs fait présumer que les pattes-mâchoires qui palpent toujours le terrain, et que l'extrémité des deux premières pattes, qui sont sans cesse en mouvement, sont les parties du corps où la sensibilité tactile atteint son plus haut degré de perfection.

3° *Ouïe.* — Si les organes de la vision peuvent être vus par tout le monde, si la perfection du toucher a pu facilement être appréciée, personne, jusqu'à ce jour, n'a découvert dans les aranéides les vestiges même d'un organe de l'ouïe.

Les antennes des insectes, qui paraissent destinées à percevoir les sons, manquent en effet chez les araignées, ou plutôt sont remplacées chez elles par des organes propres à saisir la proie.

Les expériences prouvent également que cette fonction, si elle existe, est au moins fort peu développée ; d'un autre côté, ces animaux ayant une peau très-sensible, et étant presque toujours suspendus au milieu de l'air, ils doivent percevoir facilement les moindres vibrations, et se trouvent probablement avertis de cette manière des dangers qui les menacent.

Beaucoup d'histoires, racontées dans des ouvrages anciens, sembleraient prouver que les araignées ne sont pas insensibles aux charmes de la musique (1) ; mais ces faits sont loin d'avoir une valeur scientifique, et ce qu'il y a de plus certain, c'est que lorsqu'un de ces insectes entend le son d'un instrument, la première chose qu'il fait, c'est de se sauver dans sa retraite.

4° et 5° *Odorat*, *goût.* — Quant aux deux autres sens, ils n'exigeront pas de longs détails ; celui de l'odorat, contesté par plusieurs auteurs, est encore tout à fait pro-

---

(1) Tout le monde connait l'histoire de PELLISSON (D'OLIVET, *Histoire de l'Académie française*) qui, pendant sa captivité à la Bastille, apprivoisa une araignée aux sons de la musette, — et celle de GRÉTRY (*Mémoires*) qui en faisait descendre une de sa toile au moyen de son piano, etc., etc.

blématique ; — celui du goût, quoique fort imparfait, existe et a son siége sur les membranes molles et sensibles qui tapissent la cavité de la bouche.

ORGANES DE LA REPRODUCTION. — Les aranéides sont ovipares ; les appareils génitaux du mâle et de la femelle ont une plus grande simplicité que dans les autres types d'articulés, et présentent beaucoup d'analogie entre eux.

1° *Appareil femelle.* — Les organes producteurs des œufs, chez l'aranéide femelle, consistent en deux longs ovaires, ayant la forme de tubes cylindriques un peu élargis et arrondis à leur extrémité, où ils se terminent en cul-de-sac.

Figure 14.

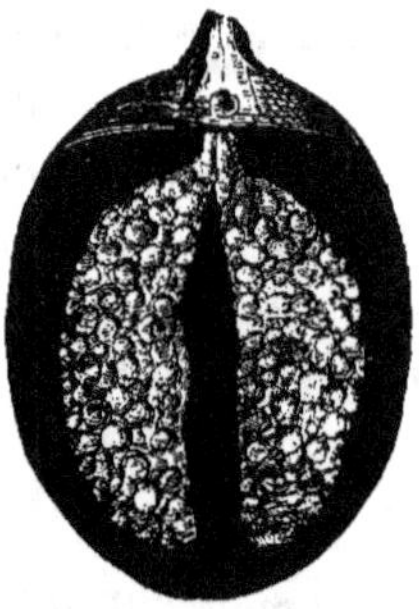

Ces organes sont placés sous la face ventrale de l'abdomen ; ils se rétrécissent en avant, et se réunissent pour former un oviducte large et très-court, qui vient déboucher à l'extérieur par une ouverture ayant la forme d'une simple fente, et placée à la partie antéro-inférieure de l'abdomen sur la ligne médiane et entre les orifices respiratoires.

La surface externe de ces sacs est recouverte par les œufs, qui sont maintenus chacun dans une cellule formée aux dépens des membranes de l'ovaire, et s'ouvrant à l'intérieur par un orifice étroit : en prenant du développement, ces œufs écartent les parois des cellules, dilatent leur ouverture, et lorsqu'ils sont arrivés à maturité, tombent dans l'ovaire, où ils trouvent le liquide fécondant du mâle. D'autres fois il se joint à cet appareil une petite poche qui s'ouvre dans l'oviducte et qui sert de réservoir à ce liquide,

2° *Appareil mâle.* — Les organes du mâle ont la plus grande analogie avec ceux de la femelle. Ils se composent aussi de deux tubes occupant la même place, et s'ouvrant également par un orifice commun à la face inférieure de l'abdomen, entre les ouvertures des sacs respiratoires. Seulement ces tubes sont étroits, d'une longueur considérable, et repliés sur eux-mêmes un grand nombre de fois. Leur membrane interne sécrète le liquide fécondant qui tient en suspension, comme celui des insectes, des spermatozoïdes ayant la forme d'un long filament terminé par une tête ronde et très-petite.

Fig. 15

À ces organes, chez le mâle, se rattache une disposition singulière du dernier article des pattes-mâchoires ou palpes. Chez lui, en effet, comme nous l'avons fait déjà remarquer, au lieu d'être effilé et terminé par deux petites griffes comme chez la femelle, ce dernier article est renflé, creusé d'une petite cavité ou cupule, qui est recouverte et fermée par des expansions membraneuses, diversement découpées et lobées suivant les genres. C'est dans cette petite cupule que l'araignée mâle recueille sa propre liqueur séminale, qu'il la conserve pour féconder sa femelle, en l'introduisant dans son oviducte.

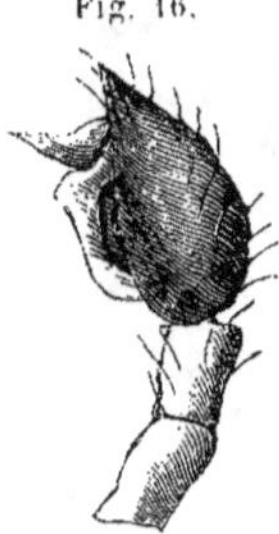

Fig. 16.

Palpe du mâle.

Mais ce n'est pas seulement par la conformation sin-

gulière de son palpe que le mâle diffère de la femelle ; il
existe chez lui encore quelques particularités qu'il convient d'observer ici : il est toujours d'une taille beaucoup
moindre, son corselet est plus large, son abdomen plus
grêle, ses appendices, particulièrement ses chélicères et
ses pattes, sont beaucoup plus allongés ; enfin ses cou-
eurs sont plus vives, plus tranchées, et quelquefois tout
à fait différentes. Les mâles sont beaucoup moins répandus que les femelles ; leur rareté est souvent telle, que
certaines espèces communes en France n'ont été connues,
pendant longtemps, que par leur femelle.

3° **OEufs, cocon.** — Après la sortie des ovaires, les
œufs ont la forme de petites boules très-lisses et parfai-
ement rondes, dont l'enveloppe, sans être calcaire, est
assez résistante. Quelquefois ces œufs sont couverts d'une
matière visqueuse qui suffit pour les faire adhérer ensemble, et pour en former une masse compacte que la
mère porte jusqu'à leur éclosion, soit attachée à ses filières, soit suspendue à ses mandibules. Le plus souvent
ces œufs sont secs et lisses ; dans ce cas, quelques heures
avant la ponte, l'araignée mère file, de la soie la plus
douce et la plus blanche, une espèce de petit sac qu'elle
suspend au milieu de l'air, ou qu'elle applique contre une
surface, et elle y dépose ses œufs ; tantôt le travail en
reste là : l'araignée alors surveille avec vigilance ce précieux cocon et ne l'abandonne jamais ; d'autres fois elle
enveloppe cette bourre d'une toile serrée et imperméable ;
enfin, lorsqu'elle doit le quitter souvent, elle a soin d'en-
tasser entre ces enveloppes une couche de terre et de
corps étrangers, destinée à le protéger.

Le nombre des œufs varie suivant les espèces ; la
moyenne est de 5o à 6o ; la vulgarité ou la rareté de

celles-ci en dépend : aussi voyons-nous les araignées les plus communes pondre un nombre considérable d'œufs.

Au bout d'un mois, ou en moins de temps, lorsqu'il fait très-chaud, les jeunes suffisamment développés brisent la coquille de leurs œufs : ils sont alors entièrement blancs, et ont les pattes réunies et accolées sous le ventre; ils restent dans cet état pendant une huitaine de jours, après quoi ils se dépouillent de leur première peau ; leurs pattes et leurs appendices buccaux maintenus par cette enveloppe, devenant mobiles, les petites araignées ne cherchent dès lors qu'à crever le cocon, à poursuivre chacune de leur côté une nourriture convenable, et à choisir un emplacement sûr pour y établir une demeure propre.

Quelquefois, avant de se disperser, les jeunes restent quelque temps ensemble, vivent une quinzaine de jours en société, et forment ces gros pelotons de petites araignées qui sont si communs dans nos jardins.

La plupart des aranéides font des pontes successives, c'est-à-dire que de huit jours en huit jours environ, elles pondent un certain nombre d'œufs dans des cocons qu'elles accolent les uns près des autres ; tous ces œufs néanmoins éclosent à des époques fixes, bien que la mère n'ait été fécondée qu'une fois.

Ces faits, qui ont paru extraordinaires à quelques naturalistes, sont faciles à expliquer, lorsqu'on se rappelle la conformation des ovaires : le liquide fécondant du mâle conservant, comme l'a prouvé M. Blanchard, ses propriétés pendant fort longtemps, et étant tenu en réserve dans les oviductes, ainsi que dans la poche copulatrice qui les accompagne souvent, imprègne les œufs à mesure qu'arrivés à maturité ils se détachent de l'ovaire, pour être expulsés au dehors (1).

---

(1) Malgré toutes les précautions que les araignées prennent pour se préserver de leurs ennemis et en garantir leurs œufs, elles ne sont pas à l'abri contre les atteintes de quelques insectes parasites et voraces.

Ainsi plusieurs espèces d'ichneumons transpercent les enveloppes soyeuses de leurs cocons, déposent leurs œufs à côté ou même à l'intérieur des leurs, afin que leurs petites larves puissent s'en nourrir aussitôt après leur éclosion. — La toile de l'araignée est, suivant M. Doumerc, choisie par quelques espèces de teignes pour l'établissement de leur petite coque (*Annales de la Société entomologique*, 1861). — Quant aux araignées elles-mêmes, la larve d'un trombidion rouge se fixe très-souvent à la base de leurs pattes, ou sur leur abdomen. — En Amérique, les hyménoptères de la famille des sphex enlèvent les araignées sur leur toile, les engourdissent de leur venin, les calfeutrent dans des cellules étroites, où ils ont préalablement déposé un œuf, qui plus tard donne naissance à une larve blanche et apode, qui ne doit se nourrir que d'araignées vivantes.

PREMIÈRE FAMILLE.

SCYTODIFORMES [1] E. S.

Aucune famille ne semble, au premier abord, différer plus du type de l'araignée que celle des *scytodiformes*; cependant ces aranéides sont construites sur le
même plan que toutes les autres, seulement elles présentent, dans le détail de leur structure, certaines particularités assez tranchées pour permettre d'en former une
famille. Dugès donnait à ce groupe le nom de *micro-
gnathe*, parce qu'en effet son principal caractère est la
réduction des mandibules, leur presque horizontalité, et
la petite pointe prolongeant leur bord interne et qui,
s'opposant au crochet, constitue une pince faible et peu
propre à l'attaque.

Les scytodiformes sont en outre caractérisées par la
longueur des mâchoires, qui, se touchant en avant de
la lèvre, peuvent saisir les insectes et suppléer au peu
de force des chélicères.

La physionomie de ces araignées a aussi quelque chose
de particulier, qui est dû à la forme globuleuse du corselet, élevé surtout en arrière, et qui se prolonge en
avant du front en forme de pointe, de manière à rejeter
la bouche bien en avant des yeux. L'abdomen est également globuleux, et les membres sont d'une telle finesse

(1) Voir à la fin du volume le tableau de la classification adoptée dans
cet ouvrage.

et d'une telle longueur, que le vulgaire donne souvent le nom de *faucheur* à ces araignées. Les yeux ont une disposition caractéristique ; ils sont rangés en trois groupes écartés l'un de l'autre ; un groupe antérieur et médian composé de deux yeux, et deux groupes latéraux et supérieurs formés de trois yeux chacun, se confondant et se touchant ; les deux yeux du groupe antérieur, ou l'œil le plus externe des deux groupes supérieurs, peuvent s'oblitérer sans rien changer à la disposition typique.

L'anatomie interne de la plus commune des espèces a été faite avec soin par Dugès : la finesse extrême du tégument de l'abdomen permet de reconnaître par transparence la forme du cœur et ses battements. Le tube digestif n'a rien de remarquable ; mais les organes qui produisent la soie se présentent à un degré de simplicité qui est unique dans les araignées ; ils se composent de six grosses vésicules distinctes et isolées qui gonflent l'abdomen, et qui se terminent chacune par un petit tube excréteur, qui débouche à l'extrémité de petites filières très-courtes, rudimentaires, peu visibles et disposées en rosace. Les instincts, de même que l'industrie de ces araignées, sont beaucoup moins parfaits que ceux d'une foule d'autres espèces. Ce sont des araignées lentes dans leur démarche, tendant des fils isolés, ne construisant ni coques ni demeures soyeuses pour s'y mettre à l'abri du froid des hivers, et ne formant que rarement des cocons autour de leurs œufs.

Cette famille, quoique ne contenant que cinq genres, doit être divisée en deux tribus bien nettement distinctes par plusieurs caractères importants : voici le principal :

Trois yeux dans chacun des groupes latéraux, PHALANGOIDIENS.
Deux yeux dans chacun des groupes latéraux, SCYTODIENS.

1ʳᵉ Tribu. SCYTODIENS.

Six yeux, deux seulement dans chacun des groupes, — pattes d'une finesse extrême et d'une longueur moyenne, — mandibules horizontales, — organe copulateur du mâle fort simple, placé au côté interne du dernier article du palpe.

Cette tribu comprend les genres *Scytode* et *Omosite*.

1ᵉʳ Genre. **SCYTODE**, *Scytoda*, Latreille.

(σχύτος, cuir, bouclier.)

Yeux, six, groupés sur le devant du corselet par paires, une
Fig. 17. paire en avant dont les deux yeux sont plus petits, très-rapprochés, mais ne se touchent pas; les autres rejetés sur le haut du front de chaque côté, les yeux de chaque paire se touchant et se confondant, mais les paires éloignées l'une de l'autre.

Lèvre, variant pour la grandeur, tringuliforme, plus haute
Fig. 18. que large, bombée et élargie à sa base, où elle se soude souvent avec le plastron.

Mâchoires, étroites, allongées, élargies ou courbées à leur base, entourant complétement la lèvre, se rejoignant à leur extrémité.

Mandibules, très-petites, portées en avant, à crochet presque nul et à peine visible.

Corselet, bombé, globuleux, plus élevé que l'abdomen, surtout
Fig. 19. en arrière; sans fossule.

Abdomen, globuleux, à filières peu visibles.

Pattes, extrêmement fines, allongées, dans l'ordre suivant : 1, 4, 2, 3, deux griffes pectinées, supportées par un petit article supplémentaire.

Taille, n'atteignant pas un centimètre.

Couleur, tantôt brune uniforme, tantôt blanche, relevée par de petites taches noires régulières, pattes élégamment annelées.

Patrie, une espèce est propre à l'Europe, une au nord de l'Afrique, et quelques-unes à l'Amérique du Sud.

Habitudes, araignées marchant lentement sur les murs, à l'intérieur des habitations ou sous les pierres; tendant de longs fils qui se croisent irrégulièrement; enveloppant leurs œufs d'une bourre lâche.

ESPÈCES.

S. thoracique,	S. *thoracica*,	Walckenaer,	Europe.
S. . . . . var.	*Algerica*,	Lucas,	Algérie.
S. . . . . var.	*Major*,	Vinson,	Ile de la Réunion.
S. . . . . var.	*Tigrina*,	Koch,	Grèce.
S. de Berthelot,	S. *Berthelotii*,	Lucas,	Iles Canaries.
S. brune,	S. *fusca*,		Amérique méridionale.
S. longipède,	S. *longipes*,	Lucas,	Algérie.
S. noirâtre,	S. *nigella*,	Nicolet,	Chili.
S. globuleuse,	S. *globula*,	Nicolet,	Chili.
S. jaunâtre,	S. *flavescens*,	Nicolet,	Chili.
S. large,	S. *lata*,	Nicolet,	Chili.
S. distincte,	S. *distincta*,	Lucas,	Algérie.
S. amarantine,	S. *amarantha*,	Vinson,	Ile de la Réunion.

Le genre *scytode*, si fortement caractérisé par la forme du corselet, la finesse des pattes, et enfin par la disposition des yeux qui, malgré l'oblitération du plus externe des deux groupes latéraux, se rattache au type de la famille, ne renferme que quelques espèces dont une seule est commune en Europe, c'est la petite araignée rayée de nos maisons. Toutes se reconnaissent à la forme exceptionnelle du corselet qui, très-étroit et pointu en avant, s'élargit et se renfle en arrière. Les mouvements lents et lourds de ces araignées contribuent à leur donner une physionomie singulière.

Leur corps n'est jamais couvert de poils, leur peau est

d'une finesse remarquable et marquée de couleurs assez
élégantes.

M. Koch, se fondant sur le nombre des yeux, place les
scytodes à côté des ségestries, mais je crois que c'est avec
les pholques qu'elles présentent le plus grand nombre
d'affinités.

ESPÈCE PRINCIPALE.

Scytode thoracique.

La *scytode thoracique* est une des araignées européennes dont la coloration est la plus élégante ; le fond est
blanc argenté, un peu jaunâtre, relevé par des figures
noires formées de petites raies ou de petites lignes ondulées ; c'est une de celles qui inspirent le moins de répul-
sion, parce que son corps est peu ou point velu, que
ses mouvements sont fort lents, et que ses formes sont
élancées et gracieuses. Elle vit isolément sur les murs
exposés au soleil, dans les endroits les plus chauds, à
l'intérieur même des habitations, car elle semble redouter le froid et l'humidité ; elle ne sort et ne se met
en quête de se procurer sa nourriture que lorsque le
soleil a atteint toute sa force, lorsque les cynips, les
petites mouches et les fourmis dont elle fait sa nourriture sortent aussi de leur demeure ; alors, on la voit
marcher avec lenteur, élevant doucement ses pattes les
unes après les autres, les laissant quelque temps en l'air
avant de les poser, comme si elle mesurait ses pas. Elle
est d'un caractère excessivement doux ; elle se laisse
prendre facilement, en faisant la morte et ne cherche
nullement à s'enfuir ni à mordre ; au reste, c'est l'araignée la plus mal armée ; l'atrophie de ses crochets l'oblige

de saisir les insectes avec ses mâchoires qui se touchent
en avant de la lèvre ; ce qui rend la glande à venin (qui
est du reste très-réduite) presque inutile.

Cette araignée est d'une grande sobriété ; elle peut
rester plusieurs mois sans prendre aucune nourriture. La
plupart des entomologistes l'ont trouvée en France, où
elle n'est pas rare. J'ai pris plusieurs individus à Paris
aux mois de mai et de juillet, mais jamais en plein air
ni au milieu du jardin. Au contraire, dans le midi de la
France, où elle est beaucoup plus commune, on la rencontre dans la campagne, sous les pierres ; il paraît qu'elle
est très-abondante sur la montagne de la Garde, près
Marseille. Quoique errante, la scytode thoracique tend
de longs fils assez gros et gluants, qui se croisent et qui,
par leur réunion, forment une petite toile qui retient les
mouches.

M. Lucas a recueilli un cocon de cette scytode ; il n'a
trouvé que neuf œufs d'un blanc jaunâtre, agglomérés
entre eux. Ce cocon était formé d'une soie fine, d'une
belle couleur blanche et à tissu très-serré ; il était arrondi,
un tiers plus gros que l'abdomen, et porté par l'aranéide
femelle, qui le tenait accolé à son sternum sous le corselet, au moyen de ses mandibules et de ses palpes. Au
bout de vingt-six jours, les œufs sont éclos, les jeunes
avaient déjà les taches de l'adulte ; ils se construisirent
un petit logis soyeux sur lequel ils vivaient en société ;
tous les neuf individus étaient femelles.

Chose remarquable, jusqu'aujourd'hui on ne connaissait point encore le mâle de cette araignée si répandue ;
M. Vinson l'a trouvé à grand'peine à l'île de France. Sa
taille et sa couleur n'ont rien de particulier ; ses jambes
antérieures sont garnies de rangées d'épines. M. Lucas

ajoute que la scytode se trouve assez communément pendant l'hiver, et une grande partie du printemps, dans les environs d'Alger, de Constantine, etc.

Les couleurs fraîches de cette araignée, l'aversion qu'elle a pour le froid, l'espèce d'engourdissement dans lequel elle semble être dans notre pays, avaient fait supposer, peut-être avec raison, à Walckenaer que la scytode thoracique nous avait été amenée des pays tropicaux ; les naturalistes de la Suède, de la Russie et de l'Angleterre ne la connaissent pas ; au contraire, elle est beaucoup plus commune dans le midi, et il paraît qu'autrefois elle était plus rare à Paris qu'elle ne l'est aujourd'hui. Ce qui confirme ce fait, c'est qu'à l'île de la Réunion, elle est abondante et acquiert une taille qu'on ne lui connaît point en Europe. Là elle vit en plein air, aussi bien que dans les maisons.

2ᵉ GENRE. **OMOSITE**, *Omosita*, Walckenaer (1808).

(Ομος, même ; σιτος, nourriture.)

Synonymie : *Scytode*, Walckenaer (1836).

Yeux, six, disposés comme ceux des scytodes, la paire antérieure est seulement plus élevée et placée entre les paires latérales, sur la même ligne que les yeux antérieurs de ces paires.

Lèvre, rétrécie à sa base, élargie dans son milieu, arrondie à son extrémité, très-allongée et ovalaire.

Mâchoires, allongées, diminuant graduellement vers leurs extrémités qui se touchent et sont arrondies. Elles sont inclinées sur la lèvre et l'entourent complétement.

Mandibules, fortes, cylindriques.

Corselet, grand, arrondi, déprimé et marqué d'une fossule centrale.

Pattes, très-fines, peu inégales, la deuxième paire est la plus longue; elles sont médiocrement allongées dans la femelle, mais elles le sont beaucoup dans le mâle; tarse composé de trois articles.

Couleur, brun rouge uniforme, plus ou moins clair.

Taille, un demi-centimètre.

Patrie, deux espèces sont propres à l'Europe, l'autre a été trouvée à la Guyane.

Habitudes, aranéides, tendant des fils sous les pierres.

ESPÈCES.

O. blonde,	*O. rufescens*,	Dufour,	Espagne.
O. rufipède,	*O. rufipes*,	Lucas,	Guyane.
O. érythrocéphale,	*O. erythrocephala*,	Koch,	Grèce.

Il y a déjà bien des années que M. Dufour découvrit le genre *Omosite* dans le royaume de Valence ; cet entomologiste lui donna le nom de *scytode blonde ;* mais Walckenaer reconnut bientôt que cette curieuse araignée ne pouvait être associée aux scytodes, et que ses fortes mandibules, son corselet déprimé et marqué d'une profonde fossule, ses yeux rapprochés l'un de l'autre, étaient des caractères assez distinctifs pour justifier sa séparation ; aussi en forma-t-il un genre auquel il donna le nom d'*omosite*.

Je ne sais pour quelle raison cet auteur réunit plus tard, dans son *Histoire naturelle des aptères*, l'omosite aux scytodes, et se contenta d'en former sa famille des *déprimées*. L'omosite, il est vrai, est voisine des scytodes, et, malgré les caractères importants qui différencient ces deux groupes, ils doivent être rapprochés dans une même tribu.

ESPÈCES PRINCIPALES.

Omosite blonde. — O. rufipède.

L'*omosite blonde* est une araignée de taille moyenne, dont le corps est d'un fauve brunâtre uniforme, sans taches ni raies. Une autre espèce, à peu près semblable, a été rapportée de la Guyane par MM. Leschenault et Doumerc et nommée *omosite rufipède* par M. Lucas.

Les mœurs de ces araignées très-rares ont été peu étudiées ; Léon Dufour est le seul qui les ait observées : il dit : «J'ai trouvé plusieurs fois l'omosite blonde sous «les débris calcaires, dans les montagnes du royaume «de Valence, principalement aux environs de l'antique «Sagonte ; elle se fabrique un tube assez informe d'une «toile mince d'un blanc laiteux, à peu près comme la «dysdère. »

2ᵉ Tribu. PHALANGOIDIENS (PHOLOIENS).

Huit ou six yeux ; trois dans chacun des groupes latéraux, qui persistent toujours, tandis que les deux intermédiaires peuvent ou non exister, — mandibules verticales, — pattes locomotrices d'une prodigieuse longueur et d'une finesse remarquable, — pattes-mâchoires courtes et très-compliquées dans le mâle.

Cette tribu comprend les genres *Rack, Pholque, Artème.*

3ᵉ Genre. **RACK**, *Rachus*, Walckenaer.

(Nom arabe ; ραχτος, rocher.)

Synonymie : *Pholcus*, Lucas, Dugès.

Yeux, six, formant deux groupes de chaque côté du front, composés chacun de trois yeux, se touchant.

Fig. 20.

Lèvre, courte, plus large que longue.

Mâchoires, allongées, cylindroïdes, fort écartées à leur base, mais très-inclinées.

Mandibules, courtes et larges.

Corselet, presque rond, la partie antérieure en est prolongée et gibbeuse, la partie moyenne élevée et marquée d'une fossule dans son milieu, les parties latérales et postérieures déprimées.

Abdomen, globuleux, presque rond.

Pattes, très-allongées, très-fines.

Couleur, jaune pâle.

Taille, 2 millimètres et demi.

Patrie, Algérie.

Habitudes, aranéides tendant des fils lâches et peu serrés, à l'intérieur des maisons et des grottes.

ESPÈCE.

R. sénoculé,	*R. sexoculatus*,	Dugès,	Algérie.

Aucun fait ne prouve mieux les rapports intimes qu'ont

entre eux les scytodes et les pholques, que la découverte faite en Algérie par M. Lucas d'un pholque à six yeux. Depuis plus de vingt ans, Dugès avait fait mention d'un animal de cette espèce, pris par lui aux environs de Montpellier ; mais Walckenaer, ne reconnaissant pas les véritables affinités des pholques, nia cette découverte, ou plutôt il prétendit que le *pholcus sex-oculatus* de Dugès n'était qu'un très-jeune individu du *pholcus phalangoïdes*. Mais l'observation de M. Lucas prouve la vérité de ce qu'avançait Dugès, et montre de la façon la plus claire, que ce n'est pas le nombre des organes, mais leur homogénéité et leur disposition qui déterminent le rapprochement ou la séparation des types. En effet, dans le petit *pholque à quatre points* de M. Lucas, ou le *rack* de M. Walckenaer (nom que les Arabes donnent au pholque), les deux groupes de trois yeux latéraux existent, mais les deux yeux intermédiaires manquent ; tout le reste de l'organisation est celle d'un pholque.

ESPÈCE.

Rack sénoculé ou à quatre points.

Le *rack à quatre points* est une araignée dont la taille ne dépasse pas deux millimètres, dont les pattes sont d'une excessive finesse, et dont les téguments sont pour ainsi dire incolores, tellement ils sont délicats et transparents. M. Lucas dit de ses mœurs : « Cette curieuse « espèce, dont je n'ai rencontré qu'un seul individu, « habite les maisons à Constantine, où je l'ai prise à la « fin de juin, dans ma chambre. Ce *pholcus* (car M. Lucas « n'admettait pas le genre *rack*) avait tendu dans l'en- « coignure de la muraille quelques fils de soie jetés çà « et là, sur lesquels il se tenait en observation. »

4ᵉ Genre. **PHOLQUE**, *Pholcus*, Walckenaer.

(Φολχος, louche; ψαος, œil, et ελχω, traîner.)

Yeux, huit, presque égaux, une paire antérieure, médiane, dont les deux
yeux sont rapprochés, mais ne
se touchent pas; sur le haut du
front sont deux paquets latéraux
de trois yeux chacun, se touchant et se confondant.

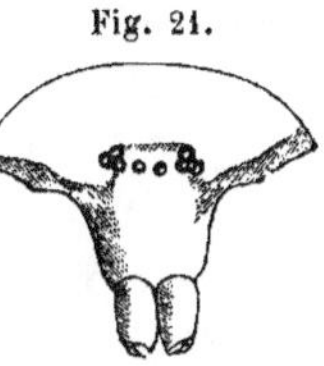

Fig. 21.

Lèvre, grande, étroite à sa base, dilatée dans son milieu, arrondie à son extrémité.

Mâchoires, allongées, étroites, creusées et amincies à leur
extrémité, inclinées sur la lèvre, et se touchant en
avant.

Mandibules, allongées, à crochets faibles.

Corselet, petit, déprimé, circulaire.

Abdomen, allongé, tronqué à la partie postérieure.

Pattes, très-longues, minces, filiformes, dans l'ordre 1, 2, 4, 3.

Couleur, blanche, plus ou moins grise ou jaunâtre.

Taille, 4 à 6 millimètres.

Patrie, trois espèces sont européennes, une est du nord de l'Afrique, deux de l'Amérique.

Habitudes, araignées tendant des fils irréguliers, en forme de
réseau, dont elles sortent rarement; elles agglomèrent leurs œufs, mais ne les enveloppent pas
d'un cocon de soie.

ESPÈCES.

P. phalangioïdes,	*P. phalangioides,*	Walckenaer,	France.
. . . . var.,	*P. nemastoides,*	Koch,	France.
. . . . var.,	*P. impressus,*	Koch,	France.
. . . . var.,	*P. opilionoides,*	Koch,	France.
P. ruisselaire,	*P. rivularius.*		Italie.
P. barbare,	*P. barbarus,*	Lucas,	Algérie.
P. à queue,	*P. caudatus,*	Dufour,	Espagne.
P. américain,	*P. americanus,*	Nicolet,	Chili.
P. globuleux,	*P. globulosus,*	Nicolet,	Chili.
P. de Bourbon,	*P. Borbonicus.*	Vinson,	Ile de la Réunion.
P. allongé,	*P. elongatus,*	Vinson,	Ile de la Réunion.

Aucune division n'est mieux circonscrite que celle-ci :
au milieu d'un grand nombre de genres dont les limites
sont incertaines et arbitraires, c'est peut être le petit
groupe d'espèces qui présente les caractères les plus nets
et les plus tranchés ; ce qui les distingue surtout, c'est
la longueur et la gracilité de leurs appendices, qui égalent cinq à huit fois la longueur totale du tronc, et qui
donnent aux pholques l'aspect des *faucheurs*, nom sous
lequel certaines personnes les désignent. Quoique le nom
de la famille soit resté aux scytodes, parce que la longueur des membres des pholques est une véritable anomalie, et qu'on ne pourrait pas appliquer aux scytodes le
nom de pholciformes, ils sont les représentants les plus
parfaits de la famille, et nous offrent pour la bouche, et
surtout pour les yeux, la disposition complète, typique,
et la plus normale que l'on connaisse. Les pholques sont
des araignées à peu près sédentaires, qui se tiennent au
milieu des fils qu'elles ont tendus, et portent dans leurs
mandibules leurs œufs qui ne sont point protégés par une
enveloppe extérieure.

Ce genre renferme une des araignées les plus communes de Paris, le pholque phalangide, dont nous allons
décrire les mœurs.

ESPÈCE PRINCIPALE.

Pholque phalangide.

Le *pholque phalangide* se reconnaît à l'énorme longueur de ses pattes, qui ne sont pas en proportion avec
la petitesse du corps ; sa couleur est blanchâtre, néanmoins le dessus de l'abdomen présente une petite bande
grise plus foncée. C'est une des araignées les plus com-

munes de France; c'est une de celles qui se trouvent dans
les habitations; on la rencontre, en effet, rarement en
plein air; elle recherche pour établir sa toile les endroits
abrités, particulierement les angles des murs, les plafonds, les corniches des chambres peu visitées; là elle
attache des fils très-gluants, d'un point à un autre, pendant dans le milieu comme des cordes fixées aux deux
bouts, mais non tendues; ces fils sont nombreux, ils se
croisent dans tous les sens, sont de longueur différente, et
disposés sur plusieurs plans; ils ressemblent beaucoup à
ceux que tendent les scytodes et les théridions.

L'araignée se tient au milieu, les pattes ramassées;
aussitôt qu'un insecte se prend dans sa toile, ou qu'on
touche à ses fils, elle se secoue très-fort, soit pour expri-
mer sa crainte, soit pour effrayer l'ennemi par ses mouvements singuliers et violents. Le pholque emploie pour
attaquer sa proie le même artifice que les épéires et les
théridions, c'est-à-dire qu'il garrotte de fils sa victime
avant de la sucer, pour la rendre inoffensive; mais il s'y
prend d'une tout autre manière : aussitôt qu'une mouche
est arrêtée dans ses filets, le pholque s'avance lentement,
se place au-dessus d'elle, puis se soutenant au moyen de
ses six grandes pattes antérieures, il met en mouvement
ses pattes postérieures avec une rapidité, une adresse et
une régularité singulières; elles vont constamment toucher
les filières, puis la mouche, et ainsi de suite, de sorte
qu'au bout de quelques minutes, celle-ci sans tourner,
sans exécuter aucun mouvement, se trouve enveloppée de
fils nombreux, comme d'un maillot; lorsqu'elle a achevé
cette manœuvre, l'araignée fait monter la mouche jusqu'à
sa bouche, au moyen de sa troisième paire de pattes,
l'applique sous son corps et la suce pendant plusieurs

heures, après quoi elle la lâche, la détache de sa toile et la laisse tomber à terre, de sorte que ses fils ne sont jamais souillés par les cadavres de ses victimes.

Cette espèce est presque sédentaire et quitte rarement sa toile ; cependant dans les habitations, on rencontre de temps en temps le mâle errant. Les soins que la femelle prend de ses œufs sont très-remarquables, et l'assiduité qu'elle met à les garder pendant plusieurs mois est vraiment étonnante. Cette araignée est la seule qui ne construise pas de cocon, c'est-à-dire d'enveloppe de soie autour de ses œufs ; elle les agglutine seulement ensemble, de manière à en former une masse à peu près ronde, grosse comme un pois, de couleur brune, et à surface parfaitement lisse. Ces œufs, qui sont assez peu nombreux et gros, n'étant pas protégés par un cocon, auraient inévitablement péri, ou auraient été écrasés, si l'aranéide n'en avait pris un soin tout particulier. Aussi dès que sa ponte est terminée, la femelle saisit avec précaution ce paquet d'œufs dans ses mandibules, le colle sur son plastron, et le maintient dans cette position pendant tout le temps que les jeunes mettent à se développer et à éclore, ne sortant pas de sa toile, ne faisant aucun mouvement, négligeant même de prendre de la nourriture.

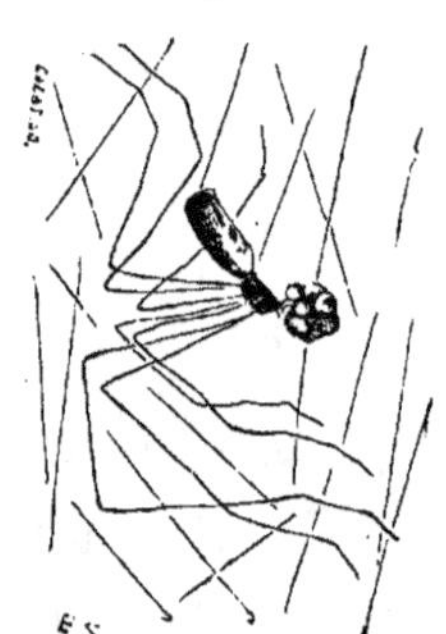

Fig. 22.

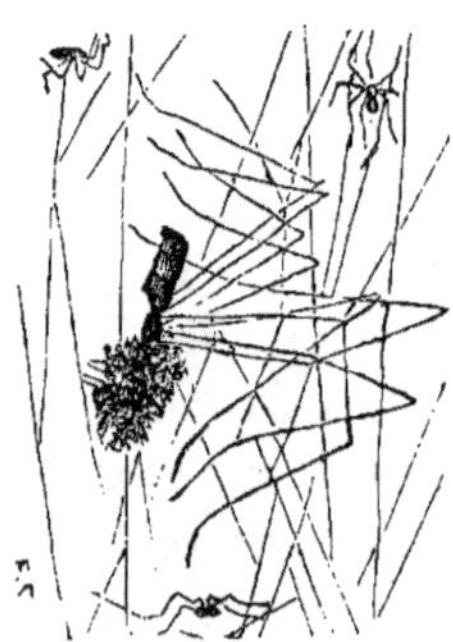

Fig. 23.

Les jeunes n'étant pas retenus par

un cocon, sont libres au moment de leur sortie de l'œuf, mais avant de se séparer, ils restent encore quelque temps agglomérés ensemble suspendus aux mandibules de leur mère; toutes leurs petites pattes blanches qui sont relevées, donnent à cette masse vivante un aspect villeux, que j'ai essayé de représenter sur la figure 23.

Le mâle est beaucoup plus petit, la forme de son abdomen est plus allongée, son palpe est fort compliqué; il n'est pas rare de le trouver à côté de la femelle, lorsque celle-ci a pondu et garde sa progéniture. Elle ne lui fait point de mal, cependant il n'ose s'approcher d'elle, et semble la redouter beaucoup.

5e Genre. **ARTÈME**, *Artema*, Walckenaer.

(Ἀρτημα, ce qui pend.)

Yeux, huit, égaux, ne se touchant pas, sur deux lignes de quatre yeux chacune, l'antérieure courbée en arrière, la postérieure droite, autrement dit deux yeux médians et trois latéraux comme dans les pholques, seulement tous sont disjoints.

Fig. 24.

Lèvre, grande, aussi large que haute à sa base, étroite et pointue à son extrémité.

Mâchoires, allongées, à base très-dilatée, à sommet effilé, entourant la lèvre, se touchant en avant.

Palpes, extraordinairement renflés.

Mandibules, longues, écartées, à tige denticulée, à crochet petit.

Corselet, élargi, arrondi et déprimé en arrière, prolongé en avant en un bandeau très-long qui simule une sorte de museau ou de trompe.

Abdomen, globuleux.

Pattes, très-allongées, fines, la première paire est cinq fois aussi longue que le corps ; elles sont dans cet ordre : 1, 4, 2, 3.

Couleur, jaune clair uniforme.

Taille, 1 centimètre environ.

Patrie, une espèce se trouve au Brésil, l'autre à l'Ile Maurice.

Habitudes, inconnues (aranéides vivant dans les maisons).

ESPÈCES.

A. mauricienne,	*A. mauriciana*,	Ile Maurice.
A. atlante.	*A. atlanta*,	Brésil.

Ce genre est un des plus singuliers de la classe des

aranéides. Quoique différant beaucoup des pholques par la position de ses yeux, qui sont toujours désunis, il doit en être rapproché à cause de sa forme générale, de son aspect et de la longueur considérable de ses pattes. Les mandibules articulées à l'extrémité d'un prolongement du corselet, donnent à sa tête une sorte de ressemblance avec la trompe des rhyncophores parmi les coléoptères. Les mœurs de l'unique espèce sont inconnues; elle vit à l'île Maurice, et, chose curieuse que M. Vinson fait remarquer, l'île de la Réunion, distante seulement d'une trentaine de lieues, en est dépourvue.

DEUXIÈME FAMILLE.

MYGALIFORMES E. S.

Le genre *mygale* de Latreille, compose, presqu'à lui seul, cette famille bien remarquable par des caractères anatomiques de première importance, et encore plus par la taille exceptionnelle, qui dans quelques-unes de ses espèces, dépasse dix centimètres; le corselet de ces araignées est énorme, presque carré, déprimé et arrondi en arrière, élevé et très-large en avant où il se termine par de puissantes chélicères horizontales, parallèles, et qui semblent prolonger le corselet; de sorte que le front ne forme pas un angle comme dans les familles suivantes, mais est plat et en continuité avec le corps des mandibules. Le crochet, qui est seul mobile, est articulé pour s'élever et s'abaisser. Les yeux des mygales, toujours au nombre de huit, sont rapprochés et groupés sur un mamelon que présente le corselet sur sa partie antérieure. Les membres sont robustes et fort peu inégaux, les palpes qui pourraient recevoir le nom de *pattes*, acquièrent une longueur énorme, servent à la locomotion et ont, comme les pattes, leur dernier article revêtu en dessous d'une espèce de semelle formée de poils ras, serrés et gluants, qui joue le rôle de ventouse et peut s'appliquer sur les corps les plus lisses ; de plus, l'article basilaire de ce membre ne s'étale pas en forme de mâchoire, et ressemble à celui des autres pattes. Tous les articles basilaires, ou les coxopodites des pattes, sont forts, s'insèrent près l'un de l'autre, et entourent un plastron très-petit et presque rond. L'abdomen est aussi long que le corselet, et se termine par quatre filières longues et palpiformes ; il présente à sa face inférieure quatre stigmates pulmonaires.

La grande taille des mygales qui rend leur dissection plus facile, fait que leur organisation est bien connue : Dugès, et surtout M. Blanchard, dans son ouvrage sur l'organisation du règne animal, en ont fait connaître les plus petits détails.

Le tube digestif a cela de particulier que l'anneau, formé par l'estomac, laisse à son centre un vide très-petit, que l'intestin reçoit trois paires seulement de vaisseaux biliaires. Le cœur est énorme, l'aorte fort étroite se divise promptement en pénétrant dans le céphalo-thorax, et se répand dans tous les organes, à l'aide d'une multitude de vaisseaux, d'une complication admirable, dont l'injection a été habilement faite et figurée par M. Émile Blanchard. Mais c'est surtout les organes de la respiration qui sont profondément modifiés ; en effet, les ouvertures pulmonaires sont contre l'ordinaire au nombre de quatre, et chacune communique avec un sac *pulmono-branchial* distinct et limité. Les masses nerveuses ont peu d'étendue, mais elles rachètent en épaisseur ce qu'elles perdent en largeur ; on sait, au reste, que le plastron des mygales est fort petit, et que la grandeur de cette portion du squelette tégumentaire correspond à celle de la masse ganglionnaire nerveuse. L'organe copulateur a cela de remarquable qu'il est fort réduit, et que la pointe qui le termine est longue et très-aiguë, qu'il n'est pas formé par le renflement et la déformation de tout le dernier article des palpes comme chez les épéires, les théridions, les pholques, etc. , mais qu'au contraire il est appendu au côté interne de ce dernier article, dont la forme n'est que peu modifiée et dont il se détache facilement.

La famille des mygaliformes est une des moins nombreuses en genres, mais elle est riche en espèces (plus de cent).

Ces araignées sont répandues dans toutes les régions chaudes du globe ; celles qui vivent en Europe sont les moins remarquables par leur taille, mais se distinguent par une industrie particulière ; toutes filent peu et se construisent soit des coques soyeuses, soit des tubes dans la terre.

Walckenaer avait reconnu les différences qui existent entre les mygales et les autres araignées ; aussi avait-il fait de celles-ci une famille sous le nom de *théraphoses*, que Latreille changea plus tard en celui de *tétrapneumones*, et que M. Léon Dufour appela *quadripulmonaires*.

Cette famille renferme les huit genres suivants : *mygale, mygalodonte, atype, cyrtocéphale, calommate, acanthodon, sphodros, ériodon*.

6e GENRE. **MYGALE**, *Mygale*, Latreille.

(μυς, souris, γαλη, belette.)

Synonymie : *Aranea*, Linné ; *Tarentula*, Brown.

Yeux, au nombre de huit, presque égaux entre eux, ramassés sur un mamelon au devant du corselet, et disposés par groupes sur les côtés de ce mamelon, deux plus gros au milieu et trois de chaque côté, formant parenthèse.

Fig. 25.

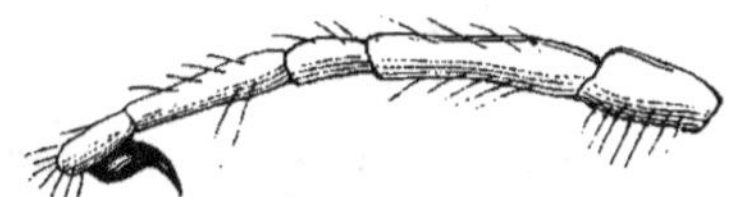

Lèvre, très-petite, rudimentaire, insérée sous les mâchoires et soudée avec le sternum.

Mâchoires, ou articles basilaires des pattes-mâchoires, cylindriques, non étalés en palette.

Palpes, extrêmement allongés, pédiformes, armés en dessous, dans le mâle, d'une pointe rouge et effilée.

Fig. 26.

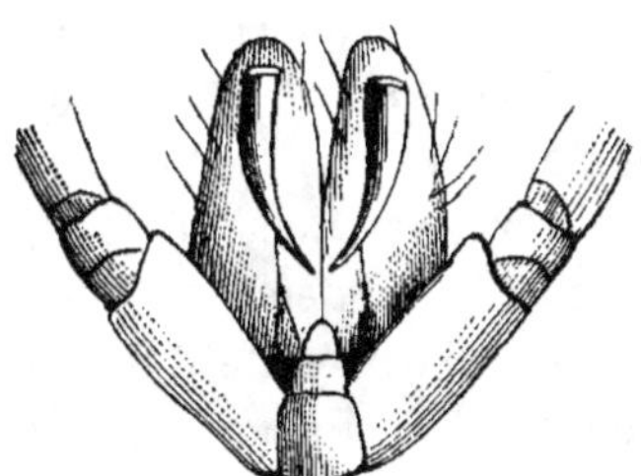

Mandibules, tout à fait horizontales, à crochets puissants, recourbés, se repliant en dessous dans une gouttière inerme, c'est-à-dire sans dents.

Fig. 27.

Corselet, volumineux, ovoïde, de même largeur que l'abdomen.

Pattes, fortes, robustes, peu inégales, armées d'épines.

Filières : quatre, dont deux fort allongées.

Taille, très-grande, dépassant parfois un décimètre.

Couleur, sombre, brune, rougeâtre ou verdâtre, toujours uniforme ; corps couvert de longs poils roides.

Patrie : à part deux espèces, toutes sont exotiques.

Habitudes : aranéides courant après leurs proies, et se renfermant dans des coques de soie blanche, entre les feuilles, sous l'écorce des arbres ou dans l'intérieur des habitations.

Les nombreuses espèces du genre mygale étant difficiles à classer, à cause de l'uniformité de leur taille et de leur couleur, on a proposé, pour en rendre l'étude plus facile, d'établir des subdivisions. Walckenaer avait reconnu que chez les unes le tarse est long et effilé au bout, et que chez les autres il est élargi et garni en dessous d'une épaisse couche de poils ras et adhérents, semblable à du velours ; ayant pris ce caractère en considération, il appela les unes *plantigrades* et les autres *digitigrades*. On pourrait encore, comme le fait remarquer M. Lucas, les subdiviser d'après la disposition des petites griffes qui terminent leurs tarses ; chez les unes, en effet, ces griffes sont placées sur le dessus de l'article et sont rétractiles comme celles des chats, c'est-à-dire qu'elles ont la faculté de se relever pendant le repos, et de se déployer au moment de la défense ; chez les autres, ces griffes sont placées à l'extrémité des tarses, ne sont pas rétractiles, et ont la même disposition que celles de toutes les aranéides.

Je m'aiderai de ces diverses observations pour scinder la liste très-nombreuse des mygales ; mais c'est surtout

à M. Koch que j'emprunterai mes subdivisions, parce que
la classification de ce savant auteur n'est pas fondée sur
un seul caractère, mais considère, outre la disposition des
pattes, la configuration générale du corps, la forme
quelque peu modifiée du tubercule oculaire, la disposition des filières, du palpe, etc., etc.

Fig. 28.

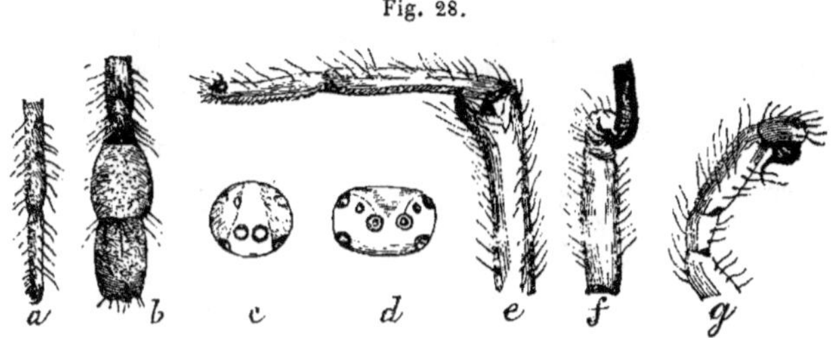

1er *sous-genre*. MYGALE. — Organe copulateur placé en dessus de l'article, érigé en avant, obtus et creusé d'une gouttière (fig. 28 *f*); membres
sans épines, non élargis à l'extrémité, mais veloutés en dessous; griffes
rétractiles.

M. de Java,	*M. Javanensis,*	Walckenaer,	Java.
M. de Le Blond,	*M. Blondii,*	Latreille,	Amérique.

2e *sous-genre*. EURYPELMA, Koch (εὐρύ, large; πέλμα, plante du pied).
— Organe copulateur placé en dessous du palpe, rejeté en arrière et
effilé (fig. 28 *g*); pattes armées d'éperons dans le mâle (fig. 28 *e*); tarses
élargis, garnis de brosses adhérentes (fig. 28 *b*); griffes très-rétractiles.

1er *groupe*. SCURIA, tubercule oculaire très-large et peu long, en croissant, — organe
copulateur massif, — membres peu élargis, — corps couvert de poils laineux, blancs
et bruns.

S. fasciée,	*S. fasciata,*	Walckenaer,	Ceylan.
S. maculée,	*S. maculata,*	Brown,	Antilles.

2e *groupe*. EURYPELMA (vraies), tubercule oculaire très-aplati, un peu plus large que
long, en parallélogramme (fig. 28 *d*), — organe copulateur terminé par une pointe

très-longue, qui dépasse souvent le second article, — pattes courtes, trapues, excessivement élargies et hérissées de longs poils roides.

E. cancéride,	*E. cancerides,*	Palissot,	Brésil.
E. ocracée,	*E. ochracea,*	Perty,	Brésil.
E. de Saint-Vincent,	*E. Sancti-Vicenti,*		ile Saint-Vincent.
E. bicolore,	*E. bicolor,*	Lucas,	Bahia.
E. de Walckenaer,	*E. Walckenaeri,*	Perty,	Brésil.
E. hostile,	*E. hostilis,*	Walckenaer,	??
E. grise,	*E. murina,*	Walckenaer,	??
E. testacée,	*E. testacea,*	Koch,	??
E. aviculaire,	*E. avicularia,*	De Geer,	Amérique du Sud.
E. diversipède,	*E. diversipes,*		Brésil.
E. plumipède,	*E. plumipes,*		Surinam.
E. très-velue,	*E. hirsutissima,*		Amérique du Sud.
E. joyeuse,	*E. læta,*		Porto-Rico.
E. ictérique,	*E. icterica (luct. L.),*	Koch,	Grèce.
E. anthracine,	*E. anthracina,*		Monte-Video.
E. plantaire,	*E. plantaris,*		Brésil.
E. féline,	*E. felina,*		??
E. usée,	*E. detrita,*	Perty,	Brésil.

3e groupe. LASIODORA K. (λάσιος, hérissé ; δόρυ, piquant), tubercule oculaire moins large que long, élevé dans le milieu (fig. 28 *c*), — organe copulateur, à pointe courte obtuse et lamelliforme, — poils épars et longs, — pattes longues et peu élargies.

L. ursine,	*L. ursina,*		Amérique du Sud,
L. de Klug,	*L. Klugii,*		Bahia.
L. d'Erichson,	*L. Erichsonii,*		Saint-Domingue.
L. de Reiche,	*L. Reichii (Sæva. Walck.),*		???
L. Cubane,	*L. Cubana,*	Walckenaer,	Cuba.
L. rose,	*L. rosea,*	Walckenaer,	Chili.
L. versicolor,	*L. versicolor,*	Walckenaer,	Antilles.
L. nègre,	*L. nigra,*	Walckenaer,	Brésil.
L. brune,	*L. fusca,*		Brésil.
L. olivâtre,	*L. olivacea,*	Koch,	Égypte.
L. brunnipes,	*L. brunnipes,*		Brésil.
L. géniculée,	*L. geniculata,*		Amérique.
L. coracine,	*L. coracina,*		Cap de Bonne-Espér.
L. convexe,	*L. convexa (de Witt. Walck.),*		Nouvelle-Hollande.
L. cafrérienne,	*L. cafreriana,*		Cap.
L. funèbre,	*L. funebris,*		Cap.
L. parsemée,	*L. conspersa (bistriata),*		Brésil.
L. blanchie,	*L. incana,*		Saint-Thomas.
L. athlétique,	*L. athletica,*	Koch,	Indes Orientales.
L. velue,	*L. villosa,*		Cap.
L. conforme,	*L. conformis,*	Koch,	Indes Occidentales.
L. orientale,	*L. orientalis,*	Lucas,	Gabon.

L. antipodiane,	*L. antipodiana,*	Quoy et Gaymard,	Nouvelle-Zélande.
L. notasienne,	*L. notasiana,*		Notasie.
L. valencienne,	*L. valenciana,*		Espagne.
L. lycosiforme,	*L. lycosiformis,*	Perty,	Brésil.
L. séladonique,	*L. seladonica,*	Klug,	Brésil.
L. verdâtre,	*L. caesia,*		Porto-Rico.
L. hirtipes,	*L. hirtipes,*	Fabricius,	Brésil.

4ᵉ *groupe.* MYGALINA NICOLET, tubercule oculaire relativement grand, presque arrondi, quoiqu'un peu plus large que long, yeux petits et écartés entre eux; — pattes courtes et très-velues, — les quatre antérieures assez élargies, — taille moyenne, quelquefois fort petite.

M. à dents rouges,	*M. rufidens,*		Brésil.
M. annulipède,	*M. annulipes,*		Nouvelle-Hollande.
M. balayeuse,	*M. scoparia,*		Brésil.
M. léporine,	*M. leporina,*		Brésil-Bahia.
M. brune,	*M. fusca (canc. K.),*		Brésil.
M. mindanao,	*M. mindanao,*	Walckenaer,	îles Philippines.
M. nubile,	*M. nubila,*	Nicolet,	Chili.
M. brûlée,	*M. adusta,*	Koch,	Brésil.

3ᵉ *sous-genre.* PEZIONYX, E. S. (πῆξις, fixe, immobile; ὄνυξ, ονυχος, ongle). — Membres grêles et longs, à griffes terminales non rétractiles (fig. 28 *a*); organe copulateur terminé par une pointe très-longue et contournée; tubercule oculaire plus long que large, rétréci en avant.

P. zébrée,	*P. zebrea,*	Walckenaer,	Brésil.
P. maigre,	*P. macrura,*	Koch,	Saint-Jouan.
P. drassiforme,	*P. drassif.(pumilio.W.),* Koch,		Saint-Thomas.
P. Guyanaise,	*P. Guyanensis,*	Walckenaer,	Guyane.

Mygales rapportées du Chili par M. Nicolet et encore non classées.

M. oculée,	*M. oculata,*	Nicolet,	Chili.
M. chilienne,	*M. chiliensis,*	Nicolet,	Chili.
M. pygmée,	*M. pygmea,*	Nicolet,	Chili.
M. brune,	*M. brunea,*	Nicolet,	Chili.
M. brunnipède,	*M. brunnipes,*	Nicolet,	Chili.
M. voisine,	*M. affinis,*	Nicolet,	Chili.

Le genre mygale, type de la famille, est aussi le plus nombreux; car il renferme à lui seul plus des trois quarts

des espèces ; il est aussi le plus célèbre et le plus anciennement connu ; depuis les premiers voyages d'Européens
dans les contrées chaudes, et depuis l'établissement des
premières colonies en Afrique, en Asie ou en Amérique,
ces gigantesques araignées ont acquis une célébrité, et
sont universellement désignées sous le nom d'*araignées-
crabes*. Ce sont les géants de l'ordre ; elles sont aux
aranéides ce que sont les scarabés hercules aux coléoptères, les homards aux crustacés, l'érèbe aux lépidoptères ; c'est-à-dire que c'est un animal qui, tout en présentant les caractères de son ordre, les réalise dans des
proportions plus grandes, et sous le rapport de sa taille,
plus que de sa structure, est une véritable anomalie.

Les mygales ont tous les caractères de la famille, et
l'on peut poser comme règle que tout ce qui ne s'appelle
pas mygale manque d'un de ces caractères, ou est une
exception ; donc nous n'avons pas besoin d'insister davantage sur les affinités des mygales, puisque nous
avons parlé en commençant des caractères de la famille,
et ensuite de ceux du genre.

Leurs mœurs sont assez bien connues aujourd'hui,
quoiqu'on ait souvent attribué aux mygales une force et
une cruauté qu'elles ne possèdent réellement pas ; toutes,
au contraire, sont craintives, se construisent des coques
dans les lieux les plus retirés, et n'en sortent que la
nuit pour courir après les insectes. On a vu quelquefois
ces grandes araignées amenées vivantes en Europe par
les voyageurs ; mais jamais elles n'ont pu y vivre longtemps, car leur genre de vie demande un grand espace,
qu'elles ne trouvent pas ordinairement en captivité.

ESPÈCES PRINCIPALES.

Mygale aviculaire. — M. de Leblond. — M. cafrerienne.
M. notasienne. — M. européenne.

La plus commune de toutes les espèces est la *mygade*

Fig. 29.

aviculaire du Brésil ; c'est une araignée noirâtre, dont les membres robustes sont couverts de longs poils roides, et dont la taille ordinaire est de 6 à 8 centimètres. C'est elle que nous prendrons pour type, et dont nous décrirons les mœurs.

La demeure de la mygale aviculaire consiste en une coque d'un tissu soyeux, très-blanc, demi-transparent, qui a une forme oblongue plus ou moins grande, suivant l'âge et la taille de l'araignée qu'elle renferme ; l'ouverture est à sa partie supérieure, et son extrémité inférieure est arrondie et se termine en cul-de-sac. On trouve cette coque, soit entre les feuilles des végétaux rapprochées et maintenues par des fils nombreux, soit sous l'écorce des grands arbres, soit dans les interstices des tas de pierres, ou aussi dans les endroits les plus obscurs et les plus retirés des habitations.

La mygale ne construit pas de toile, mais tend autour de sa demeure de longs fils d'une force telle, qu'ils retiennent, non-seulement les plus gros insectes, mais encore les oiseaux-mouches et les petits reptiles dont elle fait sa nourriture.

Pendant tout le jour, la mygale reste blottie et immobile dans sa coque, la tête tournée en haut, du côté de l'ouverture ; mais aussitôt que le soleil se cache, on la voit sortir de sa retraite, se mettre en mouvement et parcourir les environs avec une rapidité étonnante, chassant les insectes, saisissant les plus redoutables d'entre eux avec ses puissantes chélicères, grimpant avec agilité sur les arbres, pénétrant dans le nid des colibris, et suçant leurs œufs ou le sang de leurs petits.

En effet, il est à peu près certain que les plus grandes mygales font la chasse aux oiseaux : Milbert, dans son *Voyage à l'île de France*, dit : « Je trouvai dans quelques « touffes de bambou des araignées d'une grosseur mon- « strueuse. Un petit bengali s'était pris dans leurs filets « perfides, je me hâtai de le délivrer des atteintes de ces « odieux insectes (1). M. Perty a confirmé le fait et a prouvé que le naturaliste Langsdorf s'était trompé en disant que les avicuculaires du Brésil ne se nourrissent que de fourmis, de mouches, de guêpes, et non d'oiseaux.

---

(1) Cette observation parait s'appliquer à une épéire du genre néphile ; car M. Vinson dit que l'île de France ne nourrit aucune espèce de mygaliformes.

Suivant quelques voyageurs, il n'est pas rare de voir, lorsqu'on se promène le soir aux environs de Cayenne, une grande quantité de mygales aviculaires, courir sur le tronc des arbres qui bordent les avenues, et se laisser tomber à terre, suspendues à un fil comme le font les chenilles.

Lorsqu'elle a pondu ses œufs, qui sont gros et au nombre de 1800 à 2000 (1), suivant M. Moreau de Joannes, elle les entoure d'un tissu soyeux très-blanc, composé de trois couches dont l'intermédiaire est plus mince et non recouverte de bourre comme les deux autres ; lorsque l'aranéide femelle a terminé sa ponte et achevé son cocon, ce qui a lieu pendant la nuit, elle le place en sûreté, non loin de sa coque, et veille sur lui assidûment. M. Guérin a, dans sa collection, un cocon de mygale qui est couvert de petits cynips, qui y avaient, sans doute, introduit leurs œufs. Ce cocon a à peu près 8 centimètres de diamètre, et contenait les jeunes éclos qui avaient 6 millimètres de longueur.

Les mygales sont l'effroi des peuples parmi lesquels elles vivent; on leur fait partout une guerre acharnée; on les désigne dans les colonies sous le nom d'*araignées-crabes,* probablement à cause de leur taille ; mais ce nom conviendrait mieux aux philodrômes et aux thomises, qui marchent de côté comme ces crustacés, et qui présentent parfois aussi de grandes dimensions. La morsure de ces araignées est douloureuse à cause de la puissance de leurs armes; mais leur venin paraît avoir moins d'effet que celui d'araignées d'une taille beaucoup moindre, telles que les tarentules, les latrodectes, etc.

---

(1) Je suppose qu'il y a erreur : peu d'aranéides pondent plus de cent œufs.

Azara a eu plusieurs de ses nègres mordus par de grandes aviculaires de l'Amérique méridionale; il remarque qu'il est souvent résulté de ces morsures une fièvre de vingt-quatre heures, quelquefois accompagnée d'un peu de délire, dans les grandes chaleurs, mais qu'elles n'eurent jamais de suites fâcheuses.

Voici les quelques détails que M. Lucas donne sur deux grandes mygales d'espèce particulière (*mygale bicolor*, Luc.) qu'il reçut vivantes de Bahia, et qu'il garda pendant plusieurs mois à Paris :

« Afin de les laisser dans les conditions climatériques « favorables, dit M. Lucas, je les confiai au gardien de « la ménagerie des reptiles; ces individus, qui étaient « des mâles, furent placés séparément dans de grandes « cages, et, après un mois de séjour environ, les parois « de cette cage et les compartiments qui les séparaient « furent tapissés de soie; elles construisirent aussi des « toiles plus ou moins irrégulières, assez grandes, à tissu « fin, serré, et sur lesquelles elles se tenaient ordinai- « rement presque immobiles pendant le jour; dans la nuit « elles étaient au contraire très-agiles, erraient çà et là « et couraient après leur proie, qui consistait en *grillus* « *domesticus*. Dans chacun des compartiments, on avait « placé une soucoupe assez grande contenant de l'eau, « et j'ai remarqué que ce liquide était promptement ab- « sorbé. En effet, j'ai appris du gardien qui les soignait « que l'eau était renouvelée tous les deux jours environ. « Non-seulement ces arachnides se plaisent à absorber « le liquide en y plongeant les organes de la mandu- « cation, mais elles trouvaient aussi une certaine satis- « faction à y placer toute la région sternale de leur « corps.

« Ces mygales ont vécu pendant un laps de temps as-

« sez long. Placées dans la ménagerie des reptiles, vers
« les premiers jours d'avril, la première mourut dans les
« premiers jours d'août, et la seconde succomba vers le
« commencement de novembre. »

La *mygale de le Blond* doit être signalée à cause de
sa taille supérieure, de ses pattes plus longues, de son
corselet moins velu, de sa couleur fauve plus claire, et
de sa grande vulgarité dans l'Amérique du Sud.

Une mygale de le Blond vivante appartint aussi à
M. Lucas, elle était comme engourdie, se laissait ca-
resser sans opposer de résistance; elle ne put vivre que
quelques mois.

M. Sallé, qui a observé à Saint-Domingue des mygales
de cette espèce, a remarqué que ces aranéides se tiennent
sous les pierres, et que, lorsqu'on les tourmente, ou qu'on
veut les saisir, elles se placent sur le dos du céphalo-
thorax, et se défendent avec leurs pattes et les longs crochets qui arment leurs mandibules. M. Sallé dit aussi que
les habitants de Saint-Domingue redoutent beaucoup ces
aranéides.

Les espèces qui habitent les îles de la Nouvelle-Hollande ont un aspect différent de celles de l'Amérique;
leurs pattes, plus courtes, sont plus grosses et portées
latéralement, ce qui leur donne un aspect thomisiforme.

La *mygale cafrérienne* du midi de l'Afrique et commune au Cap, est également grande et brune; ses pattes
sont courtes, comparées au volume du corps.

Une espèce qu'il est impossible de passer sous silence,
malgré son extrême rareté, est la *mygale européenne*.
Cette aranéide, qui est espagnole, quoique inférieure
sous le rapport de la taille à la plupart des espèces exotiques, est cependant la plus grosse araignée du continent européen.

7ᵉ Genre. **MYGALODONTE**, *Mygalodonta*, Eug. Simon.

(*Mygale*, ὀδοῦς, dent.)

Synonymie : *Mygale*, Walckenaer; *Tarentula*, Brown; *Cténizes*, Latreille; *Némésis*, Savigny.

Yeux, semblables à ceux des mygales.

Mâchoires, non dilatées en palettes.

Pattes, effilées à leur extrémité, tarse allongé, avec des griffes terminales; articulations armées d'éperons, surtout chez les femelles.

Palpes, d'une prodigieuse longueur, servant à la locomotion.

Fig. 30.

Mandibules, fortes, pourvues, à l'extrémité de leur tige, de pointes ou lamelles cornées, droites, formant un râteau qui leur sert à creuser la terre.

Couleur, brun noir ou jaune vif, toujours uniforme; corps légèrement velu.

Taille, les plus grandes ont de 3 à 4 centimètres, mais ordinairement elles sont plus petites.

Patrie, elles sont propres à l'ancien monde (*nidulans* excepté), et la plupart se rencontrent en Europe.

Habitudes, aranéides mineuses, creusant en terre des terriers profonds, qu'elles garnissent de toiles et qu'elles ferment d'un opercule mobile.

ESPÈCES.

M. recluse,	*M. nidulans,*		Jamaïque.
M. maçonne,	{ *M. cœmentaria* ♀ , { *M. carminans* ♂ ,	}	France méridionaie.
M. pionnière,	*M. fodiens,*	Walckenaer,	Europe, Asie.
M. ariane,	*M. ariana,*	Walckenaer,	Europe, Corse.
M. graja,	*M. graja,*	Koch,	Europe orientale.
M. cellicole,	*M. cellicola,*	Savigny,	Égypte.
M. sicilienne,	*M. sicula,*	Latreille,	Sicile.
M. barbare,	*M. barbara,*	Lucas,	Algérie.
M. gracilipède,	*M. gracilipes,*	Lucas,	Algérie.
M. africaine.	*M. africana,*	Lucas,	Algérie.

Je suis le premier à employer le mot *mygalodonte*. Les araignées dont se compose cette nouvelle coupe générique étaient réunies aux mygales par Walckenaer, dans sa famille des *digitigrades mineuses*; Latreille les appela, plus tard, *cténizes*; mais il ne put lui-même établir ce genre, de sorte que cette dénomination est restée inconnue. Je préfère le mot de *mygalodonte*, parce qu'il exprime à la fois que ces araignées sont de véritables mygales, et qu'elles ont des dents, c'est-à-dire, de petites pointes cornées dentiformes, rangées régulièrement au milieu de longs poils, sur le bord interne des mandibules; de sorte que l'araignée peut, en grattant le sol, s'y pratiquer un trou, qu'elle tapisse ensuite d'une toile douce, et qu'elle ferme d'un opercule ou couvercle. Les mygalodontes, beaucoup moins nombreuses que les mygales, s'en distinguent à première vue par une taille trois à cinq fois moindre; ce sont les mygaliformes d'Europe; elles vivent à la fois dans le midi de ce continent, le nord de l'Afrique et l'Amérique septentrionale. Leur industrie remarquable a depuis long-temps attiré l'attention des observateurs.

ESPÈCES PRINCIPALES.

Mygalodonte maçonne. — M. pionnière. — M. recluse.

L'espèce la plus commune et la mieux connue de ce genre est la *mygalodonte maçonne*; c'est une araignée de grande taille pour l'Europe, car elle a près de 12 millimètres; son corps, gris de souris, présente une bande crénelée brune sur l'abdomen; le mâle a une teinte plus rougeâtre. C'est elle que je prendrai pour type et dont je décrirai les mœurs intéressantes.

L'industrie extraordinaire de cette araignée a été étudiée, pour la première fois, en 1758, par l'abbé Sauvage.

Elle se creuse un terrier en forme de boyau de 50 à 60 centimètres de profondeur, du même diamètre partout (4 à 5 centimètres) et assez large pour qu'elle puisse s'y mouvoir à volonté; elle tapisse ses parois d'une toile fine, blanche et adhérente à la terre; soit pour empêcher les éboulements, soit pour garantir son corps délicat du contact de la terre. Elle ferme ce trou avec un opercule ou couvercle qui lui

Fig. 31.

Terrier de la mygalodonte.

sert à la fois de porte et de couverture; il est formé de différentes couches de terre détrempées et unies entre elles par des fils. Son contour est parfaitement rond; le dessus, qui est à fleur de terre, est plat et raboteux; le dessous est convexe, uni et tapissé de fils gros et nombreux, qui s'attachent sur l'un des côtés de l'ouverture du trou et forment ainsi une charnière solide et mobile que l'araignée ouvre et ferme avec une grande facilité.

Cette charnière est toujours fixée au bord le plus élevé de l'entrée, de manière que le couvercle retombe et se ferme par sa propre pesanteur, effet qui est encore facilité par l'inclinaison du terrain qu'elle choisit.

Lorsque l'on essaye d'ouvrir cette porte, l'araignée se cramponne à sa face inférieure, et aux parois du tube, avec ses mandibules et les griffes de ses pattes, elle la retient avec beaucoup de force ; de sorte que lorsqu'on soulève l'opercule, on sent une résistance qui s'effectue par saccades. Si l'on enlève ce couvercle, le lendemain on en trouve un autre construit à l'entrée du même tube.

C'est pendant la nuit que les mygalodontes creusent la terre avec les griffes de leurs pattes et les dents qui garnissent leurs mandibules ; c'est aussi la nuit qu'elles sortent de leur retraite, pour chasser leur proie, dans les environs ; ou qu'elles se mettent en embuscade derrière leur opercule entr'ouvert, pour guetter les fourmis et les insectes que le hasard fait passer près de là.

Le fond du trou est rempli de débris de toutes sortes : de petites branches, de détritus d'insectes, etc.

C'est sur le penchant des collines stériles, exposées au soleil, sans végétation, exemptes de rochers et de petits cailloux, que l'on trouve les mygalodontes ; il faut un œil exercé pour découvrir leur terrier, tant la rainure capillaire, qui dessine le contour de leur opercule, a de finesse.

Cette araignée pond en septembre et en octobre ; à cette époque, elle devient méchante et cherche à mordre quand on veut la saisir, ou qu'on menace de vouloir toucher à ses œufs ; en été, au contraire, elle est timide et se sauve au moindre bruit.

Son attachement pour ses petits paraît assez grand,

car elle cohabite avec eux, longtemps après leur naissance,
ainsi qu'avec son mâle, qui alors, chose assez rare, par-
tage les soins de la famille.

Le mâle, beaucoup plus rare que la femelle, n'était
pas connu des anciens auteurs, ou était regardé comme
formant une espèce distincte.

La *mygalodonte pionnière*, qui diffère de la mygalodonte maçonne par un corselet plus large, plus carré et
plus élevé, habite la Sicile et la Corse; on la trouve surtout sur le bord des chemins. M. Audoin a parfaitement
décrit sa demeure, d'après un petit bloc de terre, qui
renferme plusieurs de ses tubes, et qui appartient à la
collection du muséum.

Les parois du trou creusé dans la terre argileuse, sont
garnies à l'intérieur d'une couche de mortier plus solide, comme l'intérieur d'un puits, et pouvant très-bien
être isolé de la masse qui l'entoure; ce mortier est uni
avec beaucoup de soin à l'intérieur du tube, mais il est
raboteux et sans préparation à l'extérieur; de plus, les
parois internes sont tapissées d'une double couche de
soie très-fine.

L'opercule est un disque plus large en haut qu'en bas,
qui clôt hermétiquement l'ouverture; car son rebord, ainsi
que l'entrée du tube, est taillé en biseau en sens inverse,
de sorte que lorsque la porte est fermée, elle ne laisse
passer aucune parcelle d'air et aucun insecte, quelque
petit qu'il soit. Cet opercule est formé de plus de trente
couches de terre et de soie superposées; il se meut à
l'aide d'une charnière de soie comme celui de la maçonne;
son bord présente une quantité de petits trous qui servent à l'araignée pour passer l'extrémité de ses pattes
et pour retenir sa porte, lorsqu'on veut l'ouvrir.

Lorsque la pionnière a pondu, elle calfeutre cette ouverture, et ne prend aucune nourriture jusqu'à ce que sa famille soit en état de se fabriquer des demeures et de pourvoir à son existence.

Le muséum possède le tube de la *mygalodonte recluse;* il ressemble à celui de la maçonne, seulement son entrée paraît être fermée par deux opercules ou valves que Brown à figurés.

La morsure de cette grande araignée (*4 à 5 centimètres*) cause une vive douleur, et est redoutée des habitants de l'île de la Jamaïque, où on la rencontre.

Les plus grands ennemis des mygalodontes mineuses sont les fourmis, qui, en s'introduisant dans leurs trous, y occasionnent des dégâts irréparables, surtout lorsque ces insectes sont en nombre considérable, ce qui arrive souvent.

8ᵉ Genre. **CYRTOCÉPHALE**, *Cyrtocephala*, Lucas.

(χυρτός, bossu ; κεφαλή, tête.)

Yeux, huit, petits, rapprochés sur la partie antérieure du corselet, où ils sont groupés sur trois rangs : l'antérieur
et le postérieur formés de deux yeux, l'intermédiaire
de quatre.

Lèvre, courte, arrondie à son extrémité.

Mâchoires, étroites et allongées.

Palpes, très-allongés, insérés à l'extrémité des mâchoires.

Mandibules, robustes, fort avancées, plus ou moins épineuses
à leur partie antérieure, pourvues de crochets en
forme de croissant assez allongés.

Corselet, court, bombé et arrondi à sa partie antérieure, déprimé à sa base et sur les parties latérales.

Abdomen, gros, allongé, à peu près de forme oblongue, cependant plus large postérieurement, un peu plus long
que le corselet.

Pattes, robustes, courtes, dans l'ordre suivant pour la longueur : 4, 2, 1, 3.

Couleur, brun roussâtre, jaune doré, roux clair avec des taches
foncées, peu marquées.

Taille, longueur de 24, 30 à 35 millimètres.

Patrie, Algérie.

Habitudes, aranéides mineuses, creusant des trous très-profonds, garnis de toile, mais sans opercule.

E S P È C E S.

C. de Walckenaer,	C. *Walckenaerii*,	Lucas,	Algérie.
C. terricole,	C. *terricola*,	Lucas,	Algérie.
C. des pierres,	C. *lapidaria*,	Roulin,	île de Cuba.

Ce genre se compose de trois araignées qui ont le
port et l'aspect des mygales, mais qui se rapprochent

davantage des atypes par la disposition de leurs yeux :
aussi les cyrtocéphales doivent-elles être placées entre
ces deux grands genres, car elles établissent entre eux
un passage naturel. C'est à M. Lucas que l'on doit la
découverte de ces deux curieuses mygaliformes en Algérie (1).

L'industrie des cyrtocéphales est celle de l'atype ; au
moyen de leurs mandibules armées de râteau, elles creusent en terre des trous très-profonds et obliques, qu'elles
tapissent à l'intérieur d'une couche de soie fine et serrée :
elles n'en recouvrent pas l'ouverture d'un opercule,
comme le font les mygalodontes, mais elles jettent simplement des fils en tous sens pour en défendre l'entrée.

____

(1) Lucas, *Exploration scientifique de l'Algérie*. (1840,41,42.)

9ᵉ Genre. **ATYPE**, *Atypa*, Latreille.

(ἄτυπος, mal conformé; à privatif; τύπόω, former.)

Synonymie: *Oletera*, Walckenaer.

Yeux, huit, ramassés et groupés sur le devant du corselet; les
six antérieurs formant latéralement deux triangles,
dont le sommet est dirigé en avant; les deux autres
situés au milieu entre les précédents et sur une ligne
transverse.

Lèvre, petite, semi-ovalaire, insérée sous les mâchoires.

Mâchoires, divergentes, dilatées à la base, à extrémité supérieure terminée en pointe.

Palpes, insérés sur la dilatation de la base des mâchoires.

Mandibules, énormes, horizontales, très-proéminentes, garnies de trois pointes.

Corselet, volumineux, plus large et plus long
que l'abdomen.

Abdomen, petit, ovoïde, grossissant un peu
vers l'anus.

Pattes, allongées, fines, peu inégales entre
elles, dans l'ordre suivant pour leur
longueur relative : 4, 1, 2, 3.

Fig. 32.

Couleur, noir profond, à reflets rougeâtres ou bleuâtres.

Taille, 6 à 9 millimètres.

Patrie, Europe méridionale.

Habitudes, aranéides chasseuses, se creusant des souterrains
qu'elles garnissent d'un tube de soie, dont une partie
pend au dehors.

ESPÈCES.

A. de Sultzer,	*A. Sultzerii*,	Sultzer,	Europe méridionale.
A. bicolore,	*A. bicolor*,	Lucas,	Europe méridionale.

Le genre atype est intéressant en ce qu'il renferme la
seule mygaliforme qui habite les environs de Paris. Il est

caractérisé par l'énorme grandeur de son corselet et de ses mandibules, par la finesse et la brièveté de ses pattes, mais surtout par la forme de ses mâchoires qui sont étalées en palettes, ce qui le différencie des autres mygales; il s'en rapproche néanmoins par la position des yeux et la forme générale du corps qui, bien que plus exagérée est celle d'une mygaliforme. C'est à un naturaliste suisse, à Sultzer, que l'on doit la découverte de l'espèce qu'il nomma *oletera picea*, et qui reçut ensuite le nom d'*oletera atypa*, de Walckenaer, et d'*atypa Sultzerii*, de Latreille.

ESPÈCE PRINCIPALE.

Atype de Sultzer.

L'*atype de Sultzer* est une araignée de taille moyenne, qui se reconnaît à la grandeur démesurée de son corselet et de ses mandibules, à la brièveté de ses pattes et à sa belle couleur noire, qui peut cependant présenter une teinte rougeâtre ou bleuâtre; elle habite l'Europe méridionale et moyenne, où on la rencontre surtout dans les pays montueux, comme la Suisse, les Pyrénées, l'Auvergne et principalement le Jura; on la trouve aussi de temps en temps, mais accidentellement, aux environs de Paris, à Montmorency, à Sèvres, sur les coteaux de Bellevue, dans les bois de Meudon, de Compiègne, de Fontainebleau. Les environs de Bordeaux, de Lyon et les plaines fertiles de la Normandie ont fourni des variétés curieuses de coloration, qui ont été prises à tort pour des espèces distinctes.

L'atype, suivant Latreille, se creuse dans les lieux humides une galerie souterraine, cylindrique, d'abord ho-

rizontale, s'inclinant ensuite, et profonde environ de 1 à
2 décimètres ; elle en tapisse l'intérieur d'un tuyau d'une
soie blanche, très-serrée ; ce tube, qui a le même diamètre que le trou, est maintenu au moyen de petites
branches et de brins d'herbe ; il se prolonge au dehors
de l'ouverture pour la protéger ; il a dans cette portion
libre une longueur d'un décimètre environ. C'est au fond
de cette demeure que l'atype se tient immobile pendant
le jour, les pattes ramassées sous le corps ; c'est encore
là que la femelle pond ses œufs. Elle en forme une masse
ovoïde, qu'elle enveloppe d'une toile blanche, qu'elle fixe
par les deux bouts avec de la soie, et qu'elle place sur
une espèce de coussin formé d'un flocon de soie blanche,
entrelacé avec des fibres de plantes, et qui garantit le
fond de ce trou de l'humidité de la terre. Walckenaer a
trouvé à Sèvres, le 18 septembre, les jeunes éclos dans
un cocon, au nombre de trente-deux. Lorsqu'on saisit
l'atype, elle fait la morte en rapprochant ses pattes sous
son corps. Sa vie paraît très-délicate.

M. Lucas vient de décrire dans les *Annales de la Société
entomologique*, les mœurs d'une atype qu'il observa près
de Saint-Germain ; ce qu'il vit est si conforme à ce qui
précède, qu'il est inutile de le reproduire ici (1).

---

(1) Lucas, *Annales de la Société entomologique*, 1859.

10ᵉ Genre. **CALOMMATE**, *Calommata*, Lucas.

(καλὸς, beau; ὄμμα, œil.)

Yeux, huit, formant trois groupes, dont deux latéraux en
triangles de trois, et un antérieur de deux en
ligne droite; le tout forme un triangle dont le
sommet est tourné en avant.

Fig 33.

Lèvre, petite, arrondie, courte, plus large que haute, insérée
entre la base des mâchoires.

Mâchoires, très-allongées, étroites, recourbées en arrière, divergentes, à extrémité terminée en pointe arrondie.

Palpes, peu allongés, grêles.

Corselet, grand, allongé, ovalo-quadrangulaire, tête large,
partie postérieure arrondie, non rétrécie.

Abdomen, court, globuleux.

Pattes, peu allongées, dans l'ordre suivant pour la longueur :
la quatrième et la deuxième presque égales, puis la
première et la troisième; la première paire est plus
grêle que les autres.

Couleur, fauve clair.

Patrie, Brésil.

Habitudes, inconnues.

ESPÉCE.

C. fulvipède.	*C. fulvipes*,	Lucas,	Brésil.

Le genre calommate ne devra pas nous arrêter longtemps, car il ne renferme qu'une seule espèce américaine d'une grande rareté, et imparfaitement connue;
son principal caractère est, comme on l'a vu, la disposition des yeux, qui ne sont pas ramassés en une seule
masse, mais disséminés sur tout le front, en formant
trois groupes. M. Lucas l'avait d'abord décrite comme
une espèce du genre *sphodros;* mais cet entomologiste reconnut bientôt que son *sphodros fulvipes* devait former
un genre particulier, auquel il donna le nom de *calommate.*

11ᵉ Genre. **ACANTHODON**, *Acanthodon*, Guérin.

(ἀκανθα, épine; ὀδούς, dent.)

Yeux, huit, sur trois lignes dont l'antérieure est composée de
deux yeux rapprochés, l'intermédiaire de deux un peu
plus distants, et la postérieure de quatre; cette dernière est courbée en demi-cercle; les quatre intermédiaires forment un carré.

Lèvre, petite, étroite, allongée en parallélogramme ou en
triangle tronqué.

Mâchoires, ovalaires, allongées et renflées dans leur milieu,
écartées et divergentes.

Palpes, allongés, pédiformes, insérés à l'extrémité des mâchoires.

Mandibules, larges, courtes, fortes, en forme de clous, ayant à
l'extrémité de la tige, une espèce de râpe formée par
de très-petites dents; onglets courbes, assez allongés.

Corselet, ovalaire, long, rétréci et élevé en avant, aplati sur les
côtés et en arrière.

Abdomen, ovale, étroit, allongé.

Pattes, fortes, renflées, assez allongées, dans l'ordre suivant :
4, 1, 3, 2.

Couleur, corselet brun marron vif, abdomen brun pâle terne
velu.

Taille, 20 à 30 millimètres.

Patrie, Brésil.

Habitudes, inconnues.

ESPÈCE.

A. de Petit,   *A. Petitii*,   Guérin,   Brésil.

Ce genre a été fondé par M. Guérin, sur une arach-
nide rapportée du Brésil, et décrite par lui dans les

archives du voyage de la *Favorite ;* elle est une des plus remarquables de la famille, en ce qu'elle associe à la fois les caractères des mygales, des sphodros et des ériodons ; néanmoins ses yeux permettront toujours de la distinguer, et leur disposition même unit intimement l'acanthodon à la calommate, et les mygaliformes aux scytodiformes.

12ᵉ Genre. **SPHODROS**, *Sphodros*, Walckenaer.

(σφοδρὸς, vif, véhément.)

Synonymie : *Pachiloscelis* et *Cratoscelis*, Lucas ; *Actinopus*, Perty, Lucas, Koch.

Yeux, huit, formant un groupe dilaté transversalement sur la partie antérieure du céphalo-thorax et au-dessus des mandibules ; trois de chaque côté, formant deux triangles latéraux, dont le sommet est dirigé en avant, les deux autres situés entre les antérieurs sur une ligne transverse presque droite.

Fig. 34.

Lèvre, allongée, étroite, s'avançant entre les mâchoires.

Mâchoires, divergentes. allongées, fusiformes ou cylindroïdes.

Palpes, très-allongés, pédiformes, insérés latéralement à l'extrémité des mâchoires.

Mandibules, dirigées en avant, proéminentes.

Corselet, large et épais, plus volumineux que l'abdomen.

Abdomen, de forme ordinaire, ovalaire, arrondi.

Pattes, grosses, robustes, courtes et renflées.

Couleur, brun noir, fauve ou noir profond, quelquefois des taches d'un brun plus rouge.

Taille, 2 à 5 centimètres.

Patrie, Amérique ; une seule espèce vit en Algérie.

Habitudes, aranéides chasseuses, creusant des terriers profonds, qu'elles tapissent d'une bourse de soie, dont une moitié sort du sol, et au fond de laquelle elles se renferment.

ESPÈCES.

S. d'Abbot,	S. *Abbotii*,	Walckenaer,	Géorgie américaine.
S. de Walckenaer,	S. *Walckenaerii*,	Lucas,	Brésil.
S. nigripède,	S. *nigripes*,	Lucas,	
S. d'Audouin,	S. *Audouinii*,	Lucas,	Amérique du Nord.
S. tarsale,	S. *tarsalis*,	Perty,	Brésil.
S. de Lucas,	S. *Lucasii*,	Walckenaer,	Brésil.
S. de Perty,	S. *Pertyi*,	Lucas,	Amérique du Sud.
S. édificateur,	S. *edificator*,	Westwood,	
S. algérien,	S. *algericus*,	Lucas,	Algérie.
S. cuirassé,	S. *loricatus*,	Kock,	Amérique.
S. longipalpe,	S. *longipalpis*,	Kock,	Amérique.

Après le genre mygale, le genre sphodros est, de la famille des mygaliformes, le plus nombreux en espèces; il habite presque exclusivement l'Amérique, et n'a que quelques rares représentants en Afrique et en Asie; l'Europe et l'Océanie en sont dépourvues. Les araignées dont il se compose, quoique plus petites que les mygales, sont fortes, trapues et robustes; la longueur encore plus considérable de leurs palpes, leur donne une physionomie spéciale; quant aux caractères anatomiques, la bouche est celle des mygales, mais les yeux, plus écartés, rappellent ceux de l'ériodon. Depuis longtemps le voyageur Perty avait séparé les sphodros des autres mygales, sous le nom d'*actinope*, qui a été souvent adopté par les auteurs, et auquel furent successivement substituées les dénominations de *pachiloscelis*, de *cratoscelis*, et enfin par Walckenaer, de *sphodros*, qui a prévalu à cause de l'autorité de l'auteur. Les mœurs de ces aranéides sont à peu près semblables à celles de l'atype, c'est à-dire qu'elles se creusent en terre des trous assez profonds, larges, à ouverture étranglée, et qu'elles en tapissent l'intérieur de couches de soie fine, blanche et serrée, qui forment un sac, dont la moitié sort du sol. L'aranéide se tient ordinairement au fond de cette demeure pendant le jour, mais en sort au crépuscule pour chasser. Comme toutes les mygaliformes mineuses, les sphodros pondent au fond de leur trou, et y construisent le cocon protecteur de leurs œufs; mais leur tendresse pour les jeunes, lorsqu'ils sont éclos, est plus extraordinaire, car ils les portent sur le dos de leur corselet et de leur abdomen, comme le font quelques sarigues du nouveau continent, et aussi comme les lycoses parmi les araignées.

13ᵉ Genre. **ERIODON**, *Eriodon*, Guérin.

(ἔρι, particule augmentative; ὀδούς, dent.)

Synonymie : *Missulèna*, Walckenaer.

Yeux, huit, disséminés sur tout le devant du corselet : six formant un triangle dont le sommet est dirigé en avant, les deux autres situés au milieu de ce triangle, sur une ligne transverse.

Fig. 35.

Lèvre, allongée, ayant la forme d'un parallélipipède étroit, s'avançant entre les mâchoires, séparée du sternum par un sillon.

Mâchoires, larges, grandes, à base dilatée; elles sont divergentes et leur extrémité se projette en pointe arrondie.

Mandibules, courtes, grosses, renflées, munies de trois rangées de pointes qui forment un râteau.

Palpes, allongés, pédiformes, insérés sur les dilatations latérales des mâchoires.

Corselet. très-grand, à peu près carré, presque aussi large à sa partie antérieure qu'à sa partie postérieure.

Abdomen, plus long et plus large que le corselet.

Pattes, courtes, renflées, les postérieures les plus longues.

Couleur, brun foncé, mandibules luisantes, corps très-velu.

Taille, assez grande.

Mœurs, inconnues.

Patrie. Monde maritime, Nouvelle-Hollande.

ESPÈCE.

E. herseuse,	E. occatoria,	Walckenaer,	Nouv.-Hollande, Tasmanie.

Quoique très-rare, ce genre est connu depuis longtemps, et fut d'abord décrit par M. Guérin sous le nom d'*ériodon*, et puis par M. Walckenaer sous celui de *missulène*. L'unique espèce qu'il renferme, bien que différant beaucoup des autres mygaliformes par la disposition de ses yeux, sur trois lignes assez écartées, appartient évidemment à cette famille, et ne peut être rapprochée que des atypes, ou mieux des sphodros. Comme le fait remarquer Walckenaer, l'aspect général de cette aranéide a des analogies plus apparentes que réelles avec quelques *érèses*.

On ne sait rien de précis sur le genre de vie de cette singulière araignée; mais la conformation de ses mandibules pourvues de râteaux, et le récit d'un voyageur assez récent, semblent prouver qu'elle se creuse en terre un terrier comme les mygalodontes, et qu'elle le recouvre d'un opercule mobile.

TROISIÈME FAMILLE.

DRASSIFORMES. E. s

Si les limites, que j'ai données aux deux premières familles, avaient été reconnues plus ou moins complétement par la plupart des auteurs, il n'en est pas de même de celle-ci, à laquelle j'accorde plus d'extension qu'on ne le fait ordinairement, et que je présente avec une subdivision nouvelle.

Ainsi les *filistates*, rangées dans les mygales par Walckenaer, la *ségestrie*, que quelques auteurs considèrent comme un type de famille, l'*argyronète* elle-même, dont les mœurs sont si singulières, y sont classées à côté des *drasses* et des *clubiones*, qui sont les seuls représentants normaux de cette série d'aranéides.

Toutes les araignées qui composent ce groupe, quoique différentes au premier abord, à cause de certaines particularités de leur structure ou de leurs mœurs, sont cependant étroitement unies par une même physionomie et par des caractères communs.

Le corselet est moyen ou petit, plus étroit en avant qu'en arrière, glabre et luisant. — L'abdomen est ovale ou oblong, étroit et très-long, surtout chez les femelles, terminé par six filières disposées en faisceaux, toutes égales, se renfonçant dans une petite cavité, ou faisant saillie à l'extrémité de l'abdomen; les pattes sont courtes et robustes, le plus souvent luisantes et glabres; laquatrième paire est la plus longue; dans le repos, elles sont ramassées au-dessus du corps; dans la marche, celles de la première paire sont infléchies en dedans. — Pattes-mâchoires courtes et ne servant qu'accidentellement à la marche; à coxopodites toujours largement étalés, plus ou moins penchés sur une lèvre qui est presque toujours de forme ovale; à article terminal, peu différent dans les deux sexes. — Yeux toujours placés sur le devant du corselet, presque égaux et semblables entre eux; il y en a deux principaux au milieu plus gros que les autres, et dont la position est invariable; de chaque côté se voient les yeux latéraux, dont le placement et le nombre différencient les genres. En effet, tantôt il y en a trois, d'autres fois il n'y en a que deux; un genre seulement en est complétement dépourvu.

Quelques espèces, comme nous le verrons plus loin, sont remarquables par l'existence de trachées en même temps que de sacs pulmonaires; ceux-ci sont toujours au nombre de deux. Toutes vivent plusieurs années et font des pontes successives; aussi ont-elles une poche copulatrice plus ou moins développée.

Classification.

Six, deux ou zéro yeux, — quatre stigmates. . . . . 2. SÉGESTRIENS.

Huit yeux, — deux stigmates.
- Yeux groupés comme ceux des mygales. 1. FILISTATIENS.
- Yeux sur deux lignes, équidistants. . 3. DRASSIENS.
- Yeux groupés comme ceux des épéires. 4. ANYPHÆNIENS.

1re TRIBU FILISTATIENS ou MYGALO-DRASSES. E. S.

Yeux, huit, trois de chaque côté en parenthèse, deux médians, — mandibules petites, courtes, mais horizontales dans les deux sexes, — pattes ordinaires dans la femelle, très-longues dans le mâle, — deux stigmates.

14e GENRE. **FILISTATE**, *Filistata*, Walckenaer.

(*Filum*, fil ; *stare*, ériger.)

Synonymie : *Teratodes*, Koch.

Yeux, au nombre de huit, inégaux, groupés sur le devant du céphalo-thorax, sur un petit mamelon que celui-ci présente au-dessus de l'insertion des mandibules ; trois de chaque côté, ovalaires, disposés en triangle ; deux intermédiaires fort petits, ronds.

Fig. 36.

Lèvre, allongée, dilatée et pointue à son extrémité, séparée du sternum par un sillon transversal.

Mâchoires, allongées, dilatées à la base, entourant complétement la lèvre.

Palpes, de longueur médiocre dans la femelle, pédiformes dans le mâle.

Mandibules, inclinées, presque horizontales, petites, soudées à la base, crochet rudimentaire s'opposant à une petite apophyse placée au côté interne du corps de la mandibule.

Corselet, déprimé, ovale, pointu en avant.

Abdomen, ovale, obtus, plus long que le corselet ; une seule paire d'ouvertures respiratoires.

Pattes, de longueur médiocre dans les femelles, très-allongées dans le mâle, peu inégales, dans l'ordre suivant pour la longueur relative : 1, 2, 4, 3.

Filières, non saillantes.

Couleur, brun fauve, uniforme, pâle en dessus, rougeâtre en dessous.

Taille, médiocre, 12 millimètres.

Patrie, littoral de la Méditerranée, Sénégal, nord de l'Amérique.

Habitudes, aranéide tubicole et lucifuge, se retirant dans les cavités d'arbres et de rocher, pour y construire une demeure en entonnoir, avec des fils rayonnant à son orifice.

ESPÈCE.

F. Bicolore,   *F. bicolor*,   Walckenaer,   Europe, Afrique, Amérique.

Walckenaer, en plaçant la filistate parmi les mygales, me semble s'être mépris sur le rang que doit occuper dans la classification cette singulière araignée, qui compose à elle seule le genre filistate et la tribu des mygalodrasses. En effet, quoique les yeux de la filistate, ainsi que son corselet, aient quelque analogie avec ceux des mygalodontes et des sphodros, elle s'éloigne du type général de la famille des mygales, par ses ouvertures respiratoires qui ne sont qu'au nombre de deux, et par l'insertion du crochet qui s'articule au côté interne des mandibules ; il est également impossible, comme le voulait Dugès, de l'associer aux scytodes, bien que la lenteur des mouvements et la configuration des mandibules révèlent quelques rapports éloignés ; la disposition des organes les plus essentiels, des yeux surtout, s'oppose à ce rapprochement.

Les véritables affinités des filistates sont avec les dysdères et les ségestries ; en effet, comme on peut le voir par nos figures, la disposition des yeux de ces trois genres est identique ; celle de la filistate seule est complète ; dans la dysdère, ce sont les deux yeux inférieurs qui s'effacent ; dans la ségestrie, ce sont les supérieurs. La forme générale et les mœurs confirment ces affinités.

Il est également impossible de confondre la filistate avec l'un ou l'autre de ces genres, à cause du nombre différent de ses stigmates.

Les filistates ne creusent pas la terre, comme les mygalides mineuses qui ont les mandibules pourvues d'un râteau, tels que les sphodros, les mygalodontes, les atypes, etc. ; mais elles choisissent pour établir leur demeure, des trous accidentels, des cavités d'arbres, des anfractuosités de rochers, etc.; là, elles filent, comme les dysdères et les ségestries, un tube d'une soie très-blanche, qui a la forme d'un cylindre, dont l'ouverture, située à la partie supérieure, n'est pas fermée par un couvercle, mais simplement protégée par une quantité de fils projetés en travers. Lorsqu'un insecte se prend dans ces fils, elle l'attaque avec beaucoup de prudence et de lenteur.

Quoique rare dans les lieux où elle se trouve, la filistate est une des araignées dont l'habitat est le plus étendu, elle se rencontre sur tout le littoral de la Méditerranée, tant dans le midi de l'Europe que dans le nord de l'Afrique ; on l'a aussi signalée au Sénégal, et tout dernièrement dans l'Amérique du Sud. M. Léon Dufour l'a étudiée dans le royaume de Valence ; mais jamais elle ne s'est montrée dans le nord de l'Europe.

Un fait curieux, c'est la rareté du mâle ; Walckenaer et Dufour ne l'avaient jamais vu ; M. Lucas l'a trouvé, et figuré pour la première fois, dans son *Exploration scientifique de l'Algérie*. Il est remarquable en ce que ses pattes sont d'une prodigieuse longueur et d'une excessive finesse. M. Lucas l'a toujours pris, errant lentement dans l'intérieur des habitations, à Constantine.

7

2ᵉ Tribu. SÉGESTRIENS ou Pulmono-Trachéens.

*Deux stigmates pulmonaires, deux stigmates trachéens, —
disposition des yeux incomplète ; toujours six yeux.*

15ᵉ Genre. **SÉGESTRIE,** *Segestria,* Walckenaer.

(*Segestre,* toile, tapis (latin.)

Yeux, six, rapprochés ; deux de chaque côté, l'un
au-dessus de l'autre ; deux médians, sur
une ligne transverse.

Fig. 37.

Lèvre, allongée, étroite, un peu renflée dans son milieu et légèrement échancrée à son extrémité.

Mâchoires, droites, très-allongées, assez étroites, portant un
palpe de médiocre longueur sur leur base externe ; digital du mâle très-fin et conjoncteur pyriforme, plissé
et creusé à l'intérieur.

Mandibules, grosses, fortes, bombées. peu allongées, verticales ; crochet puissant, recourbé en dessous, reçu
dans une rainure denticulée.

Corselet, grand, déprimé et ovalaire.

Stigmates, quatre.

Pattes, fortes, allongées, la première paire est la plus longue,
la seconde ensuite, la troisième et la quatrième varient suivant les sexes.

Couleur, foncée et obscure, souvent noire, quelquefois métallique, corps velouté.

Taille, assez considérable ; l'une d'elles atteint en France
2 centimètres.

Patrie, sur huit espèces, trois sont européennes, une est
propre au nord de l'Afrique, trois sont de l'Amérique
et une de la Nouvelle-Zélande.

Habitudes, aranéides tubicoles, construisant dans les trous
des murs, les cavités souterraines, etc., de longs tubes
de soie, attenant à une petite toile dont le tissu est
serré ; cocon ovoïde ou globuleux.

ESPÈCES.

S. sénoculée,	S. *senoculata,*	Walckenaer,	Europe, France.
S. perfide,	S. *perfida,*	Walckenaer(1),	Europe, France.
S. grêle,	S. *gracilis,*	Lucas,	Algérie.
S. rufipince,	S. *ruficeps,*	Guérin,	Brésil.
S. cruelle,	S. *sæva,*	Walckenaer,	Nouvelle-Zélande.
S. bavarique,	S. *bararica,*	Koch,	Europe méridionale.
S. faible,	S. *pusilla,*	Nicolet,	Chili.
S. bizarre,	S. *singularis,*	Nicolet,	Chili.

Les ségestries sont, de toutes les araignées européennes, celles qui ont le plus attiré l'attention, dans ces dernières années surtout.

En effet, quoique ressemblant beaucoup aux autres araignées par leur forme, leur anatomie interne présente des particularités importantes, et la plupart des organes essentiels à la vie sont chez ce type profondément modifiés ; aussi le genre ségestrie devra-t-il être étudié d'une manière toute particulière ; et, avant de décrire les mœurs si curieuses des espèces, je devrai m'arrêter un instant sur leur organisation. La forme extérieure de la ségestrie tient à la fois de celle des drasses et des tégénaires ; c'est-à-dire que son corselet est aussi large en avant qu'en arrière, que ses mâchoires sont étroites mais très-longues, que son corps est velouté, que ses pattes sont grandes, fortes et velues : seulement, la ségestrie n'a que six yeux, caractère que possède aussi la dysdère, avec cette différence que dans la ségestrie, les deux yeux intermédiaires sont au centre du groupe, tandis que dans la dysdère, ils sont en arrière.

La face inférieure de l'abdomen présente quatre stig-

---

(1) *Segestria florentina,* Rossi.

mates. C'est à tort que, pour cette raison, Latreille avait rapproché les ségestries des mygales, et les avait appelées *tétrapneumones*. Les ségestries, en effet, n'ont que deux poumons. Comme Dugès l'avait constaté le premier, la paire antérieure de stigmates communique seule avec des sacs pulmonaires limités, et le corps de la ségestrie est parcouru par des tubes trachéens très-visibles, nacrés, encore plus compliqués que ceux des insectes, et qui, après s'être ramifiés jusque dans l'extrémité des appendices, se réunissent en deux troncs qui vont s'aboucher à la seconde paire de stigmates.

Les masses nerveuses sont remarquables en ce qu'elles sont, ainsi que l'estomac, étroites, mais allongées, et que le ganglion cérébroïde est placé très en avant, presque au-dessous des yeux.

L'organe copulateur est des plus singuliers : il est indépendant du palpe, dont la forme n'est pas modifiée, et a l'aspect d'une petite pointe effilée d'un rouge brillant.

Fig. 38.

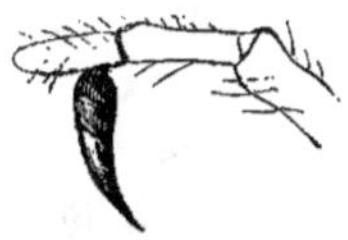

M. Blanchard a reconnu que les deux énormes oviductes de la femelle s'abouchent dans un sac d'un volume considérable, qui est la poche copulatrice, la mieux conformée que l'on connaisse parmi les araignées. Cela explique comment une femelle, enfermée dans une boîte, peut pondre des œufs féconds pendant trois ou quatre ans de captivité et d'isolement complet.

M. Blanchard a trouvé, après quatre pontes, des spermatozoaires dans la poche copulatrice d'une ségestrie.

Quoi qu'il en soit, cette aranéide ne peut, comme le pensent des auteurs modernes, former une famille à part ; car ses caractères anatomiques, plus tranchés il est vrai, que dans aucun autre type, ne lui sont pas exclusifs ; ainsi, nous verrons bientôt l'argyronète avoir des trachées peu développées, et les drasses présenter des vestiges de ces organes, ainsi qu'une poche copulatrice, qui, bien que moins étendue, existe pourtant, comme chez toutes les araignées qui vivent plusieurs années, et font plusieurs pontes successives.

ESPÈCES PRINCIPALES.

Ségestrie florentine. — S. sénoculée.

Le type du genre, et l'espèce qui, pendant longtemps, a été seule connue, est la *ségestrie florentine*, de Rossi, ou *perfide*, de Walckenaer ; c'est une des plus grosses araignées de France ; sa taille dépasse un centimètre ; sa couleur générale est d'un noir violacé ; les mandibules cependant ont l'épiderme d'un vert brillant et métallique qui, suivant M. Lucas, se retrouve jusque sur les dépouilles que l'araignée laisse à chaque mue ; le corselet et les pattes sont d'un noir uniforme, l'abdomen, regardé de près, est noirâtre, et présente cinq triangles renversés d'un noir plus profond. Tout le corps est velu, et de longs poils sont disposés de chaque côté des pattes comme les barbes d'une plume. Il existe des variétés chez lesquelles le fond de la coloration est un gris assez pâle ; d'autres qui sont, au contraire, d'un noir uniforme ; d'autres enfin dont les mandibules sont ternes et brunes.

Rossi, qui le premier décrivit cette aranéide, la trouva aux environs de Florence et lui donna le nom de cette ville ; mais elle paraît habiter toute l'Europe tempérée et méridionale : Walckenaer, Koch, M. Lucas et moi l'avons prise et observée sur presque tous les points de la France et de l'Allemagne.

« Cette ségestrie, dit Walckenaer, file dans les trous des « murs, un tube de soie blanche, terminé à l'extérieur « par un grand nombre de fils divergents, qui sont autant « de piéges tendus aux insectes dont elle fait sa proie.

« Lorsque le trou qu'elle a choisi est étroit, la couche « de soie dont elle le revêt en prend la forme ; dans le cas « contraire, elle proportionne l'ampleur de son tube à la « grosseur de son corps, et elle le fixe par des soies nom- « breuses aux parois du mur. Au lieu d'être étroit, ce « tube renflé au milieu, étroit à l'ouverture, en pointe à « l'extrémité inférieure, prend alors exactement la forme « d'une nasse de pêcheur. C'est de cette espèce d'embus- « cade, les six premières pattes en avant, et les yeux at- « tentifs, que la ségestrie guette les insectes qui osent « approcher de sa retraite. Elle se tient toujours à une « assez grande distance de l'orifice, sans doute pour ne « recevoir que faiblement les rayons de la lumière, car « ses habitudes sont nocturnes, et c'est lui faire violence « que de l'obliger à sortir de son tube pendant le jour. Le « soir, au contraire, il est commun de voir les ségestries « sortir d'elles-mêmes, et courir de côté et d'autre dans « le voisinage de leurs habitations. »

Le mâle, que Walckenaer n'a jamais trouvé dans un tube qui lui soit propre, file cependant et se construit une demeure tout aussi bien que sa compagne ; mais il en sort plus souvent, et mène une vie plus vagabonde ; dès que le soleil se cache, il l'abandonne, rôde autour des lieux habités par les femelles, et pénètre dans leurs appartements tubiformes. Par une rare exception, sa taille est supérieure à celle de la femelle : il s'en distingue nettement par la différence que nous avons déjà signalée, dans la longueur relative des pattes, et la singulière conformation de l'article terminal des pattes-mâchoires.

Cette espèce est une des plus brusques dans son attaque ; elle se jette étourdiment sur toute espèce de proie, sans en avoir d'abord mesuré la force. M. Lucas en a pris une grande quantité aux environs de Mantes, en agitant les fils extérieurs de leur tube avec un brin d'herbe.

C'est en même temps une des plus sobres, une de celles qui souffrent le moins des jeûnes les plus prolongés. Une ségestrie, enfermée dans une boîte, peut y vivre plus de trois mois sans prendre aucune nourriture ; voici bientôt un an que je garde une femelle en captivité, et, pendant cet intervalle, sa consommation alimentaire ne s'est pas élevée à plus de quatre ou cinq mouches.

Plus ou moins longtemps après la fécondation, souvent à plusieurs mois de distance, la femelle dépose à l'extrémité inférieure de son tube et au fond du trou qui lui sert de refuge, une cinquantaine d'œufs gros, jaunes et transparents, qu'elle retient au moyen de fils, et qu'elle enveloppe ensuite d'un cocon, dont l'étoffe blanche et satinée est légère et presque transparente. Ce précieux cocon est fixé aux parois du tube et à la pierre par des filaments blancs, nombreux et floconneux. Lorsque les jeunes sont éclos, comme M. Lucas l'a observé, ils sont entièrement blancs, mais ils ne tardent pas à se revêtir insensiblement de teintes de plus en plus obscures ; la couleur verte des chélicères n'apparaît que dans un âge plus avancé, lorsque l'araignée a déjà subi une ou deux mues.

Walckenaer rapporte que la ségestrie a une frayeur

instinctive de la fourmi, et que la vue de ce petit insecte lui fait abandonner son tube et fuir précipitamment ; je crois, avec M. Lucas, que si Walckenaer eût fait quelques expériences à ce sujet, il n'eût point admis cette idée qui me paraît erronée et invraisemblable.

La France possède une autre ségestrie, tout aussi commune, surtout dans les environs de Paris, c'est la *ségestrie sénoculée* de Walckenaer ; cette araignée, que Dugès croyait être une jeune de la ségestrie perfide, est moitié plus petite que sa congénère, ses mandibules sont brunes, son abdomen est gris clair, et relevé par une ligne longitudinale de petits triangles noirs et bien marqués. Je l'ai trouvée très-communément dans le bois de Meudon, sous l'écorce des arbres.

16e Genre. **DYSDÈRE**, *Dysdera*, Walckenaer.

(δυς, particule augmentative; δηρις, combat.)

Synonymie : *Harpactes, Agores, Conops*, Koch.

Yeux : six, égaux; deux de chaque côté au-dessus  l'un de l'autre; deux intermédiaires placés sur la même ligne que les latéraux supérieurs.

Fig. 39.

Lèvre, allongée, un peu plus large à sa base, à sommet tantôt arrondi, tantôt carré ou échancré.

Mâchoires, droites, allongées, très-dilatées, portant les palpes sur une dilatation ou une apophyse de la base; digital du mâle effilé, renfermant un conjoncteur globuleux et pédiculé.

Mandibules, grandes, pouvant être portées dans le sens horizontal; à tiges coniques, s'amincissant beaucoup à l'extrémité, où elles portent un crochet d'une extrême longueur, très-aigu, presque droit, se repliant au côté interne.

Corselet petit, large, ovalaire, pointu en avant.

Abdomen ovale, fort étroit, allongé, souvent deux ou trois fois comme le corselet.

Pattes fines, de longueur médiocre, la quatrième et la première sont les plus longues, elles sont terminées par deux griffes seulement.

Stigmates : quatre.

Couleur : corselet et pattes glabres, luisants, rouge corail ou noir vif; abdomen incolore, blanchâtre.

Taille : la plus grande a près d'un centimètre; quelques espèces restent petites et n'ont pas plus de 2 à 4 millimètres.

Habitudes : aranéides se renfermant dans des retraites soyeuses tubiformes, sous les pierres ou dans les cavités des murs.

ESPÈCES.

D. Érythrine,	*D. erythrina* (1),	Walckenaer,	France.
D. Id.	var. *Rubicunda* ou *germanica*	Koch, E. S ,	Allemagne, Belgique.
D. Id.	var. *Mandibularis*,	Eug. Simon,	Belgique.
D. safrandine,	*D. crocata*,	Koch,	Grèce.
D. large,	*D. lata*,	Reuss,	Égypte.
D. adroite,	*D. solers*,	Walckenaer,	Amérique.
D. de Homberg,	*D. Hombergii*,	Olivier,	France.
D. jolie,	*D lepida*,	Koch,	Europe méridionale.
D. ponctuée,	*D. punctata*,	Koch,	Grèce.
D. élégante,	*D. elegans*,		
D. spinipède,	*D. spinipes*,	Lucas,	Algérie.
D. rétrécie,	*D. angustata*,	Lucas,	Algérie.
D. artificieuse,	*D. insidiatrix*,	Saviguy,	Égypte.
D. belle,	*D. pulchra*,	Templeton,	Angleterre.
D. florissante,	*D. virens*,	Nicolet,	Chili.
D. longipède,	*D. longipes*,	Nicolet,	Chili.
D. douteuse,	*D. incerta*,	Nicolet,	Chili.
D. resserrée,	*D. coarctata*,	Nicolet,	Chili.
D. américaine.	*D. americana*,	Nicolet,	Chili.
D. rouge,	*D. rubra*,	Nicolet,	Chili.

---

(1) Le premier groupe des dysdères est, comme le fait remarquer Walckenaer, très-uniforme, quant à la couleur et à la taille des espèces qui le composent ; de sorte qu'elles sont difficiles à distinguer ; je crois que c'est pour cette raison que les entomologistes français n'en accordent qu'une au nord de l'Europe. J'ai recueilli l'été dernier un grand nombre d'aranéides de ce genre. En étudiant leur bouche et leurs yeux au microscope, j'ai remarqué des différences notables, qui me semblent assez spécifiques. J'ai reconnu l'une d'elles pour être la *dysdera crocata* que M. Koch a trouvée en Grèce, et dont Walckenaer a transcrit la description sans la connaitre. Son corselet plus étroit, moins élevé et plus allongé, est d'un jaune orangé ; ses pattes antérieures sont plus foncées que les postérieures, ses yeux supérieurs sont plus gros que les latéraux et sont parfaitement arrondis ; les latéraux sont plus divergents et placés plus bas, les antérieurs sont plus rapprochés sur la ligne médiane et se touchent presque. Je n'ai jamais pris en Belgique la dysdère typique, elle y paraît remplacée par une dysdère un tiers moins grande, dont le corselet est d'un noir rougeâtre, et dont les yeux supérieurs sont plus petits et plus élevés que les latéraux. Je pense qu'il faut confondre cette espèce avec l'erythrina et l'appeler *dysdera erythrina rubicunda* Koch ou *germanica*, E. S.

C'est encore à l'espèce typique qu'appartient une variété curieuse que j'ai appelée *mandibularis*, à cause de la longueur de ses mandibules, et dont j'ai pris deux individus sur la frontière de la Prusse (Spa, Malmedy). La *dysdera Hombergii* est en outre plus commune en Belgique qu'aux environs de Paris.

Le genre dysdère est le seul de la tribu qui soit commun dans nos environs, et qui se rencontre à Paris; aussi a-t-il été souvent considéré par les auteurs, comme type des ségestriens et des araignées tubicoles. Ce genre est inséparable du genre ségestrie, car il a de commun avec lui quatre stigmates et six yeux; cependant je ne crois pas ces deux groupes aussi voisins que Walckenaer le pensait, et ils me semblent former deux types éminemment différents. Chez la dysdère, en effet, les mâchoires, au lieu d'être étroites, droites et très-allongées, s'étalent et entourent la lèvre; le corselet, au lieu d'être très-grand et ovale, est très-petit et arrondi en arrière; les filières, au lieu d'être peu visibles, font une saillie à l'extrémité de l'abdomen; les pattes, au lieu d'être longues, robustes et velues, sont courtes, faibles, glabres et luisantes comme le corselet. Le genre dysdère appartient incontestablement à la famille des drasses; il y a plus d'incertitude pour les ségestries, et sans l'existence des caractères que j'ai indiqués plus haut, je n'aurais pas hésité à placer ces deux genres dans deux familles différentes. La dysdère se rapproche encore des drasses par ses mœurs qui sont nocturnes et exclusivement lapidicoles; ses mandibules fortes et horizontales, annoncent des habitudes chasseuses et féroces.

ESPÉCES PRINCIPALES.

Dysdère érythrine. — *D. de Homberg.*

Deux espèces de ce genre se rencontrent dans les environs de Paris; l'une d'elles, la *dysdère érythrine* est répandue dans toute la France, et se trouve communément; la couleur rouge de son corselet et de ses pattes, la teinte

blanc de lait de son abdomen, en font une des plus
belles araignées de notre pays; elle se rencontre sous
les pierres, dans les caves et les lieux obscurs; là elle file
un tube d'une soie blanche, d'un tissu serré, souvent
très-long, appliqué verticalement, quand elle le tisse le
long d'un mur, et horizontalement, lorsqu'elle le place
sous les pierres; dans ce cas, le tube est toujours accolé
sur la pierre et non sur le terrain.

L'ouverture de cette demeure est tantôt à la partie
supérieure, tantôt à la partie inférieure. Pendant tout le
jour, la dysdère reste enfermée dans son tube, immobile
et sans mouvement, la tête tournée du côté de l'ouverture; mais le soir, elle en sort et court après les insectes
nocturnes. Elle est d'une intrépidité et d'une férocité excessives; et comme ses armes sont très-puissantes, elle
fait la guerre aux autres araignées, mange les plus petites, et arrache aux grosses les proies qui se sont prises.
dans leurs fils.

Cette espèce est l'ennemi le plus acharné des fourmis;
elle établit sa demeure non loin des fourmilières, se place
sur le passage de leurs habitants, et en détruit une quantité
considérable. Il arrive souvent qu'on la trouve installée
à l'intérieur même de ces fourmilières, suffisamment protégée des atteintes de ses nombreux adversaires, par
l'épaisse bourre de soie dont elle a soin de garnir l'intérieur de sa coque; elle fait de grands ravages, et décime
ces peuplades industrieuses qui logent ainsi au milieu
d'elles un hôte si redoutable.

L'autre espèce est la *dysdère de Homberg;* elle se reconnaît au premier coup d'œil à sa taille beaucoup plus
petite, à son corselet noir profond, à ses pattes annelées
de taches alternativement brunes et blanches, à son ab-

domen encore plus long et cylindrique. Cette espèce,
beaucoup plus rare que la précédente, est connue depuis
moins longtemps. M. Dufour l'a observée dans le royaume
de Valence ; d'autres observateurs l'ont rencontrée dans
plusieurs parties de la France. Je l'ai trouvée à Paris et
même en Belgique, beaucoup plus communément que
Walckenaer; celles que j'ai prises avaient construit,
sous des planches humides et à moitié pourries, des coques très-blanches, assez semblables à celles de la clubione
soyeuse, plus grandes, mais non en forme de tube comme
la demeure de la *dysdère érythrine.*

Les mœurs de la *dysdère artificieuse* paraissent un peu
différentes : « on la rencontre dans les maisons d'Alexan-
« drie, dit M. Savigny ; elle se retire dans des trous, elle s'y
« renferme dans un tube de soie, et à la circonférence que
« forme l'ouverture de ce tube, elle fait aboutir des fils di-
« rigés en tout sens, de même que les ségestries. »

Les dysdères enveloppent leurs œufs qui sont jaunes,
d'un cocon léger et transparent, qu'elles placent dans une
cellule soyeuse close, d'un tissu très-blanc. Elles s'y tiennent immobiles, jusqu'à ce que les jeunes naissent et se
répandent dans cette coque destinée à les garder tous,
quelque temps en compagnie de leur mère, avant leur
dispersion.

C'est tout à côté de la *dysdère* qu'il faudra placer un
genre remarquable qui n'est connu que par une description incomplète de Schiot (1). Cette araignée, découverte
dans les grottes de Carniolles, est totalement privée des
organes de la vision, comme la plupart des animaux qui
habitent les cavités souterraines.

----

(1) Schiot, *Fauna subterranea.*

3ᵉ TRIBU. DRASSIENS.

Deux stigmates, — yeux le plus souvent au nombre de huit, égaux, brillants, — pattes courtes et fortes, la quatrième la plus longue, — abdomen déprimé, ovale, allongé.

17ᵉ GENRE. **NOPS**, *Nops*, Mac-Léay.

(νη, privatif, οψις, vue.)

Yeux : deux, égaux entre eux, placés sur une ligne transverse, et reculés sur le derrière de la tête.

Lèvre plus longue que large, arrondie à son extrémité.

Mâchoires, à côtés parallèles, entourant la lèvre, coupées obliquement à leur côté interne.

Pattes allongées, la quatrième la plus longue, l'antérieure ensuite, la troisième est la plus courte.

Mandibules courtes, verticales, coniques; crochet pointu, petit, courbe.

Couleur : corselet glabre, rouge; abdomen brun rougeâtre, sans tache.

Taille : longeur de quelques millimètres.

Patrie : la seule espèce connue a été rencontrée dans le nouveau monde, dans l'Archipel des Antilles, surtout à Cuba.

ESPÈCE.

N. guanabacoa,	*N. guanabacoæ*,	Mac-Leay,	Cuba.

Ce genre est une anomalie dans l'ordre des aranéides ; en effet, il est le seul qui n'ait que deux yeux. Son extrême rareté empêche qu'il soit parfaitement connu. M. Mac-Leay en a pris plusieurs individus à l'île du Cuba; ils paraissent appartenir à des espèces différentes.

18ᵉ GENRE. **DÉSIS**, *Desis*, Walckenaer.

(δέσις, lien ; δέω, enchaîner.)

Yeux : huit, sur deux lignes; l'antérieure courbée en avant, figurant un croissant; yeux du carré intermédiaire plus gros que les latéraux, qui sont portés sur un tubercule peu élevé.

Lèvre allongée, à côtés parallèles, fortement échancrée à son extrémité.

Mâchoires droites, divergentes, dilatées à leur base, pointues à leur extrémité.

Mandibules longues, fortes, dirigées en avant, aussi longues que le corselet.

Corselet déprimé, aussi long et aussi large que l'abdomen.

Pattes fortes, propres à la course ; les antérieures plus allongées que les postérieures, la première paire la plus longue, la seconde ensuite, la troisième est la plus courte; trois griffes.

Couleur : corselet, mandibules, poitrine, palpes et pattes d'un rouge corail luisant; abdomen gris pâle, uniforme.

Taille : un centimètre.

Patrie : Amérique du Sud, Brésil.

Habitudes inconnues.

ESPÈCES.

D. dysdéroïde,	*D. dysderoides,*	Walckenaer,	Brésil.
D. brévimane,	*D. brevimanus,*	Koch,	Bahia au Brésil.

Le *désis dysdéroïde* ressemble beaucoup à la dysdère érythrine, surtout par l'aspect et les couleurs. Mais le nombre des yeux, des griffes et des stigmates, l'éloigne de ce genre et le place dans la tribu des drassiens; il établit un passage naturel entre cette tribu et la précédente.

19ᵉ Genre. **MACARIE,** *Macaria,* Koch.

(μάκαρ,ος, heureux.)

Synonymie : *Drassus,* Walckenaer.

Yeux : au nombre de huit, égaux et très-petits, sur deux lignes
Fig. 40.   d'égale largeur, fortement courbées en avant; les
intermédiaires antérieurs plus rapprochés entre
eux qu'ils ne le sont des latéraux; les intermédiaires supérieurs plus rapprochés des latéraux
qu'ils ne le sont entre eux.

Lèvre courte et étroite, ayant la forme d'un demi-ovale.

Pattes-mâchoires : à coxopodites étalés, médiocrement allon-
Fig. 41.   gés, larges et dilatés à la base, un peu échancrés
au côté interne, élargis graduellement vers leur
extrémité qui est arrondie, infléchie en dedans et
enclave complétement la lèvre , — à premier article
du tarse, armé dans le mâle d'épines qui forment une
couronne autour d'un article terminal assez gros et
globuleux.

Corselet assez grand, arrondi en arrière, diminuant graduellement jusqu'à sa partie antérieure, où il est bombé
et se termine en pointe.

Abdomen étroit et allongé, souvent un peu étranglé dans le
milieu comme celui des saltiques ; à pédicule fort
long ; à filières terminales et saillantes.

Pattes longues, la quatrième paire dépassant toujours les
autres; hanche et cuisse toujours renflées; jambe et
tarse d'une gracilité extrême.

Couleurs métalliques, bronzées ou argentées.

Taille, ne dépassant pas 3 millimètres.

Patrie, le nord de l'Afrique et l'Europe orientale sont la patrie
par excellence de ces petits drassiens.

Habitudes, aranéides vives, se réfugiant sous les pierres, construisant dans les herbes, une coque relativement
grande, en forme de coupe, pour y déposer un cocon
hémisphérique et floconneux.

ESPÈCES.

M. brillante,	*M. festiva*,	Walckenaer,	France.
M. fastueuse,	*M. fastuosa*,	Koch,	Allemagne.
M. lugubre,	*M. lugubris*,	Walckenaer,	Europe.
M. resplendissante,	*M. nitens*,	Koch,	Allemagne.
M. dorée,	*M. aurulenta*,	Koch,	Région du Danube.
M. éclatante,	*M. fulgens*,	Koch,	Grèce.
M. à petites taches,	*M. guttulata*,	Koch,	Région du Danube.
M. belle,	*M. formosa*.	Koch,	Deux-Ponts (Princip.).
M. de Lister,	*M. Listeri*,	Savigny,	Égypte.
M. de Schæffer,	*M. Schœfferii*,	Savigny,	Égypte.
M. clubionoïde,	*M. clubionoïdes*,	Savigny,	Égypte.
M. maculée de blanc,	*M. albomaculata*,	Lucas,	Algérie.
M. à ceinture blanche,	*M. alborittata*,	Lucas,	Algérie.
M. resserrée,	*M. coarctata*,	Lucas,	Algérie.
M. pallipède,	*M. pallipes*,	Lucas,	Algérie.
M. fourmi,	*M. formicaria*,	Lucas,	Algérie.
M. à tarses jaunes,	*M. flavitarsis*,	Lucas,	Algérie.
M. à tête rouge,	*M. erythrocephala*,	Lucas,	Algérie.
M. intrépide,	*M. valida*,	Lucas,	Algérie.
M. rougeâtre,	*M. rufescens* (1),	Eug. Simon,	Belgique.

Walckenaer avait subdivisé facilement son genre drasse
en quatre groupes, bien nettement distincts et caractérisés par des particularités anatomiques importantes, rela-
tives au placement des yeux, à la forme de la lèvre, au
volume du corps et des membres, etc. M. Koch, frappé

---

(1) J'ai trouvé dans les plaines incultes qui environnent Spa, une macaria, qui, je crois, n'a encore été décrite et figurée dans aucun ouvrage; je
lui ai donné le nom de *macaria rufescens*, à cause de sa couleur orangée.
Ce qui distingue surtout cette curieuse espèce, c'est la disposition et la
forme des yeux de la seconde ligne, qui, au lieu d'être placés tout à fait
sur le rebord du front, comme dans la *macaria festiva*, sont plus reculés
sur le haut de la tête, de sorte que c'est la ligne antérieure qui occupe
cette position. Les yeux intermédiaires de la seconde ligne, au lieu d'être
ovales et inclinés, sont tout à fait ronds, — les mâchoires et la lèvre sont
plus courtes et plus ramassées, — le corselet, le plastron, la bouche et
tous les membres sont d'un jaune orangé uniforme, sauf le carré oculaire
qui est noir, — l'abdomen est d'un gris argenté brillant, plus foncé vers
la partie postérieure. Quoique l'unique individu soit femelle, ses pattes
sont relativement plus longues que celles des autres espèces du genre;
sa taille est de deux millimètres.

de la dissemblance de ces groupes et de la physionomie spéciale de chacun, crut devoir en faire quatre genres, que j'ai adoptés à son exemple. — Le premier, qu'il appela macarie, et dont le type est le drasse brillant de Walckenaer, se distingue des autres, surtout par la courbure de ses deux lignes d'yeux, l'écartement de ceux de la seconde, la gracilité des membres, la petitesse de la taille. — Les macaries ont une physionomie spéciale, une taille et des couleurs reconnaissables ; ce sont de petites araignées qu'il n'est pas rare de rencontrer au printemps, en soulevant les pierres, dans les bois comme dans les champs ; leur couleur bronzée et leur excessive vivacité les font souvent prendre pour des fourmis.

Ce genre compte une vingtaine d'espèces, mais toutes se ressemblent au point qu'elles sont difficiles à distinguer, je me contenterai d'en décrire le type.

ESPÈCE PRINCIPALE.

Macarie brillante (*Drasse brillant* W.).

La *macarie brillante* est sans contredit l'espèce la plus belle et la plus intéressante de la famille des drassiformes ; elle se reconnaît à sa taille très-petite, à ses couleurs bronzées et métalliques, et aux petits chevrons dorés qui ornent son abdomen ; ses pattes sont noires à la base, et jaunes à l'extrémité.

Fig. 42.

Walckenaer décrit de la manière suivante les mœurs remarquables de cette araignée :

« Le drasse brillant, dit-il, construit dans l'herbe ou « dans les cavités des pierres, une tente formée d'une « toile fine et serrée, ovale, et ayant deux issues. Cette « toile en renferme une autre d'un tissu plus fin et encore

« plus serré. Cette seconde tente a la forme d'une voûte.
« C'est sous cette voûte qu'elle place son cocon, qui a
« environ une ligne trois quarts de diamètre, et est
« composé de deux parties : l'une est hémisphérique ou
« en forme de coupe profonde, d'une blancheur écla-
« tante et formée d'une pellicule mince, à tissu aussi
« serré qu'une pelure d'oignon. C'est dans cette coupe
« qu'elle dépose une ou deux douzaines d'œufs rougeâ-
« tres, isolés, qui sont bien loin de remplir toute la ca-
« vité du cocon. Elle ferme ensuite ce cocon avec un
« opercule ou feuillet plat, qui n'est que collé sur les
« bords de la coupe, et peut s'en détacher. C'est dans
« cet endroit et sur ce cocon qu'elle se tient ; mais aupa-
« ravant elle recouvre la cavité de la pierre d'une toile
« d'un tissu lâche et transparent, ce qui lui forme, au-
« dessus de la voûte, une seconde chambre qui commu-
« nique avec la première. Cette espèce, ajoute-t-il, court
« avec beaucoup de vivacité ; on commence à en rencon-
« trer dans l'herbe, à la fin d'avril ; c'est en juillet qu'on
« la trouve avec son cocon. »

Le 25 juillet, Walckenaer prit une femelle, l'enferma
dans un tube de verre, et la vit travailler immédiatement
et sous ses yeux, à la construction de sa tente et de son
cocon ; elle pondit vingt-deux œufs d'un beau rouge-
orangé.

20ᵉ Genre. **MÉLANOPHORE**, *Melanophora*, Koch.

(μέλανος, noir; φερω, porter.)

Synonymie : *Drassus*, Walckenaer, Lucas.

Yeux, huit, un peu inégaux, sur deux lignes parallèles, très-faiblement courbées en avant; les quatre antérieurs petits, ronds et équidistants; les intermédiaires supérieurs ovalaires, plus gros et plus rapprochés des latéraux qu'ils ne le sont entre eux.

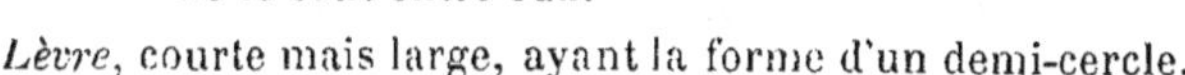

Fig. 43.

Lèvre, courte mais large, ayant la forme d'un demi-cercle.

Pattes-mâchoires, de longueur médiocre; *coxopo-dites* étalés, peu allongés, arrondis à leurs angles, aussi larges à la base qu'à l'extrémité, un peu resserrés au niveau de l'insertion de la cuisse, très-inclinés sur la lèvre; premier article du *tarse* armé d'une forte épine qui protége un article terminal, ovalaire, assez renflé et pointu.

Fig. 44.

Corselet, moitié moins long que l'abdomen, déprimé et glabre, pointu en avant, arrondi en arrière.

Abdomen, étroit et allongé, déprimé en dessus, à filières saillantes.

Pattes renflées, de longueur médiocre, la quatrième paire est la plus longue.

Couleur, le plus souvent d'un noir mat, profond et uniforme.

Taille. ne dépassant pas 5 millimètres.

Patrie, presque toutes habitent l'Europe centrale et orientale.

Habitudes, aranéides filant sous les pierres des coques blanches, tubiformes; construisant des cocons en forme de disque plat, d'un tissu serré et imperméable.

ESPÉCES (1).

M. noire,	*M. atra*,	Latreille,	Europe.
M. faible,	*M. pusilla*,	Koch,	Allem., Belgique (E.S.)
M. violacée,	*M. violacea*,	Koch,	Allemagne.
M. d'Argos,	*M. Argolinensis*,	Koch,	Grèce.
M. de Lyonnet,	*M. Lyonetii*,	Savigny,	Égypte, Grèce.
M. pédestre,	*M. pedestris*,	Koch,	Allemagne.
M. des pierres,	*M. petrensis*,	Koch,	Grèce.
M. noirâtre,	*M. fusca* (*Oblonga*, koch)	Walckenaer,	Égypte, Grèce.
M. souterraine,	*M. subterranea*,	Koch,	Europe.
M. naine,	*M. pumilia*,	Koch,	Région du Danube.
M. à deux taches,	*M. bimaculata*,	Koch,	Grèce.
M. choisie,	*M. electa*,	Koch,	Région du Danube.
M. petite,	*M. parvula* (*Drassus*).	Lucas,	Algérie.

Le genre mélanophore, fondé sur le *drasse noir* de Latreille, et sur quelques espèces nouvelles qui lui sont voi-

---

(1) Ce que j'ai dit plus haut de la dysdère, est tout à fait applicable aux mélanophores; ce sont des araignées dont les couleurs sont semblables, dont la taille est la même, et qui pour cela sont très-difficiles à distinguer. Je crois néanmoins qu'il existe plusieurs espèces qui sont généralement confondues avec la drasse noire de Walckenaer, et qu'il faut séparer. M. Koch, qui a fait une belle étude des drasses de la Grèce et de ceux qu'il a trouvés sur les bords du Danube, a su distinguer un nombre assez grand d'espèces dont il serait utile d'étudier la synonymie, afin de décider si ce sont de simples variétés de l'ater, ou des espèces légitimes. Celles qu'il nomme *melanophora electa* et *bimaculata* (Walckenaer les regarde comme des variétés de son *drassus fuscus*) et dont il donne les figures, me paraissent suffisamment caractérisées; leurs couleurs tranchées et leur habitat éloigné de celui de l'ater ne laissent point d'incertitude. Quant à la *melanophora subterranea* que Walckenaer condamne sans la connaître, je suis certain qu'elle est distincte; j'en ai recueilli plusieurs individus en Belgique; et en les comparant à l'ater de Paris, j'ai reconnu que les yeux antérieurs et latéraux n'ont ni la même forme, ni la même direction; le cocon de cette espèce, au lieu d'être rosé, est d'un rouge écarlate. J'ai également trouvé la *melanophora violacea:* je pense qu'il est prudent de classer cette espèce parmi les variétés constantes de l'ater; ses yeux ont la même disposition; le bord de ses mâchoires, ainsi que le dernier article du tarse est d'un brun plus clair que le thorax, le plastron est doré; l'abdomen quoique noir a un reflet violacé; quant aux espèces grecques, on ne peut rien décider à leur égard, avant qu'un plus grand nombre d'individus soit connu, afin de pouvoir les comparer entre eux et avec les espèces occidentales. L'espèce ou la variété typique est la seule chez laquelle le noir s'étende jusqu'à l'extrémité des pattes et le bord des mâchoires.

sines, a pour caractères, ceux que Walckenaer assignait à sa famille des *drasses cachés*; c’est-à-dire que les deux lignes d’yeux sont parallèles, que les intermédiaires supérieurs sont plus gros et plus distants que les antérieurs, que les mâchoires sont courtes, très-inclinées, et aussi larges à leur base qu’à leur extrémité. Ces espèces se font facilement reconnaître à leur belle teinte noir-satiné généralement uniforme, et à un facies spécial, dû à la petitesse du corselet, et à l’habitude qu’elles ont de relever leurs pattes au-dessus de leur tête, comme les ségestries; de plus, toutes construisent des cocons d’une contexture serrée, et qui ne ressemblent point à ceux des autres genres de la famille.

Walckenaer ne connaissait que deux espèces de mélanophores; il a eu le tort de les rapprocher des quelques drasses (nocturne, rouge), qui appartiennent à un autre type.

ESPÈCE PRINCIPALE.

Mélanophore noire (*Drasse noir* Latr.)

La *mélanophore noire* est une petite araignée, dont la longueur ne dépasse pas trois millimètres, qui est entièrement d’un noir d’ébène mat et profond; les pattes, qui sont de la même couleur jusqu’à leur extrémité, sont courtes et renflées, le corselet est fort petit et pointu en avant. Cette espèce est nocturne, comme l’indique sa couleur; elle habite sous les grosses pierres.

Walckenaer la décrivit d’abord d’après un exemplaire que lui remit Latreille; mais il eut plus tard l’occasion de voir par lui-même cette araignée dans le bois de Boulogne. Je l’ai prise d’abord à Marolles, près Arpajon; plus récemment je l'ai trouvée en grand nombre, dans le bois de Meudon, et à Spa, en Belgique. — Cette espèce choisit, pour établir sa demeure soyeuse, les trous qui se trouvent dans le terrain recouvert par les pierres ; là, elle file une grande coque, d'un tissu très-blanc, très-serré, à la fois doux et solide, assez semblable à une pellicule d'oignon. A la partie supérieure, qui est évasée, cette coque est fixée à la pierre qui en forme comme le plafond ; à sa partie inférieure, qui va en diminuant, est une ouverture, qui permet à l'araignée d'entrer et de sortir. Lorsqu'elle a pondu, elle construit autour de ses œufs un cocon aplati, d'abord jaunâtre, mais qui ne tarde pas à devenir rosé ; elle va l'attacher en haut de sa coque sur la pierre qui le recouvre ; lorsqu'il est fixé, elle se place dessus, y reste immobile,

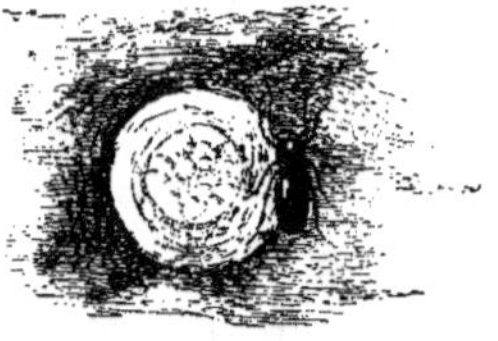

Fig. 45.

Cocon de la mélanophore noire.

toute prête à le défendre, si on voulait le prendre ; il contient de trente-huit à quarante-cinq œufs : les jeunes sont tout à fait blancs.

Cette araignée est peu craintive, si en enlevant la pierre sous laquelle elle se trouve, on l'entraîne en même temps qu'une partie de sa coque, loin de chercher à fuir, elle se remet immédiatement à l'œuvre pour réparer le dommage.

21ᵉ Genre. **PYTHONISSE**, *Pythonissa*, Koch.

(πύθων, devin, (Mythologie.)

Synonymie : *Drassus*, Walckenaer, Lucas.

Yeux, huit, presque égaux et semblables, sur deux lignes divergentes, c'est-à-dire courbées en sens
inverse; les deux intermédiaires antérieurs très-rapprochés et noirs, les latéraux antérieurs plus avancés, les intermédiaires supérieurs brillants et assez écartés, les latéraux supérieurs gros et plus reculés.

Fig. 46.

Lèvre, allongée, plus étroite à sa base, renflée dans son milieu, se rétrécissant graduellement jusqu'à son extrémité, où elle se termine en pointe.

Pattes-mâchoires, à coxopodites étalés et fort longs, très-étroits
à la base, s'élargissant insensible-
ment jusqu'à l'insertion de la
cuisse; de là ils s'infléchissent en
dedans et se terminent brusquement en ligne droite; ils enclavent
complétement la lèvre; premier
article du tarse enveloppant, par
une dilatation cornée, la base d'un
article terminal assez étroit et effilé.

Fig. 47.

Corselet, moitié moins long que l'abdomen, déprimé et glabre,
pointu en avant et déprimé en arrière.

Abdomen, ovalaire, fortement déprimé en dessus, à filières
saillantes.

Pattes, courtes et renflées, la quatrième paire la plus longue.

Couleur, noir mat et soyeux; membres souvent rouges ou noir
brillant.

Patrie, Europe méridionale et nord de l'Afrique.

Habitudes, aranéides nocturnes; établissant leur coque dans
les lieux sombres et cachés; filant, autour de leurs
œufs, un cocon d'une contexture peu serrée, épaisse et
très-blanche.

ESPÈCES.

P. lucifuge,	*P. lucifuga,*	Walckenaer,	Europe.
P. lugubre,	*P. lugubris,*	Koch,	Grèce.
P. enfumée,	*P. fumosa,*	Koch,	Bavière.
P. cachée,	*P. occulta,*	Koch,	Allemagne.
P. tricolore,	*P. tricolor,*	Koch,	Grèce.
P. bicolore,	*P. bicolor,*	Koch,	Grèce.
P. brune,	*P. fusca (Montanus-murinus),*	Koch,	Allemagne.
P. ornée,	*P. exornata,*	Koch,	Grèce.
P. grisâtre,	*P. fuliginea,*	Koch,	Haute-Saxe.
P. nocturne,	*P. nocturna (Variana,* Koch),	Walckenaer,	Europe.
P. gnaphose,	*P. gnaphosa (Maculata,* Koch),	Walckenaer,	France et Allemagne.
P. naine,	*P. nana,*	Koch,	Bavière.
P. nyctalope,	*P. nyctalopa,*	Walckenaer,	? ? ?
P. riche,	*P. dives,*	Lucas,	Algérie.
P. fastueuse,	*P. fastuosa,*	Lucas,	Algérie.

Les pythonisses sont des drasses, dont les quatre yeux intermédiaires ont la même disposition que dans les macaries, c'est-à-dire que les antérieurs sont plus rapprochés entre eux que les supérieurs ; mais dont les yeux latéraux des deux lignes diffèrent beaucoup, ceux de l'antérieure sont plus avancés, ceux de la supérieure sont plus reculés, de sorte que les deux lignes paraissent courbées en sens inverse ; les mâchoires, comme on l'a vu, se distinguent de celles des genres précédents par leur longueur et leur moins d'inclinaison, elles sont étroites et verticales à la base, larges et inclinées à l'extrémité, sur une lèvre qui est plus haute que large ; les pythonisses sont pour la plupart des drasses dont la taille dépasse la moyenne, dont les couleurs sont foncées et tranchées ; elles recherchent les lieux obscurs pour y fixer leur demeure. Deux espèces sont communes dans nos environs.

ESPÈCES PRINCIPALES.

Pythonisse lucifuge, — P. nocturne.

Le *drasse lucifuge* est une belle araignée dont la taille atteint presque un centimètre, le corselet est noir luisant, l'abdomen est noir mat et velu, et les membres sont rouges à la base, noirs à l'extrémité.

Ce drasse, quoique répandu dans toutes les parties de l'Europe, ne se trouve jamais en grand nombre dans une même localité ; l'été, il faut le chercher sous les pierres, où il établit sa coque blanche, qui a la forme d'un tube comme celle de la dysdère ; l'hiver, il se réfugie dans le creux des arbres ou sous les écorces, où il fabrique une coque formée d'enveloppes épaisses et superposées. A l'époque de la ponte, il file un cocon arrondi et d'un tissu serré, autour de ses œufs qui sont libres et secs.

Lorsque cette espèce est jeune, elle a une teinte rougeâtre.

La *pythonisse nocturne* est une espèce aux formes lourdes et ramassées, dont le corselet est d'un brun rougeâtre, et l'abdomen d'un noir-satiné. Elle habite les caves et sous l'écorce des vieux arbres.

22ᵉ Genre. **DRASSE**, *Drassus*, Walckenaer.

(ὁράσσω, saisir.)

Synonymie : *Filistata*, Reuss et Wider; *Clubiona*, Walckenaer (part.).

Yeux, un peu inégaux et sur deux lignes, l'antérieure courbée, c'est-à-dire que les intermédiaires sont plus avancés que les latéraux; la supérieure droite, les deux yeux intermédiaires de cette ligne sont les plus gros, de forme ovalaire, et très-rapprochés l'un de l'autre.

Fig. 48.

Lèvre, ovale, large, assez allongée, légèrement arrondie à l'extrémité.

Pattes-mâchoires, à coxopodites étalés, allongés, presque droits, étroits à la base, s'élargissant graduellement jusqu'à leur extrémité qui est carrée et faiblement infléchie en dedans, de manière à entourer incomplétement la lèvre; article terminal du mâle remarquable par son peu de largeur et son extrême longueur, renfermant un conjoncteur petit et surmonté d'un crochet effilé.

Fig. 49.

Corselet, presque aussi long que l'abdomen, déprimé, plus étroit en avant qu'en arrière.

Abdomen, ovalaire, allongé, à filières longues et visibles.

Pattes, robustes et peu allongées, la quatrième paire la plus longue.

Couleur, corps couvert d'un duvet soyeux fauve clair uniforme.

Taille, de 3 à 10 millimètres.

Patrie, elles se trouvent dans toutes les parties de l'Europe, en Afrique et plus rarement en Amérique.

Habitudes, aranéides filant, sous les pierres ou les écorces, de vastes coques de soie blanche, au milieu desquelles elles déposent leurs œufs enveloppés d'un cocon léger et transparent.

ESPÈCES.

D. soyeux,	*D. sericeus*,	Walckenaer,	France.
D. noirâtre,	*D. fuscus*,	Walckenaer,	France.

D. grisâtre,	D. *murinus*,	Walckenaer,	Suède.
D. lapidicole,	D. *lapidicola*.	Walckenaer,	France.
D. gris,	D. *cinereus*,	Koch,	Bohême (Carlsbad)
D. signifer,	D. *signifer* (1),	Koch,	Bohême (Carlsbad).
D. sévère,	D. *severus*,	Koch,	Grèce.
D. troglodytes,	D. *troglodytes*,	Koch,	Danube.
D. livide,	D. *lividus*,	Walckenaer,	France.
D. jaunâtre,	D. *lutescens* (1) (*Cl. livida*),	Koch,	Grèce.
D. rouge,	D. *rufus*,	Koch,	Allemagne.
D. lenticulé,	D. *lentiginosus*,	Koch,	Grèce.
D. obscur,	D. *obscurus*,	Lucas,	Algérie.
D. à pieds rouges,	D. *rufipes*,	Lucas,	Algérie.
D. cortical,	D. *corticalis*,	Lucas,	Algérie.
D. crassipède,	D. *crassipes*,	Lucas,	Algérie.
D. distinct,	D. *distinctus*.	Lucas,	Algérie.
D. de Maillard,	D. *Maillardi*,	Vinson,	Ile de la Réunion.

Le nom de drasse, si connu des auteurs, et dont Walckenaer s'est servi pour désigner toutes les araignées que j'ai décrites sous les noms de *macarie*, de *mélanophore* et de *pythonisse*, est, comme on vient de le voir, réservé aujourd'hui à un petit nombre d'espèces, dont le type est la *clubione lapidicole*. Cette aranéide, il est vrai, et celles qui s'en rapprochent, semblent, par leur couleur, se confondre avec les clubiones *soyeuse* et *accentuée*, etc. Mais, si on les étudie, on reconnaît que le caractère spécifique de toute clubione, c'est-à-dire la divergence des mâchoires, fait défaut, et que les yeux supérieurs, au lieu d'être écartés, sont rapprochés sur la ligne médiane et se touchent.

M. Koch s'est servi du placement des yeux pour ca-

---

(1) Ce n'est qu'avec doute que j'inscris les noms des *drassus lutescens* et *rufus* que Walckenaer pense n'être que des variétés de sa clubione livide. Le drasse *signifer* est dans le même cas, et paraît être établi sur un jeune lapidicole.

Cependant les yeux de la ligne supérieure sont un peu plus écartés dans le rufus que dans le lutescens, et les yeux intermédiaires antérieurs sont plus élevés dans le lapidicole que dans le signifer, de sorte que le jugement de Walckenaer ne paraît pas très-fondé et laisse encore des doutes.

ractériser les nombreuses espèces qu'il décrit, aussi
quoiqu'elles se ressemblent beaucoup, je crois que toutes
sont distinctes. Plusieurs habitent les environs de Paris,
et ont les mêmes mœurs ; je ne décrirai que la *clubione
lapidicole* de Walckenaer.

ESPÈCE PRINCIPALE.

Drasse lapidicole.

Le *drasse lapidicole* (*clubiona Walck.*) est sans contredit le drasse le plus vulgaire de notre pays ; c'est une
grosse araignée, dont le corps est recouvert d'un duvet fauve clair uniforme ; elle habite dans les champs
comme dans les bois, sous les grosses pierres, où elle
file une toile blanche et serrée. C'est d'après Walckenaer
que je décrirai ses mœurs intéressantes.

« Cette espèce, dit-il, se tient sous les pierres, et
« construit une toile qui forme une nappe, tenant à la
« fois à la pierre et au sol sur lequel la pierre repose. Des
« fils aboutissent à cette toile, et y arrêtent des carabes,
« des hannetons d'été, et d'assez gros insectes. Lors de
« la ponte, l'araignée file un sac de soie pour y construire
« son cocon ; ce sac est souvent placé dans la cavité de
« la pierre. L'aranéide recouvre toujours son cocon de
« feuilles sèches qui le cachent, et qui ont l'air d'être
« agglomérées par hasard. Le cocon, renfermé dans l'in-
« térieur du sac, est rond, aplati, sans cependant être
« lenticulaire. Lorsqu'on le garde assez longtemps pour
« que les œufs se transforment en jeunes araignées, celles-
« ci le font enfler. Ce cocon paraît alors comme globuleux,
« mais cependant c'est encore une boule déprimée ou
« aplatie. Il est du blanc le plus éclatant, lisse à sa surface

« inférieure, mais à sa surface extérieure, il présente de
« petites éminences rondes, formées par les œufs qui
« s'y trouvent renfermés. Le cocon a cinq lignes et demie
« de diamètre ; il contient environ soixante-dix œufs iso-
« lés et non agglutinés entre eux. Le tissu qui les enferme
« est très-serré, et ressemble à une pellicule d'oignon,
« très-blanche. Lorsque l'aranéide est dans le sac qui
« contient son cocon, elle est très-agile et court avec une
« grande rapidité. »

C'est en juillet que Walckenaer les a trouvés avec leurs
cocons ; au mois d'août, en Belgique, les œufs n'étaient
pas encore éclos. Ce drasse n'abandonne son sac de
soie que quelque temps après la naissance des jeunes, qui
cohabitent avec leur mère.

Voici le nom des drasses rapportés du Chili par M. Nicolet, et qui n'ont point encore été décrits.

D. gracieux,	*D. renustus,*	Nicolet,	Chili.
D. spinifère,	*D. spinifer,*	Nicolet.	Chili.
D. lycosoïde,	*D. lycosoïdes,*	Nicolet,	Chili.
D. longipède,	*D. longipes,*	Nicolet.	Chili.
D. élégant,	*D. elegans,*	Nicolet.	Chili.
D. semblable,	*D. similis.*	Nicolet,	Chili.
D. allié,	*D. affinis.*	Nicolet,	Chili.

On peut ajouter le *drasse clubioniforme* de M. Lucas,
originaire de la Tasmanie, et dont je ne connais point les
caractères.

23e Genre. **ARGYRONÈTE**, *Argyroneta*, Walckenaer.

(ἄργυρος, argent; νέω, nager ou filer.)

Fig. 50.

Yeux, huit, égaux, placés sur une avance antérieure du corselet, sur deux lignes dont
la supérieure est plus large.

Lèvre. allongée, étroite, terminée en pointe un
peu arrondie.

Mâchoires, larges, à côtés parallèles, aussi longues que la
lèvre, et l'entourant.

Mandibules, presque verticales, à crochets assez forts.

Corselet, grand, étroit, pointu en avant.

Abdomen, oblong, allongé, marqué de quatre fossettes sur le
dos, à filières égales, visibles, en couronne.

Pattes, allongées, la quatrième paire la plus longue, la troisième ensuite, la seconde paire et puis la première
les plus courtes, elles sont aussi plus grêles que les
deux pattes postérieures.

Couleur, brun uniforme, corps couvert d'un duvet soyeux.

Taille, peu considérable, 7 à 8 millimètres.

Patrie, nord de l'Europe.

Habitudes, aranéides aquatiques, construisant leur coque, leur
toile et chassant au milieu de l'eau, où elles sont aussi
agiles que les autres araignées sur terre, grâce à la
couche d'air dont leur abdomen est entouré.

ESPÈCE.

A. aquatique, *A. aquatica*. Nord de l'Europe.

Si, pour classer l'argyronète, on ne devait tenir
compte que de son genre de vie, on en ferait une famille à part ; car elle seule possède cette faculté singulière de vivre dans l'eau, d'y construire sa demeure
et d'y pondre ses œufs. Si, au contraire, on prend surtout en considération la forme et les caractères anatomi-

ques, on est frappé de la ressemblance qui existe entre cette araignée et les drasses dont elle a les yeux, la bouche et plus encore la physionomie.

Elle est rare et paraît particulière aux contrées septentrionales de l'Europe ; Walckenaer l'a trouvée au Petit-Gentilly et dans les environs de Paris. Elle a été vue en Suède par Clerck, par de Geer et par Linnée ; en Allemagne par Hann, Koch et Herrich Schæffer ; De Lignac l'a prise aux Bordeaux, près du Mans et de Troisvilles, dans la rivière d'Erdre, près de Nantes. De Villiers assure qu'elle se trouve aussi dans le midi de la France : cependant aucun naturaliste du midi n'en a donné la description d'après nature.

L'argyronète est une petite araignée dont la forme et les couleurs n'ont rien de remarquable ; car son corps est entièrement d'un brun terne et uniforme. Sa vie, comme je l'ai dit en commençant, se passe sous l'eau ; c'est là qu'elle tend des fils, qu'elle poursuit sa proie, et qu'elle établit sa demeure.

Son abdomen est revêtu d'une sorte de duvet, qui ne permet pas à l'eau de mouiller la peau, et qui, de plus, se pénètre d'une certaine quantité d'air qui suffit aux besoins de la respiration. Cet air forme comme une lame tout autour du corps, de sorte que dans les moments où l'animal nage, on croirait voir une bulle de gaz ou plutôt de vif-argent se mouvoir avec rapidité au fond des eaux.

Lorsque, par une circonstance quelconque, l'air s'est détaché du corps de l'araignée ; pour en reprendre, elle remonte promptement à la surface, en sortant son abdomen de l'eau, et recommence sa course et sa chasse aquatiques.

Comme les drasses le font sur terre, l'argyronète construit dans les étangs une grande coque de soie, qu'elle a soin de remplir d'air. Voici comment elle construit cet édifice : d'abord elle monte à la superficie de l'eau, la tête en bas, ne laisse passer à la surface que l'extrémité de son abdomen, dilate ses filières et replonge avec rapidité. Pendant cette opération, elle produit une petite bulle d'air qui, indépendamment de la couche argentée qui la recouvre, se trouve attachée à son anus. Ensuite elle nage vers la tige de la plante où elle veut fixer son nid, et détache cette petite bulle d'air qui alors adhère à la tige. L'araignée remonte ensuite à la surface, où elle reprend une autre bulle, qu'elle va joindre à la première; elle recommence jusqu'à ce que le ballon d'air ait atteint sa grosseur, qui est à peu près celle d'une noix : elle l'enveloppe ensuite de fils qui forment une toile en réseau, semblable à celle des clubiones; puis elle l'entoure entièrement d'une couche de mortier à demi liquide et brillant, qui ne paraît être autre chose que de la matière soyeuse en dissolution, qu'elle pétrit avec ses pattes et unit avec beaucoup d'art. La forme de la cloche ou de la cellule, est ovalaire plus ou moins arrondie; l'ouverture est à la partie inférieure, et n'est qu'une fente dont l'araignée dilate les bords élastiques, pour entrer et sortir de sa demeure. De la cellule, rayonnent de nombreux fils qui vont prendre attache sur les divers corps environnants, les pierres de fond, les tiges des plantes aquatiques, etc. Ces fils servent à maintenir la coque au niveau voulu; car la légèreté de l'air la ferait toujours remonter à la surface; ils sont aussi des piéges tendus aux insectes aquatiques, aux hydrachnées, aux crevettes, etc., dont l'argyronète se nourrit. Tantôt elle attaque et mange sa proie sur place, tantôt elle la paralyse de son venin, et l'entraîne dans sa coque; parfois elle se contente de la tuer et de la laisser sur ses fils comme réserve ; mais elle se nourrit aussi bien d'insectes terrestres que d'aquatiques, quand ces derniers manquent ; elle s'empare alors des mouches qui sont tombées par hasard dans l'eau, ou elle vient sur le bord des mares chasser les insectes terrestres ; seulement, pour les manger, elle les entraîne toujours au fond de l'eau.

Le Père Lignac, en 1748, décrivit le premier les mœurs de cette singulière araignée, qu'il avait prise aux Bordeaux, près du Mans. Il en éleva de vivantes pendant longtemps, et observa parfaitement les moindres détails de leur industrie.

Il remarqua qu'au moment de la reproduction, le corps n'est plus entièrement couvert par l'air, mais seulement en partie ; que le mâle établit, entre sa coque et celle de la femelle, un corridor soyeux qui leur permet de communiquer ensemble ; qu'à cette époque, les mâles sont méchants et se livrent des combats à outrance.

Il a vu aussi ces aranéides pondre des œufs, au nombre de quarante, non agglutinés, globuleux, et de couleur jaune clair ; les entourer d'un cocon rond, aplati, de quelques millimètres de diamètre, et formé par une toile fine et mince comme une pellicule d'oignon, mais d'un tissu serré et difficile à déchirer. Lorsque les jeunes sortent du cocon, ils sont déjà entourés de leur bulle d'air, et vivent comme les individus adultes ; mais ils ne construisent de coque que dans un âge plus avancé.

Si l'on place plusieurs argyronètes dans un même bocal, elles s'entre-détruisent et se dévorent ; de sorte qu'au bout de quelques jours on n'en trouve plus qu'une qui a successivement dévoré les autres. Pour passer l'hiver, les argyronètes s'enferment dans leur coque, en calfeutrent l'ouverture et s'y engourdissent.

24ᵉ Genre. **CLUBIONE**, *Clubiona*, Walckenaer.

(χλυω, se distinguer; βιωνχω, faire violence.)

Synonymie : *Ciniflo, Cœlotes*, Blackwall; *Anyphœna, Lucia, Cheiracanthum, Agelena*, Koch.

Yeux, presque égaux, sur deux lignes rapprochées sur le devant du corselet, l'antérieure courbée, Fig. 51. la supérieure droite; yeux intermédiaires de la ligne supérieure plus écartés que ceux de l'antérieure, et plus rapprochés des latéraux qu'ils ne le sont entre eux.

Lèvre, allongée, ovalaire, dilatée dans son milieu, terminée en ligne droite ou légèrement arrondie, quelquefois échancrée à son extrémité.

Pattes-mâchoires, à coxopodites étroits, allongés, Fig. 52. écartés, dilatés vers leur extrémité, jamais creusés au côté interne et n'enclavant pas la lèvre; organe copulateur renfermant un conjoncteur droit, unique et simple.

Mandibules, verticales, pouvant être facilement portées en avant.

Corselet, grand et bombé en avant, ovalaire.

Pattes, fortes, de longueur variable.

Filières, six, assez allongées.

Couleurs, le plus souvent claires, fauves ou brunes; abdomen soyeux et velouté.

Taille, peu considérable, 6 à 10 millimètres.

Patrie, les nombreuses espèces sont répandues dans toutes les parties du monde; l'Europe en possède neuf, dont quatre sont très-communes.

Habitudes, aranéides construisant sous l'écorce des arbres, les feuilles des végétaux ou le dessous des pierres, des coques ou cellules de soie très-blanches, dont elles sortent pour chasser.

ESPÉCES.

C. soyeuse,	C. *holosericea*,	Latreille.	Europe.
C. amaranthe,	C. *amarantha*,		Europe.
C. rubiconde,	C. *rubicunda*,		Europe.
C. épimélas,	C. *epimelas*,		Europe.
C. marron,	C. *castanea*,		Europe.
C. corticale,	C. *corticalis*,		Europe.
C. accentuée,	C. *accentuata* (anyphœna), Walckenaer,		Europe.
C. oblongue,	C. *oblonga*,	Lucas,	Algérie.
C. rufipède,	C. *rufipes*,	Lucas,	Algérie.
C. mandibulée,	C. *mandibularis*,	Lucas,	Algérie.
C. rupicole,	C. *rupicola*,		Europe.
C. amusse,	C. *amussa* (*Lucia*, Koch)	Walckenaer,	Europe.
C. meurtrière,	C. *necator*,		Australie.
C. trompeuse,	C. *fallax*,		Europe.
C. attifée,	C. *compta*,	Koch,	Allemagne (Franconie).
C. pallipède,	C. *pallipes*,	Lucas,	Algérie.
C. créole,	C. *insularis*,	Vinson,	Ile Maurice.
C. négligée,	C. *incompta*,		Grèce.
C. phragmite,	C. *phragmitis*,		Allemagne (Erlangen).
C. triviale,	C. *trivialis*,		Allemagne (sud).
C. très-pure,	C. *pellucida*,	Koch,	Bavière.

Liste des clubiones rapportées du Chili par M. Nicolet
et encore non décrites.

C. chilienne,	C. *chilensis*.	C. porte-queue,	C. *caudefacta*.
C. parée,	C. *scenica*.	C. macrocéphale,	C. *macrocephala*.
C. effilée,	C. *acupila*.	C. à abdomen blanc,	C. *albo-abdominalis*.
C. triponctuée,	C. *tripunctata*.	C. abdominale,	C. *abdominalis*.
C. chétive,	C. *pusilla*.	C. à ventre blanc,	C. *albiventris*.
C. à lignes,	C. *lineata*.	C. belle,	C. *pulchella*.
C. active,	C. *acris*.	C. à ventre allongé,	C. *longiventris*.
C. extrême,	C. *ultima*.	C. émeraude,	C. *smaragdula*.
C. citrine,	C. *citrina*.	C. jeune-fille,	C. *puella*.
C. soufrée,	C. *sulphurea*.	C. enfant,	C. *puera*.
C. effacée,	C. *obliterata*.	C. accentuée.	C. *accentuata*.
C. à ventre écourté,	C. *breviventris*.	C. bordée,	C. *limbata*.
C. à pieds jaunes,	C. *flavipes*.	C. attiforme,	C. *attiformis*.
C. longipède,	C. *longipes*.	C. gibbeuse,	C. *gibbosa*.
C. maculée,	C. *maculosa*,	C. sternale,	C. *sternalis*.
C. arrosée,	C. *aspersa*.	C. ponctuée,	C. *punctata*.
C. ambiguë,	C. *ambigua*.	C. ventrue,	C. *ventricosa*.
C. mouillée,	C. *rorulenta*.	C. livide,	C. *lutea*.
C. jaune,	C. *flava*.	C. à ventre jaune,	C. *flavocincta*.
C. élégante,	C. *lepida*.	C. silaticole,	C. *silaticolis*.
C. versicolore,	C. *versicolor*.	C. à cou élargi,	C. *dilaticollis*.

C. nuagée,	*C. nubes.*	C. grémille,	*C. gremilla.*
C. débile,	*C. debilis.*	C. noirâtre,	*C. nigricans.*
C. minuscule,	*C. minuscula.*	C. sinistre,	*C. sinistra.*
C. minime,	*C. minuta.*	C. de Gay,	*C. Gayi.*
C. rousse,	*C. rufea.*		

Ce genre, sans être le type de la famille, est le plus connu, parce qu'il renferme des araignées qui se trouvent sans cesse dans les jardins, et qui, pendant tout l'été, couvrent de leurs coques blanches les feuilles des arbres, les murs et même l'intérieur de nos habitations.

Il est impossible de les séparer des drasses, et l'on ne peut cependant confondre ces deux grands genres : ils sont en effet intimement unis par la forme de leur corselet, de leurs pattes et de leurs filières ; la disposition de leurs yeux est également semblable, sauf l'écartement des intermédiaires supérieurs. Mais la bouche est toute différente : tandis que chez les drasses les mâchoires sont larges et entourent la lèvre, chez les clubiones elles sont étroites, allongées et non inclinées sur la lèvre.

La bouche des clubiones, ainsi que leur corselet et leurs pattes, les rapprochent un peu de la ségestrie perfide.

ESPÈCES PRINCIPALES.

*Clubione soyeuse. — C. amaranthe. — C. corticale.
— C. accentuée. — C. rupicole.*

La *clubione soyeuse* est une des araignées les plus communes ; son abdomen est d'un gris bleuâtre, velouté et argenté, uniforme ; son corselet et ses pattes sont d'un blanc jaunâtre, les mandibules et le devant de la tête sont plus foncés que le reste du corps ; elle est abondante dans les jardins de Paris, on la trouve partout, sur les feuilles des arbres et des plantes ou entre les pétales des fleurs, sous les pierres et sous les plâtras des vieux murs, aussi bien que sous l'écorce à moitié détachée des arbres, ou encore, mais plus rarement, à l'intérieur des maisons peu habitées, particulièrement au haut des rideaux ou dans les armoires abandonnées.

Elle construit une coque en forme de cellule oblongue, ou de tube plus ou moins allongé, d'une soie remarquable par sa finesse, sa blancheur et sa propreté; elle a soin de ménager à cette habitation une ouverture par laquelle elle sort pour chasser et s'échapper, lorsqu'elle est poursuivie. Quand on force la clubione à sortir de sa coque, elle se laisse tomber à terre sans se suspendre à un fil, et reste immobile pendant quelques instants, puis elle s'enfuit avec vivacité et se met immédiatement à construire une seconde demeure. Lorsqu'on enferme une jeune clubione dans un bocal, quelques minutes lui suffisent pour se fabriquer une coque, qui est d'abord transparente, mais qu'elle épaissit de plus en plus en y ajoutant de nouveaux fils. Elle s'y tient constamment suspendue et renversée : si un insecte passe près de la petite ouverture qu'elle a eu soin de se ménager, elle sort promptement, le saisit et l'entraîne dans sa cellule, pour le sucer à son aise et à l'abri de tout danger.

En automne, on ne peut agiter une branche de lilas sans voir tomber plusieurs de ces araignées, qui se tiennent ordinairement entre les feuilles et les fleurs de cet arbuste.

C'est au mois de juin que l'on trouve deux individus de cette espèce dans une même coque, l'un mâle, l'autre femelle, habitant chacun dans une portion de cellule; car celle de la femelle est alors séparée en deux moitiés égales par une cloison verticale de soie blanche. C'est au mois de juillet que la femelle pond et construit son cocon.

Alors elle calfeutre sa coque; elle pond et enferme ses œufs dans un cocon de soie lâche, aplati, et sur lequel ils forment de petites saillies. A cette époque, elle n'est plus timide, mais elle devient hardie et courageuse; et lorsqu'on veut lui faire abandonner sa progéniture, elle la défend et mord violemment son ennemi. Si l'on emploie la violence pour la tirer hors de sa coque, elle ne s'en éloigne pas, mais se réfugie sous la feuille qui la contient. De Geer a compté cinquante à soixante jeunes dans un même cocon. Cette espèce résiste très-bien au froid, on en trouve tout l'hiver dans les lieux abrités ou sous l'écorce des arbres.

La *clubione amaranthe* est une espèce excessivement voisine de la précédente, elle est presque aussi commune, et ne s'en distingue que par son abdomen de couleur plus rouge.

Ces deux espèces de clubiones aiment à pénétrer dans les cocons d'autres araignées, et à se nourrir des œufs qu'ils contiennent; mais leur propre cocon, peu protégé, comme on le sait, a aussi plusieurs ennemis redoutables, indépendamment des cynips. J'ai remarqué dans le bois de Meudon qu'un théridion (*reticulatum*) se plaît à entamer le cocon et à en dévorer les œufs; mais, ce qui est plus curieux, un insecte ailé vient y déposer un œuf qui produit une grosse larve apode et blanchâtre, semblable à celle qu'on appelle vulgairement asticot. Ce ver dévore tout le contenu du cocon, et l'araignée mère ne s'aperçoit de sa présence que lorsque, n'ayant plus rien à manger, la larve sort pour chercher un autre cocon dans les environs.

La *clubione corticale* a une coloration toute différente : cette espèce a l'abdomen noir et le corselet brun foncé, ainsi que les pattes ; elle est moins commune et paraît habiter particulièrement le nord de l'Europe ; elle établit sous l'écorce des arbres, ou moins souvent sous les pierres, une grosse cellule de soie grise, solidifiée au moyen de gravier, de peaux d'araignées, de détritus d'insectes, de petites coquilles de limaçons, etc. ; cette soie forme plusieurs couches munies de bourre épaisse. J'ai pris à Paris cette clubione très-vivace, au mois de mars. L'hiver, on la trouve enveloppée dans sa coque parfaitement close et rembourrée ; elle est engourdie, mais aussitôt qu'on la touche, elle se réveille et court avec autant de vivacité que pendant l'été.

Elle fuit la chaleur, et, suivant l'expérience de Kummer, le grand soleil la fait mourir promptement.

Son cocon est aplati comme celui de la soyeuse, elle l'enveloppe de deux valves d'un tissu serré, et d'une bourre très blanche, assez épaisse.

Une espèce non moins commune que la clubione soyeuse est la *clubione accentuée :* cette petite araignée se distingue facilement à sa couleur fauve clair ou jaune, et aux chevrons en forme d'accents noirs qui parent très-élégamment le dessus de son abdomen et de son corselet.

Elle habite de préférence les grandes forêts, où elle établit sur les arbres, en particulier sur les ormes, une grande cellule qu'elle forme en rapprochant plusieurs feuilles au moyen de ses fils ; cette coque a deux ouvertures, l'une antérieure, plus grande, qui est la porte d'entrée ; l'autre, plus petite et postérieure, qui est la porte de sortie ; mais la clubione accentuée ne se contente pas de construire ainsi une grande cellule suspendue à des branches et pour ainsi dire aérienne ; elle file à l'intérieur de celle-ci une seconde cellule où elle se renferme. Cette coque intérieure est plus petite, d'un tissu plus épais et surtout plus blanc.

En automne, en soulevant les feuilles déjà tombées, il n'est pas rare de voir un grand nombre de clubiones accentuées courir rapidement par terre comme les lycoses. Les œufs sont au nombre d'environ soixante. Ils sont étalés dans un cocon assez gros, et réunis sans être agglutinés entre eux.

Une des espèces les plus remarquables de clubiones est la *rupicole*. Cette petite araignée, très-rare dans les collections, a le facies des philodrômes ; elle court de côté après les insectes, et les saisit en étalant latéralement ses pattes. Kummer l'a prise à la fin du mois d'avril, dans le bois de Romainville. Je l'ai trouvée une seule fois à Leudeville, courant dans un champ de blé.

25ᵉ Genre. **AMAUROBIE**, *Amaurobius*, Koch.

(ἀμαυρός, obscure; βίος, vie.)

Synonymie : *Clubiona* et *Drassus*, Walckenaer; *Ciniflo*, Blackwall.

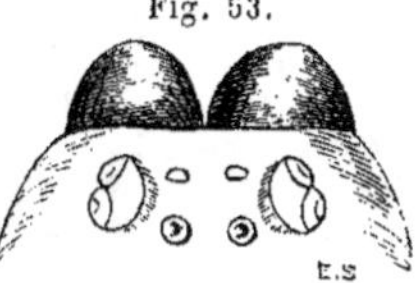

Fig. 53.

Yeux, huit, presque égaux, les quatre intermédiaires formant un carré à peu près régulier; les deux latéraux rapprochés et élevés sur un mamelon.

Pattes-mâchoires, à coxopodites plus ou moins allongés, larges, forts, arrondis et creusés à leur côté interne, arrondis à leur côté externe, enclavant la lèvre; dernier article renflé et épineux, à conjoncteur double, le plus grand est contourné en spirale, l'autre a la forme d'une coquille enveloppante.

Lèvre, grande, large, ovalaire ou tronquée, terminée en ligne droite ou échancrée.

Mandibules, tout à fait verticales, bombées à leur insertion.

Corselet, grand, large, arrondi et renflé à sa partie antérieure.

Abdomen, court, généralement gros, et déprimé en dessus.

Pattes, médiocrement allongées, robustes dans les femelles : leur longueur relative varie suivant les espèces et quelquefois d'un sexe à l'autre.

Couleurs, sombres, noires ou brun foncé.

Taille, grande, 1 ou 1 centimètre et demi.

Patrie, cinq espèces sont communes en France, les autres sont de l'Afrique et de l'Amérique.

Mœurs, elles recherchent les lieux obscurs et cachés, le dessous des pierres, les caves, les trous des murs; y construisent une toile de peu d'étendue, en forme de tube plus ou moins allongé.

ESPÈCES.

A. atroce,	A. *atrox* (*Club. atroce*, Walckenaer),		France.
A. féroce,	A. *ferox*,		France.
A. très-noire,	A. *ferox-nigra*,		France.
A. médicinale,	A. *medicinalis*,		Amérique.
A. cruelle,	A. *sæva*,		Iles des Kanguroos,
A. menaçante,	A. *tetrica*,	Koch,	Europe.
A. tigrine,	A. *tigrina*,	Koch,	Europe.
A. mandibulaire,	A. *mandibularis*,	Lucas,	Algérie.
A. exilipède,	A. *exilipes*,	Lucas,	Algérie.
A. obscure,	A. *obscura*,	Lucas,	Algérie.
A. atropos,	A. *atropos*,		France.
A. égorgeur,	A. *trucidator*,		France.
A. saxatile,	A. *saxatilis*,	Blackwall,	Angleterre.
A. effrayante,	A. *horrenda*,	Nicolet,	Chili.

Walckenaer, dans son *Histoire naturelle des Aptères*, avait entrevu les rapports intimes qu'ont les clubiones atroce et féroce avec les drasses atropos et égorgeur, et la nécessité d'établir ce genre. M. Koch, en étendant trop loin les limites naturelles de cette division, lui donna le nom d'*amaurobie*, que je lui ai conservé, quoique ce nom qui signifie vie obscure, puisse s'appliquer à la plupart des araignées. L'utilité de ce genre est double, d'abord parce qu'il simplifie l'étude des grands genres drasse et clubione, en écartant des espèces qui s'éloignent considérablement de leur type, ensuite parce qu'il rapproche des aranéides se ressemblant intimement par les mœurs, les couleurs, et par tous les caractères anatomiques. Chez les amaurobies, les yeux latéraux sont élevés sur deux petits mamelons, les mandibules sont verticales dans les deux sexes, les mâchoires tiennent à la fois de celles des drasses et de celles des clubiones ; elles sont grandes, robustes, larges, étalées, et en même temps creusées au côté interne et enclavant la lèvre ; la forme du corselet est celle des clubiones, quoiqu'il soit plus large en avant; les pattes sont robustes. Les amaurobies diffèrent plus des drasses que des clubiones, excepté par la bouche. Les yeux latéraux, qui tendent à s'éloigner des intermédiaires, montrent quelque analogie lointaine avec les théridiformes. Les habitudes sont nocturnes. Elles peuplent les bâtiments abandonnés, les cavités des vieux murs, le dessous des pierres, où elles se plaisent à établir leur coque irrégulière et à élever leur progéniture.

ESPÈCES PRINCIPALES.

Amaurobie atroce. — A. féroce. — A. atropos. — A. égorgeur.

L'*amaurobie atroce* (*clubione atroce*) est une araignée commune à Paris; son corselet est grand et rougeâtre; son abdomen, d'une teinte noirâtre piquetée, présente à sa partie antérieure et supérieure un trait noir entouré d'un disque jaunâtre; les pattes sont courtes dans la femelle, beaucoup plus allongées dans le mâle.

Elle se trouve abondamment dans les trous des vieux murs; là elle construit une toile noirâtre ou gris sale, à fils lâches et irréguliers, tombant en lambeaux, et qui entoure l'ouverture extérieure du trou; elle se tient immobile au fond, les yeux dirigés du côté de l'entrée. Elle est d'un courage excessif, elle se jette sur les plus gros insectes, et son venin paraît les paralyser plus rapidement que celui des autres aranéides. Elle attaque les guêpes, et Lister assure l'avoir vue mordre, tuer et sucer un grand scolopendre, qu'il avait enfermé dans une même boîte, avec elle.

Cette araignée a l'habitude de relever et d'abaisser continuellement ses pattes antérieures, ce qui lui donne une physionomie particulière. C'est une des araignées qui, avec l'amaurobie féroce, résistent le mieux au froid. On en trouve tout l'hiver sous les pierres, dans les caves ou dans les trous de mur, immobiles, les pattes ramassées sous le corps, et enveloppées dans un petit sac de soie assez blanche, semblable à un maillot, formé de plusieurs couches et de bourre qui intercepte parfaitement le passage à l'air et à l'eau.

Lorsque l'on fait sortir de sa toile l'amaurobie atroce, elle se laisse tomber, sans se suspendre à un fil, comme les autres araignées. Par terre, elle fait la morte en rapprochant ses pattes, et échappe ainsi à la poursuite de ses ennemis. Ses fils sont tellement gluants, que les mouches ne peuvent y toucher sans s'y trouver prises.

Cette espèce est remarquable par la disparité des sexes. Le mâle, suivant une observation intéressante de M. Blackwall, a la seconde paire de pattes la plus longue, tandis que dans la femelle c'est la première qui dépasse les autres.

C'est le 18 juin qu'en Angleterre Lister a trouvé le cocon de cette araignée, formé d'une soie peu serrée, avec des œufs petits, blanchâtres, et des jeunes déjà éclos, blancs, en petit nombre et isolés entre eux. De Geer trouva dans le ventre d'une grosse amaurobie atroce un ovaire rempli de plus de cent œufs blancs et arrondis. « Elle renferme, dit cet observateur, les œufs qu'elle « pond, et qui alors sont d'un jaune clair, dans une « coque de soie blanche, de la grosseur d'un petit pois, « autour de laquelle elle file ensuite une seconde enve- « loppe, d'une soie plus lâche et moins serrée, qu'elle « attache à quelque objet. »

L'*amaurobie féroce*, qui est une espèce très-voisine de la précédente, s'en distingue cependant par sa taille un peu supérieure, par ses couleurs d'un noir satiné plus obscur ; son abdomen est d'un beau noir et présente à sa partie antérieure une petite ligne jaune entourée de chevrons de même couleur. Elle a les mêmes habitudes : cependant la féroce recherche particulièrement les caves et les lieux obscurs, le dessous des pierres, tandis que l'atroce vit plus volontiers dans les jardins ; la toile qu'elle construit est beaucoup plus blanche, plus fine et a un reflet bleuâtre.

Cette espèce, quoique moins commune que la précédente, se trouve fréquemment en France, à Paris même.

L'*amaurobie atropos* (*drasse atropos*) est une espèce assez grande, dont l'abdomen est brun, déprimé et marqué de petites bandes jaunes longitudinales et transversales ; le corselet est grand, très-bombé, d'un brun rouge. Cette espèce est commune, elle recherche les grandes forêts, les lieux peu visités, et construit sous les grosses pierres humides une toile en forme d'un long tube qui se prolonge même dans la terre, assez semblable à celle de l'atype et assez forte pour retenir les plus gros insectes. Walckenaer l'a prise à Lyon, dans la forêt de Villers-Cotterets et dans les Pyrénées ; je l'ai prise au mois d'août, dans la forêt de Compiègne, avec sa jeune famille, et au mois d'avril et de mai dans le bois de Meudon, toujours sous les pierres, avec son cocon qui est gros, assez aplati, et tellement transparent qu'il échappe presque à la vue ; les œufs jaunes et gros sont rangés très-régulièrement. Walckenaer remarque qu'elle n'abandonne ce cocon qu'à la dernière extrémité, et le défend jusqu'à la mort.

Cette espèce paraît avoir la vie très-tenace. J'ai vu plus d'une fois des femelles qui, privées de plusieurs paires de pattes, attaquaient encore et tuaient des proies vigoureuses.

Dans le genre amaurobie, les mâles sont remarquables par l'allongement des appendices et par la gracilité de leur tronc.

4ᵉ Tribu. ANYPHÆNIENS ou Théridi-drasses. E. S.

Yeux au nombre de huit, séparés en trois groupes comme ceux des grandes fileuses, — abdomen globuleux à deux stigmates, — première paire de pattes la plus longue.

26ᵉ Genre. **ANYPHÆNE,** *Anyphæna,* Koch.

(ανυω, tuer; φοινος, rouge ou sanglant.)

Synonymie : *Cheiracanthum,* Koch ; *Clubiona,* Walckenaer.

Yeux, huit, étalés sur le devant du corselet, ainsi disposés : quatre intermédiaires, formant un carré, dont les deux yeux antérieurs sont plus rapprochés que les postérieurs, deux de chaque côté rapprochés entre eux, mais rejetés assez loin sur les parties latérales.

Fig. 54.

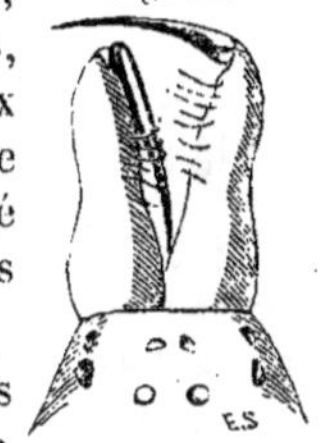

Pattes-mâchoires, à coxopodites épais, dilatés et arrondis à leur extrémité, à portion mobile longue et grêle; article terminal creusé en dessous d'une capsule, et armé en dessus d'une longue pointe recourbée, dans les mâles.

Fig. 55.

Lèvre, courte, presque triangulaire, terminée en pointe et un peu échancrée.

Mandibules, robustes, verticales dans la femelle, horizontales dans le mâle où leur longueur est excessive; crochet long et aigu.

Corselet, grand et très-bombé.

Abdomen, renflé, globuleux.

Pattes, assez fortes, beaucoup plus longues dans le mâle que dans la femelle, dans l'ordre 1, 4, 2, 3 pour la longueur relative.

Couleur, corselet luisant, glabre, jaune ou rouge, abdomen jaune ou vert.

Taille, assez grande, 1 centimètre et plus.

Patrie, deux espèces se trouvent en France.

Habitudes, aranéides construisant de grandes coques sur les végétaux ; cohabitant avec les jeunes après leur éclosion.

ESPÈCES.

A. nourrice,	A. *nutrix*,	Walckenaer,	France.
A. erratique,	A. *erratica (carnifex)*,	Walckenaer,	France.
	Var. Belgica,	E. S.,	Belgique.
A. océanienne,	A. *oceanica*,		Océanie.
A. pélasgique,	A. *pelasgicum*,	Koch,	Grèce.
A. ornée,	A. *ornata*,	Lucas,	Algérie.
A. barbare,	A. *barbara*,	Lucas,	Algérie.
A. exilipède.	A. *exilipes*,	Lucas,	Algérie.

Le genre anyphæne est sans contredit le plus anormal
de la famille ; il tient à la fois des clubiones et des théridions. Les espèces peu nombreuses mais très-remarquables
qu'il renferme, sont surtout caractérisées par le volume
considérable des mandibules dans le mâle, par le renflement de l'abdomen, par les mâchoires droites non inclinées sur la lèvre, et surtout par la disposition des yeux,
qui forment, de même que dans la famille suivante, trois
groupes nettement séparés.

Je crois qu'il y aurait inconvénient à considérer les any-
phænes comme un simple groupe du genre clubione, ainsi
que le voulait Walckenaer ; mais je crois également que
c'est méconnaître les affinités de ces aranéides que de les
classer dans la famille des théridions, à l'exemple de
M. Koch.

Il est vrai, comme je l'ai dit en commençant, que l'a-
nyphæne forme le passage des clubiones aux théridions ;
mais son corselet très-large, ses pattes fortes, ses palpes
robustes et longs, ses filières en faisceaux, sa manière
de vivre, la forme de sa demeure et l'aspect général de

son corps, la rattachent évidemment à la première de ces deux familles, dans laquelle elle forme à elle seule une tribu.

ESPÈCES PRINCIPALES.

Anyphœne nourrice. — A. erratique ou carnifex.

L'*anyphœne nourrice* (*clubione nourrice* W.) est une grosse araignée dont le corselet est jaune orangé brillant, dont les mandibules sont horizontales et presque aussi longues que le corselet, dans le mâle surtout, dont l'abdomen est jaune verdâtre avec une bande grise dorsale : cette aranéide habite le midi de la France, elle recherche les bois, où elle établit son habitation.

J'en ai trouvé abondamment dans la forêt de Compiègne

Fig. 56.

pendant le mois d'août de l'année 1862 ; elles étaient adultes, mais malheureusement à cette époque elles n'avaient pas encore pondu ; elles se tenaient renfermées dans leurs coques, installées, non sur les feuilles ou sous les buissons, mais dans les endroits aérés et exposés au soleil, de préférence dans les épis des graminés les plus élevés (avoine, paturin, etc.); ceux-ci étaient courbés en demi-cercle, maintenus dans cette position par de nombreux fils, et les graines étaient également retenues et comme soudées par un tissu fin et serré, aux parois d'une grosse cellule d'un blanc de neige, dont la forme était ovale ou ronde, et dont l'ouverture était placée à la partie inférieure. On ne peut

comparer cette habitation qu'à celle du petit mammifère
connu sous le nom de *rat nain*, et à celle de certaines
chenilles qui vivent en société.

Comme toutes les clubiones, l'anyphæne est chasseuse ;
elle court avec rapidité, et attaque avec courage les proies
les plus vigoureuses. Walckenaer a trouvé sa clubione
nourrice en compagnie de sa jeune famille ; c'est à lui que
j'emprunte les détails suivants.

« Je l'ai trouvée, dit Walckenaer, le 6 octobre 1801, dans
« un taillis de la forêt du Lis, à une lieue d'Asnières-sur-
« Oise. Elle avait réuni plusieurs feuilles et formé avec
« une soie très-blanche un nid gros comme la moitié du
« poing, et assez semblable à celui que font les chenilles.
« Quelques fils étaient tendus en tous sens sur les feuilles
« et les branches environnantes. L'intérieur de ce nid
« était tapissé d'une soie plus blanche et plus serrée, où
« se trouvaient ses petits déjà grands, et longs au moins
« d'une ligne et demie. L'araignée, au lieu de s'enfuir
« lorsque je voulus la prendre, avançait ses longues man-
« dibules qu'elle retirait aussitôt. Avec mes pinces, je l'o-
« bligeai à sortir du trou, mais elle n'abandonna point le
« champ de bataille, et s'arrêta sur les feuilles les plus
« proches. Je mis fin à ce combat en la faisant tomber dans
« un flacon rempli d'esprit-de-vin. Le lendemain matin,
« j'allai de nouveau visiter le nid. Le trou que j'y avais
« pratiqué pour en arracher la mère avait été rebouché
« avec soin par les jeunes. Je fis un dénombrement exact
« de cette famille, qui se composait de 54 individus. »

Le mâle diffère de la femelle par sa taille moindre, son
abdomen grêle, ses pattes très-longues, et surtout par ses
mandibules fortes et horizontales. Je l'ai trouvé parfaitement adulte et orné de ses plus belles teintes, à l'époque

de l'accouplement ; il était alors dans la même coque que la femelle, et fit de la résistance pour en sortir.

L'autre espèce est l'*anyphæne erratique*, ou *carnifex*, son abdomen est d'un jaune clair et plus franc. « Elle « se fait remarquer par sa férocité ; une femelle, dit « M. Koch, qui avait été enfermée dans un bocal, avec « des araignées plus grandes, se barricada tout d'abord « dans une coque spacieuse, qu'elle avait filée en peu de « temps ; une grosse araignée qui s'approchait de cette « toile, fut saisie et mordue par elle à travers le tissu ; « elle mourut sur-le-champ, et fut attirée par l'anyphæne, « qui la suça et la laissa ensuite tomber. Les autres arai- « gnées enfermées dans le bocal eurent toutes le même « sort. » (Koch., *Uberc. des Arachn. Syst.*)

En Belgique, j'ai pris souvent l'anyphæne erratique, sur des feuilles d'arbustes ; ses œufs, qui ne paraissent pas retenus par un cocon, sont jaune orangé et non ag- glutinés.

L'anyphæne nourrice ne semble pas habiter cette contrée.

QUATRIÈME FAMILLE.

THÉRIDIFORMES.

Cette famille est une des plus nombreuses de l'ordre, et une de celles qui sont le plus répandues dans la nature.

Les espèces dont se compose cette grande division, ont les yeux placés sur la face verticale du front, égaux, mais séparés en trois groupes équidistants, dont un intermédiaire formé de quatre yeux, et un de chaque côté formé de deux yeux ; un corselet excessivement petit, pointu et élevé en avant ; un abdomen énorme et extraordinairement renflé ; des mandibules toujours petites, reculées sous le thorax ; des mâchoires variant dans leur forme suivant les tribus ; des palpes d'une petitesse excessive ; des pattes longues et surtout très-fines, qui ne sont pas en proportion avec la grosseur du corps. La peau des théridiformes est, dans le plus grand nombre des cas, ornée de taches plus ou moins vives qui sont dues à la coloration du derme, et non à celle des poils qui manquent souvent.

L'anatomie de ces aranéides a été peu étudiée ; il est probable qu'elle est identique à celle de l'épéire qui est bien connue ; le volume encore plus grand de l'abdomen tient sans doute à une ampleur plus exagérée du foie ;

il est inutile de dire que les stigmates ne sont qu'au nombre de deux.

Pour Walckenaer, les théridiformes, avec les épéires, composaient le groupe des araignées sédentaires; mais elles ne le sont pas exclusivement, car elles sortent de temps en temps de leur toile.

Cette toile, qui se trouve aussi bien dans l'intérieur de nos habitations, que dans les bois et dans les champs, a la même contexture dans tous les genres, c'est-à-dire qu'elle est irrégulière, mais que les fils qui la forment peuvent être très-rapprochés et constituer une trame; d'autres fois ils peuvent être écartés et former des réseaux très-lâches.

Tels sont les caractères de cette famille d'araignées; mais en étudiant toutes les espèces que ces particularités rapprochent, on est forcé de reconnaître que ce groupe doit naturellement encore être partagé en plusieurs tribus : nous parlerons d'abord de quelques espèces anormales, qui ne sont placées dans cette famille qu'avec incertitude; elles ont les yeux des mygales et l'abdomen des épéires : ce sont les *clothos* ou *clothéiens*.

Celles qui suivront peuvent être considérées comme type de la famille, car elles en réunissent tous les caractères, et ont de plus les mâchoires courtes et entourant la lèvre; ce sont les *théridiens proprement dits*.

Dans une troisième division, seront classées des espèces qui ont un corselet plus grand, des mâchoires plus verticales et plus écartées, des pattes moins allongées et dont la quatrième paire est la plus longue : ce sont les *linyphiens*.

Les premières forment des toiles en réseau et sont lentes dans leurs mouvements, les autres filent toujours des toiles en nappe, et sont précipitées et courageuses dans leur attaque.

Les clothos font le passage des drasses aux théridions ; les théridions eux-mêmes représentent le type de la famille dans toute sa pureté ; les linyphies sont intimement unies aux premières épéires, et forment une chaîne entre ces deux groupes importants.

Iʳᵉ Tribu. CLOTHÉIENS.

Yeux inégaux, disposés comme ceux des mygales, deux au milieu plus gros, trois de chaque côté, — mâchoires très-inclinées sur la lèvre, contiguës, — pattes et palpes fins, portés latéralement, — abdomen globuleux.

Cette tribu renferme les genres *Clotho, Écobe, Sicaire, Ényo.*

27ᵉ Genre. **CLOTHO**, *Clotho*, Walckenaer.

(χλώθω, filer.)

Synonymie : *Uroctrée*, Léon Dufour.

Yeux, huit, trois de chaque côté, formant deux triangles latéraux ; deux intermédiaires, plus gros, sur une ligne transverse.

Fig. 57.

Lèvre, triangulaire, large à sa base, se terminant en pointe.

Mâchoires, courtes, très-inclinées sur la lèvre, à côtés parallèles, terminées en pointe un peu obtuse.

Corselet, court, large, en forme de croissant ou de triangle, à base très-dilatée.

Abdomen, ovalaire, grand, déprimé.

Pattes, la quatrième paire sensiblement plus longue que les autres, qui sont presque égales et toutes un peu divergentes.

Filières, très-longues, placées sur des éminences abdominales.

Couleur, brun rougeâtre ou verdâtre, avec des taches de poils fauves.

Taille, 1 centimètre et demi.

Patrie, Europe méridionale.

Habitudes, aranéides construisant, sous les pierres, une coque en forme de tente et à plusieurs étages, où elles habitent avec leurs petits.

ESPÈCES.

C. de Durand,	C. *Durandi*,	Walckenaer,	Midi de l'Europe.
C. de Goudot,	C. *Goudoti*,	Koch,	Italie.
C. très-noire,	C. *anthracina*,	Koch,	Fiume.
C. entourée,	C. *limbata*,	Koch,	Arabie.
C. étoilée,	C. *stella*,	Koch,	Portugal.

C'est en tête de la nombreuse série des théridiformes, et après avoir passé en revue celle des drassiformes, que je place un genre singulier, qui tient à la fois des mygales par la disposition de ses yeux, des drasses par ses habitudes lapidicoles, des épéires par son abdomen triangulaire et ses pattes latéro-divergentes, enfin des théridions pour sa bouche, son corselet et sa physionomie.

Les clothos diffèrent assez de tous les autres genres de la même famille, pour être le type d'une tribu particulière, que ses mâchoires courtes et inclinées rapprochent plus des vrais théridions que des linyphiens.

ESPÈCE PRINCIPALE.

Clotho de Durand.

La *clotho de Durand* est une araignée assez grosse, dont la couleur est d'un noir plus ou moins foncé, relevé par cinq taches fauves ou jaunes. Elle habite dans le midi de la France, en Dalmatie, en Espagne, en Égypte et en Algérie. M. Dufour a décrit les mœurs curieuses de cette araignée, de la manière suivante :

Fig. 58.

« Cette espèce établit à la surface inférieure des
« grosses pierres ou dans les fentes des rochers, une
« coque en forme de calotte ou de patelle, d'un pouce de
« diamètre. Son contour présente sept ou huit échan-
« crures, dont les angles seuls sont fixés sur la pierre,
« au moyen de faisceaux de fils, tandis que les bords
« sont libres. Cette singulière tente est d'une admirable
« texture : l'extérieur ressemble à un taffetas des plus
« fins, formé, suivant l'âge de l'ouvrière, d'un plus ou
« moins grand nombre de doublures. Ainsi, quand cette
« aranéide, encore jeune, commence à établir sa retraite,
« elle ne fabrique que deux toiles, contre lesquelles elle
« se tient à l'abri. Par la suite, et je crois à chaque
« mue, elle ajoute un certain nombre de doublures.
« Enfin, lorsque l'époque pour la reproduction arrive, elle
« tisse un appartement tout exprès, plus duveté, plus
« moelleux, où doivent être renfermés et les sacs des
« œufs et les petits nouvellement éclos. Quoique la ca-
« lotte extérieure ou le pavillon soit, à dessein sans doute,
« plus ou moins sali par des corps étrangers qui ser-
« vent à en masquer la présence, l'appartement de l'in-
« dustrieuse fabricante est toujours d'une propreté re-
« cherchée. Les poches ou sachets, qui renferment les
« œufs, sont au nombre de quatre, de cinq, ou même de
« six pour chaque habitation, qui n'a cependant qu'une
« seule habitante. Ces poches ont une forme lenticulaire,
« et ont plus de quatre lignes de diamètre. Elles sont d'un
« taffetas blanc comme de la neige, et fournies en dedans
« de l'édredon des plus fins. Ce n'est que vers la fin de
« décembre et au mois de janvier que la ponte des œufs
« a lieu. »

Ce cocon est en outre protégé du froid et des ennemis,

par une couche de bourre, qui garnit tout l'intérieur de
la chambre soyeuse.

« Lorsque les petits sont en état de se passer des soins
« maternels, ils prennent leur essor, et vont établir
« ailleurs leur logement particulier, tandis que la mère
« vient mourir dans son pavillon. »

M. Durand, qui a découvert cette espèce, ajoute : « Lors-
« que cette araignée aperçoit une mouche qui passe
« autour de sa toile, elle en sort, et saisit l'insecte avec
« ses pattes de devant, en faisant un mouvement circu-
« laire avec l'extrémité de son abdomen, et s'aidant de
« ses pattes, elle enveloppe l'insecte comme une poupée,
« mais ne le suce qu'au fond de sa retraite ; elle suspend
« son cadavre au-dessus de sa toile. »

M. Lucas l'a très-bien observée en Algérie ; il compare
sa toile à la tente des Arabes ; les jeunes qu'il a trouvés
avec leur mère, étaient d'un testacé verdâtre uniforme.

28ᵉ Genre. **SICAIRE**, *Sicaria*, Walckenaer.

(*Sicarius*, assassin.)

Yeux, au nombre de six, deux gros au milieu, deux plus petits
de chaque côté, au-dessus l'un de l'autre.

Lèvre, allongée, cylindroïde, à côtés parallèles, arrondie à son
extrémité.

Mâchoires, inclinées, allongées, pointues à leur extrémité,
creusées à leur côté externe, cultelliformes.

Corselet, en cœur.

Abdomen, arrondi ou en poire.

Pattes, allongées, peu inégales, fortes, étalées latéralement, à
cuisses renflées.

Couleur, brune, tachée de points blancs.

Taille, 1 centimètre et demi.

Patrie, Nouveau-Monde, Brésil, Chili.

Habitudes, ...

UNE SEULE ESPÈCE.

S. thomisoïde,   S. *thomisoïdes*,   Nicolet,   Chili.

Ce genre n'est connu que par les figures qu'a données
M. Nicolet, dans l'ouvrage *Historia de Chile*, de Gay.
On ne sait rien de ses habitudes.

29ᵉ Genre. **ÉCOBE**, *Œcobius*, Lucas.

(οἰκός, maison ; βίος, vie.)

Yeux, au nombre de six, élevés sur un mamelon en avant du corselet, disposés sur deux lignes, dont l'antérieure, formée de quatre yeux, est courbée en avant, la postérieure de deux est droite.

Lèvre, presque elliptique, élargie à sa base, à extrémité arrondie ; creusée d'un sillon profond, longitudinal.

Mâchoires, courtes, apicales, très-inclinées sur la lèvre, et l'entourant.

Palpes, presque pédiformes, insérés au milieu, au côté latéral des mâchoires.

Corselet, assez court, étroit en avant, large en arrière.

Abdomen, subovalaire, déprimé, terminé en pointe.

Pattes, velues, latéro-divergentes ; la première et la quatrième paire sont les plus longues, la deuxième est la plus courte.

Couleur, brun fauve ; orné de taches blanches, assez vagues.

Taille, de 2 à 5 millimètres.

Patrie, Algérie.

Habitudes, aranéides sédentaires, établissant sous les pierres une petite toile à tissu serré, sous laquelle elles se tiennent.

ESPÈCES.

E. domestique,	*Œ. domesticus*,	Lucas,	Algérie.
E. annulé,	*Œ. annulipes*,	Lucas,	Algérie.

Le genre écobe, établi par M. Lucas, ne diffère des clothos que par la disposition de ses yeux, qui sont au nombre de six, très-espacés et rangés sur deux lignes ; à part cette différence aucun genre n'en est plus voisin ; la bouche et tous ses appendices, les pattes, le corselet, l'abdomen et ses longues filières, annoncent une parenté intime entre ces deux genres ; et un observateur peu exercé, prendrait les écobes pour de très-jeunes clothos, tant l'aspect de toutes ces araignées est semblable. Les pattes portées latéralement des écobes révèlent quelque ressemblance avec les araignées latérigrades ; mais il suffit de dire que ces analogies ne sont qu'apparentes, et n'influent en rien ni sur l'organisation ni sur la manière de vivre.

Ce genre, encore rare, ne devra pas nous arrêter longtemps ; il suffira de dire que c'est aux environs d'Alger et de Constantine, sous les pierres ou même à l'intérieur des habitations, que M. Lucas a pris ces petites araignées, dont la démarche est extrêmement vive et la couleur assez agréable.

30ᵉ Genre. **ENYO**, *Enyo*, Savigny.

(ενυω, divinité sanguinaire.)

Synonymie : *Clotho* et *Argus*, Walckenaer.

Yeux, huit, inégaux, deux gros au milieu, entourés de trois petits de chaque côté, formant deux parenthèses.

Fig. 59.

Lèvre, grande, large, très-courte, arrondie ou tronquée à son extrémité.

Mâchoires, courtes, larges, très-inclinées sur la lèvre, l'enclavant, car leurs bases internes sont comme creusées, leurs extrémités se trouvent rapprochées, mais ne se touchent jamais.

Mandibules, assez longues, à crochets rudimentaires.

Corselet, grand, globuleux, ovale.

Abdomen, très-globuleux, ovoïde.

Pattes, de longueur médiocre, très-grêles, dans l'ordre suivant, ou 4, 3, 1, 2, ou 4, 1, 3, 2.

Couleur, rouge, jaune brun uniforme.

Taille, de 1 à 3 millimètres.

Patrie, Europe et nord de l'Afrique.

Habitudes, aranéides chasseuses, vivant à terre ou sous les pierres, marchant lentement, et tendant de longs fils.

ESPÉCES.

E. luisante,	E. *nitida*,	Savigny,	Égypte.
E. algérienne,	E. *algerica*,	Lucas,	Algérie.
E. amaranthine,	E. *amaranthina*,	Lucas,	Algérie.
E. longipède,	E. *longipes*,	Savigny,	Europe.
E. occitanique,	E. *occitanica*,	Dugès,	Europe.
E. germanique,	E. *germanica*,	Koch.	Allemagne.
E. grecque,	E. *græca*,	Koch,	Grèce.

Walckenaer avait réuni les ényos de Savigny aux clothos; mais comme Dugès en fait la remarque, à part la disposition des yeux qui est identique, presque tous les organes sont conformés différemment dans ces deux genres.

Le corselet, globuleux comme l'abdomen, les pattes longues et fines des ényos, leur donnent quelques ressemblances apparentes avec les scytodes. Je dirai peu de chose de leurs mœurs qui ont été peu étudiées, à cause de la rareté des espèces, et aussi parce qu'elles n'ont rien de bien remarquable.

ESPÈCES PRINCIPALES.

Ényo luisante. — É. longipède. — É. algérienne.

L'*Ényo luisante* est une jolie petite araignée, dont le corps est rouge, luisant et glabre, dont les mouvements sont lents et comme mesurés; elle vit à terre, particulièrement sous les pierres, tend de longs fils, et attrape à la course de petites mouches dont elle fait sa nourriture; cette araignée n'a encore été trouvée qu'en Égypte. M. Lucas, dans son grand ouvrage sur les animaux articulés de l'Algérie, donne quelques détails sur les habitudes d'une ényo dont il décrit le premier l'espèce (**E. algerica**):

« Ce n'est qu'aux environs d'Alger, que j'ai pris cette
« espèce, qui y est très-abondamment répandue, pendant
« l'hiver et une grande partie du printemps; cette curieuse aranéide, que j'ai toujours rencontrée sous les
« pierres, se tient dans un petit cocon de soie blanche
« assez lâche, et légèrement revêtu de petites parcelles de
« terre; ce cocon est sans issue, et lorsqu'on l'enlève de
« la pierre sur laquelle il est fixé, pour s'emparer de l'ha-
« bitant qu'il contient, celui-ci fuit aussitôt et si rapide-

« ment, qu'il est fort difficile de s'en saisir. Je ne sais si
« cette ényo abandonne cette soyeuse habitation pendant
« l'été, pour aller à la recherche de sa nourriture ; mais
« tous les individus des deux sexes que j'ai pris, je les ai
« toujours rencontrés dans leur cocon, et jamais errants. »

L'*Ényo longipéde*, qui est la plus petite espèce du genre,
est la seule qui ait été rencontrée aux environs de Paris.

1re Tribu. THERIDIENS.

Yeux égaux, sur deux lignes, — mâchoires entourant complétement la lèvre, — première paire de pattes toujours la plus longue, — toile en réseau lâche.

Cette tribu comprend les genres *Asagène*, *Théridion*, *Éro*, *Latrodecte*, *Dyctine*, *Érygone*.

31ᵉ Genre. **ASAGÈNE**, *Asagena*, Sundewal.

(ἄ, privatif; σαγηνη, filet.)

Synonymie : *Theridio*, Walckenaer.

Yeux, huit, disposés en trois groupes; les quatre yeux qui forment le groupe du milieu, placés sur une proéminence du corselet, de sorte qu'ils paraissent beaucoup plus avancés que les latéraux; ces derniers ne se touchent pas.

Lèvre, semi-circulaire, large à sa base, arrondie à son extrémité.

Pattes-mâchoires, à coxopodites courts, fortement inclinés, larges à leur base, effilés à leurs extrémités; à article final, grand, fort, large, recouvrant complétement un organe copulateur ou conjoncteur, épais et robuste.

Corselet, petit, élevé et prolongé en avant, de manière à former un front plus ou moins saillant.

Abdomen, presque circulaire, fort déprimé en dessus.

Pattes, de longueur médiocre, lisses dans la femelle; jambes et tarses fins, cuisses et hanches fortes; articulations armées dans le mâle de petites dents de scie acérées.

Fig. 60.

Couleurs, vives, le plus souvent foncées.

Taille, de 2 à 4 millimètres.

Patrie, deux sont européennes, une est algérienne, et l'autre brésilienne.

Habitudes, araignées vivant sous les pierres ou les mottes de terre, construisant des cocons d'une contexture serrée.

A. à quatre points,	A. *4-punctata*,	Walckenaer,	Europe.
A. serratipède,	A. *serratipes*,	Koch,	Europe.
A. notée,	A. *notata*,	Koch,	Grèce.
A. acuminée,	A. *acuminata*,	Lucas, .	Algérie.
A. Brésilienne,	A. *Brasiliana*,	E. S.,	Brésil.

Le facies des théridions qui composent le genre asagène,
se rapproche, à certains égards, de celui des clothos et
des ényos. En effet, leur
abdomen est également plat,
et leurs pattes sont divergentes ; mais leur corselet
est petit, et prolongé en
avant en un tubercule qui
supporte les quatre yeux du
carré médian. C'est à M. Sundewal que nous devons cette
nouvelle coupe générique ; les espèces qui s'y rapportent
sont en petit nombre, mais sont étroitement unies.

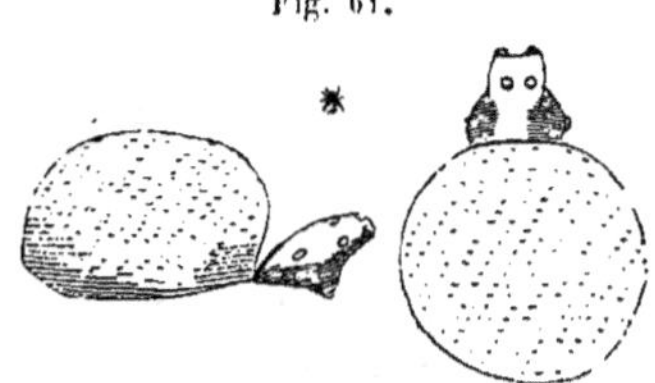

Fig. 61.

Asagena brasiliana.

Asagène à quatre points.

Le type est le *theridio signatum*, de Walckenaer : c'est
une aranéide longue de trois millimètres, dont le corselet
est d'un rouge brillant, dont l'abdomen est aplati et
porte quatre taches jaunes, disposées en carré ; mais cette
coloration n'est pas constante et offre des variations remarquables ; ainsi, il est des individus dont l'abdomen
porte sur la ligne médiane une large bande, d'autres dont
le corps est entièrement brun, etc.

Les mœurs de ce théridien sont fort peu connues ; il a
toujours été trouvé à terre, dans les endroits humides des

forêts ; il se réfugie sous les pierres, ou plus souvent sous les mousses ; c'est là, qu'en automne, il pond ses œufs, et confectionne son cocon, qui est presque lenticulaire et d'un tissu serré (1).

---

(1) Je possède une très-petite aranéide originaire du Brésil (*fig. 61*) que je rapporte à ce genre ; son corselet est noir luisant, son abdomen également luisant, est brun et porte sur la ligne médiane une bande plus rouge ; il est circulaire, et parait recouvert d'une épaisse cuirasse percée d'une infinité de petits trous ou pores. Le facies de l'*asagena brasiliana* rappelle singulièrement celui du *theridio acuminatum*, découvert en Algérie par M. Lucas.

32ᵉ Genre. **THÉRIDION**, *Theridio*, Walckenaer.

(θηρα, chasse; ειδω, voir.)

Synonymie : *Linyphia, Steatoda, Eucharia, Phrurolitus*, Koch (1).

Yeux, huit, peu inégaux, toujours ainsi disposés : quatre au milieu formant un carré presque régulier, deux de chaque côté, très-rapprochés ou se touchant; ils sont presque toujours blancs et entourés d'un petit cercle noir.

Fig. 62.

Lèvre, courte, assez grande, triangulaire ou semi-circulaire.

Pattes-mâchoires, à coxopodites grands, larges, carrés et inclinés sur la lèvre; à article terminal effilé, ne recouvrant qu'à moitié un organe copulateur large, renfermant un croc ou conjoncteur pointu et bifurqué.

Fig. 63.

---

(1) M. Koch a tenté, comme pour le genre drasse, la désunion des diverses espèces de théridions, et les a réparties en plusieurs genres, dont il importe d'étudier la valeur. La famille des théridiformes, d'après cet auteur, comprend cinq tribus, qui sont uniquement caractérisées par leurs mœurs.

La première, ou araignées à sac (*Beutelspinnen*), a pour type l'épéire brune de Walckenaer, araignée assez semblable à un théridion, mais qui, à cause de son industrie, est inséparable des épéires; la seconde tribu, ou araignées murales (*Wandspinnen*), comprend le genre Eucharia, qui a pour type le théridion à quatre points; mais cette espèce n'ayant pour caractère distinctif que le rapprochement plus grand de ses yeux antérieurs, ne doit constituer qu'un sous genre; la troisième, ou araignées filandières proprement dites (*eigentliche Webspinnen*), renferme le genre théridion, qu'il appelle *Steatoda*, subdivisé lui-même en trois groupes, caractérisés par la longueur des appendices et la coloration de l'abdomen. Dans cette tribu sont en outre les linyphies et les micryphantes; une quatrième tribu, ou araignées tricoteuses (*strickerspinnen*), est fondée 1° sur la clubione nourrice de Walckenaer (*cheïracantha*); 2° sur le genre pachygnathe de Sundewal; et 3° sur le théridion lineatum, appelé *Bolyphante*, qui s'écarte légitimement des théridions par son palpe et ses yeux latéraux; enfin une cinquième et dernière tribu, ou araignées terrestres (*Bodenspinnen*), comprend les latrodectes, les phrurolithes, que Walc

Mandibules, courtes, verticales, à crochets longs et aigus.

Corselet, petit, pointu en avant, cordiforme.

Abdomen, globuleux, à dos bombé et très-gros.

Pattes, fines, assez allongées, toujours dans l'ordre suivant, 1, 4, 2, 3.

Couleurs, élégantes, souvent des taches rouges, blanches, vertes ou jaunes, se détachant sur un fond blanc ou noir foncé; quelquefois des lignes brisées et ramifiées. Corps luisant et glabre, comme s'il était verni.

Taille, assez minime, de 3 à 7 millimètres.

Patrie, ce genre est répandu sur toute la terre.

Habitudes, aranéides tendant dans les lieux sombres ou sur les feuilles, des fils écartés, qui constituent une petite toile, au milieu de laquelle elles pondent leurs œufs, qu'elles entourent d'une bourre plus ou moins lâche.

---

kenaer appelait *théridions cachés*, et que leurs yeux désunis et leur couleur noire éloignent légèrement du type; enfin les asagènes, les clothos, les ényos, etc , etc.

La base de cette classification est empruntée à Walckenaer, ce qui prouve que les familles établies dans le genre théridion par cet aranéologue sont les plus naturelles et les seules que l'on puisse établir.

Le genre théridion est tellement homogène dans toutes ses parties, qu'une subdivision ne peut être fondée sur des caractères importants. — Les yeux ont dans tous la même disposition, ou du moins, si quelques-uns ont les latéraux plus gros et plus écartés, nous trouvons entre eux et les espèces qui les ont rapprochés et petits, de nombreux intermédiaires, qu'il est impossible de classer; on peut en dire de même de la lèvre, qui est le caractère sur lequel Walckenaer base ses divisions ; on sait que la lèvre fait partie du sternum, et que les variations de sa forme ne doivent point avoir plus d'importance que celles du plastron, qui n'ont jamais pu caractériser les espèces. Les seules particularités qui puissent donc servir, sont la longueur et la finesse des membres, le fond de la coloration et la manière de vivre. — Ce ne sont pas, ce me semble, des caractères de cette valeur qui peuvent distinguer les genres.

J'ai cru devoir cependant éliminer des théridions le *theridio signatum*, appelé *asagène* par Sundewal, et le *theridio trilineatum*, qui a reçu de Koch celui de *Bolyphante*.

Quant au genre *theridio*, la subdivision ressemble à celle de Walckenaer, les dénominations sont empruntées à Koch.

1er *Sous-genre*. STEATODUM, Koch (στεατοδης, couleur de suif : στεχτος, suif; ειδος, ressemblance). — Yeux latéraux se touchant, — pattes aussi longues et aussi fines que celles des scytodes, —abdomen tout à fait arrondi,— couleur blanche ou jaune, sans dessin régulier sur l'abdomen. — Araignées vivant sur les feuilles des végétaux; filant des cocons parfaitement ronds, dont le tissu est une bourre épaisse et chaude.

Fig. 64.

S. à lignes,	*S. lineatum*,	Walckenaer,	Europe.
S.	*var. album*,		Europe.
S.	*var. rufum*,		Europe.
S.	*var. semirufum*,		Europe.
S. réticulé,	*S. reticulatum*,	Koch,	Bohême (Carlsbad).
S. lyrique,	*S. lyricum*,	Abbot,	Géorgie.
S. à chaine,	*S. catenatum*,	Abbot,	Géorgie.
S. à lignes rouges,	*S. rufo-lineatum*,	Lucas,	Algérie.

2e *Sous-genre*. THERIDIUM, Walckenaer. — Yeux latéraux très-rapprochés, — pattes peu allongées et fines, — abdomen extrêmement bombé, toujours orné d'une bande de belle couleur plus ou moins visible, souvent effacée en partie. — Araignées vivant sur les tiges, le tronc des arbres, l'extérieur des bâtiments et filant autour de leurs œufs des cocons de contexture coriacée.

Fiig. 65.

T. sisyphe,	*T. sisyphium*,	Walckenaer,	Europe.
T.	*var. nigrum*,		Europe.
T.	*var. flavum*,		Europe.
T. à nervure,	*T. nervosum*.	Walckenaer,	Europe.
T. d'Abélard,	*T. Abelardi*,	Walckenaer,	France.
T. peint,	*T. pictum*,	Walckenaer,	Europe.
T. denticulé,	*T. denticulatum*,	Walckenaer,	Europe.
T. incisé,	*T. incisuratum*,	Abbot,	Géorgie.
T. teint,	*T. tinctum (irroratum*, Koch), Walck.,		Europe.
T. gentil,	*T. pulchellum(vittatum*, Koch), Walck.,		Europe.
T. orix,	*T. orix*,	Bosc,	Caroline.
T. blanchi,	*T. candefactum*,	Walckenaer,	France.
T. semblable,	*T. simile*,	Koch,	Allemagne.
T. variable,	*T. varians*,	Hahn et Koch,	Allemagne.
T. carolin,	*T. carolinum*,	Walckenaer,	Europe.
T. d'Héloïse,	*T. Heloïsii*,	Walckenaer,	France.
T. gracieux,	*T. venustum*,	Walckenaer,	France.
T. moucheté,	*T. guttatum*,	Walckenaer,	Europe.
T. atrilabre,	*T. atrilabrum*,	Bosc,	Caroline.
T. à anse,	*T. ansatum*,	Abbot,	Géorgie.
T. minime.	*T. minimum*,	Wider,	Allemagne.
T. sisyphoïde,	*T. sisyphoïdes*,	Abbot,	Géorgie.
T. pâle,	*T. pallidum*,	Abbot,	Géorgie.
T. opulent,	*T. opulentum*,	Abbot,	Géorgie.

T. partagé,	T. *partitum*,	Abbot,	Géorgie.
T. épais,	T. *grossum*,	Koch,	Grèce.
T. saxatile,	T. *saxatile*,	Koch,	Allem. Belg. .
T. orné,	T. *ornatum*,	Abbot,	Géorgie.
T. priapé,	T. *priapeium*,	Walckenaer,	France.
T. sanguinolent,	T. *sanguinolentum*,	Walckenaer,	France.
T. délicat,	T. *tenellum*,	Lucas,	Algérie.
T. royal,	T. *aulicum*,	Lucas,	Algérie.
T. très-beau,	T. *venustissimum*,	Lucas,	Algérie.
T. punique,	T. *punicum*,	Lucas,	Algérie.
T. à points noirs,	T. *nigropunctatum*,	Lucas,	Algérie.
T. crochu,	T. *uncinatum*,	Lucas,	Algérie.
T. voisin,	T. *vicinum*,	Lucas,	Algérie.
T. ceinturé de blanc,	T. *albocinctum*,	Lucas,	Algérie.
T. de Bourbon,	T. *Borbonicum*,	Vinson,	Ile de la Réunion.

3e *Sous-genre*. EUCHARIUM, Koch (εὖ, bien; χάρις, grâce). — Yeux supérieurs plus écartés que les antérieurs,— pattes assez fines, les premières fort longues, — abdomen arrondi, déprimé en dessus, — le fond de la coloration est noir ou brun foncé. — Araignées vivant à l'intérieur des maisons.

E. à quatre points,	E. *4-punctatum*,	Walckenaer,	Europe.
E. triste,	E. *triste*,	Hahn,	Europe.
E. triangulifer,	E. *triangulifer*,	Walckenaer,	Europe.
E. civil,	E. *cirile*,	Lucas,	France.
E. de l'ortie,	E. *urticæ*,	Walckenaer,	France.
E. ponctué,	E. *punctatum*,	Walckenaer,	France.
E. obscure,	E. *obscurum*,	Walckenaer,	Europe.
E. ampullacé,	E. *ampullaceum*,	Walckenaer,	France.
E. chaussé,	E. *bracatum*,	Koch,	Bohême.
E. corbeau,	E. *coracinum*,	Koch,	Allemagne.
E. brun,	E. *castaneum*,	Sundewal,	Europe.
E. à thorax rouge,	E. *rufithorax*,	Lucas,	Algérie.
E. effrayant,	E. *luctuosum*,	Lucas,	Algérie.
E. argus,	E. *argus*,	Lucas,	Algérie.
E. rouget,	E. *erythropum*,	Lucas,	Algérie.
E. à six taches blanches,	E. *sexalbomaculatum*,	Lucas,	Algérie.

4e *Sous-genre*. PHRUROLITHUM, Koch (φρεω, creuser; λιθος, pierre). — Yeux latéraux rapprochés mais désunis, — abdomen un peu déprimé, — membres courts, assez robustes, — couleur noire avec des taches irrégulières. — Araignées vivant à terre et se réfugiant sous les pierres, — la forme des mâles et les habitudes rappellent celles des drasses.

Fig. 66.

P. maculé,	P. *maculatum (corollatus)*,	Walck.,	Europe.
P.	var. *paykullianum*,	Walckenaer,	France.
P. orné,	P. *ornatum*,	Koch,	Bavière.
P. gracieux,	P. *festivum*,	Koch,	Allemagne, Belgique (E.-S.).

P. lunulé,	P. *lunatum,*	Koch,	Grèce.
P. minime,	P. *minimum,*	Koch,	Bavière.
P. pallipède,	P. *pallipes,*	Koch,	Allemagne.
P. trifascié,	P. *trifasciatum,*	Koch,	Bavière.
P. à crochet,	P. *ancatum,*	Koch,	Grèce.
P. à tête rouge,	P. *erythrocephalum,*	Walckenaer,	Afrique (nord).

Il faudra ajouter à cette liste, un grand nombre d'espèces rapportées du Chili par M. Nicolet et qui n'ont pas encore été décrites.

Le genre innombrable des théridions est ici à peu près tel que Walckenaer l'avait établi ; car les espèces dont il se compose, sont peu susceptibles d'être subdivisées, et sont étroitement unies par des caractères communs. Ces caractères sont ceux de la tribu, dont ils sont les seuls représentants normaux ; leurs mâchoires sont inclinées sur la lèvre, leurs yeux latéraux très-rapprochés, leur abdomen, bien qu'énorme, n'est pas tuberculeux.

Tous ont les mêmes mœurs, et se font surtout remarquer par leur douceur et leurs habitudes paisibles ; ils semblent ne pas s'effrayer de la présence de l'homme, car ils travaillent sous ses yeux ; ils n'attaquent jamais leur proie franchement, et, quelle qu'en soit la faiblesse, le théridion l'entoure toujours de ses fils avant de la sucer ; mais il s'y prend d'une autre manière que les épéires : après avoir collé quelques fils sur le corps de la mouche, il tourne lui-même autour d'elle, et en quelques minutes il la rend incapable de se mouvoir.

La toile du théridion est la plus simple que l'on connaisse, c'est-à-dire qu'elle n'est qu'un lacis de fils, irrégulièrement croisés et disposés sans art. Le cocon, quoique placé au centre de cette toile, et exposé à une foule de dangers, est le plus souvent formé d'une enveloppe lâche et peu résistante, à travers laquelle il est facile de distinguer les œufs. Les théridions font des pontes successives ; et ils vivent plusieurs années.

ESPÈCES PRINCIPALES.

Théridion rayé. — T. sisyphe. — T. à nervure. — T. triangulifer. — T. maculé. — T. à quatre points. — T. civil.

Le *théridion rayé* est un des plus grands théridions européens, c'est aussi un des plus élégants comme coloration, mais il n'est pas très-commun; il se distingue de .tous ses congénères par ses couleurs tendres, blanc ou jaune clair, par la petite ligne noire et filiforme qui se remarque sur l'abdomen, par les bandes rouges de son dos, qui n'existent cependant pas chez tous les individus.

Cette espèce, dit Walckenaer, fait une toile irrégulière en forme de pyramide renversée, sur les plantes peu élevées, telles que la mille-feuille, les graminés, etc., mais elle s'enferme dans les feuilles des arbres pour faire sa ponte. Elle en tapisse tout l'intérieur d'une légère couche de soie, sur laquelle elle dépose son cocon, qui est d'un bleu grisâtre, souvent d'une teinte assez foncée; il est de la grosseur d'un pois, quelquefois plus petit. Lorsque les œufs sont éclos, la mère démêle en flocons plus lâches les fils de son cocon, et reste longtemps avec ses petits, qui vivent ainsi en société et ne quittent le nid pour s'isoler et construire une toile à part, que lorsqu'ils sont assez forts. Le nombre des œufs que renferment les cocons les plus gros, est d'une centaine ; ces œufs sont libres et non agglomérés. Le mâle de cette espèce se tient avec sa femelle dans le même nid, sans avoir rien à redouter de cette cohabitation. Cette observation s'applique à toutes les espèces de ce genre. — J'ai remarqué qu'en Belgique, cette espèce est beaucoup plus abondante que dans les environs de Paris ; on en trouve sur presque toutes les feuilles des buissons, et quelquefois deux femelles sur la même feuille, chacune avec son cocon.

Les *théridions sisyphe* et *découpé* se font remarquer par le renflement extraordinaire de leur abdomen, qui couvre une partie du corselet. Le sisyphe a des couleurs assez foncées, mais vives et tranchées ; son abdomen est varié de noir, de rouge et de blanc, la partie antérieure et verticale en est noire, le sommet du dos est marqué de petites lunules blanches et rouges. Le mâle diffère de la femelle, il est beaucoup plus petit et entièrement noir. Cette espèce recherche les endroits abrités, les murs à l'ombre, le dessous des toits, les buissons dans les bois et l'extérieur des monuments. On la trouve dans Paris et dans toute l'Europe. Elle établit une toile assez étendue dont le tissu est lâche, et au milieu de laquelle elle se tient toujours sur le ventre comme les linyphies, et les pattes ramassées sous le corps. Au moment de la ponte, elle fabrique au centre de sa toile, une coque de soie jaune, qu'elle solidifie au moyen de feuilles sèches, de gravier, de petits morceaux de plâtre, etc., qui semblent y être tombés par hasard. Au milieu de cette coque, elle dépose ses œufs, enveloppés dans une soie rougeâtre très-serrée. Dès que ce travail est terminé, la femelle se place dessous et le garde assidûment; mais lorsqu'elle croit le moment venu de la naissance des jeunes, elle déchire avec ses mandibules la soie serrée qui les entoure, pour qu'ils puissent s'en échapper.

Cette espèce est peut-être la plus commune de toutes, elle paraît une des premières et disparaît une des dernières. Une observation de M. Sundewal prouve qu'elle a été importée, par les navires, dans les Indes orientales.

Le *théridion à nervure* a été ainsi appelé à cause des

Fig. 67.

Toile du th. à nervure.

petites lignes noires en forme de nervure qui se remarquent sur son abdomen. Au lieu de rechercher les endroits abrités, les murailles, etc., comme les précédentes, cette espèce se trouve dans les bois et dans les champs; elle se plaît au sommet des tiges de hautes herbes, des genêts et des bruyères en particulier. Sa toile ressemble à celle des autres espèces, elle est très-grande et formée de fils déliés et brillants, mais la retraite, que l'araignée construit à son sommet, est très-remarquable, elle a la forme d'un petit dôme, la face supérieure en est recouverte de débris de feuilles sèches ou de pétales détachés, le dessous est lisse et tapissé d'une soie forte et blanche; c'est sous ce petit dôme qu'elle pond ses œufs et qu'elle fabrique son cocon qui est rond, verdâtre, et n'a que deux millimètres de diamètre; à l'intérieur, les œufs ne sont pas agglutinés, mais se séparent dès qu'on a écarté la bourre de soie assez dense qui les enveloppe. La mère garde son cocon avec sollicitude, l'entoure de ses pattes lorsqu'on touche à sa toile et l'emporte dans ses mandibules quand on la poursuit. Les jeunes sont entièrement d'un gris rougeâtre, ils vivent quelque temps en société avec la mère et remplissent alors toute la cavité du petit dôme.

Le *théridion civil*, que Walckenaer ne connaissait pas
et qui a été décrit en 1849 par
M. Lucas, est une des espèces
les plus intéressantes de ce
genre ; son corselet est noir,
son abdomen est gris et porte
une succession de petits triangles noirs sur la ligne médiane.
Il n'est personne qui n'ait remarqué sur les maisons construites en pierre de taille et
non badigeonnées, des taches

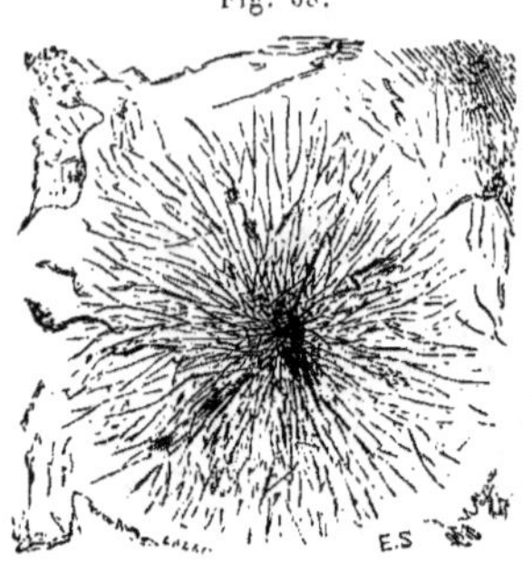

Fig. 68.

Toile du th. civil.

grisâtres, à peu près arrondies, du diamètre d'une pièce
de cinq francs (en argent) environ : ces taches singulières
qui ressemblent à des plaques de boue desséchée, et qui
salissent depuis quelques années, les monuments et les
maisons de Paris, sont dues au travail de cette petite araignée ; elle choisit, en effet, pour établir sa demeure, un
petit trou sur les pierres dont la surface n'est pas très-
égale, et de là, elle tend des fils qui, en rayonnant de ce
point, se croisent dans toutes les directions. Cette toile circulaire est naturellement brune, mais comme aucun abri
ne la protége, elle est toujours plus ou moins surchargée
de poussière, ce qui donne une teinte grise à la place
qu'elle occupe. M. Lucas fait remarquer que le centre de
cette petite tente est plus élevé que les bords, car c'est là
que se loge l'habitant et l'architecte de cette singulière
construction.

Fig. 69.

Tube du th. saxatile.

Le *théridion saxatile* est une petite espèce étrangère à la France, que M. Koch
a observée aux environs de Ratisbonne, et que j'ai trouvée

l'année dernière en Belgique. Sa couleur est assez semblable à celle du sisyphe, c'est-à-dire, qu'elle est variée de blanc, de noir et de roux; mais le saxatile habite le dessous des pierres; là il file un tube de soie adhérent au terrain, et sur lequel il agglutine de petites pierres et des débris d'insectes, de sorte que cette retraite tubiforme ressemble à la coque d'une éphémère.

Un habitant de nos maisons est encore le *théridion triangulifer;* cette araignée a l'abdomen renflé, luisant comme s'il était verni, de couleur brun noir tirant sur le violet, orné de trois lignes blanches formées par de petits triangles placés à la suite les uns des autres. Cette espèce recherche, pour établir sa toile, l'intérieur des maisons, surtout les corniches, les angles des murs, les armoires abandonnées, les interstices des poutres, etc., sa toile est souvent très-étendue, mais formée de fils lâches et flasques. C'est à elle et au pholque que l'on doit ces fils isolés qui pendent souvent au plafond des appartements.

Sa démarche est lourde et lente, elle se laisse prendre facilement sans opposer de résistance et en contrefaisant la morte. Depuis le printemps jusqu'à la fin de l'été, cette araignée pond ses œufs, ils sont assez gros et très-nombreux, elle les entoure d'une bourre de soie très-lâche de couleur blanche, au travers de laquelle on les aperçoit. Elle place ce cocon dans un coin de la toile, se tient auprès et le surveille attentivement; elle construit successivement, et à quelques semaines de distance, des cocons qu'elle place à côté les uns des autres.

Voici les observations que j'ai suivies exactement sur une femelle prise en janvier dans ma chambre, et que je renfermai dans un bocal. Après avoir grossi sensiblement, elle pond le 3o mars dans un sac soyeux de forme ovale

et transparent. Son abdomen se renfle de nouveau, et le
20 avril elle suspend sous le
premier, un second cocon
exactement pareil et de même
grosseur, dans lequel elle
dépose une seconde ponte
d'œufs. Son abdomen est
alors sensiblement diminué,
mais il grossit bientôt, et le
7 mai elle construit sous le

Cocons du th. triangulifer.

second cocon un troisième un peu plus petit. Le 13 mai
je vois le premier cocon éclos et distendu par les jeunes,
qui d'abord jaunes, prennent en quelques jours une teinte
noirâtre. De nouveau son abdomen acquiert un volume
très-ample, et le 20 mai elle dépose sous le troisième
cocon un quatrième dont les dimensions sont moindres
que celles des trois premiers. Le 25 mai le deuxième cocon
est éclos; le 30 le troisième. Le 5 juin, les jeunes du premier cocon se répandent dans le bocal, et enfin le 7 juin
le quatrième cocon est éclos.

M. Doumerc placé dans les mêmes conditions, a fait une
observation intéressante :

« A la fin de décembre 1839, dit cet observateur, je
trouvai, blotti dans l'angle d'un vieux lambris de mon
appartement, un théridion triangulifer; il attendait là
tranquillement le retour du printemps pour effectuer sa
ponte, car l'abdomen était un peu plus gros que dans
l'état de vacuité absolue.

« Ce que j'avais prévu, arriva. Ayant enfermé mon
araignée dans un flacon, je ne lui donnai la liberté que
le 15 avril suivant; son abdomen avait alors acquis le
double de volume par la formation des œufs, quoique

j'eusse privé l'araignée de nourriture. Dans l'angle d'un châssis à jour où je la mis, elle construisit, dès la nuit suivante, son réseau de fils, tendus irrégulièrement sur plusieurs plans différents. Huit jours après, elle fit le cocon de sa première ponte, et alors je remarquai une diminution du volume de l'abdomen, mais pas assez notable pour faire présumer l'évacuation des deux matrices, mais bien de l'une seulement, celle où les œufs avaient été fécondés les premiers, probablement l'automne précédent. Douze jours après eut lieu l'éclosion des petits qui, examinés attentivement, étaient tous des mâles. Cinq jours après, formation d'un nouveau cocon pour la deuxième ponte, qui éclot le 24 mai et fournit des individus qui, examinés trois jours après, sont tous des femelles. L'abdomen était alors notablement amoindri dans toutes ses proportions. Lors de la dispersion des couvées, un mâle qui se trouvait logé dans un angle plus bas du châssis, s'accoupla le 16 juin avec l'araignée mère. Celle-ci fila, du 26 au 28 juin, deux cocons près desquels elle se tint aux aguets. Le premier, éclos le 27 juillet, offrit pour résultat des individus tous femelles. Le second cocon qui est éclos le 31 juillet ne m'a donné que des individus mâles. »

Parmi les espèces lapidicoles qui ont les membres courts et robustes, et qui font le passage des théridions aux latrodectes, la plus commune est le *théridion* ou *phrurolithe maculé*, son abdomen assez aplati est orné de petites taches blanches qui ne sont pas toujours constantes et régulières.

33ᵉ Genre. **LATRODECTE**, *Latrodectus*, Walckenaer.

(λατρεὺς, ouvrier ; δήκτης, piquant.)

Synonymie : *Theridio*, Dugès ; *Meta*, Koch.

Yeux, au nombre de huit, presque égaux, sur deux lignes, les quatre du carré à peu près équidistants ; les latéraux plus ou moins rapprochés, ne se touchant jamais. Fig. 71.

Lèvre, courte, large à sa base, trianguliforme.

Pattes-mâchoires, à coxopodites médiocrement allongés, fortement inclinés, très-arrondis au côté externe ; à article terminal tronqué, renfermant un organe copulateur compliqué, se terminant en avant par une longue pointe très-fine et tortillée sur elle-même. Fig. 72.

Mandibules, verticales, soudées, à crochets assez faibles, mais munis dans plusieurs espèces d'un venin redoutable.

Corselet, petit, presque triangulaire, pointu en avant.

Abdomen, très-gros, renflé.

Pattes, assez fortes, allongées, inégales, dans l'ordre suivant : 1, 2, 4, 3.

Couleur, noir brun ou violet luisant, souvent relevé par des tachés rouges ou blanches tranchées.

Taille, variable ; quelques-unes ont plus d'un centimètre de long.

Patrie, toutes les parties du monde, sauf l'Australie, nourrissent une ou plusieurs espèces de latrodectes.

Habitudes, aranéides tendant des fils en réseau ou en filets, à terre, sous les pierres ou dans les habitations ; filant autour de leurs œufs des cocons imperméables et serrés.

ESPÈCES.

L. malmignathe,	L. malmignatha,		Europe méridionale.
L. belliqueux,	L. martius,		Italie.
L. oculé,	L. oculatus,		Égypte.
L. ménavonde,	L. menaroudi.	Vinson.	Madagascar.

L. chasseur,	L. *venator*,		Égypte.
L. erèbe,	L. *erebus*,		Ile Madag., Espagne.
L. redoutable,	L. *formidabilis*,	Abbot,	Amérique, Géorgie.
L. perfide,	L. *perfidus*,	Abbot,	Amérique, Géorgie.
L. arlequiné,	L. *variolus*,	Abbot,	Amérique, Géorgie.
L. assassin,	L. *mactans*,	Fabricius,	Amérique.
L. meurtrier,	L. *intersector*,	Fabricius,	Amérique.
L. hérissé,	L. *hispidus*,	Koch,	Grèce.
L. de schuch,	L. *schuchii*,	Koch,	Grèce.
L. formidable,	L. *formidabilis*,	Nicolet,	Chili.
L. varié,	L. *variegatus*,	Nicolet,	Chili.
L. thoracique,	L. *thoracicus*,	Nicolet,	Chili.
L. orné,	L. *armatus*,	Lucas,	Algérie.
L. spinipède,	L. *spinipes*,	Lucas,	Algérie.
L. doté,	L. *dotatus*,	Koch,	Allemagne.
L. géométrique,	L. *geometricus*,	Koch,	Allemagne.

Le genre latrodecte, établi par Walckenaer, paraît inséparable des théridions, quoique cet auteur l'en ait éloigné.

Ces genres sont même tellement voisins, et les particularités qui les distinguent sont si difficiles à saisir, que plusieurs auteurs les ont confondus. Cependant chez les latrodectes, les coxopodites des pattes-mâchoires, au lieu d'être anguleux à leur extrémité, sont fortement arrondis; les yeux latéraux sont relativement un peu plus écartés, etc. Quant aux mœurs, elles ressemblent à celles des *théridions-phrurolithes*. Les latrodectes sont des aranéides qui, comme ces derniers, tendent des fils sous les pierres et dans les inégalités de terrain; leur cocon, néanmoins, au lieu d'être léger et floconneux, est épais et imperméable, comme celui des mélanophores parmi les drasses. Leur morsure est redoutée de tous les peuples parmi lesquels ils vivent, et on lui attribue partout des effets terribles, même pour les vertébrés.

ESPÈCE PRINCIPALE.

Latrodecte malmignathe.

Le *latrodecte malmignathe* est une araignée très-commune dans le midi de l'Europe, en particulier dans l'Italie, l'Espagne et la Corse : elle n'a cependant été décrite que dès l'année 1785. On la reconnaît à sa couleur noire, à son abdomen orné de taches rouges en lunules. Cette aranéide vit par terre, elle habite les enfoncements de terrain, le dessous des pierres, les creux des vieux murs, etc.; là, elle tend de nombreux fils, d'une couleur gris sale et irréguliers, qui se croisent en tous sens, et qui dans certains points paraissent renflés comme une corde à nœuds. Ces fils sont assez solides pour retenir les plus gros insectes.

Elle ne s'élance pas ordinairement sur sa proie, mais elle la garrotte d'abord de ses fils gluants, avant de la percer de ses crochets venimeux et de s'en repaître quand elle est privée de vie.

Les débris de tous ces gros insectes, des sauterelles, des grillons, etc., sont répandus çà et là dans le champ, et signalent de loin la présence du latrodecte, qui, dans certains cas, emploie ces matériaux cornés pour consolider le tissu de sa toile.

Cette araignée est toujours en guerre soit avec des individus de son espèce, soit avec une autre araignée que l'on appelle *araignée d'or* (*clotho*) en Toscane, soit encore avec le scorpion qui est son plus redoutable adversaire.

La morsure du latrodecte malmignathe est regardée comme venimeuse, partout où il se trouve ; les Italiens, en particulier, racontent sur les effets de cette morsure beaucoup d'histoires, de morts même qu'elle avait causées. M. Raikem, en résumant le long et intéressant mé-

moire qu'il publia sur ce sujet, dit : «Dans cette araignée,
« la vésicule ou glande vénénifère, dont on doit la con-
« naissance à M. Lambotte, offre un développement su-
« périeur à celui qu'elle offre chez d'autres araignées de
« la même famille. Cet organe sécrète, comme on le sait,
« une humeur délétère, déposée à l'instant de la morsure
« dans la petite plaie opérée. De là elle est rapidement
« absorbée, entraînée dans le torrent de la circulation,
« et va exercer son action nuisible, d'une manière spé-
« ciale, sur le système nerveux et musculaire.

« Les phénomènes morbides qu'il détermine chez
« l'homme sont analogues à ceux qui succèdent à la
« morsure de la tarentule dans la Pouille ; ces accidents,
« qui consistent dans des troubles des fonctions ani-
« males, sont plus imposants par leur apparence que
« graves et dangereux en réalité. Ils se dissipent ordi-
« nairement au bout de trois à quatre jours ; il est fort
« douteux que la piqûre d'un seul malmignathe puisse
« être mortelle pour l'homme adulte. Les effets que pro-
« duit cette morsure chez les lapins, les chiens, les pi-
« geons, ressemblent beaucoup à ceux qui ont lieu chez
« l'homme ; ils en diffèrent cependant par la terminaison
« qui peut être fatale pour les animaux.

« En général, cette araignée ne pique l'homme que
« quand elle est irritée ou excitée par quelque cause
« mécanique. C'est surtout pendant la saison d'été, au
« mois d'août, que la malmignathe est à craindre. Dans
« les autres saisons, quand elle a été longtemps privée
« de nourriture, et que plusieurs jours se sont écoulés
« depuis le temps de sa captivité, les accidents que pro-
« duit sa piqûre sont peu ou point marqués, et nullement
« redoutables. »

« Le cocon du latrodecte, dit Walckenaer, est fort gros

« et a la forme d'un sphéroïde pointu par un bout, de
« couleur de café clair, d'un tissu si fort et si serré qu'on
« ne peut l'ouvrir qu'en le coupant avec un canif. Il y a
« compté 220 œufs, d'un fauve pâle; ils n'étaient ni
« agglutinés entre eux ni entièrement libres, mais liés
« les uns avec les autres par des fils fins et presque im-
« perceptibles, de sorte que si l'on en tirait un, on entraî-
« nait les autres en chapelet. »

Le nombre de ces cocons n'est pas limité, dit
M. Raikem; il y a des femelles qui n'en font qu'un, tandis
que d'autres en font plusieurs, mais jamais plus de quatre.
Selon lui, le nombre des œufs contenus dans les premiers
cocons serait beaucoup plus grand que celui que renferment les deux derniers. Il y en aurait toujours 200 à 250
dans ceux de la première ponte, tandis que ceux de la
seconde n'en renfermeraient d'ordinaire que 45 à 50.
Cette araignée, dit-il, vit plusieurs années, et elle se retire
pour passer l'hiver dans les creux des vieux murs; elle
est alors dans un état d'engourdissement, et ne reprend
vigueur qu'à la belle saison. Le mâle est beaucoup plus
rare que la femelle, il s'en distingue par sa forme plus
grêle, par son volume moindre, par sa teinte plus rouge,
et d'autres caractères qui lui sont propres.

L'île de Madagascar, suivant M. Vinson, nourrit deux
espèces assez curieuses, dont la morsure est aussi redoutée des insulaires, que celle de la malmignathe est
redoutée des Italiens. On les nomme *vancoho* ou *ménavodi*.
La couleur de l'une d'elles, la *latrodecte ménavoude*, est
noire, tranchée de bandes rouge vif.

C'est peut-être uniquement à cette couleur noire et
rouge, réputée diabolique, que les latrodectes doivent
leur mauvaise réputation.

34ᵉ Genre. **ÉRO**, *Ero*, Koch.

(εἴρω, nouer.)

Synonymie : *Theridio*, Walckenaer.

Yeux, égaux, les latéraux se touchant, sur la même ligne que les deux yeux antérieurs du carré intermédiaire, qui est presque régulier.

Lèvre, assez courte, presque ovale, ou plutôt ovale-triangulaire.

Mâchoires, amincies à leur extrémité, étroites, inclinées sur la lèvre, l'entourant, se touchant en avant.

Corselet, fort petit, épais, circulaire, bombé.

Abdomen, très-globuleux, quatre fois plus gros que le corselet, portant sur sa partie antérieure et supérieure quatre tubercules mousses, globuliformes, dirigés en avant.

Pattes, fines, peu allongées, comme il suit : 1, 2, 4, 3 ; il y a une grande disproportion entre la longueur de la première paire et celle des autres.

Couleur, variée de fauve doré, de brun foncé et de blanc.

Taille, excessivement minime, les plus grandes atteignent 2 ou 3 millimètres.

Patrie, les espèces peu nombreuses n'ont été trouvées qu'en Europe.

Habitudes, aranéides vivant sur les feuilles des arbres ou à l'intérieur des maisons, y construisant une toile de peu d'étendue et irrégulière.

ESPÈCES.

E. tuberculeuse,	*E. tuberculosa*,	Koch (*ther. aphane*, Walck.),	France.
E. variée,	*E. variegata*,	Koch,	Allemagne.

Ce genre a été établi par M. Koch pour le théridion aphane de Walckenaer, à cause des tubérosités de son abdomen, afin de rendre l'étude des théridions et des latrodectes plus facile, en restreignant le nombre de leurs

espèces. J'ai conservé le mot d'*éro* qui a été employé par
Koch et qui est connu de quelques auteurs.

Éro tuberculeuse.

L'*éro tuberculeuse* est la seule espèce bien connue :
c'est une araignée très-petite et assez élégante, dont l'abdomen est orné de taches jaune doré. Je ne l'ai trouvée
qu'une fois sur une feuille de chêne, au bois de Boulogne ;
Walckenaer l'a prise, à la fin d'août, sur un gazon à Paris
et dans le bois de Vincennes ; Koch nous apprend qu'à
Ratisbonne, elle n'est pas rare et se trouve à l'intérieur
des maisons et des villas. Pour établir sa toile, elle relève
les deux bords opposés d'une feuille, et les unit au moyen
de fils plus ou moins obliques ou horizontaux. Elle se
tient au milieu de ces fils irréguliers sur le ventre, guettant sa proie. De Geer a décrit ainsi son cocon :

« Cette araignée suspend son cocon aux planchers et
aux poutres des maisons, par un fil très-délié ; au
point d'attache, ce suspensoir est fixé par cinq ou six fils
séparés qui se réunissent ensuite en un seul (1). Ce cocon
est ovale ou globuleux, mais composé d'une soie si mince
qu'au grand jour on voit les œufs au travers. Chaque
cocon renferme 10 à 12 œufs, très-petits, luisants, sphé-
riques, gris brun ; ils sont placés au milieu, dans une
bourre de soie fine, et reposent ainsi isolés mollement et
chaudement. De Geer avait pris des cocons au commencement de janvier, les jeunes sont éclos en mai. »

---

(1) Cette industrie rapproche l'éro de l'épéire brune (Voir Koch, *Ubers.
des Arach.*).

35ᵉ Genre. **UPTIOTE**, *Uptiota*, Walckenaer.

(Ὑπτιότης, couché, nonchalant.)

Synonymie : *Mithras*, Koch.

Yeux, au nombre de huit, presque égaux; disposés sur quatre lignes, formées de deux yeux chacune; la première et surtout la troisième très-courtes, la seconde plus large; les deux yeux de la ligne supérieure sont les plus gros, ils sont très-écartés et rejetés sur les angles latéraux du front.

Lèvre, triangulaire, large et tronquée à sa base, pointue à son sommet.

Mâchoires, droites, longues et larges à leur extrémité, entourant la lèvre et se rencontrant en avant.

Corselet, fort petit, triangulaire, élargi et arrondi en arrière.

Abdomen, énorme, globuleux, trois fois plus long que le corselet, tronqué et tuberculeux en arrière.

Pattes, courtes, mais fortes, la première paire, puis la quatrième, est la plus longue et la plus robuste; les deux autres paires de pattes sont beaucoup plus faibles; la troisième est la plus courte.

Couleur, fauve clair, avec des taches de poils roux et noir.

Taille, 2 millimètres.

Patrie, elle ne se trouve qu'en Europe.

Habitudes, araignée tendant des fils irréguliers entre les branches des jeunes arbres, dans les bois.

ESPÈCE.

U. mithras,	*U. mithras.*	Walckenaer,	France et Allemagne.

Le genre uptiote est un des plus curieux parmi les genres européens, mais la petitesse de l'unique espèce qui le compose et son excessive rareté empêchent qu'il ne soit encore bien connu. M. Doumerc, le premier, la trouva dans le bois de Boulogne, à la fin d'août, sur des fils très-lâches, qu'elle avait tendus entre deux arbustes

d'épine; plus tard, en Allemagne, plusieurs entomologistes l'ont rencontrée et l'ont décrite sous des noms différents (*mithras, poltys, uptiote*, etc.).

Sa taille ne dépasse pas un millimètre et demi, et sa
couleur est rousse ou blanche, mais elle est élégamment
ornée de poils blancs, qui lui donnent un aspect tigré.
L'abdomen est fort remarquable, en ce qu'il porte sur sa
partie postérieure de petits tubercules cornés, rangés
régulièrement. On ne connaît point ses mœurs.

Les aranéologues sont encore incertains, sur la place
que ce genre doit occuper dans la classification; Walckenaer, ne lui ayant reconnu que six yeux, l'avait d'abord
classé à côté des scytodes, ceux de la seconde paire étant
placés au centre d'une tache noire et luisante, lui avaient
échappé; M. Koch, forme, pour cette araignée, une famille
particulière, mais elle me semble appartenir à la même
division que les théridions, bien que la force de ses pattes
et les épines de son dos la rapprochent des épéires (1).

---

(1) C'est tout à côté du genre *uptiote*, que Koch classe une aranéide
fort singulière, originaire de Singapore, et à laquelle il donne le nom de
poltys. Comme on n'en connaît qu'un seul individu mutilé, je n'ai pas cru
devoir lui consacrer un tableau. Je donnerai néanmoins ici la traduction
des principaux caractères qui lui sont assignés par Koch. — Son corselet
est ovale en arrière, mais prolongé au delà de la bouche en une longue
pointe horizontale, dont la partie terminale est séparée du thorax par un
sillon profond. Cette extrémité, qui est couverte de poils laineux, porte
quatre yeux disposés en carré, dont les antérieurs sont placés sur la partie
verticale. A moitié de la longueur de cette pointe, est placée la troisième
paire; plus loin, à l'endroit où le corselet s'élargit, se trouve la quatrième
paire d'yeux. — Les pattes-mâchoires sont grandes, longues, épaisses et
brillantes, de forme cylindrique, insérées loin de l'extrémité de la tête, —
le plastron est petit, plat et velu, — les pattes sont robustes, la première
paire est la plus longue, la troisième est la plus courte. — La couleur du
corps est un brun olivâtre uniforme.

Le seul individu que l'on connaisse est une femelle. (*Koch die arachniden.*)

36ᵉ Genre. **DICTYNE,** *Dictyna.* Koch.

(Δίκτυνα, Diane présidant à la chasse aux filets.)

Synonymie : *Drassus, Theridio,* Walckenaer ; *Ergatis,* Blackwall.

Yeux, au nombre de huit, presque égaux, sur deux lignes courbées en avant ; les quatre intermédiaires   Fig. 73.
formant un quadrilatère, dont le côté antérieur est le plus large ; les latéraux rapprochés entre eux, mais non éloignés des intermédiaires.

Lèvre, assez étroite, presque aussi longue que les mâchoires,
ayant la forme d'un triangle dont le sommet est ou
pointu ou arrondi.

Pattes-mâchoires, à coxopodites larges, droits extérieurement,
fortement inclinés au côté interne, entou-   Fig. 74.
rant la lèvre, un peu rétrécis à la base
ainsi qu'à l'extrémité ; organe copulateur
très-renflé, creusé d'une cupule dont les
bords sont membraneux et denticulés, renfermant un long crochet tourné en spirale,
élargi à son extrémité en forme de petite palette.

Corselet, petit, voûté, presque carré quoique plus étroit en
avant.

Abdomen, ovale, renflé chez la femelle.

Pattes, courtes et fines, la première paire est la plus longue,
la seconde ensuite, la troisième est la plus courte, le
tarse a trois griffes.

Femelle, théridioniforme, *mâle* érygoniforme.

Couleurs, brun foncé, vert ou jaune, élégant.

Taille, minime, les plus grosses ne dépassent pas 2 millimètres.

Patrie, la plupart des espèces se trouvent en France.

Habitudes, aranéides construisant sur la surface des feuilles,
une toile fine et blanche, transparente, à tissu serré
ou lâche, et sous laquelle elles se tiennent, mais dont
elles sortent pour chasser.

ESPÈCES.

D. bienfaisante,	D. benigna,	(theridion, Walck.),	France, Paris.
D. cachée,	D. latens, .		France.
D. très-verte,	D. viridissima,	(drassa, Walck.),	France.
D. jaune,	D. flavescens,		France.
D. épisinoïde,	D. épisinoïdes,	Blackwall,	Angleterre.

C'est à l'exemple de M. Blackwall que je rapproche dans un même genre les *drasses phytophyles* et les *théridions-dictynes* de Walckenaer : seulement j'ai cru devoir changer le nom d'*erygatis* que l'entomologiste anglais leur avait donné, pour celui de *dictyne*, employé depuis plus longtemps en Allemagne par MM. Hahn et Koch.

Si les femelles de ces araignées ont pu être considérées comme des théridions, à cause de leur forme et de leurs habitudes sédentaires, les mâles ne peuvent être éloignés des érygones dont ils ont le genre de vie et l'aspect général. Le genre dictyne forme donc un passage naturel entre ces deux grands genres; il participe à la fois de l'un et de l'autre, non-seulement par sa forme et ses mœurs, mais encore par ses yeux qui, étant équidistants, se rapprochent fortement de ceux des érygones, et par ses mâchoires qui, étant droites et creusées, les affilient intimement aux théridions. Je crois cependant que c'est avec le premier de ces genres que les dictynes ont le plus de ressemblance.

ESPÈCES PRINCIPALES.

Dictyne bienfaisante. — D. verte. — D. jaune.

La *dictyne bienfaisante* (*théridion bienfaisant.* W.) est une toute petite araignée de couleur sombre, chez laquelle l'abdomen de la femelle est très-gros et présente dans son milieu une figure foncée, qui se détache sur un fond de couleur grise.

C'est une des araignées les plus communes; elle se trouve particulièrement dans les jardins et les vergers, où elle choisit, pour faire son nid, les feuilles des plantes et des arbres peu élevés, les fleurs du rosier, du sureau, du lilas, etc., les interstices des grains de raisin, la superficie des poires, des pêches, etc. Elle unit les deux bords opposés d'une feuille, ou tapisse la surface d'un fruit, de fils lâches et irréguliers, qui se croisent dans tous les sens, et au milieu desquels elle se tient, les pattes relevées et la tête regardant en haut. Il n'est personne qui, au mois d'août, en mangeant du raisin, n'ait remarqué et même peut-être avalé quelques-unes de ces petites araignées, car il n'est aucune grappe qui n'en loge plusieurs individus, avec leurs toiles et leurs cocons.

Fig. 75.

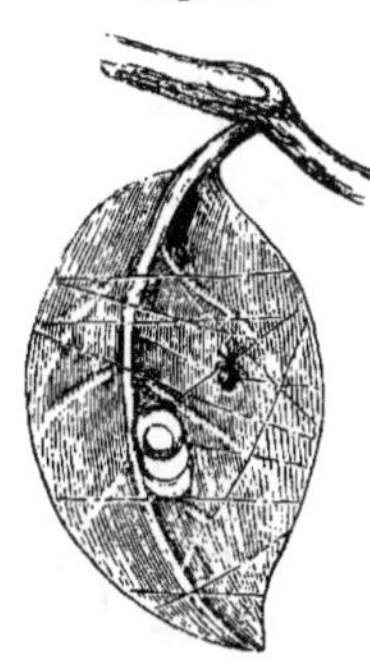

Toile et cocons du th. bienfaisant (dictyna).

La dictyne est d'un courage excessif, et malgré sa petitesse, elle attaque et retient les plus grosses mouches.

Le nom de bienfaisante, que porte cette petite araignée, paraît singulier au premier abord, mais il s'explique facilement lorsqu'on la voit prendre dans ses filets imperceptibles, les mouches et les insectes destructeurs qui viennent se poser sur les fruits ou sur les végétaux pour les dévorer ou y déposer leurs œufs; elle rend de cette manière un service signalé aux agriculteurs.

Le mâle diffère beaucoup de la femelle, et par sa forme et par ses mœurs; en effet, tandis qu'elle a l'abdomen globuleux et gris, les pattes courtes, et vit sédentaire, il est entièrement noir, a les pattes allongées et ressemble à une fourmi; de plus, il est toujours errant et saisit les insectes à la course.

Au mois de juillet, il se choisit une femelle, il entre alors dans sa toile, construit de concert avec elle, une espèce de coque très-fine et tellement transparente qu'elle ne gêne en rien l'observateur qui veut avec une loupe, suivre tous leurs mouvements.

Les deux sexes ne se font aucun mal; le mâle, après l'accouplement, reste encore quelque temps sur la toile, puis il s'éloigne et reprend sa vie vagabonde.

Peu de jours après sa sortie, la femelle, dont l'abdomen est alors le double ou même le triple de ce qu'il est ordinairement, pond des œufs assez gros et en nombre considérable; elle en forme cinq ou six paquets qu'elle entoure séparément d'une bourre de soie très-épaisse, dont la superficie externe est jaune, et dont l'intérieur est du blanc le plus éclatant; ces cocons ont la forme de disques très-aplatis et sont collés sur la feuille.

La *dictyne verte* (*drasse vert.* W.) est une araignée fort élégante : elle se reconnaît à sa petite taille, à sa belle couleur verte qui est finement piquetée de blanc sur l'abdomen. Elle est fort commune à Paris : on la trouve au mois de mai et au mois de juillet, mais elle reparaît plus abondamment à la fin de septembre.

Cette araignée vit sur les plantes, particulièrement sur les feuilles du lilas, du chêne, du rosier, de la vigne, etc.; là, elle relève les deux bords opposés de la feuille de manière à lui donner la forme d'un bateau, puis elle établit d'un des bords à l'autre, une petite toile horizontale, semblable à un pont, d'un tissu encore plus serré, plus fin et plus blanc que la toile des tégénaires, mais cependant de même nature. Les deux extrémités de cette petite toile sont ouvertes, l'araignée se tient toujours dessous, dans l'espace compris entre la feuille et la voûte soyeuse, sur le dos, se retournant de côté et d'autre, prête à se jeter sur les insectes, qui se posent ou tombent par hasard sur sa demeure. Il n'est pas rare de voir la petite dictyne retenir avec ses mandibules des mouches trois ou quatre fois plus grosses qu'elle. Au mois de juillet on trouve le mâle sur la même toile que la femelle, dont il ne diffère alors que par sa taille plus petite ; à toute autre époque, il habite sa toile propre, et en sort très-souvent.

Lorsque cette espèce a pondu ses œufs, qui ne sont qu'au nombre de vingt environ, et de couleur jaune, elle les enveloppe de fils très-lâches, peu épais et transparents, qui forment un cocon assez gros, aplati, et dans lequel les œufs sont libres, c'est-à dire non agglutinés ensemble.

La *dictyne jaune* est une espèce très-voisine de la dictyne verte, et qui a été confondue avec celle-ci ; elle se distingue à son abdomen jaune foncé et à son corselet rougeâtre. Elle a les mêmes habitudes, se trouve dans les même lieux, mais est un peu plus rare.

37ᵉ GENRE. **ÉRYGONE**, *Erygona*, Savigny.

(ἐρύω, défendre ; γόνος, progéniture.)

Synonymie : *Argus*, Walckenaer ; *Theridio*, Wider ; *Linyphia*, Sundewal.

Yeux, presque égaux entre eux, placés sur deux lignes parallèles un peu courbées en avant : les quatre intermédiaires figurant un quadrilatère plus ou moins régulier.

Lèvre, courte, bombée, tronquée à son extrémité.

Pattes-mâchoires, à coxopodites d'une brièveté remarquable et d'une largeur qui dépasse plus de deux fois la longueur, arrondis à leurs extrémités et très-inclinés sur la lèvre ; deuxième, troisième et quatrième articles armés en dessous d'apophyses dentiformes, dans les deux sexes ; article terminal très-globuleux dans le mâle et couvert en dessus de tubérosités et d'épines.

Fig. 76.

Fig. 77.

Corselet, grand, allongé, ovalaire, bombé antérieurement.

Pattes, de longueur médiocre, très-fines, leur longueur relative varie suivant les sexes ; la première et la quatrième sont toujours les plus longues.

Couleur, brun rouge, uniforme, luisant.

Taille, excessivement petite, 1 à 2 millimètres.

Patrie, la plupart des espèces se trouvent en France.

Habitudes, aranéides errantes, courant après les insectes pour s'en emparer.

ESPÈCES.

E. vagante,	*E. vagans*,	Savigny,	Europe, Afrique.
E. longimane,	*E. longimana*,	Sundewal,	Suède.
E. brillante,	*E. serotina*,	Koch,	Allemagne.

Le genre érygone, que l'on réunit communément, aux micryphantes, qui le représente dans la tribu suivante, ne renferme qu'un très-petit nombre d'araignées, toutes remarquables par l'exiguïté de leur taille, qui atteint rarement 5 millimètres de long.

Il appartient à la tribu des théridions proprement dits, et il en réunit tous les caractères, c'est-à-dire que ses mâchoires, quoique plus courtes et beaucoup plus larges que dans les genres précédents, sont inclinées et non divergentes; que ses yeux sont égaux, et presque équidistants, etc. Des caractères très-apparents, quoique de seconde valeur, il est vrai, donnent à ces araignées un aspect qui les rapproche singulièrement des micryphantes : c'est-à-dire, que leur corselet est énorme et proéminent en avant, que tout leur corps est luisant et d'un noir poli, que leurs pattes sont d'une remarquable finesse et d'une couleur rouge corail.

Elles possèdent cependant quelque chose de particulier et d'unique, c'est la forme de leur palpe qui, dans le mâle, est d'une longueur considérable, dont le second article est coudé, dont les autres sont garnis au côté interne, d'une pointe cornée, et dont l'article terminal est renflé, bilobé et fendu dans son milieu.

Les habitudes de ces petites araignées sont errantes, c'est-à-dire, qu'elles ne font aucune toile, et qu'elles courent constamment avec beaucoup d'agilité, dans les champs, sur le tronc des arbres, sur les murs, etc., et saisissent dans leur course les insectes très-petits, surtout les pucerons. Les mœurs des érygones n'ont, comme on le voit, rien de remarquable et qu'un intérêt fort médiocre ; aussi, sans m'y arrêter davantage, je me contenterai de citer une espèce comme type du genre : elle se trouve dans toute l'Europe, aussi bien qu'en Égypte et en Algérie : c'est l'*érygone vagante* ou *dentipalpe*, qui est très-commune sur les portes des jardins, aux mois de mai, de juin et de juillet.

Le cocon d'aucune des espèces n'a été observé et décrit.

3° Tribu. LINYPHIENS.

Mâchoires divergentes ou simplement droites, — yeux iné-gaux ou presque égaux, sur deux lignes, équidistants, — aranéides filant des toiles à mailles irrégulières, mais assez rapprochées pour constituer une trame ou nappe.

Cette tribu renferme les genres : *Micryphante, agélène, lachésis, tectrice, tégénaire, linyphie, pachygnathe, bolyphanthe.*

38e Genre. **MICRYPHANTE**, *Micryphantus*, Koch.

(μιχρὸς, petit ; φανθεις, brillant.)

Synonymie : *Argus*, Walckenaer ; *Walckenaera, Neriena*, Blackwall.

Yeux, un peu inégaux et brillants, disposés sur deux lignes sur le sommet du front ; les quatre intermédiaires formant un carré qui est souvent porté au sommet d'une protubérance du corselet, les quatre yeux latéraux quelquefois pédiculés.

Lèvre, courte, plus large que haute, tronquée ou arrondie à son sommet.

Pattes-mâchoires, à coxopodites forts, dilatés, creusés à leur base interne, enclavant la lèvre, mais carrés et divergents à leur extrémité. — 3e et 4e article ayant la forme de petits capuchons se recouvrant l'un l'autre, — organe copulateur énorme et ovale, à surface feuilletée, ayant l'apparence d'une petite pomme de pin.

Fig. 78.

Corselet, grand, déprimé, élargi et arrondi en arrière, plus étroit, mais élevé et souvent tuberculeux en avant.

Abdomen, globuleux, terminé par des filières longues et visibles.

Pattes, de longueur médiocre, très-fines et glabres, la première ou la quatrième plus longue, mais cette longueur varie suivant les sexes.

Couleur, noir ou rouge luisant; pattes jaune clair, non annelées.

Taille, ce genre renferme de très-petites araignées; leur taille ne dépasse pas 1 à 3 millimètres.

Patrie, presque toutes les espèces ont été trouvées en Europe.

Habitudes, aranéides filant de petites toiles, tendant des fils, courant après les insectes pour s'en emparer.

Fig. 79.

1er *sous-genre*. — MICRYPHANTUS. — Front simplement élevé, — corselet aplati en arrière, — yeux placés régulièrement sur deux lignes, l'antérieure courbée en avant, la supérieure courbée en arrière et suivant la courbure du rebord frontal, — mandibules à crochets longs.

M. à palpes bruns,	*M. fuscipalpus,*	Wider,	Allemagne.
M. rouge,	*M. rufus,*	Wider,	Allemagne.
M. rufipalpe,	*M. rufipalpus,*		Allemagne.
M. campagnard,	*M. rurestris* (1),		Allemagne.
M. à palpes épais,	*M. crassipalpus,*	Koch,	Allemagne.
M. à deux points,	*M. bipunctatus,*	Eug. Simon,	Belgique (Spa).
M. phœpe,	*M. phœpus,*		Bavière.
M. à sac,	*M. alutacius* (2).		Allemagne.
M. poilu,	*M. villosus* (*),		Allemagne.
M. à tête rouge,	*M. erythrocephalus* (*).		Bohême, Bavière.

(1) La liste des espèces est considérable, beaucoup des noms admis devront être effacés, car il est certain que des espèces s'y trouvent plusieurs fois sous des noms différents; j'ai marqué de ce signe (*) celles dont la synonymie est la plus douteuse.

(2) La Belgique, comme les contrées du Nord en général, nourrit un grand nombre de micryphantes. L'espèce que j'y ai rencontrée le plus souvent a le corselet et l'abdomen noirs, les pattes d'un rouge foncé, la tête plus élevée dans le mâle que dans la femelle, sans pour cela être tuberculeuse; cette espèce, que j'ai trouvée sous presque toutes les pierres, avec son petit cocon rose, me semble être ou le *micryphantus rubripes* ou le *micrassipalpus* décrits et figurés par Koch. Dans le nombre des individus que j'ai recueillis, il se trouve une femelle dont les deux yeux supérieurs sont plus rapprochés sur la ligne médiane, et qui porte de plus deux points blancs au-dessus des opercules branchiaux. N'ayant rien trouvé de pareil ni dans les descriptions de Koch ni dans celles de Wider, je lui ai donné le nom de *bipunctatus*, pensant qu'elle n'avait pas encore été décrite. Il est également à noter que le *m. tessellatus*, qui n'est que l'*argus graminicole* de Walckenaer, y est fort commun, comme dans

M. marqueté,	M. tessellatus,		Allemagne.
M. graminicole,	M. graminicolis,	Walck. (Rubrip),	Europe.
M. à palpes petits,	M. parvipalpus,	(Ovatus)Wider,	Allemagne.
M. d'Albertine,	M. Albertinæ,	Walckenaer,	France.
M. formivore,	M. formivorus,	Walckenaer,	France.
M. égal,	M. æqualis,		Allemagne.
M. laminé,	M. laminatus,	Koch,	Bavière.
M. panthérin,	M. pantherinus,		Allemagne.
M. à taches jaunes,	M. flavomaculatus,		Allemagne.
M. isabelle,	M. isabellinus (*),		Allemagne.
M. épineux,	M. histericus,	Koch,	Bavière.
M. à chevelure,	M. comatus,	Wider,	Allemagne.
M. allié,	M. affinis (*),	Wider,	Allemagne.
M. longipalpe,	M. longipalpus,	Wider,	Allemagne.
M. à dent,	M. denticulatus,	Wider,	Allemagne.
M. terrestre,	M. terrestris,	Wider,	Allemagne.
M. bref,	M. brevis,	Wider,	Allemagne.
M. quaterne,	M. quaternus,	Wider,	Allemagne.
M. de Mathilde,	M. Mathildæ,	Walckenaer,	France.
M. olivacé.	M. olivaceus,	Wider,	Allemagne.
M. dysdéroïde.	M. dysderoïdes,	Wider,	Allemagne.

2ᵉ *sous-genre.* MELICERTUS (μελιχ, pique; κερας, corne). — Les quatre yeux de la ligne antérieure gardent leur position, les latéraux de la seconde sont plus élevés et plus rapprochés, les intermédiaires de la seconde sont placés au sommet d'un tubercule large et obtus que porte le corselet, dans le mâle. Ce tubercule peut être fendu par un sillon, sans rien changer à la disposition.

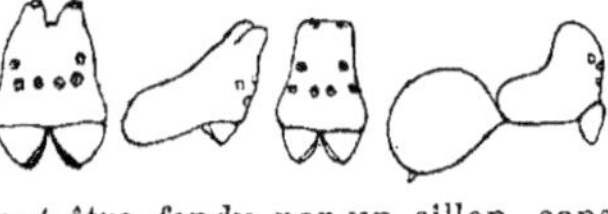

Fig. 80.

M. acuminé,	M. acuminatus,	Wider,	Allemagne.
M. élevé,	M. elevatus,	Wider,	Allemagne.
M. bicuspidé,	M. bicuspidatus,		Allemagne.
M. bituberculé,	M. bituberculatus (*),	Wider,	Allemagne.
M. ocré,	M. ochropus,		Allemagne.
M. de gazon,	M. cespitum,		Allemagne.
M. à front sillonné,	M. sulcifrons,	Wider,	Allemagne.
M. chélyfer,	M. chelyfer,	Wider,	Allemagne.

toutes les parties de l'Europe; on trouve souvent dans l'herbe d'autres micryphantes plus petits, qu'on pourrait facilement rapporter aux *ovatus*, *rubripes* et *æqualis* de Koch; mais toutes ces espèces ne me semblent être que les différents âges du *tessellatus*. J'ai trouvé plusieurs fois une espèce bien distincte, non par ses couleurs, mais par la forme de son corps qui ressemble à celle d'un théridion, c'est le *m. erythrocephalus*. Je n'ai pris qu'une fois le *camelinus*, qui paraît fort rare en Belgique.

M. bicorne,	M. *bicornis* (*),		Allemagne.
M. parallèle,	M. *parallelus,*	Koch,	Ratisbonne.
M. petit,	M. *pusillus,*	Wider,	Allemagne.

Voici les noms des micryphantes décrits par M. Blackwall sous le nom de *Walckenaera*, et qui ne me paraissent pas différer assez des sous-genres micryphante et mélicerte pour en être séparés :

M. ponctné,	M. *punctatus,*	Blackwall,	Angleterre.
M. gonflé,	M. *turgidus,*	Blackwall,	Angleterre.
M. noir,	M. *ater,*	Blackwall,	Angleterre.
M. à deux fronts,	M. *bifrons,*	Blackwall,	Angleterre.
M. faible,	M. *parvus,*	Blackwall,	Angleterre.
M. humble,	M. *humilis,*	Blackwall,	Angleterre.
M. mitré,	M. *apicatus,*	Blackwall,	Angleterre.
M. nain,	M. *pumilus,*	Blackwall,	Angleterre.
M. couleur de poix,	M. *picinus,*	Blackwall,	Angleterre.
M. forestier,	M. *nemoralis,*	Blackwall,	Angleterre.

3e *sous-genre*. PÉLÉCOPSIS. E.S. (πήληξ, casque ; ὄψις, front). — Les quatre yeux de la ligne antérieure gardent leur position, l'œil externe de la ligne supérieure est placé à côté du plus externe de l'antérieure, de manière à prolonger cette ligne en largeur ; les deux supérieurs sont placés dans le mâle, sur un tubercule qui a la forme d'un petit casque.

Fig. 81.

P. inégal,	P. *inæqualis,*	Koch,	Allemagne.

4e *sous-genre*. NERIENEUS, Blackwall (νευρις, corde, fil ; ενη, le soir). — Yeux et tubercule oculaire semblables à ceux des mélicertes, — corselet renflé à sa partie postérieure, et dont le renflement est divisé en deux par un sillon.

N. luisant,	N. *mundus,*	Blackwall,	Angleterre.
N. errant,	N. *errans,*	Blackwall,	Angleterre.
N. routier,	N. *viarius,*	Blackwall,	Angleterre.
N. sombre,	N. *pullus,*	Blackwall,	Angleterre.
N. grêle,	N. *gracilis,*	Blackwall,	Angleterre.
N. minime,	N. *minimus,*	Blackwall,	Angleterre.
N. anormal,	N. *abnormis,*	Blackwall,	Angleterre.
N. varié,	N. *variegatus,*	Blackwall,	Angleterre.
N. douteux,	N. *dubius,*	Blackwall,	Angleterre.
N. gibbeux,	N. *gibbosus,*	Blackwall,	Angleterre.
N. rugueux,	N. *tuberosus,*	Blackwall,	Angleterre.

Fig. 82.

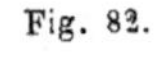

5e *sous-genre*. VIDERIUS, E. S. — Les quatre yeux de la ligne antérieure sont normaux, les deux yeux latéraux de la ligne supérieure sont placés chacun à l'extrémité d'un long pédicule horizontal. Les deux yeux supérieurs ont la même position que chez les mélicertes.

| V. capuchonné, | V. *cucullatus*, | Koch, | Allemagne. |
| V. tibial,   . | V. *tibialis*, | Koch, | Allemagne. |

6ᵉ *sous-genre*. ARRECERUS, E. S. (αρρην, mâle; κερας, corne). — Il n'y a rien de régulier dans le placement des yeux du mâle, le corselet présente en avant une longue pointe, à l'extrémité de laquelle se trouvent les deux yeux intermédiaires de la ligne supérieure; un peu au-dessous et de chaque côté, les latéraux de la même ligne; ceux de la ligne antérieure sont placés à la base de cette corne, au-dessus l'un de l'autre et écartés entre eux.

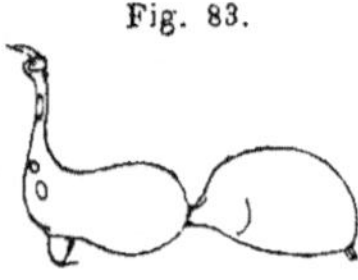

Fig. 83.

| A. camélin, | A. *camelinus*, | Koch, | Europe centrale. |
| A. monoceros, | A. *monoceros*, | Wider, | Allemagne. |

Rien n'est plus difficile que de déterminer cette foule innombrable de petites araignées, et surtout d'établir la synonymie de toutes celles dont les descriptions sont disséminées dans un grand nombre de mémoires français, anglais et allemands.

Walckenaer, dans sa grande division des *argus*, avait réuni non-seulement les micryphantes dont je viens de donner la liste, mais encore toutes les petites araignées brillantes qu'il trouva, comme les érygones, les petits théridions, les petites linyphies et agélènes, etc. ; mais ce genre, uniquement caractérisé par la taille minime de ses espèces, n'était pas naturel; plusieurs habiles arachnophiles l'ont compris, et MM. Koch et Blackwall en particulier, se sont occupés d'établir une classification, qui, malheureusement aujourd'hui, est encore incomplète. M. Koch, réduisant cette division à sa juste valeur, a réuni dans un genre qu'il a appelé *micryphante*, c'est-à-dire petit insecte brillant, les espèces que je viens de citer, et dont M. Blackwall a depuis fait deux genres : les Walckenaera et les Nerienea. Ce genre se caractérise par l'inégalité de ses yeux et les tubercules qui ordinairement chez le mâle seul, et quelquefois dans les deux sexes, les supportent, par le creusement de ses mâchoires et la finesse de ses pattes.

Ce sont des araignées longues d'un millimètre, dont le corps, dépourvu de poils, est d'un noir brillant comme s'il était verni, et dont les pattes très-fines et très-délicates sont jaunes et luisantes.

Les mœurs de toutes les espèces étant les mêmes, ne peuvent être traitées séparément ; je me contenterai de donner quelques généralités sur le genre.

Les habitudes de ces araignées naines sont errantes ; elles courent avec agilité à terre ou sur le tronc des arbres, saisissent avec beaucoup de force les pucerons ou les petits coléoptères qui se rencontrent sur leur passage ; quelques-unes tendent de longs fils, d'une ténuité telle, que plusieurs observateurs ont avancé que plusieurs millions de ces fils réunis n'égalent pas en épaisseur le diamètre d'un cheveu ordinaire ; d'autres filent de petites toiles, dont elles sortent souvent pour chasser, ou se contentent de s'emparer des toiles abandonnées par des araignées d'autres genres, telles que celles de très-jeunes linyphies, de dictynes, etc.

Au premier abord, on pourrait prendre ces araignées pour des fourmis, car leur démarche et leur couleur ont beaucoup d'analogie avec celles de ces hyménoptères. Mais il est inutile de dire que jamais les micryphantes ne vivent en société ; au contraire, quand deux individus d'un même sexe se rencontrent, ils ne manquent pas de se déchirer à coups de mandibules, et le vainqueur dévore le vaincu sur place.

C'est chez ces petites araignées que le palpe du mâle acquiert son maximum de développement et de complication.

Les micryphantes font toujours plusieurs pontes successives et construisent plusieurs cocons ; ils les déposent généralement sur la surface inférieure des grosses pierres. Ces cocons, dont la grosseur est proportionnée à celle de l'araignée qui les pond, ont l'aspect de ceux des théridions ; le tissu en est cependant plus blanc et paraît plus moelleux.

ESPÈCES PRINCIPALES.

Micryphante formivore. — M. graminicole. — M. terrestre. — M. bituberculé. — M. camélin.

Plus de trente espèces habitent nos environs, elles sont toutes semblables pour la couleur et la forme. Je n'en citerai que quelques-unes. Celle qui a été le plus étudiée est le *micryphante formivore*. Walckenaer dit de cette espèce : «Elle contrefait la morte quand on veut la prendre ; elle file sous les pierres, dans les bois, une toile irrégulière assez grande pour sa grosseur ; elle est l'ennemie des fourmis, dont elle fait un grand carnage ; ses œufs sont enveloppés dans un cocon entièrement sphérique, qu'elle compose d'une soie lâche et peu serrée. Elle entoure son cocon d'une autre bourre de soie plus lâche, dans laquelle elle enveloppe des nymphes et des chrysalides de fourmis qui servent de nourriture à sa postérité, lorsqu'elle vient d'éclore. Presque toujours elle fait deux pontes et fabrique deux cocons. Elle est lente dans ses mouvements et se laisse prendre facilement ; lorsqu'elle est sur son cocon, elle ne bouge pas : celui-ci contient une trentaine d'œufs. »

Les *micryphantes terrestre* et *graminicole* ont des yeux sessiles, et forment de petites toiles en nappe.

Parmi les espèces dont les yeux sont pédiculés dans le mâle, et sessiles dans la femelle, on doit citer le *micryphante bituberculé*. Enfin le *micryphante camelin*, et quelques autres n'ont qu'un seul tubercule aussi long que le corselet, qui a la forme d'un phare ou d'une corne, à l'extrêmité de laquelle sont juchés les huit yeux.

Fig. 84.

Cette singulière espèce paraît étrangère à la France ; Wider et Koch sont les seuls aranéologues qui l'aient trouvée en Allemagne : je l'ai prise cette année aux environs de Spa.

39ᵉ Genre. **TÉGÉNAIRE**, *Tegenaria*. Walckenaer.

(τεγη, toit; αιρω, élever.)

Synonymie : *Tegenaria* et *Philoica*, Koch.

Yeux, au nombre de huit, occupant tout le devant du corselet, disposés sur deux lignes de quatre
yeux chacune, faiblement courbées en
avant.

Lèvre, grande, échancrée à son extrémité, aussi large que
haute, presque carrée ou un peu amincie vers son extrémité (fig. 3).

Pattes-mâchoires, à coxopodites très-grands, droits, allongés,
arrondis à leur base, un peu élargis à
leur extrémité, anguleux au côté interne
et arrondis au côté externe; à organe
copulateur ou digital du mâle peu ren-
flé, renfermant un conjoncteur unique et épais, plissé
à sa base, effilé à son extrémité, enveloppé d'une petite
membrane qui vient former une sorte de lèvre sur les
bords de la cupule.

Corselet, grand, en forme de cœur, élargi et arrondi en arrière, plus étroit et coupé carrément en avant.

Abdomen, ovale, globuleux, plus long que le corselet.

Pattes, fines et allongées, la première ou la quatrième est
toujours la plus longue, la troisième paire toujours la
plus courte.

Couleur, obscure, brun ou gris foncé; corps très-velu.

Taille, grande et forte, dépassant 2 centimètres.

Patrie, quoique peu nombreux, ce genre a des représentants
dans les cinq parties du monde.

Habitudes, aranéides sédentaires, filant dans les lieux obscurs
de grandes toiles en forme de nappe, dont le tissu est
serré, et qui se terminent par un tube de soie, où elles
se tiennent immobiles. Cocon globuleux, protégé par
la mère avec une industrie admirable.

1er *sous-genre*. **Tegenaria**, Walckenaer. — Yeux des deux lignes également espacés, toutes deux légèrement courbées en avant. — Aranéides ne sortant jamais de leur immense toile nappiforme.

Fig. 87.

T. domestique,	T. *domestica*,	Linné,	cosmopolite.
T.	var. *petrensis*,	Koch,	Allemagne.
T. de Guyon,	T. *Guyonii*,	Guérin,	Algérie.
T. arboricole,	T. *arboricolis*,	Abbot,	Géorgie américaine.
T. veloutée,	T. *murina*,	Walckenaer,	France, Allemagne.
T.	var. *saxatilis*,	Koch,	Allemagne.
T. longipède,	T. *longipes*,	Fuessl,	Italie.
T. villageoise,	T. *pagana*,	Koch,	Grèce, Morée.
T. des étables,	T. *stabularia*,	Koch,	Grèce.
T. agreste,	{ T. *agrestis*, { T. *campestris*,	Walckenaer, Koch,	} Europe.
T. forestière,	T. *nemorensis*,	Walck.(Abbot),	Géorgie.
T. africaine,	T. *africana*,	Lucas,	Algérie.
T. longipalpe,	T. *longipalpis*,	Lucas,	Algérie.

2° *sous-genre*. **Philoica**, Koch (φίλος, qui aime; οἶκος, maison). — Yeux de la ligne antérieure rapprochés entre eux; ceux de la supérieure beaucoup plus écartés; les deux lignes parfaitement droites. — Aranéides sortant souvent de leur toile, qui est légère et de peu d'étendue.

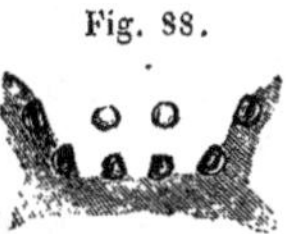

Fig. 88.

P. civile,	P. *civilis*,	Walckenaer,	France.
P. campestre,	P. *campestris*,	Walckenaer,	France.
P. noirâtre,	P. *atrica*,	Koch,	Grèce.
P. notée,	L. *notata*,	Wid.(*clubiona*),	Allemagne.
P. étrangère,	L. *advena*,	Koch,	Italie.
P. privée,	L. *cicurea*,	Koch,	Allemagne.
P. linotine (1),	L. *linotina*,	Koch,	Grèce.

---

(1) Comme on vient de le voir, la subdivision du genre tégénaire diffère beaucoup de celle établie par Walckenaer; en effet, cet aranéologue s'était servi, pour caractériser ses familles, de la longueur relative de la première et de la quatrième paire de pattes, mais ce caractère est fort peu sensible, et se modifie même quand les individus sont très-vieux. J'ai suivi les indications de Koch pour faire une classification nouvelle, qui a le triple avantage d'être fondée sur un caractère réellement anatomique, d'être en rapport avec les mœurs, et de permettre de distinguer les espèces avec certitude. C'est ainsi que si Walckenaer eût soigneusement examiné les yeux des *tegenaria campestris* et *civilis*, il eût reconnu que la première a les yeux des deux lignes fort rapprochés, ne doit vivre que dans son tube, et ne recevoir la lumière que de face; que la seconde a ceux de la ligne supérieure beaucoup plus écartés, et doit par

Espèces exotiques encore non classées.

T. sénégalienne,	*T. senegalensis,*		Sénégal.
T. australienne,	*T. australiensis,*	Quoy et Gaymard.	Nouvelle-Zélande.
T. insulaire,	*T. insularia,*		Cuba.
T. resserrée,	*T. coarctata,*	Léon Dufour.	Espagne.

Peu de genres sont aussi nettement circonscrits et aussi bien caractérisés que celui-ci; cependant aucun n'a été plus différemment classé par chaque auteur. Walckenaer, le premier, forma le genre tégénaire pour l'araignée domestique de Linnée et quelques espèces voisines; il le plaça d'abord à côté des clubiones, des ségestries, des sparasses; ensuite entre les latrodectes et les pholques. M. Koch le considéra d'abord comme un dérivé du type drasse, mais pensa plus tard qu'il devait appartenir à une petite famille particulière dont l'agélène serait le type.

Je considère la tégénaire comme n'étant ni une drassiforme, ni un type à part; mais bien comme réunissant tous les caractères et les particularités propres à la famille qui nous occupe; ses mâchoires droites, sa toile fine et serrée, son cocon léger et transparent, ses mœurs sédentaires, ses mouvements brusques, la rapprochent singulièrement des linyphies; cependant la tégénaire a

---

conséquent chasser souvent hors de sa toile. Les *tegenaria pagana, stabularia* et *cicurea*, si habilement décrites par Koch, et que Walckenaer ne pensait être que des variétés de la *murina*, sont certainement distinctes et ne se rapprochent de cette espèce que par le dessin de leur abdomen. Leur habitat éloigné de celui de la murina en est la preuve; l'examen de leurs yeux prouve de plus qu'elles n'appartiennent pas toutes au même sous-genre. Quant aux *tegenaria petrensis* et *saxatilis*, je crois avec Walckenaer que ce ne sont que des variétés, la première de la *domestica*, la seconde de la *murina*. En effet, aucune particularité anatomique spécifique n'est propre à ces prétendues espèces. Néanmoins, ceci est encore douteux.

quelque chose dans la disposition de ses yeux et la forme
de son corselet qui lui est propre, ou du moins qui ne se
retrouve que dans quelques petites araignées microscopiques qui le suivent.

ESPÈCES PRINCIPALES.

*Tégénaire domestique. — T. champêtre. — T. agreste. —
T. civile.*

La *tégénaire domestique*, type de ce genre, est la plus
grande araignée des environs de Paris ; sa taille atteint
parfois, mais rarement, 1 centimètre 1/2 ou 2 centimètres de long ; sa couleur est grise et obscure,
mais présente sur l'abdomen une bande rose bordée de
taches jaunes ; cette coloration n'est bien visible que
chez les jeunes individus, où elle n'est pas sans élégance ;
mais elle se ternit à mesure que la tégénaire vieillit, et
elle finit par disparaître.

Cette araignée doit nous intéresser d'une manière toute
particulière, puisque c'est elle qui vit dans la demeure
de l'homme, qui recherche sa société, qui est la plus
commune partout, et par cela même la mieux connue de
tout le monde.

La toile qu'elle construit dans les angles ou dans les
intervalles des murailles, est grande, horizontale, d'un
tissu fin mais serré, qui vu au micoscrope paraît composé d'une quantité de fils argentés qui se croisent dans
tous les sens. Cette toile est relevée sur les bords, enfon-
cée dans le milieu, soutenue en dessus et garnie aussi
en dessous de longs fils isolés ; ce qui la fait ressembler
à un hamac qui serait suspendu et garanti du balance-
ment par un grand nombre de cordes en haut et en bas ;

elle se termine à une de ses extrémités par un trou rond
à double ouverture, l'une tournée vers le dessus de la
toile, l'autre se retournant par en bas. La grandeur et
la forme de cette toile varient beaucoup suivant l'âge
de la tégénaire et la convenance du local choisi par elle;
elle peut avoir plus d'un mètre de long et s'étendre
par exemple sur toute la largeur d'une fenêtre. En se
couvrant de poussière, elle se salit, devient noire, et im-
portune la vue par son aspect repoussant; mais lorsqu'elle a été tissée dans un endroit clos et à l'abri de
toute souillure, elle est au contraire d'un blanc éclatant
et d'une propreté remarquable.

La vie de l'araignée domestique est sédentaire, et d'une
durée qui, assure-t-on, dépasse sept années; cette vie se
passe sur la toile qu'elle construit au sortir du cocon, et
qu'elle agrandit à mesure qu'elle grossit, parce qu'il lui
faut alors des proies plus volumineuses et plus abondantes. Sa demeure habituelle est son tube soyeux, placé,
comme nous l'avons dit, à un des angles de cette toile; elle
s'y tient constamment, immobile, la tête tournée vers le
dessus de ses filets. Lorsqu'elle est effrayée par un bruit
quelconque, ou par la présence de l'homme, elle se retourne, et si on la poursuit, elle sort par l'ouverture inverse et échappe ainsi aux attaques de ses ennemis. Lors
de l'accouplement seulement, le mâle sort de sa toile et
va sur celle de la femelle. J'ai vu aussi quelquefois deux
femelles venir sur la même toile et se disputer une proie,
qui dans ce cas appartient au vainqueur.

Lorsqu'on tue une tégénaire, ou qu'on la chasse de sa
demeure, quelques jours après une autre araignée de
même espèce, ordinairement plus jeune, a pris sa place
et profite de la toile déjà construite.

Les araignées domestiques se nourrissent d'insectes de toutes sortes ; ce sont les diptères et les lépidoptères qui servent de proie aux jeunes ; mais lorsqu'elles sont plus grandes, elles entraînent également dans leur tube les coléoptères, les hyménoptères, les petits scolopendres, et aussi, mais plus rarement, les annélides.

Une proie s'est-elle prise dans ses filets, la tégénaire sort vivement de son tube, s'arrête brusquement pour voir quel ennemi elle a à combattre ; si c'est une simple tipule ou une mouche, elle court sur elle comme un trait, lui donne un coup de ses crochets venimeux, la saisit, puis se retourne et s'enfuit avec elle dans son tube pour sucer son sang tranquillement et à l'abri de tout danger ; si la proie est au contraire volumineuse, si c'est un coléoptère aux mandibules acérées, ou un hyménoptère à l'aiguillon redoutable, c'est alors que s'engage un véritable combat, une lutte acharnée. La tégénaire, après avoir mesuré la force de son ennemi, court sur lui, l'attaque franchement, lui porte un premier coup ; si celui-ci prend la défensive, elle recule d'un pas, s'arrête, revient, se rue sur lui avec une violence excessive, puis recule encore et contemple immobile la frayeur et les vains efforts de son adversaire, attendant patiemment l'occasion favorable de lui porter le coup fatal qui doit décider de la victoire ; dans toutes ses attaques, l'araignée a soin de relever au-dessus de sa tête ses pattes antérieures pour les préserver des mandibules des coléoptères et des scolopendres qui les broyeraient inévitablement. Il lui arrive souvent aussi de passer sous sa toile pour porter ses coups dans les parties les plus sensibles du corps de ses ennemis, ou pour arrêter leur fuite trop rapide ; d'autres fois, l'araignée plus prudente, avant d'attaquer une proie trop vigoureuse, emploie un autre artifice, elle colle sur son corps des fils qu'elle enroule avec ses pattes comme sur une bobine, et le garrotte de manière à s'en rendre maître facilement.

La tégénaire domestique, lorsqu'elle est près de pondre, se retire vers le soir à quelque distance de sa toile; là, elle file un flocon de soie d'une extrême blancheur, le tourne et le retourne longtemps avec ses pattes, puis l'entoure d'un sac de fils bruns et lâches, long de 4 à 5 centimètres. Elle leste ensuite ce sac de graviers, de détritus d'insectes, etc., et l'attache au moyen de fils nombreux, dont quelques-uns communiquent avec la toile. Lorsque ce travail est terminé, elle pond ses œufs et les enveloppe d'un cocon d'une soie fine et transparente, qu'elle transporte aussitôt au milieu du flocon,

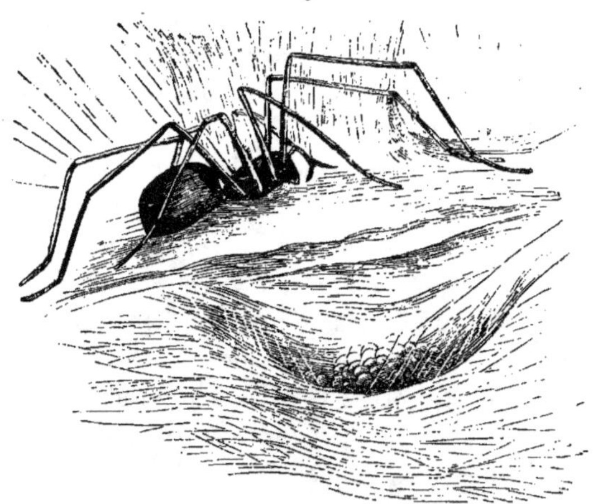

Fig. 89.

qu'elle a préparé et construit avec tant de soin; puis, après avoir fermé l'ouverture du sac qui l'enveloppe, elle se pose dessus et se tient là constamment en surveillance, abandonnant ainsi sa grande toile et son ancienne demeure.

C'est pendant l'été, aux mois de mai, juin et juillet, que l'on trouve les tégénaires femelles sur leur cocon, gardant leur progéniture.

Le 15 juin 1863, une grande tégénaire prise à Leudeville, et enfermée depuis plus de trois semaines, pondit ses œufs entre des feuillets de soie superposés et d'un beau blanc ; ils n'étaient protégés ni par un cocon ni par le gravier qui lui manquait, mais simplement déposés sur une petite toile en forme de coupe (fig. 89).

Les œufs sont ronds et d'un blanc mat, ils sont libres et non agglutinés entre eux ; leur nombre dans chaque cocon est de 155 à 195.

Les jeunes, au moment de leur éclosion, ont l'abdomen jaunâtre, et le reste du corps entièrement blanc.

Le mâle est beaucoup plus rare que la femelle, il s'en distingue par sa taille un peu moindre, par ses couleurs plus vives, par ses pattes beaucoup plus longues.

La *tégénaire civile* est une espèce presque aussi commune que la *t. domestique*, qui lui ressemble beaucoup, et qui habite les mêmes lieux ; sa taille est un peu moins grande, ses couleurs sont plus vives et plus foncées, son abdomen est brun avec de petites lignes ondulées jaunes ; sa quatrième paire de pattes est la plus longue, tandis que dans la domestique, c'est la première. Son industrie étant la même, je ne m'y arrêterai pas, je dirai seulement que sa toile est plus lâche et brunit moins à la poussière.

Quelques espèces recherchent, pour y établir leur toile, les bois et les champs, le pied des arbres, les trous des murs, le dessous des pierres, etc. ; telles sont les *tégé-naires champêtre et forestière.*

La *tégénaire agreste,* qui vit aussi dans les champs, est moins grande et aussi commune ; l'industrie qu'elle emploie pour préserver ses œufs, est aussi singulière que celle de la tégénaire domestique, mais d'un autre genre. C'est à Walckenaer que j'emprunte le passage suivant :

« C'est sous les pierres et dans les endroits cachés qu'elle dispose son cocon, qu'elle abandonne, parce qu'il est formé avec un art admirable, et suffit pour garantir sa postérité. Ce cocon est gros, sphérique, de cinq à six lignes de diamètre, d'une éclatante blancheur, et se trouve en assez grand nombre sous les pierres où il y a de la terre humide, et dans les lieux où il y a une grande abondance de cloportes ; il est formé d'une triple enveloppe : la première est mince, très-blan-che, fortement tissue ; sous cette enveloppe on trouve du sable, de la terre, des débris d'é-lytres de coléoptères que l'araignée a dévorés ; le tout réuni et agglutiné par des fils pres-que imperceptibles. Sous cette couche de terre est un second cocon d'un beau jaune orangé, d'un tissu serré ; il faut, pour le bien voir, le dé-tacher de la terre qui s'y trouve agglutinée. Ce second cocon, qui est à l'intérieur, d'un orangé plus vif, renferme une bourre lâche et peu serrée qui contient les œufs : ceux-ci sont jaunâtres ou blanchâtres, et au nombre d'en-viron quarante, leur surface est un peu gluante. Souvent ces cocons sont isolés, au nombre de quatre ou cinq, peu éloignés les uns des autres ; souvent aussi il s'en trouve deux réunis sous une toile commune, fine et transpa-rente. »

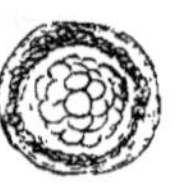

Fig. 90.

Cocon de la tég. agreste.

C'est en juillet que Walckenaer enferma une femelle dans un verre ; il la vit pondre, entourer ses œufs de la bourre jaune, coller avec ses pattes de la terre humide tout autour de ce flocon, puis tourner et retourner autour pendant toute une journée, pour former la toile extérieure destinée à maintenir la terre.

40ᵉ Genre. **AGÉLÈNE**, *Agelena*, Walckenaer.

(ὰ, privatif; γαλήνη, calme.)

Synonymie : *Nysse, Arachne*, Savigny. (ἀράχνη, *araignée*.)

Yeux, peu inégaux, groupés sur le devant du corselet, sur trois
lignes, l'antérieure formée de deux yeux,
l'intermédiaire de quatre dont les deux
du milieu sont plus petits que les autres,
et la supérieure de deux.

Fig. 91.

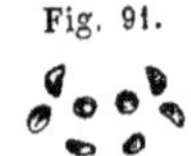

Lèvre, aussi haute que large, presque carrée.

Pattes-mâchoires, à coxopodites larges, courts, ovalaires ou
quadriformes, légèrement dilatés à leur
côté interne et un peu inclinés sur la
lèvre; à organe copulateur creusé d'une
vaste cavité, renfermant un conjonc-
teur formé de deux pièces, la pièce *basillaire* est
large, plate et conchyliforme, la pièce *terminale* est
longue, effilée et tortillée en spirale.

Fig. 92.

Corselet, grand, en cœur, élargi et arrondi en arrière, coupé
carrément et un peu élevé en avant.

Abdomen, gros et ovalaire.

Filières, très-longues, palpiformes.

Pattes, assez robustes et allongées, dans l'ordre 4, 2, 1, 3, la
quatrième et la seconde presque égales.

Couleur, brune avec des figures fauves ou rougeâtres ; corps
couvert de poils roides.

Taille, inférieure à celle des tégénaires, atteignant parfois plus
d'un centimètre.

Patrie, Midi de l'Europe, Nord de l'Afrique et Amérique.

Habitudes, aranéides construisant sur les herbes, les buissons, etc., une grande toile en entonnoir avec une
retraite tubiforme, allongée, où elle se tient.

1ᵉʳ *sous-genre*. Agelena. — Yeux équidistants, fort rapprochés entre
eux ; les deux lignes suivant la même courbure ; les intermédiaires un peu
plus gros que les latéraux. — Filières longues.

A. labyrinthique,	A. *labyrinthica,*	Schœffer,	Europe,
A. syriaque,	A. *syriaca,*	Koch,	Syrie.
A. pensylvanique,	A. *pensylvanica,*	Koch,	Pensylvanie.
A. orientale,	A. *orientalis,*	Koch,	Grèce.
A. grêle (*) (1),	A. *gracilis,*	Koch,	Allemagne.
A. de Bourbon,	A. *Borbonica.*	Vinson,	île de la Réunion.

2ᵉ *sous-genre.* NYSSA, Savigny (νύσσω, piquer). — Yeux parfaitement égaux, écartés entre eux, sur deux lignes très-faiblement inclinées en avant.

N. familière,	N. *familiaris,*	Savigny,	Égypte.
N. timide,	N. *timida,*	Savigny,	Égypte.
N. marquée (*),	N. *nœvia,*	Abbot,	Géorgie (Amérique).
N. pédicolore(*),	N. *pedicolor,*	Walckenaer,	Nouvelle-Hollande.
N. canarienne,	N. *canariensis,*	Lucas,	Algérie, Canaries.

3ᵉ *sous-genre.* HAHNIA (2), Koch (nom du docteur   Fig. 93.
Hahn). — Yeux sur deux lignes, l'antérieure courbe, la supérieure droite; yeux latéraux plus gros que les intermédiaires. — Filières très-longues, s'écartant en deux faisceaux.

---

(1) Cette marque (*) signifie *douteux.*

(2) Je réunis aux agélènes, les quelques petites espèces auxquelles M. Koch donne le nom d'*hahnia,* et qui ne me paraissent pas différer assez de ce genre pour en être séparées; ce sont les plus petites araignées que l'on connaisse : leur taille, qui ne dépasse pas un demi-millimètre, les distingue, encore mieux que leur conformation, des autres espèces. J'ai cru utile de joindre à cette note la traduction des principaux caractères de l'*hahnia pusilla* : — les formes de cette araignée sont assez sveltes, — le thorax très-brillant est presque circulaire en arrière, — les yeux sont placés tout à fait sur le rebord du front, tous presque d'égale grosseur, la rangée de devant presque droite, celle de derrière inclinée en avant, les deux yeux du milieu de la rangée du devant à peine éloignés de la largeur d'un œil l'un de l'autre, ceux de la rangée de derrière plus écartés à peu près de la même largeur qui sépare les deux rangs, — pattes-mâchoires longues et fortes, les deux premiers articles, chez les mâles, sans marque particulière, les deux suivants très-courts à peine aussi longs qu'épais, et pourvus de poils assez forts; article terminal grand, voûté, ovale, creusé en bas, et couvrant d'en haut l'organe copulateur qui est simple et épais, — la poitrine, plus large que longue, est d'un éclat mat, — l'abdomen, plus étroit que le thorax, est couvert de poils soyeux, — les filières, aussi longues que l'abdomen, s'écartent en deux faisceaux, — les pattes, assez grandes et velues, ne sont pas armées de piquants perceptibles. — Je pense que l'*Argus fuyard* de Blackwall est voisin des *Hahnia,* ou n'en est que le synonyme.

H. faible,	*H. pusilla,*	Koch,	Allemagne.
H. des prés (*),	*H. pratensis,*	Koch,	Allemagne.
H. sylvicole,	*H. sylvicolis,*	Koch,	Allemagne.
H. fuyarde (*),	*H. fugans,*	Blackwall,	Angleterre.

Le genre agélène est un trait d'union entre les tégénaires et les linyphies, il montre combien ces deux types sont voisins, car il tient de l'un et de l'autre : aux linyphies, par ses yeux inégaux et équidistants; aux tégénaires, par ses mâchoires un peu creusées au côté interne, mais il se rapproche davantage des premières. Sa toile a une forme tout exceptionnelle, sur laquelle j'insisterai plus loin; mais la nature de son tissu est semblable à celui des genres voisins. Sous le rapport de la vivacité et de la brusquerie des mouvements, l'agélène se rapproche encore des linyphies et s'éloigne des tégénaires et des théridions, si remarquables par leur prudence et les précautions qu'ils prennent pour préserver leur corps de la morsure des insectes. Une seule espèce est européenne, c'est l'agélène labyrinthique, si commune dans nos environs.

ESPÈCE PRINCIPALE.

Agélène labyrinthique;

L'*agélène labyrinthique* est une araignée de grande taille pour notre pays, dont la couleur est fauve rougeâtre, dont l'abdomen porte sur son milieu une série de triangles fauve clair, dont les pattes ainsi que le corps sont très-velues et présentent même des piquants cornés. Cette araignée est, après la tégénaire domestique, celle qui file le mieux; aussi ses filières sont-elles longues et bien visibles sous forme de petites pattes articulées.

Elle recherche, pour établir sa toile, la campagne, et

habite surtout, quand elle est jeune, les prairies et les champs de blé ; là, elle enveloppe les herbes d'un réseau de fils, dont le tissu aussi doux que celui de la tégénaire domestique, est plus blanc et plus épais ; cette toile, qui mesure quelquefois plusieurs décimètres carrés, a la forme d'un entonnoir, c'est-à-dire que les bords en sont évasés et se prolongent en un grand nombre de fils qui, semblables à des cordages, soutiennent l'édifice de toute part en prenant attache sur les corps environnants ; le centre en est comme enfoncé et se prolonge en un tube soyeux, long et cylindrique, souvent recourbé, et dans lequel se tient l'agélène ; cette toile, par sa grandeur et la perfection de sa contexture, arrête un grand nombre d'insectes qui, voulant se poser sur la tige des blés pour y déposer leurs œufs, se prennent dans les fils isolés et imperceptibles qui en émanent ; ainsi arrêtés, leurs efforts ne tendent qu'à les précipiter sur les filets de leur ennemie, où ils sont inévitablement perdus, car l'agélène est très-féroce et d'une vivacité telle, qu'elle ne laisse pas aux mouches les plus agiles le temps de prendre leur essor et de s'enfuir.

Cette araignée est sédentaire et ne quitte jamais sa demeure, mais elle en parcourt souvent toute l'étendue avec une grande rapidité, en courant par saccades et par bonds, surtout le soir et le matin, lorsque le temps est chaud et à l'orage.

Lorsqu'elle est plus âgée, elle construit sa toile dans des endroits plus abrités, particulièrement sous les toits de chaume ou les meules de foin ; c'est là qu'on la trouve adulte, c'est là aussi qu'elle s'accouple ; cette toile a alors plus d'étendue, mais elle a toujours la même configuration, elle se moule pour ainsi dire sur la forme du local qui la reçoit : tantôt elle est très-allongée et tubiforme, tantôt, au contraire, elle est largement évasée, et s'étale comme une toile de tégénaire.

Au moment de la ponte, l'agélène labyrinthique change encore une fois de domicile et se fixe sur les haies, les buissons ou dans les fossés peu profonds, afin que les jeunes se trouvent, dès leur naissance, au milieu du champ où ils doivent passer la première période de leur existence. C'est sur les haies, au mois d'août et de septembre, au pied des buissons de ronces et d'aubépine, sous les talus, etc., que l'on voit la toile de cette araignée dans toute sa grandeur et se déployant comme une étoffe blanche et argentée, surtout lorsque la rosée l'a blanchie et que le soleil lui donne un reflet brillant ; c'est au fond de ce vaste édifice que la femelle travaille avec un art admirable à la construction du cocon, et de la chambre soyeuse qui doit l'envelopper. L'industrie qu'elle emploie à cet effet ressemble à celle de la tégénaire agreste, dont je viens de parler, c'est-à-dire qu'après avoir pondu une soixantaine d'œufs, gros, ronds et jaunes, et les avoir rapprochés de manière à en former une petite boule ronde, elle les entoure d'une bourre douce et moelleuse, puis d'une couche protectrice de corps étrangers, de débris solides d'insectes, de petites coquilles de limaçon, de graviers, de petites branches, etc. : le tout, recouvert par une toile éclatante de blancheur, forme un cocon rond et très-gros qu'elle suspend en travers de son tube, et qu'elle soigne avec une sollicitude égale à celle de l'araignée domestique.

Après avoir décrit ce cocon, Dugès ajoute : « Cet appareil compliqué ne saurait empêcher les œufs d'être fréquemment la proie des ichneumons, dont le germe est

« inséré au milieu d'eux, à l'aide de la longue tarière
« dont la femelle de ces hyménoptères est pourvue ; aussi
« trouve-t-on dans ces cocons tantôt des vers blancs,
« tantôt des nymphes près d'éclore, et si ces araignées
« ne faisaient point plusieurs pontes par été, l'espèce
« si nombreuse en individus serait au contraire fort
« rare. »

Comme l'avait remarqué Lister,. la rapidité avec laquelle l'agélène file, est prodigieuse; si on l'enferme dans une boîte vitrée, au bout de quelques heures, la boîte est remplie d'une toile floconneuse semblable à une vapeur blanche, au milieu de laquelle on distingue cependant des issues et des sentiers intérieurs, où circule l'araignée avec une agilité étonnante ; ce travail ressemble à un labyrinthe ; de là le nom de cette espèce.

Suivant le même observateur, les œufs pondus au mois d'août n'éclosent qu'au mois de février suivant ; Walckenaer, cependant, a vu des jeunes éclos au mois de septembre.

Dugès, qui a si soigneusement observé cette araignée, a été bien des fois le témoin des combats acharnés que se livrent les deux sexes, à l'époque de leur rapprochement ; cette lutte singulière dure quelquefois plus d'une demi-heure, et le mâle plus faible en est souvent la victime.

L'année dernière, au mois de juillet, à Leudeville, j'ai trouvé un grand nombre d'agélènes adultes et grandes ; les femelles étaient très-vives ; aussitôt que je touchais tant soit peu à leur toile, elles s'enfuyaient jusqu'au fond de leur tube ; le seul moyen de s'en emparer était de fermer ce tube plus bas qu'elles, avec les doigts ou des pinces ; sans cette précaution, elles se sauvaient par l'ou-

verture inférieure et il était impossible de les saisir. Les
mâles, au contraire, qui étaient nombreux et adultes,
étaient engourdis et se laissaient prendre sans faire aucun mouvement.

La plupart meurent dès les premiers froids, quelques-
unes cependant survivent et résistent aux plus fortes
gelées; elles se retirent alors sous l'écorce des arbres,
sous les pierres, etc.; là, elles construisent une coque
avec des feuilles qu'elles enduisent de fils des deux
côtés, de manière à les rendre imperméables au froid et
à la pluie; elles en forment une espèce de tente et s'engourdissent dans cette retraite jusqu'au printemps suivant.

41ᵉ Genre. **LACHÉSIS**, *Lachesis*. Savigny.

(λάχεσις, une des trois Parques.)

Yeux, huit, presque égaux, sur deux lignes de quatre yeux chacune, courbées en avant, les latéraux antérieurs plus rapprochés des mandibules que les intermédiaires.

Lèvre, longue et ovalaire, tronquée à sa base, plus étroite et arrondie à son sommet.

Mâchoires, assez courtes, larges surtout à leur base, à côté interne droit, à côté externe évidé et arrondi à son extrémité.

Mandibules à crochets rudimentaires et rejetés en dehors.

Corselet, grand, plus long et aussi large que l'abdomen, plus étroit en avant qu'en arrière où il est arrondi.

Abdomen, ovalaire ou presque rond, filières médiocrement allongées.

Pattes, longues et assez robustes dans l'ordre 1, 4, 2, 3.

Couleur, brun uniforme.

Taille, 1 centimètre de long.

Patrie, Égypte.

Habitudes, aranéides construisant une toile nappiforme.

ESPÈCE.

| L. perverse, | *L. perversa,* | Savigny, | Égypte. |

Savigny a établi ce genre sur une araignée très-rare qu'il a trouvé au Caire; elle diffère assez des genres voisins pour en être séparée, mais comme ses mœurs sont à peine connues, on ne peut répondre de la place qu'elle doit occuper dans la classification.

42ᵉ Genre. **TECTRICE,** *Tectrix*. Koch.

(*Tectrix*, qui crépit les murs (*latin*).

Synonymie : *Tégénaire*, Walckenaer; *Agélène*, Sundevall.

Yeux, au nombre de huit, inégaux, placés sur le versant antérieur et vertical du céphalo-thorax, disposés sur deux lignes; l'antérieure peu large presque droite, la postérieure courbée en demi-cercle, formant une couronne sur la courbe du corselet; les deux yeux intermédiaires de la seconde ligne les plus gros.

Fig. 94.

Lèvre, assez étroite, allongée, ovalaire, beaucoup plus longue que large.

Pattes-mâchoires : à coxopodites grands, droits, dilatés, arrondis à leur base, anguleux à leur extrémité interne, arrondis à leur bord supérieur externe. un peu évidés à leur base interne, enclavant la lèvre; — à organe copulateur renfermant un conjoncteur globuleux qui remplit toute la cavité de la cupule, celle-ci est fermée par une membrane flottante et bifurquée. — Le 4ᵉ article porte souvent dans le mâle, un appendice capillaire qui s'enroule autour de l'organe copulateur.

Fig. 95.

Corselet, grand, en forme de cœur, assez étroit mais élevé en avant, arrondi, élargi et déprimé en arrière.

Abdomen, ovalaire, plus long que le corselet, filières très-longues.

Pattes, fines et peu longues, allant en diminuant de la quatrième à la première dans l'ordre 4, 3, 2, 1.

Couleur, vives et foncées, corselet le plus souvent noir, abdomen taché, corps et pattes couverts de longs poils.

Taille, peu considérable, dépassant rarement 4 millimètres.

Patrie, elles sont de l'Europe, surtout de l'Allemagne.

Habitudes, aranéides faisant de petites toiles d'un tissu serré, avec une retraite en forme de tube cylindrique, comme celles des tégénaires.

ESPÈCES.

T. lycosine,	T. *lycosina*,	Sundevall,	Europe.
T. engourdie,	T. *torpida*,	Koch,	Allemagne.
T. couleur de fer,	T. *ferruginea* (*),	Koch,	Grèce.
T. vêtue,	T. *vestiva* (*),	Koch,	Grèce.
T. montagnarde,	T. *montana* (*),	Koch,	Allemagne.

Ce genre a été établi par M. Koch dans son *Die arach-niden*, pour la petite tégénaire, dont Walckenaer avait formé sa famille des tisseuses, mais qui s'éloigne trop des araignées domestique et civile pour rester dans le même genre ; en effet, la seconde ligne de ses yeux forme un cercle et se place sur la crête courbée du céphalothorax, sa lèvre s'effile et s'allonge, ses pattes diminuent de longueur de la quatrième à la première.

ESPÈCE PRINCIPALE.

Tectrice lycosine.

La *tectrice lycosine*, ainsi appelée de sa ressemblance apparente avec les lycoses, est une petite araignée remarquable et rare, qui se reconnaît au moyen des caractères singuliers que nous avons signalés ; sa couleur est brune, et son abdomen porte une bande rouge, ses pattes sont fortement annelées de cercles rouges et bruns. Elle a été trouvée à diverses reprises en France, par Walckenaer, en Belgique par moi, et en Allemagne par Koch, Sundevall et Wider. J'emprunte les quelques détails suivants aux divers auteurs qui l'ont observée. Walckenaer remarque qu'elle construit une toile semblable à celle des tégénaires, en forme de nappe, avec une retraite en tube où elle se tient prête à se jeter sur sa proie. Sundevall, qui a décrit ses mœurs avec beaucoup de soin, dit : « malgré sa

« petite taille, elle construit une toile de six pouces de
« diamètre, avec une retraite cylindrique ou tubiforme,
« elle passe l'hiver dans un long tube de soie fermé à
« ses deux extrémités, qu'elle établit entre les mousses
« qui se fixent aux pierres. » Walckenaer fait observer
qu'en mai on remarque le mâle sur la toile de la femelle.
Celle-ci construit en juin son cocon formé d'une soie
blanche, et qu'elle attache non loin du tube où elle se
tenait en embuscade. Je l'ai trouvée en Belgique, dans
les ruines de Franchimont, près Spa; là elle établit sa
toile dans les interstices des pierres.

43ᵉ Genre. **LINYPHIE,** *Linyphia.* Walckenaer.

(λίνον, lin; ὑφαίνω, filer.)

Yeux, un peu inégaux, placés par paire sur le devant du thorax : deux paires médianes, dont la supérieure est formée de deux yeux plus gros et plus distants que ceux de l'antérieure, et deux latérales dont les yeux ronds ou allongés se touchent et se confondent.

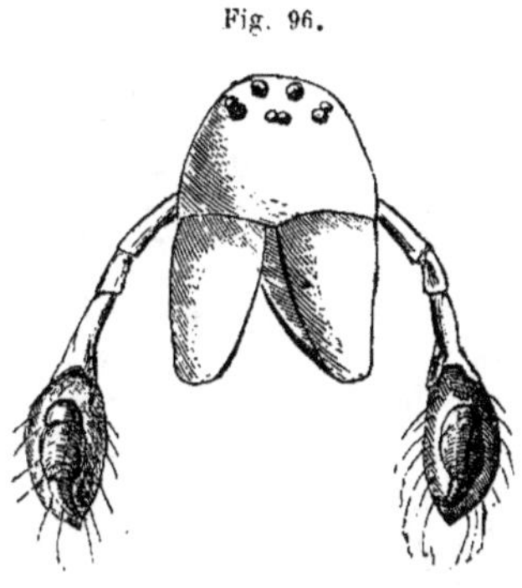

Fig. 96.

Lèvre, assez courte, triangulaire, large à sa base.

Pattes-mâchoires, à coxopodites grands, divergents à leur extrémité où ils s'élargissent et se terminent carrément, angles externes et internes droits et aigus ; à organe copulateur tout à fait globuleux, renfermant un conjoncteur compliqué et multiple, ses deux premiers articles ont la forme de boules un peu déprimées, son troisième est plus allongé droit et conique, autour de lui s'enroule une pièce supplémentaire, qui a la forme d'un stylet et est fourchue à son extrémité.

Fig. 97.

Mandibules, courtes dans les femelles, longues et divergentes dans les mâles.

Corselet, grand, pointu et élevé en avant, arrondi et déprimé en arrière.

Abdomen, ovale dans les femelles, grêle dans les mâles.

Pattes, allongées, surtout dans les mâles, dans l'ordre 1, 2, 4, 3, cuisse et jambe ordinaires, tarse d'une gracilité filiforme.

Couleur, formé par de grandes tâches brun rouge, ou de petites lignes brisées noires, blanches, violettes ou vertes.

Taille, médiocre, ne dépassant pas 1 centimètre.

Patrie, la plupart des espèces sont européennes.

Habitudes, araignées construisant une toile en nappe, soutenue par une autre toile formée de fils irréguliers, et sous laquelle elle se tient.

ESPÈCES.

L. montagnarde,	*L. montana,*	Walck.,	France.
L. triangulaire,	*L. triangularis,*	Walck.,	France.
L. renversée,	*L. resupina,*	Wider,	Europe.
L. emphane,	*L. emphana,*		Europe.
L. thoracique,	*L. thoracica,*	Wider,	Allemagne.
L. tigrine,	*L. tigrina,*	Wider,	Allemagne.
L. dorsale,	*L. dorsalis,*	Wider,	Allemagne.
L. des arbrisseaux,	*L. frutetorum,*	Koch,	France.
L. des prés,	*L. pratensis,*	Wider,	France, Allemagne.
L. des pâturages,	*L. pascuensis,*		France.
L. à points,	*L. multiguttata,*	Wider,	Allemagne.
L. écussonée,	*L. peltata,*	Wider,	Allemagne.
L. domestique,	*L. domestica,*	Wider,	France.
L. ténébricole,	*L. tenebricola,*	Wider,	France.
L. élégante,	*L. elegans,*		France.
L. réticulée,	*L. reticulata,*	Hahn,	France.
L. brodée,	*L. phrygiana,*	Koch,	Europe.
L. pyramitèle,	*L. pyramitela,*	Abbot,	Géorgie, Amérique.
L. radiée,	*L. radiata,*	Abbot,	Géorgie.
L. rubanée,	*L. lemniscata,*	Abbot,	Géorgie.
L. à longues dents,	*L. longidens,*	Wider,	France.
L. orangée,	*L. crocea;*		France.
L. gonflée,	*L. bucculenta,*	Sundevall,	Suède.
L. crypticole,	*L. crypticola,*	Walck.,	France.
L. bridée,	*L. frenata,*	Wider.	Allemagne.
L. ceinte,	*L. cincta,*		France.
L. rouge,	*L. rubra,*		? ? ?
L. incertaine,	*L. incerta,*	Walck.,	Australie.
L. tisseuse,	*L. textrix,*	Abbot,	Géorgie.
L. rousse,	*L. rufa,*	Abbot,	Géorgie.
L. plate,	*L. deplanata,*	Koch,	Allemagne.
L. prévoyante,	*L. cauta,*	Blackwall,	Angleterre.
L. insigne,	*L. insignis,*	Blackwall,	Angleterre.
L. claytone,	*L. claytonæ,*	Blackwall,	Angleterre.
L. obscure,	*L. obscura,*	Blackwall,	Angleterre.
L. grêle,	*L. gracilis,*	Blackwall,	Angleterre.
L. gibbeuse,	*L. gibbosa,*	Lucas,	Algérie.
L. unicolore,	*L. concolor,*	Wider,	Allemagne.
L. mignonne,	*L. delicatula,*		France.
L. sombre,	*L. lactuosa,*		France.
L. lugubre,	*L. lugubris,*		France.

L. globuleuse,	*L. globulosa,*		Allemagne.
L. à pattes fines,	*L. tenuipes,*	Nicolet,	Chili.
L. bicolore,	*L. bicolor,*	Nicolet,	Chili.
L. distincte,	*L. distincta,*	Nicolet,	Chili.
L. peinte,	*L. picta,*	Nicolet,	Chili.

Le genre linyphie est, après le genre théridion, le plus répandu et le plus nombreux en espèces de la famille; il est le type de la tribu des linyphiens dont il réalise normalement tous les caractères. On peut dire d'une manière générale, que les linyphies sont des araignées, dont les mâchoires sont droites, divergentes et carrées; dont les yeux, disposés en trois paires sont un peu inégaux; dont les pattes sont d'une excessive finesse; dont la couleur est claire ou élégamment tachée. Elles vivent à la campagne, soit au milieu des champs, soit dans les forêts sur les arbustes peu élevés. Leur démarche est vive, précipitée, saccadée, brusque; elles construisent une toile, ressemblant dans certaines parties à une toile de théridion, et dans d'autres à une toile de tégénaire.

La partie supérieure et inférieure de cette toile est formée d'une quantité de fils très-fins, secs, brillants et déliés qui se croisent dans tous les sens, et prennent attache sur les feuilles ou sur les corps environnants; tous ces fils ne sont que des câbles ou des cordes de suspension qui soutiennent la toile proprement dite. Celle-ci est grande et s'étend sur une large surface, elle est d'un tissu blanc, tellement léger et transparent, qu'on ne distingue pas les fils qui la forment, et que celles des petites espèces ne sont visibles que lorsque la rosée les a blanchies. Cette nappe légère est souvent horizontale et unie, mais présente parfois des élévations causées par les feuilles sur lesquelles elle s'appuie dans divers points, car elle se moule exactement sur le corps qui la reçoit; l'araignée

se tient toujours sous cette toile, sur le dos et au milieu ;
car elle ne se construit ni tube, comme les tégénaires, ni
labyrinthe, comme les agélènes. Lorsque le temps est à
l'orage, ou que l'on touche tant soit peu à la toile, l'araignée est dans une agitation extrême, et, sans la quitter,
elle court avec vélocité d'un bout à l'autre de sa surface
inférieure.

Ce caractère vif et brusque, cette rapidité de mouvements, justifient le rapprochement des linyphies et des agélènes. Ces araignées sont courageuses, elles s'élancent d'un
seul bond sur leurs proies, quelles qu'en soient la force
et la taille, et les dévorent sur place, sans employer les
précautions si caractéristiques des mœurs des théridions.
Les linyphies sont encore plus féroces entre elles qu'envers
les autres insectes ; il arrive souvent que lorsque le mâle
se retire de la toile de la femelle après la fécondation,
celle-ci le poursuit, et si elle parvient à le saisir, elle le
suce comme une proie ordinaire.

ESPÈCES PRINCIPALES.

*Linyphie montagnarde. — L. triangulaire. — L. renversée.
— L. domestique. — L. crypticole. — L. des arbustes. —
L. brodée.*

Plusieurs espèces de linyphies se rencontrent communément en France, et particulièrement dans les environs
de Paris ; je vais décrire quelques-unes d'entre elles.

La *linyphie montagnarde* est la plus commune de
toutes ; sa couleur est brun rouge : le corselet est plus
foncé, l'abdomen présente sur son milieu une large
tache brune découpée et échancrée sur ses bords ; les
pattes sont longues, de couleur uniforme, sans anne-

lures ; les yeux postérieurs du carré sont plus gros que dans aucune autre espèce. C'est elle qui paraît la première au printemps, mais elle est encore plus commune en automne. Sa toile est très-grande ; lorsque la rosée est tombée sur les fils irréguliers et très-fins de la partie supérieure de cette toile, et que le soleil commence à paraître, rien n'est plus joli que de voir toutes ces gouttelettes d'eau, brillant comme autant de diamants, et donnant aux fils un aspect argenté.

Lorsque la linyphie montagnarde a pondu ses œufs, ses mœurs changent alors tout à fait : de vive et d'agile, elle devient lourde et lente ; d'arboricole et de champêtre, elle devient terrestre et lapidicole. Lors de la ponte, en effet, elle abandonne sa toile, se retire non loin sous une grosse pierre : là elle pond des œufs jaunâtres, non agglomérés, qu'elle entoure d'une bourre épaisse de fils blancs et brillants, qui forment un cocon gros, sphérique, aplati, qu'elle garde assidûment.

La *linyphie triangulaire*, très-voisine de la précédente, souvent confondue avec elle, a les mêmes couleurs, seulement plus tranchées ; son corselet est comme marginé d'un rebord relevé en gouttière. Elle établit sa toile sur la lisière des bois, sur les arbustes, le houx, l'épine en particulier; mais lorsqu'elle est vieille, elle se retire dans les fossés et même dans les chaumières, où elle vit à la manière des tégénaires.

Le cocon de la *linyphie renversée*, qui se distingue des précédentes en ce que ses pattes sont annelées de taches brunes, se compose, suivant Lister, d'une bourre lâche recouvrant les œufs, qui sont d'un jaune rougeâtre et non agglutinés. Suivant le même auteur, cette linyphie fait une double ponte ; il a trouvé, en effet, deux cocons à côté l'un de l'autre, dont l'un renfermait les petits éclos, et l'autre les œufs.

Plusieurs autres espèces sont également parisiennes, mais se ressemblent beaucoup ; on peut encore citer :

La *linyphie domestique* qui est petite et a des couleurs assez foncées ; elle recherche particulièrement les forêts, et se trouve sur le tronc des arbres, où elle établit une petite toile horizontale. Wider, qui l'a trouvée aussi dans les étables et les armoires abandonnées, lui a donné le nom de domestique, qui conviendrait mieux à la *linyphie longidens ;* en effet, cette toute petite araignée, qui a des couleurs brunes relevées par des losanges noirs transversaux, se plaît dans les caves, les étables, les granges, etc. ; elle se trouve aussi dans les jardins et les bois.

Après la linyphie montagnarde, la *linyphie crypticole* est sans contredit la plus commune ; ses couleurs la distinguent facilement de toutes les autres espèces, car elle est jaune, mais parée de traits noirs qui dessinent sur le dos diverses figures élégantes. Ses mœurs sont semblables à celles de toutes les linyphies. Elle vit surtout dans les bois, je l'ai trouvée en grand nombre dans la forêt de Compiègne, sur des buissons de houx près de Pierrefonds ; on la voit courir avec agilité sous sa grande nappe blanche, elle a la singulière habitude de porter son cocon collé sur le dessus de l'abdomen. Suivant Walckenaer, ce cocon est globuleux et composé d'une bourre gris sale.

La *linyphie des arbrisseaux* doit encore être signalée à cause de sa vulgarité dans le bois de Meudon, dès les premiers jours du printemps ; son corps noir violet porte deux bandes parallèles blanches un peu découpées, et des pattes jaune orangé.

Un fait remarquable, c'est la disparité des sexes de

toutes ces araignées : tandis que la femelle est un théridion par sa forme, le mâle se rapproche d'un tétragnathe
par ses longues mandibules divergentes et par son abdomen filiforme. La couleur ne diffère pas moins; il me
suffira de dire que le mâle de la *frutetorum* est entièrement noir.

44ᵉ Genre. **PACHYGNATHE**, *Pachygnatha.* Sundevall.

(παχὺς, épais; γνάθος, mâchoire.)

Synonymie : *Linyphia*, Walckenaer.

Yeux, petits, égaux, les latéraux presque contigus, élevés sur des tubercules.

Pattes-mâchoires, à coxopodites convergents, à extrémité peu élargie, à angle interne très-aigu et
proéminent ; à dernier article effilé, ne couvrant qu'à moitié un organe copulateur épais,
massif et fort simple.

Fig. 98.

Lèvre, subquadrangulaire, à sommet étroit.

Mandibules, épaisses, à base toujours dilatée et diver-
gente, portant des crochets longs également
divergents, très-aigus.

Fig. 99.

Corselet, ovale; la partie céphalique grande et bombée
est ordinairement creusée d'une
fossette médiane et longitudinale
qui se prolonge en arrière, sous
forme de sillon.

Fig. 100.

Abdomen, elliptique, un peu déprimé en avant.

Pattes, fines, peu velues; pour la longueur 1, 2, 4, 3.

Couleur, noire ou brune avec des lignes, des brisures ou des
taches blanches.

Taille, de 3 à 5 millimètres.

Patrie, quatre sont d'Europe; les autres d'Amérique.

Habitudes, aranéides faisant de petites toiles semblables à
celles des linyphies (1).

ESPÈCES.

P. de Lister,	*P. Listerii,*	Sundevall,	Europe.
P. de Degeer,	*P. Degeeri,*	Sundevall,	Europe.
P. maxilleuse,	*P. maxillosa,*	Walckenaer,	Europe.

(1) Voyez Sundevall, *Svinska Spindlarness,* dans l'Académie des scien
ces de Stockholm.

P. à trois stries,	*P. tristriata,*	Koch,	Amér. Nord.
P. de Clerck,	*P. Clerckii,*	Sundevall,	Europe.
P. xanthostome,	*P. xanthostoma,*	Koch,	Pensylvanie.

Les caractères de ce genre sont empruntés à M. Sundevall, c'est lui qui le premier l'a établi. Quoique faiblement caractérisé, il doit être conservé, car les animaux qu'il renferme ont une physionomie particulière ; comme M. Sundevall en fait la remarque, ce genre est intermédiaire aux linyphies et aux tétragnathes ; cependant ses pattes courtes, quoique fines, le rapprochent un peu des théridions.

ESPÈCE PRINCIPALE.

Pachygnathe maxilleuse.

L'espèce type est la *pachygnathe maxilleuse* ; elle se distingue par ses couleurs noires, élégamment tranchées de trois bandes blanches, dont la médiane est découpée et ressemble à une racine chevelue. Elle n'est pas commune, on la trouve cependant en France, dans les bois, où elle habite ordinairement le tronc des arbres, sur lesquels elle construit une toile de peu d'étendue qui ressemble plus à une toile de théridion qu'à celle d'une linyphie, car la nappe en est très-réduite. Sa démarche est lente ; à l'époque de la ponte elle se réfugie sous les pierres, et garde assidûment son cocon.

45ᵉ Genre. **BOLYPHANTE**, *Bolyphantes*. Koch.

(βόλος, filet ; φανθείς, qui brille.)

Synonymie : *Theridio*, Walckenaer.

Yeux, sur deux rangs ; la rangée de devant inclinée en arrière, celle de derrière inclinée en avant ; les quatre yeux du milieu plus gros que les latéraux ; les deux antérieurs rapprochés l'un de l'autre de la largeur d'un œil ; les supérieurs plus écartés.

Fig. 101.

Lèvre, moyenne, trianguliforme.

Pattes-mâchoires, à coxopodites étalés et droits ; l'article terminal est loin de couvrir l'organe copulateur, il est pourvu en avant d'une saillie, et se termine peu à peu par une pointe étroite en forme de lanière. Les organes copulateurs sont grands, raboteux et feuilletés vers le bas, recouverts par une valvule (patellule Koch) mobile, derrière laquelle se trouve un croc s'élançant en arrière.

Fig. 102.

Corselet, presque circulaire dans ses contours, voûté en avant et de forme hémisphérique.

Abdomen, long et ovale, pourvu de filières très-courtes.

Pattes, celles de la femelle sont d'une longueur moyenne et n'ont rien de remarquable ; celles du mâle sont plus longues, et les premières ont le tarse épais et fusiforme.

Couleur, fond blanc, jaune ou vert, élégamment taché de points roses ou noirs.

Taille, un demi-centimètre.

Patrie, Europe tempérée et méridionale.

Habitudes, araignées terrestres, vivant sur les plantes basses et sous les pierres.

ESPÈCES.

B. à trois lignes,	*B. trilineata,*	Koch,	Europe.
B. alpestre,	*B. alpestris,*	Koch,	Italie (nord).
B. des chaumes,	*B. straminea,*	Koch,	Grèce.
B. tachée de jaune,	*B. flavolunata,*	Lucas,	Algérie.

Le *théridion lineatum*, de Walckenaer, est le type de ce nouveau genre. On a vu par les caractères que je viens d'exposer et qui sont empruntés à M. Koch (*Die arachniden*, t. X), qu'il s'éloigne assez des théridions pour en être séparé, et que, de plus, il se rapproche davantage des linyphies, surtout par l'inégalité de ses yeux et la disposition de ses appendices. La forme générale de son corps confirme ses affinités; elle ressemble à celle des linyphies, mais surtout à celle des *epeira fusca* et *callophyla* de Walckenaer.

ESPÈCE PRINCIPALE.

Bolyphante à trois lignes.

La *bolyphante*, ou *théridion à trois lignes*, est la seule espèce qui soit commune en Europe; son corselet est jaune luisant, et porte dans le milieu une fine ligne noire, son abdomen est moucheté de taches rosées et présente trois rangs de points noirs. Ses mœurs sont très-imparfaitement connues; elle habite le plus souvent le dessous des pierres et des mottes de terre; on la trouve aussi courant et chassant sur les gazons et les mousses. En France elle paraît assez rare; en Allemagne et en Belgique, au contraire, M. Koch et moi l'avons rencontrée très-souvent.

———o o◦●◦o o———

CINQUIÈME FAMILLE.

ÉPÉIRIFORMES. E. S.

La famille des épéiriformes correspond à la grande division des aranéides *orbitelles*, que Walckenaer avait établie dès l'année 1805. Les araignées qui s'y rapportent ne sont que faiblement caractérisées ; néanmoins elles ont un aspect particulier qui les fait reconnaître facilement ; de plus, elles se font remarquer par l'art qu'elles déploient dans la construction de leur toile, qui est toujours suspendue entre de grands fils aériens, et formée de cercles de soie, maintenus par des fils droits, rayonnant d'un point central vers les bords.

Comme la grande majorité des araignées, les épéires ont toujours huit yeux, égaux, brillants, et dans lesquels on reconnaît sans peine un iris et une pupille ; mais la séparation de ces yeux en trois groupes est plus marquée que dans aucun autre type, et si l'on examine le front, qui est très-large, on voit sur son milieu quatre yeux rapprochés, et deux de chaque côté placés sur un angle et souvent élevés sur des tubercules. Le corselet est caractéristique en ce que la face antérieure est large, carrée et déprimée, de sorte que les yeux sont placés sur un plan horizontal, et que la partie postérieure est arrondie et marquée d'une profonde fossule ; l'abdomen est singulièrement renflé, mais rarement globuleux ; il est anguleux, et a en dessus la forme d'un triangle dont les angles antérieurs sont plus ou moins aigus. Son tégument, plus épais que dans les autres familles, se couvre souvent de tubercules qui par fois se durcissent et constituent de véritables épines ; les pattes sont de médiocre longueur et presque toujours fortes et robustes.

C'est dans ce groupe naturel, qui a été étudié plus que tout autre au point de vue anatomique, que les centres nerveux présentent le degré de centralisation le plus grand ; le cœur se prolonge en arrière comme chez le scorpion, et forme une *aorte abdominale*. Les ovaires de la femelle sont égaux ; les oviductes ne sont que rarement accompagnés d'une poche copulatrice, et leur ouverture porte dans toutes les espèces un appendice en forme d'a-

Fig. 103. grafe, que l'on appelle *épygine*. Ces araignées ne vivent qu'une année et ne font qu'une ponte, soit au printemps, alors les jeunes éclosent au bout d'un mois, soit en automne, alors la mère meurt et les jeunes éclosent au mois de mai, mais n'atteignent toute leur grandeur et leurs belles couleurs qu'au mois de septembre, où ils apparaissent par milliers à la ville et à la campagne. Les unes vivent au milieu de leur toile, et sont fréquemment enlevées avec elle par les vents (*fils de la vierge*) ; les autres filent à proximité de leurs filets une coque de soie, comme les clubiones.

Sous le rapport de la taille, de la vivacité des couleurs et de l'élégance des dessins du dos, les épéires sont les mieux dotées de toutes les araignées.

Le nombre considérable des espèces de ce grand genre a forcé les entomologistes modernes de le subdiviser.

Pour aider à la distinction des espèces, je les répartirai
en quatre tribus de la manière suivante :

Yeux peu inégaux, équidistants, très-rapprochés, —
forme de théridion. . . . . NUCTOBIENS.
Yeux égaux, équidistants, éloignés, — corps et pattes
très-grêles . . . . TÉTRAGNATHIENS.
Yeux égaux, en trois groupes éloignés, — pattes robustes, courtes. . . . . ÉPÉIRIENS.
Yeux égaux, les latéraux éloignés l'un de l'autre, —
pattes très-courtes. . . . . ÉRÉSIENS.

• 1re Tribu. NUCTOBIENS ou THÉRIDIO-ÉPÉIRES. E. S.

Yeux, huit, un peu inégaux, sur deux lignes comme ceux des théridions, également rapprochés entre eux, — abdomen tout à fait globuleux et lisse, — pattes fines. les premières longues, — organe copulateur simple, enveloppé par le dernier article des pattes-mâchoires, — aranéides nocturnes, — un seul genre.

46e Genre. **NUCTOBIE**, *Nuctobia*. Eug. Simon.

(νυκτὸς, de nuit ; βίος, vie.)

Synonymie : *Meta, Zilla, Gea*, Koch, — *Epeira*, Walckenaer.

Yeux, inégaux, au nombre de huit, sur deux lignes courbées en sens inverse et placés sur le rebord du front ; tous également rapprochés et éloignés seulement de la largeur d'un œil ; le carré que forment les intermédiaires est presque régulier, les latéraux se touchent presque.

Lèvre, aussi longue que large, presque carrée.

Pattes-mâchoires : à coxopodites allongés, non inclinés, droits, plus aigus extérieurement ; quatrième et dernier articles ayant la même simplicité que chez les théridions ; le dernier cache entièrement un organe massif et globuleux.

Fig. 104.

Sexes, très-différents de forme et de couleur, à peu près semblables pour la taille.

Corselet, grand, déprimé, plus étroit en avant qu'en arrière.

Abdomen, de grosseur médiocre, tout à fait arrondi et lisse.

Pattes, fines, grêles, celles de la première paire souvent fort longues.

Couleur, beaucoup plus foncée, plus uniforme et plus terne que celle des épéires.

Taille, dépassant rarement 12 millimètres.

Patrie, aranéides filant dans les lieux sombres et obscurs une toile orbiculaire; le fil qui fait communiquer la retraite de l'araignée au centre de la toile est toujours isolé, et forme un segment vide, où les orbes et les rayons sont interrompus.

1° *Sous-genre* META, Koch (μῆτις, sagesse, prévoyance). — Yeux intermédiaires antérieurs plus petits et plus rapprochés que les postérieurs. — Aranéides filant des cocons serrés et pédiculés.   Fig. 105.

M. brune,	*M. fusca* (1),	Walckenaer,	Europe.
M. maculée de blanc,	*M. albomaculata,*	Lucas,	Algérie.

2° *sous-genre* ZILLA, Koch (ζίλιον, coton). — Yeux intermédiaires antérieurs plus gros et aussi écartés que les supérieurs. — Aranéides filant des cocons épais, grossiers et cotonneux.   Fig. 106.

Z. callophyle,	*Z. callophyla,*	Walckenaer,	France.
Z. grisâtre,	*Z. atrica,*	Koch,	Allemagne, Belgique.
Z. acalyphe,	*Z. acalypha,*	Walckenaer,	Europe.
Z. diodie,	*Z. diodia,*	Walckenaer,	Europe.
Z. inclinée,	*Z. inclinata,*	Walckenaer,	Europe.
Z. à taches blanches,	*Z. albimaculata,*	Koch,	Allemagne.
Z. des genêts,	*Z. genistæ,*		Allemagne.
Z. antriade,	*Z. antriada,*	Walckenaer,	France.

Les nuctobies, dont quelques espèces sont très-communes en France, sont des épéires théridiformes ou plutôt linyphiformes, dont l'abdomen globuleux et arrondi fait exception à la forme anguleuse qui caractérise l'abdomen des épéiriformes. Leurs pattes sont d'une excessive finesse, et la première surtout est fort longue. Leurs couleurs sombres et leurs yeux brillants annoncent

---

(1) Il est utile de reconnaître les nombreuses affinités qui existent entre la *meta fusca* et les *linyphia tigrina, muraria, thoracica,* etc.; mais c'est une grave erreur de confondre toutes ces araignées, qui n'appartiennent même pas à la même famille.

qu'elles doivent vivre dans les lieux cachés et obscurs; aussi, contrairement à ce qui a lieu chez les vraies épéires qui habitent les jardins, celles-ci se retirent à l'intérieur des cavernes et même des maisons; M. Vinson les a, pour cette raison, appelées *épéires nocturnes*.

Je pense que M. Koch s'est approché de la classification la plus naturelle en montrant les caractères nets et tranchés qui éloignent les épéires théridiformes des autres espèces de la même famille; mais je crois aussi qu'il a été trop loin en associant les *meta* aux théridions, surtout en les éloignant des *zilla* qu'il laissait parmi les épéires (1). Les rapports intimes qu'ont entre elles les *epeira fusca* et *callophyla* ne me semblent pas difficiles à saisir; leurs mœurs, comme nous le verrons, justifient encore leur rapprochement; la contexture de leur cocon est seule différente, ce qui ne doit point avoir la valeur d'un caractère générique.

Quatre espèces sont des plus communes dans nos environs.

---

(1) Je crois que c'est aussi à tort que M. Koch a voulu joindre aux théridions une espèce fort voisine de la callophyle et qu'il décrit sous le nom d'*eucharia-atrica*. La nuctobia atrica, que Walckenaer ne parait pas avoir connue, ne se trouve pas communément en France, mais elle se rencontre fréquemment en Allemagne et en Belgique. Le corselet de cette espèce est en effet plus court que celui des autres, son abdomen porte la même figure que dans la callophyle, seulement les parties latérales du losange sont rousses, et le milieu de la figure porte une large bande d'argent. La toile qu'elle construit, soit à l'extérieur des maisons, soit sur les arbres verts, les pins en particulier, est d'une régularité parfaite; le segment qui la coupe est toujours bien visible. Les mœurs de cette araignée la placent, comme on le voit, dans le genre qui nous occupe. (Pour une description détaillée et une bonne figure, voir Koch, *Arachniden*, t. 8.)

ESPÈCES PRINCIPALES.

Nuctobie callophyle.— N. inclinée. — N. brune. — N. acalyphe.

La *nuctobie callophyle* est le type du genre; c'est elle qui, après l'épéire diadème, est la plus commune de toutes les araignées à toile orbiculaire; sa taille est assez petite, sa couleur est terne, son abdomen présente une figure grise, en losange découpé sur les bords, et plus foncée que les parties latérales.

Elle recherche les lieux abrités, l'intérieur des maisons peu visitées, les caves, les écuries, les combles, etc. Là elle choisit les angles assez larges, les interstices des poutres de plafond, l'encadrement des vitres même, pour y construire une toile qui n'est pas très-grande, mais très-régulière, dont les fils sont lâches et tellement fins qu'ils sont peu visibles, excepté quand ils sont chargés de poussière. Au sommet de cette toile elle construit un tube d'une médiocre longueur, qui aboutit dans un enfoncement du mur ou de la fenêtre, et dans lequel elle se tient constamment immobile, prête à se jeter sur les mouches ou les tipules qui, en se posant sur la vitre, se prennent dans les fils ; elle descend de son tube avec une excessive vitesse, et fait tourner sa proie avec autant de rapidité que les vraies épéires. Lorsque la callophyle est gênée par l'exiguïté de la place ou par un corps quelconque pour le déploiement de ses filets réguliers, elle sait, en variant son industrie, leur donner la forme et l'étendue du local dont elle dispose. Elle se fait remarquer, entre toutes les nuctobies, par l'habitude singulière qu'elle a, plus que toutes les autres, de laisser au milieu de sa toile un large segment vide, c'est-à-dire un espace où les cercles concentriques et les rayons sont interrompus. Il est fort intéressant de la voir construire une pareille toile : pendant qu'elle attache ses fils orbiculaires, arrivée à un certain

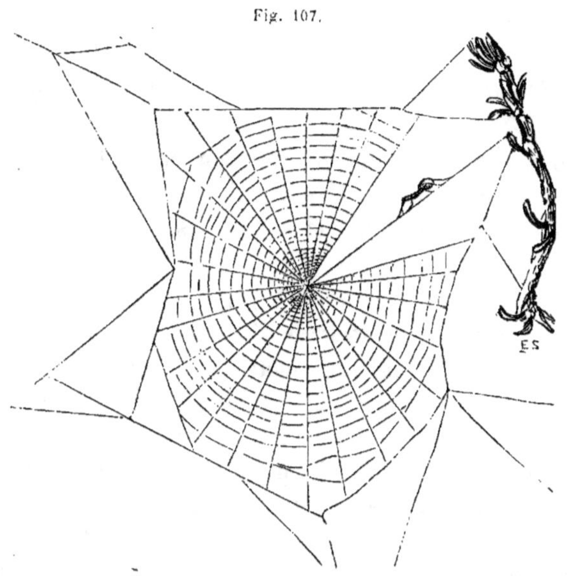

Fig. 107.

Toile de la Nuctobie callophyle.

rayon, au lieu de continuer son chemin comme les épéires, elle retourne en arrière jusqu'à ce qu'elle rencontre le rayon opposé, et ainsi de suite. Ce segment vide est coupé en deux par un fil, qui fait communiquer le centre de la toile avec le tube de l'araignée, et qui lui permet de monter et de descendre facilement.

Cette espèce fait deux pontes, l'une au printemps, l'autre au mois de septembre: ses œufs ne sont pas très-gros, mais fort nombreux et d'une couleur gris violet ou noire. Après les avoir entourés d'un cocon fait d'une bourre épaisse, jaune et grossière, elle les place dans un endroit obscur et caché, comme le dessous des boiseries, les cavités des murs, etc. Ce cocon adhère tellement au corps sur lequel il est placé, qu'il est difficile de le détacher sans écraser les œufs.

On trouve assez communément, l'hiver, la nuctobie callophyle, enveloppée dans une coque grise, à côté de son cocon.

Elle a plusieurs ennemis : dans son ordre, la clubione soyeuse et la calliéthérée psyle dévorent ses œufs ; un trombidion, parmi les acariens, se fixe sur le corps de ses jeunes et suce leur sang.

La *nuctobie inclinée* est jaune, plus ou moins verdâtre ou rougeâtre ; son corselet est brillant et glabre, et son abdomen d'une teinte plus mate porte une petite ligne noire, fine et ramifiée. Cette espèce est très-commune sous les taillis épais, sur les végétaux, à l'intérieur même des hangars et des caves ; à Spa, on la trouve par milliers sur les coteaux boisés ; quoique petite, elle est courageuse, elle emmaillotte de ses fils les mouches les plus vigoureuses. Elle construit une toile orbiculaire assez grande, jamais verticale ni horizontale, mais dans un plan oblique, ce qui lui a valu le nom d'*inclinée.*

Au mois de septembre, on trouve le mâle en compagnie de sa femelle sous les feuilles ou les écorces.

Elle supporte les plus rigoureux hivers.

La *nuctobie brune* est une grosse espèce dont la couleur est brune, assez terne, relevée cependant par des figures claires peu marquées et assez confuses, dont le corps est couvert de poils soyeux et dont les pattes sont fines et annelées de brun et de blanc. Walckenaer. qui l'a trouvée

en grand nombre à Laon, a décrit ses mœurs comme il suit :
« Cette espèce habite les lieux obscurs et l'intérieur des
« habitations. Elle suspend à la voûte des caves, et d'autres
« lieux humides, son cocon qui a 5 centimètres environ
« de long, en comptant le pédicule qui le termine ; ce
« pédicule a 2 centimètres et est de la grosseur d'une
« corde mince ; le cocon, qui a la forme d'un œuf à petit
« bout très-pointu, a aussi 2 centimètres de long sur
« 1 centimètre et demi de large dans son plus grand
« diamètre. Il est d'un blanc éclatant, ainsi que son pé-
« dicule. Sa soie est cardée, transparente, et laisse voir
« dans son milieu la masse arrondie des œufs, qui est
« suspendue dans sa partie inférieure et soutenue par
« une bourre peu serrée et un duvet léger au milieu du
« cocon, que sa transparence fait ressembler à un cocon
« de ver à soie, qu'on a dévidé. Les œufs sont jaunes,
« agglutinés entre eux et au nombre d'environ 200. » Le
même observateur ajoute : « Quand on touche cette ara-
« néide, elle ramasse ses pattes autour de son corps et
« ressemble alors à une boule ; le mâle et la femelle
« habitent avec sécurité l'un près de l'autre, et quand on
« voit l'un, on est presque toujours certain de trouver
« l'autre dans son voisinage. » Walckenaer l'a rencontrée
quelquefois errante hors de sa toile, sur les murs ou les
plafonds des caves.

La plus petite espèce de nuctobie est l'*acalyphe ;* cette
araignée doit être signalée à cause de sa grande vulgarité dans les lieux boisés et ombragés, sous les bosquets
en particulier.

Sa couleur blanchâtre est plus ou moins rose ou verdâtre, suivant les variétés et les sexes ; la moitié postérieure de l'abdomen porte sur la ligne médiane une figure

noire formée par trois rangées de points très-rapprochés (1).

---

(1) Appartiennent probablement à cette division, deux aranéides et
deux genres singuliers que M. Koch décrit d'après deux individus mal
conservés du Muséum de Berlin. La première, qu'il appelle *galena*, a un
corselet tronqué en avant, arrondi en arrière, assez élevé, à peu près
comme celui de la callophyle, — les pattes-mâchoires sont d'une gracilité
surprenante et aussi longues que la deuxième paire de pattes; l'avant-
dernier article en est épais et garni de piquants, l'article terminal est
court et ne couvre que le quart de l'organe copulateur, qui est petit,
épais, très-bosselé et anguleux ; — les yeux ont la même disposition que
chez les nuctobies, les deux postérieurs du carré sont plus petits et plus
rapprochés que les antérieurs, les latéraux se touchent presque; — le
plastron est velouté, brillant et cordiforme; — l'abdomen est ovalaire, un
peu déprimé sur les côtés et orné de belles bandes roses transversales; —
la paire de pattes antérieures excessivement longue, les trois autres diminuant graduellement de longueur. La femelle n'est pas connue. La prove-
nance du mâle est ignorée; M. Koch suppose qu'il est originaire d'É-
gypte. (Koch, *Die Arachniden*, t. X.) — La seconde, ou la *gea spinipes*,
a le thorax très-grand, presque hémisphérique, arrondi dans ses contours et voûté en dessus, quoique creusé d'une fossule médiane, les yeux
du devant tout près du bord antérieur, placés sur deux petites éminences;
ceux de derrière, rejetés sur le sommet du front, sont plus gros et plus
écartés; les latéraux, élevés sur un mamelon commun, ne forment qu'une
ligne transverse avec les intermédiaires antérieurs. Article basilaire des
pattes-mâchoires mince, court, cylindrique et incliné; les quatre pattes
antérieures plus fortes et plus longues que les quatre postérieures, la troisième est la plus courte. L'abdomen paraît d'une petitesse remarquable,
mais il est complétement séché, de sorte qu'on ne peut juger de sa forme.
Le corps de cette aranéide est d'un brun olivâtre uniforme. — Elle a été
trouvée dans une caisse provenant de Puloloz, aux Indes Orientales.

2ᵉ Tribu. TÉTRAGNATHIENS.

Yeux égaux, petits et écartés, sur deux lignes également distantes, — corps très-étroit et fort long, — pattes d'une finesse et d'une longueur excessives, — mandibules horizontales, pattes-mâchoires à coxopodites droits et étroits, à digital non recouvert et multiarticulé. — Aranéides vivant au bord des eaux.

Cette tribu renferme les genres *tétragnathe*, — *ulobore*, — *argyrode* et *zosis*.

47ᵉ Genre. **ULOBORE**, *Uloborus*. Walckenaer.

(ὕλη, broussailles; βορὸς, qui dévore.)

Yeux, huit, quatre intermédiaires presque égaux, peu distants formant un carré très-rapproché de la base des mandibules; les latéraux plus écartés entre eux que ne le sont ceux du carré.

Fig. 108.

Lèvre, large, arrondie, semi-circulaire.

Pattes-mâchoires, droites, plus hautes que larges, resserrées à leur base, arrondies et dilatées à leur extrémité.

Corselet, court, arrondi, aplati, rétréci vers la tête.

Abdomen, ovale, cylindrique, allongé; tout le corps est revêtu de petites sinuosités formées par des rainures et des poils.

Pattes, longues et renflées; la première la plus longue, la troisième très-courte.

Couleur, pâle, blanchâtre ou jaune très-clair.

Taille, les plus grandes atteignent 1 centimètre.

Patrie, Europe méridionale, Afrique et Amérique du Sud.

Habitudes, aranéides construisant une toile horizontale, formée de cercles concentriques, soutenus par des fils droits rayonnant d'un centre commun. L'aranéide se tient au milieu, renversée, les pattes étendues; cocon allongé, anguleux.

ESPÈCES

U. de Walckenaer,	*U. Walckenaerius*,	Dugès,	midi de l'Europe.
U. jaune,	*U. flavescens*,	Savigny,	Égypte.
U. américain,	*U. americanus*,	Abbot,	Géorgie.
U. filiforme,	*U. filiformis*,	Savigny,	Égypte.
U. blanc,	*U. canus*,		Australie.
U. plumipède,	*U. plumipes*,	Lucas,	Algérie.
U. blanchâtre,	*U. canescens*,		Colombie.
U. de Bourbon,	*U. Borbonicus*,	Vinson,	Réunion et Madag.
U. jaune doré,	*U. aureus*,	Vinson,	Ile de la Réunion.
U. des vanilliers,	*U. vanillarum*,	Vinson,	Ile de la Réunion.
U. vittatus, U. ater,	*U. eruginosus*,	Nicolet,	Chili.
U. abdominalis,	*U. albo-abdominalis*,	Nicolet,	Chili.

Le genre ulobore, si singulier par sa conformation, est un des plus intéressants de la famille, en ce qu'il lie les épéires aux linyphies en associant les caractères de ces deux types ; cependant, par sa toile et par plusieurs caractères importants, l'ulobore se rapproche davantage des tétragnathes. Ce qui caractérise son tégument, ce sont des inégalités qui ne sont dues pour la plupart qu'à des rangées de poils raides.

ESPÈCE PRINCIPALE.

Ulobore de Walckenaer.

L'espèce type et la plus commune de toutes est l'*ulobore de Walckenaer ;* sa couleur est blanchâtre, ses pattes sont annelées de taches brunes : elle a été trouvée en Espagne, dans le midi de la France, en Allemagne, aux environs de Nuremberg, etc. Ses habitudes n'ont rien de bien remarquable ; elles ressemblent à celles de toutes les épéires. Voici ce qu'en dit M. Léon Dufour qui l'a observée dans les Pyrénées et le royaume de Valence :
« Elle établit sa toile le plus ordinairement entre les tiges « des ajoncs, dans les lieux secs et chauds. Cette toile est

« horizontale et en orbes spirales, comme celle des
« épéires, mais d'un tissu plus lâche. L'aranéide se tient
« au centre, les pattes étendues et serrées comme les
« tétragnathes. Elles emmaillottent en quelques instants
« les petits insectes ou coléoptères qui se prennent dans
« leurs filets. Leur cocon, ou l'étui de leur cocon, est
« étroit, allongé, anguleux sur ses bords, et suspendu
« verticalement par un de ses bouts à un roseau ; l'autre
« extrémité est fourchue. »

Les ulobores sont très-communes à l'île de la Réunion,
où une espèce, suivant M. Vinson, tapisse de sa toile
ronde la voûte des chambres.

48ᵉ Genre. **ZOSIS**, *Zosis*.

Synonymie : *Uloborus*, Walckenaer.

Yeux, écartés, sur deux lignes ; les deux yeux antérieurs du carré plus rapprochés entre eux que ne le sont les postérieurs, les yeux latéraux plus écartés que ceux du carré.

Lèvre, petite, presque ovalaire.

Mâchoires, étroites, dilatées graduellement, larges et en ligne droite à leur extrémité, arrondies seulement au côté interne.

Corselet, ovalaire, élargi et déprimé à sa partie antérieure.

Abdomen, ovale ou plutôt ovalo-cylindrique, renflé et bombé près le corselet, pointu vers l'anus.

Pattes, allongées, renflées, surtout celles de la seconde paire qui surpassent de beaucoup les autres ; la troisième paire est de beaucoup la plus courte.

Couleur, jaune vif, pattes annelées.

Taille, 6 millimètres et demi.

Patrie, archipel des Antilles, Martinique, etc.

Habitudes, on ne sait rien sur les mœurs de l'unique et rare espèce qui compose ce genre.

ESPÈCE.

Z. caraïbe,	Z. *caraïba*,	Antilles.

49ᵉ Genre. **TÉTRAGNATHE,** *Tetragnatha*. Latreille.

(τέτρα, quatre ; γνάθος, mâchoire.)

Yeux, huit, presque égaux, les quatre inter-médiaires formant un quadrilatère très-régulier ; les externes rejetés latéralement, mais assez rappro-chés entre eux.

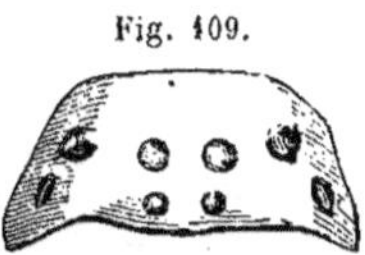

Fig. 109.

Lèvre, large, arrondie, petite et courte, paraissant formée de plusieurs pièces.

Pattes-mâchoires, à coxopodites très-allongés, étroits, fort divergents, dilatés et anguleux à leur extrémité externe. La cu-pule du conjoncteur du mâle n'est pas creusée dans un digital, mais formée par deux expansions du dernier article ; le conjoncteur est énorme, la base en est globu-leuse et très-lisse, le sommet en est tortillé en tire-bouchon.

Fig. 110.

Mandibules, très-longues, le plus souvent proéminentes et ho-rizontales surtout dans les mâles.

Corselet, ovalaire, allongé, arrondi et bombé antérieurement.

Abdomen, très-allongé, le plus souvent étroit et cylindrique, quelquefois filiforme ou ovalo-cylindrique.

Pattes, d'une extrême finesse et d'une longueur considérable, surtout celles de la première paire ; dans l'ordre sui-vant 1, 2, 4, 3, la troisième beaucoup plus courte que les autres.

Couleur, jaune ou rougeâtre, quelquefois des reflets métalli-ques, argentés ou dorés ; pattes sans annelures.

Taille, dépassant parfois 1 centimètre et demi.

Patrie, ce genre est presque entièrement exotique. L'Europe ne nourrit que deux espèces, dont une seule est com-mune ; l'Asie en a trois ; l'Afrique, l'Australie et les îles, quatre ; l'Amérique, seize.

Habitudes, aranéides se tenant les pattes étendues dans le sens
de la longueur au centre d'une toile en rayon comme
celle des épéires, qu'elles placent entre les joncs,
toujours au bord de l'eau.

ESPÈCES.

T. étendue,	*T. extensa,*	Walckenaer,	Europe.
T. annamitique,	*T. annamitica,*	Diard,	Cochinchine.
T. prolongée,	*T. protensa.*		île de la Réunion.
T. brillante,	*T. nitens,*	Savigny,	Égypte.
T. pélusienne,	*T. pelusia,*	Savigny,	Égypte.
T. cylindrique,	*T. cylindrica,*		Australie.
T. mandibulée,	*T. mandibulata,*		îles Mariannes.
T. allongée,	*T. elongata,*	Walckenaer,	Antilles.
T. fauve,	*T. fulva,*	Abbot,	Antilles.
T. frangée,	*T. fimbriata,*	Abbot,	Antilles.
T. culicivore,	*T. culicivora,*	Abbot,	Géorgie.
T. sanctifère,	*T. sanctifera,*	Abbot,	Géorgie.
T. dorée,	*T. aurata,*	Abbot,	Géorgie.
T. bariolée,	*T. versicolor,*	Abbot,	Géorgie.
T. verte,	*T. viridis,*	Abbot,	Géorgie.
T. safranée,	*T. lutea,*	Abbot,	Géorgie.
T. jaune,	*T. flava,*	Abbot,	Géorgie.
T. violacée,	*T. violacea,*	Abbot,	Géorgie.
T. à trapèze,	*T. trapezoïdes,*	Abbot,	Géorgie.
T. à chasuble,	*T. casula,*	Abbot,	Géorgie.
T. argyre,	*T. argyra,*		Guadeloupe.
T. zorille,	*T. zorilla,*	Bosc.,	Caroline.
T. granulée,	*T. granulata,*		Nouvelle-Guinée.
T. célébésienne,	*T. celebesiana,*		îles Célèbes.
T. bengalaise,	*T. bengalensis,*		Bengale.
T. épéiride,	*T. epeïrides,*		Europe.
T. lézard,	*T. lacerta,*	Abbot,	Géorgie.
T. deinagnathe,	*T. deinagnatha,*	White,	Australie.
T. *linearis,*	*T. sternalis,*	Nicolet,	Chili.

Le genre *tétragnathe*, établi par Latreille pour les
épéires aux formes grêles et élancées, est assez nombreux
en espèces; mais toutes sont si semblables entre elles, et
chacune d'elles présente un nombre si considérable de
variétés, que leur étude est difficile et leur détermination
douteuse.

Ce qui caractérise cette division, c'est d'avoir les mâchoires plus grandes, plus larges et plus carrées, une lèvre plus courte, des mandibules plus longues, un abdomen plus allongé et des pattes plus grêles que les autres épéiriformes.

ESPÈCE PRINCIPALE.

Tétragnathe étendue.

La *tétragnathe étendue* est une des araignées les plus

Fig. 111.

singulières par sa forme et par ses allures. Sa première paire de pattes, qui est d'une longueur disproportionnée, ses mandibules, qui, dans le mâle, sont horizontales et aussi longues que le céphalo-thorax, son abdomen grêle, cylindrique, au moins six fois plus long que large, lui donnent une physionomie toute particulière. Walckenaer en distingue plusieurs variétés, suivant la couleur; celles qui sont verdâtres ou jaunâtres sont les plus communes dans les environs de Paris.

La tétragnathe recherche, pour construire sa toile, le bord des étangs, les lieux humides et frais, là où croissent les saules et les roseaux, et où vivent les diptères attirés par l'eau. Cette toile est formée de fils fins brillants et déliés, qui circonscrivent des cercles de plus en plus petits, à mesure qu'ils approchent du milieu ; elle est soutenue par d'autres fils qui, rayonnant du centre, se prolongent au delà des orbes soyeux, et vont prendre attache sur les plantes, les branches ou les roseaux environnants.

La tétragnathe ne construit pas comme les épéires, une demeure en forme de coque à proximité de sa toile, elle se tient toujours au milieu de celle-ci, immobile et les pattes étendues; là elle attend patiemment que les insectes se prennent dans ses filets réguliers. Elle est courageuse, vive, précipitée, brusque dans ses mouvements; ses armes sont formidables; de sorte qu'elle tue facilement des proies plus grosses qu'elle.

Comme je l'ai dit, les tétragnathes prennent dans leurs filets les insectes qui pondent dans l'eau, les cousins en particulier, au moment où ils prennent leur essor et commencent leur vie aérienne ; elles contribuent ainsi à diminuer le nombre de ces êtres importuns.

C'est surtout dans le bois de Boulogne en suivant la petite rivière, et dans le bois de Meudon, aux mois de mai, juin et août, que j'ai pris le plus grand nombre de ces aranéides.

En temps ordinaire, la toile est toujours verticale, mais à l'époque de l'accouplement, la femelle l'abandonne et en construit une autre semblable, mais horizontale pour y recevoir le mâle.

Vers le milieu de juin, Lister enferma plusieurs femelles dans une boîte vitrée; elles pondirent des œufs très-petits et d'un jaune pâle. Elles avaient enveloppé ces œufs dans une bourre de soie lâche, qui formait un cocon de la grosseur d'un grain de poivre; les fils les plus intérieurs de ce cocon étaient d'un bleu verdâtre, les plus extérieurs étaient un peu plus bruns et présentaient des inégalités produites probablement par les œufs. Le même observateur a trouvé plusieurs fois ce cocon attaché aux joncs et aux feuilles des plantes. Il a été frappé aussi de la férocité de ces aranéides ; ayant enfermé deux femelles dans une même boîte, la plus forte tua l'autre et la mangea comme elle aurait fait d'une mouche.

M. Vinson, en décrivant la tétragnathe de l'île de la Réunion, signale un fait qui semble accorder à ces araignées une sorte d'intelligence.

« Sa toile est jetée d'une rive à l'autre, dit-il, comme « un pont dont les plantes verdoyantes, sur les bords, « forment les piliers naturels. C'est, en général sur les « petits ruisseaux, que l'aranéide en choisit l'emplace- « ment ; or, dès que le temps devient sombre, et qu'il « menace de grossir le cours d'eau, l'araignée ramasse « habilement ses fils et monte vers un niveau plus élevé, « établir, au-dessus de la surface du liquide, son pont « de fils et son réseau fragile. Il n'y a pas de nautonnier « si prévoyant, et jamais elle ne se laisse surprendre par « l'orage. »

50ᵉ Genre. **ARGYRODE**, *Argyrodes*. E. S.

(ἀργυρος, argent ; οἶδος, gonflé.)

Synonymie : *Linyphies épéirides*, Walckenaer-Vinson.

Je pense, avec M. Léon Dufour, qu'il est utile de séparer des linyphies les quelques aranéides que Walckenaer
appelait *linyphies épéirides*, et que M. Vinson vient de décrire avec détail sous les noms de *linyphies argyrode* et
parasite. Les particularités indiquées par ces auteurs, et
figurées avec tant de soin par M. Vinson, me semblent
avoir une valeur générique incontestable. Je crois, de
plus, que ce nouveau genre appartient à la famille des
épéiriformes, et est voisin des genres ulobore et nuctobie
plus que de tout autre.

Le corselet, qui est petit et étroit, se prolonge en
avant, comme celui des micryphantes, en
une pointe qui simule une sorte de rostre,
à l'extrémité duquel sont placés quatre
yeux en carré ; de chaque côté de la base se trouvent
deux yeux qui se touchent. L'abdomen rappelle celui
des épéires du genre *singa*, c'est-à-dire que sa partie
postérieure est fort élevée et a la forme d'un cône. Les
pattes sont fines comme celles des tétragnathes. La bouche
seule est identique à celle des linyphies, et tout le reste
de l'organisation est différent.

Les argyrodes s'éloignent, sous le rapport des mœurs,
de toutes les aranéides connues, et nous offrent le seul
exemple de parasitisme dans cet ordre nombreux. On
ne les rencontre jamais isolées : c'est toujours au milieu des grandes toiles de grosses épéires et de néphiles, qu'elles établissent leur petit réseau ; celles-

ci ne paraissent nullement les inquiéter, et elles vivent avec elles en bonne intelligence. Leur nombre est souvent considérable sur une même toile. Les argyrodes se nourrissent des insectes qui se prennent dans les fils de l'épèire, et que celle-ci ne peut apercevoir à cause de leur petitesse. Quelquefois aussi, lorsque la propriétaire légitime est absente, les parasites pénètrent dans son cocon et dévorent ses œufs ou ses jeunes.

Au moment de la ponte, elles enveloppent leurs œufs d'un petit cocon jaune ou rouge, biconique, qu'elles suspendent par deux filets très-légers à un des fils qui constituent la toile de l'épéire, comme on peut le voir par le croquis que j'ai dessiné d'après une des belles planches que M. Vinson vient de publier.

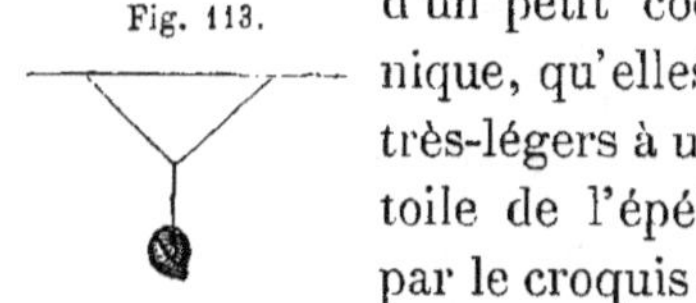

Fig. 113.

Cet auteur en distingue cinq espèces, savoir : *Argyrodes parasita*, Vinson, — *A. zonata*, Walck., — *A. epeirides*, Walck., — *A. viridis*, Vinson, — *A. inaurata*, Vinson.

Toutes sont richement teintées ; le fond de la coloration est rouge vif ou noir profond, élégamment tranché par des bandes nacrées ou argentées.

Les deux dernières, appelées *indépendantes* par M. Vinson, n'ont pas les mêmes mœurs que les premières et vivent sur les végétaux.

Les argyrodes n'ont encore été trouvées qu'à l'île de la Réunion.

5ᵉ Tribu. ÉPÉIRIENS.

Yeux sur trois groupes le plus souvent très-éloignés, les intermédiaires formant un carré plus ou moins régulier, — abdomen anguleux, — pattes courtes et grosses.

Cette tribu renferme les genres : *singa, epeïra, nephila, argyopa, gasteracantha, acrosoma, arachnoure, dolophone.*

51ᵉ Genre. **SINGA**, *Singa.* Koch.

(σύν marque similitude ; γᾶ ou γή, terre.)

Synonymie : *Epeïra,* Walckenaet.

Yeux, rapprochés entre eux ; séparation des groupes peu sensible ; les supérieurs du carré très-rapprochés et se touchant presque, les antérieurs plus gros, très-écartés ; aussi éloignés des latéraux antérieurs que des intermédiaires supérieurs.

Fig. 114.

Lèvre, courte, plus large que haute.

Pattes-mâchoires, à coxopodites courts, arrondis et évidés à leurs côtés externe et interne.

Corselet, petit, rond, déprimé.

Abdomen, élevé, long, cylindrique, étroit en avant, un peu élargi vers la partie postérieure, où il se prolonge en un tubercule unique, après lequel l'abdomen est tronqué.

Fig. 115.

Pattes, courtes, robustes.

Mâle, moitié plus petit que la femelle, à palpes très-compliqués.

Couleur, fond jaune ou blanc, orné de petites figures noires eu forme de lignes ou de gros points.

Taille, assez minime, 5 à 7 millimètres.

Patrie, la plupart sont européennes; l'Amérique en nourrit
 quelques espèces.

Habitudes, aranéides sédentaires; filant des toiles orbiculaires
 dans les bois et les jardins; se tenant auprès, dans
 une feuille roulée.

ESPÈCES.

S. anthracine,	*S. anthracina*,	Koch,	France.
S. conique,	*S. conica*,	Walckenaer,	France.
S. lucine,	*S. lucina*,	Savigny,	Égypte.
S. hériée,	*S. herii*,	Hahn,	Allemagne.
S. à taches blanches,	*S. albo-maculata*,	Lucas,	Algérie.
S. trituberculée,	*S. trituberculata*,	Lucas,	Algérie.
S. belle,	*S. venusta*,	Abbot,	Géorgie (Amér.).
S. calice,	*S. calix*,	Abbot,	Géorgie.
S. évidée,	*S. alveata*,	Abbot,	Géorgie.
S. à front noir,	*S. nigrifrons*,	Koch,	Allemagne.
S. brillante,	*S. nitidula*,	Koch,	Allemagne.
S. sanguine,	*S. sanguinea*,	Koch,	Allemagne.
S. trifasciée,	*S. trifasciata*,	Koch,	Allemagne.
S. coniforme,	*S. turbinata*,	Abbot,	Géorgie (Amér.).
S. tubuleuse,	*S. tubulosa*,	Walckenaer,	France.
S. de Saint-Benoit,	*S. Sancti-Benedicti*,	Vinson,	île Saint-Benoit.

Le genre *singa*, séparé des épéires par M. Koch, s'en
distingue par une forme particulière et caractéristique
de l'abdomen qui, au lieu d'être triangulaire et large
antérieurement, est au contraire cylindrique et atténué en
avant; il s'élève et s'élargit graduellement jusqu'à sa
partie postérieure, dont la portion supérieure est un tubercule et dont la portion inférieure est tronquée obliquement. Le corselet, plus petit et plus arrondi que dans les
épéires, porte des pattes également plus petites, et des
yeux dont la disposition rappelle encore celle des théridiformes, c'est-à-dire que le carré formé par les quatre
intermédiaires n'est pas nettement séparé des latéraux.

ESPÈCES PRINCIPALES.

Singa tubuleuse. — S. conique.

Deux espèces seulement sont communes en France et doivent nous occuper : ce sont les singas tubuleuse et conique. Chez la *singa tubuleuse*, le corselet est noir ; l'abdomen, qui est plutôt ovale que conique, quoique plus élevé à la partie postérieure qu'à la partie antérieure, est également noir sur les parties latérales, mais il porte sur le milieu du dos une large bande blanche, qui est elle-même coupée par une ligne noire qui, en se ramifiant, forme un petit réseau ; les pattes sont courtes et rougeâtres.

« Cette aranéide, dit Walckenaer, pratique à la partie
« supérieure de sa toile un petit tube allongé de soie
« blanche et serrée, où elle se tient en attendant sa proie :
« elle recouvre ce tube avec les feuilles de la plante où
« elle s'est fixée ; sa toile est verticale et orbiculaire, mais
« les cercles sont très-écartés et peu réguliers. Les por-
« tions de cercle sont divisées par des rayons qui ne se
« correspondent pas toujours. Le cercle formé par la
« toile n'est pas entier, mais il est coupé par une ligne
« inclinée. Souvent l'aranéide replie une feuille pour y
« établir sa demeure. On la trouve sur les rosiers, les
« petits arbustes, les graminées et les plantes herbacées
« très-hautes, surtout la luzerne. » Walckenaer a aussi
trouvé à Villeneuve-Saint-Georges une femelle avec ses
œufs. « Elle était logée, dit-il, dans une feuille de rose
« qu'elle avait roulée et repliée, comme le font les che-
« nilles. Son cocon reposait sur une couche de soie
« collée contre la fleur ; il contenait 22 œufs ovoïdes d'un

jaune citron et non agglutinés. » Je l'ai prise en grand nombre à Leudeville et en Belgique.

La *singa conique* est plus commune, surtout dans les bois ; sa couleur est blanche ou jaune, avec des taches ou des lignes noires ; les pattes sont courtes et annelées de taches brunes.

J'ai trouvé abondamment cette espèce avec ses nombreuses variétés, dans les bois de Boulogne, de Meudon et de Compiègne. Sa toile, qui est jetée d'un arbre à l'autre et barricade les allées, est orbiculaire, mais elle a peu d'étendue, et les cercles concentriques sont plus fins, plus rapprochés, en nombre plus considérable que dans les autres épéires. La petite araignée se tient presque toujours au milieu, les pattes ramassées et la tête en bas. Elle a la singulière habitude, lorsqu'elle a sucé un insecte, d'en suspendre le cadavre au moyen de fils, à côté de sa toile ou au-dessus. On ne sait quel est le but de cette manœuvre ; Lister pensait que c'était par ostentation et pour faire parade de sa chasse, mais cette hypothèse est peu probable.

La singa conique ne construit pas de tube comme la tubuleuse, mais se contente de rouler une feuille pour en faire sa retraite. Le mâle de cette espèce paraît fort rare ; je l'ai pris au mois d'avril (1865) dans les environs de Paris ; il n'avait point de toile et était immobile sur des fils irréguliers ; quoique adulte, sa taille était moitié plus petite que celle de la femelle ; ses couleurs étaient les mêmes, mais son corps était très-étroit et ses pattes fort longues.

52ᵉ Genre. **ÉPÉIRE,** *Epeïra*, Walckenaer.

(ἐπείρω, faire un tissu.)

Synonymie : *Atea, Miranda,* Koch.

Yeux, au nombre de huit, égaux, formant trois groupes nettement séparés et éloignés l'un de l'autre ; les quatre intermédiaires forment un carré dont le côté antérieur est presque toujours le plus large.

Lèvre, courte, aussi large que haute, presque carrée.

Pattes-mâchoires, à coxopodites courts, excessivement larges et dilatés, arrondis à leur extré-

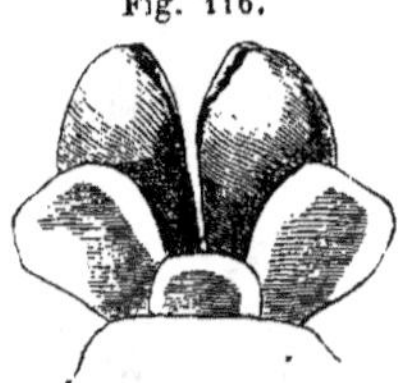

Fig. 116.

mité ; à article terminal bifide dans le mâle, ayant la forme d'un petit capuchon ; crochet copulateur énorme, creusé d'une large cupule, dont les bords portent deux membranes valvulaires découpées et épineuses, renfermant un conjoncteur à trois pointes dont les deux latérales sont droites et aiguës, dont l'intermédiaire est roulée en spirale et canaliculée.

Corselet, assez grand, déprimé et arrondi en arrière.

Abdomen, très-élevé, surtout à sa partie antérieure ; vu de profil il s'élève d'abord verticalement, et puis s'abaisse graduellement jusqu'à l'anus, où il se termine en pointe ; vu en dessus, il a la forme d'un triangle, dont le sommet est tourné en bas, et dont les angles sont souvent tuberculeux.

Pattes, assez courtes, robustes, dans l'ordre 1, 2, 4, 3.

Mâle, semblable, ou peu différent de la femelle, sauf par ses palpes compliqués et son abdomen plus grêle.

Couleur, jaune avec des taches brunes, rouges, noires ou blanches.

Taille, grande, 2 centimètres et plus.

Patrie : ce grand genre paraît répandu sur toute la terre.

Habitudes, aranéides sédentaires, construisant de grandes toiles très-régulières, auprès desquelles elles se renferment dans des coques, ou se contentent de rouler ensemble plusieurs feuilles et de s'y retirer.

1er *sous-genre*. MIRANDA, Koch (*miranda*, admirable
[*latin*]).—Les quatre yeux intermédiaires parfaitement
égaux, formant un carré très-régulier, les latéraux antérieurs plus gros que les supérieurs, — abdomen déprimé en dessus, circulaire.

Fig. 117.

M. céropégée,	*M. ceropegia,*	Walckenaer,	Europe.
M. porracée,	*M. porracea,*	Koch,	Brésil.
M. adiante,	*M. adianta (picta.* Koch),	Walckenaer,	Europe.
M. de théis (?),	*M. theis,*	Walckenaer,	Polynésie.
M. vivace (?),	*M. vivida,*	Abbot,	Géorgie (Amérique.
M. brodée (?),	*M. phrygiata,*	Abbot,	Géorgie.
M. diadèle (?),	*M. diadela,*	Walckenaer,	Brésil.
M. ouvrière (?),	*M. ergaster,*	Abbot,	Géorgie.
M. mangarève (?),	*M. mangareva,*	Walckenaer,	îles Gambier.
M. cucurbitine,	*M. cucurbitina,*	Walckenaer,	France.
M. guttulée,	*M. guttulata,*	Abbot,	Géorgie.
M. bivittée,	*M. bivittata,*	Abbot,	Géorgie.
M. circulée,	*M. circulata,*	Abbot,	Géorgie.
M. spire,	*M. spira,*	Abbot,	Géorgie.
M. pegnia,	*M. pegnia,*	Abbot,	Géorgie.
M. tytère,	*M. tytera,*	Abbot,	Géorgie.
M. bordée,	*M. limbata,*	Abbot,	Géorgie.
M. de Morel,	*M. Morelii,*	Vinson,	île de la Réunion.
M. velue,	*M. hirsuta,*	Walckenaer,	
M. ornée,	*M. exornata,*	Koch,	Hongrie.
M. brigande,	*M. latro,*	Walckenaer,	Montevideo.
M. cépine,	*M. cepina,*	Abbot,	Brésil.
M. chasseuse,	*M. venatrix,*	Koch,	Brésil.
M. à trois taches,	*M. triguttata,*	Walckenaer,	Europe.

2e *sous-genre*. ATEA, Koch (ἀτέω, nuire, blesser). —
Les deux yeux antérieurs du carré sont plus petits et
plus écartés que les supérieurs, les latéraux sont tous
égaux, — abdomen globuleux ou un peu triangulaire.

Fig. 118.

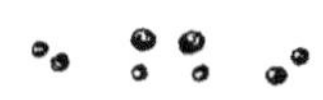

A. adroite,	*A. solers,*	Walckenaer,	France.
A. agalène,	*A. agalena,*	Walckenaer,	France.
A. eustale,	*A. eustala,*	Abbot,	Géorgie (Amérique).
A. brunâtre,	*A. subfusca,*	Koch (*schuch.*),	Grèce.
A. bituberculée,	*A. bituberculata,*	Walckenaer,	Europe.
A. à ventre noir,	*A. melanogaster,*	Koch,	Allemagne.
A. drypte,	*A. drypta,*	Walckenaer,	Europe.

3e *sous-genre*. EPEIRA, W.—Yeux antérieurs du
carré plus gros et plus distants que les supérieurs;
yeux latéraux égaux et se touchant, — abdomen
très-gros, triangulaire en dessus.

Fig. 119.

1er groupe. *Nuctenea*, E. S. (νύχτος, nuit; νέω, filer). — Abdomen circulaire, aplati, — couleur gris obscur, figures noires assez caractéristiques. — Araignées construisant leur toile la nuit, la détruisant le jour, se retirant dans les grottes, les caves et y hivernant.

N. ombraticole,	*N. umbratica*,	Walckenaer,	Europe.
N. pâle,	*N. pallida*,	Koch,	Allemagne.
N. spinivulve,	*N. spinivulva*,	L. Dufour,	Europe méridionale.
N. belle,	*N. pulchra*,	Koch,	Allemagne.
N. isabelle.	*N. isabella*,	Vinson,	île de la Réunion.
N. nocturne.	*N. nocturna*,	Vinson,	île de la Réunion.

2e groupe. *Eriophora*, E. S. (ἔριον, laine; φέρω, porter). — Abdomen ovale, déprimé en dessus, — corps d'une seule couleur et recouvert de poils laineux blanc sale, abondants, — pattes longues. — Épéires diurnes.

E. bicolore,	*E. bicolor*,		Espagne.
E. hérissée,	*E. hirta*,	Koch,	Cap.
E. épineuse,	*E. hispida*,	Koch,	Brésil.
E. vulpine,	*E. vulpina*,	Hahn,	Naples.
E. rusée,	*E. callida*,	Bosc,	Caroline.
E. vulpécule,	*E. vulpecula*,	Abbot,	Géorgie.
E. raville,	*E. ravilla*,	Koch,	Mexico.
E. fuligineuse,	*E. fuliginosa*,		Brésil.
E. anale,	*E. analis*,	Koch,	Brésil.
E. soignée,	*E. cauta*,	Abbot,	Géorgie.
E. tuberculeuse,	*E. tuberculosa*,	Vinson,	île de la Réunion.

3e groupe. *Neoscona* E. S. (νέω, filer; σχοῖνος, roseau).—Abdomen tout à fait globuleux et oviforme, de couleur jaune clair avec une figure noire sur la partie postérieure, — mâle moitié plus petit que la femelle. — Araignées vivant sur le bord des eaux, se renfermant dans des coques semblables à celle de l'anyphæne, y passant l'hiver.

N. apoclyse.	*N. apoclysa*,	Walckenaer,	Eur., Amér.
N. scalaire,	*N. scalaris*,	Fabricius,	Europe.
N. frangée,	*N. patagiata*,	Koch,	Allem., Belgique.
N. graduée,	*N. graduata*,		New-York.
N. feuillée,	*N. frondosa*,	Abbot,	Géorgie.
N. arabesque,	*N. arabesca*,	Bosc,	Caroline.
N. soyeuse,	*N. sericea*,	Clerck,	Allemagne.
N. nauséeuse.	*N. nauseosa*,	Koch,	Allemagne.
N. foliée,	*N. foliata*,	Walckenaer,	Pensylvanie.

4e groupe. *Neopora*, E. S. (νέω, filer; ὀπώρα, automne). — Abdomen globuleux faiblement anguleux, jaune rouge, orné de petites taches blanches qui forment sur le dos des figures en mosaïque régulière. — Araignées diurnes vivant dans les jardins, ne construisant pas de coques, pondant en automne, mourant au commencement de l'hiver ; les jeunes ne naissent qu'en été et ne sont adultes qu'en septembre.

N. diadème,	*N. diadema,*	Walckenaer,	Europe.
N. alsine,	*N. alsina,*	Walckenaer,	Europe.
N. de jenisson,	*N. jenisonii,*	Koch,	Allemagne.
N. quadrille,	*N. quadrilla,*	Walckenaer,	Europe.
N. marbrée,	*N. marmorea,*	Walckenaer,	Europe.
N. de Clerk,	*N. Clerkii,*	Walckenaer,	? ? ?
N. lacrymeuse,	*N. lacrymosa,*	Quoy et Gaymard,	Port-Jackson.
N. cratère,	*N. cratera,*	Walckenaer,	France.
N. myabore,	*N. myabora,*	Walckenaer,	France.
N. à lunette,	*N conspicellata,*	Abbot,	Géorgie.
N. magellanique,	*N. magellanica,*		Amérique méridion.

Fig. 120.

5e groupe. *Epeira.* — Abdomen renflé, anguleux, tout à fait triangulaire, jaune rouge avec des lignes foncées en travers. — Epéires diurnes vivant dans les bois, ne construisant pas de coques, pondant au printemps, hivernant, paraissant adultes dès les premiers jours d'avril.

E. anguleuse,	*E. angulosa,*	Walckenaer,	Europe.
E. cornue,	*E. cornuta,*	Walckenaer,	Europe.
E. de Gistl,	*E. Gistlii,*	Koch,	Allemagne.
E. circée,	*E. circea,*	Savigny,	Égypte, Algérie.
E. bicorne,	*E. bicornis,*	Walckenaer,	France.
E. gibbeuse,	*E. gibbosa,*	Walckenaer,	France.
E. croisée,	*E. cruciata,*	Walckenaer,	France.
E. des pins,	*E. pinetorum,*	Koch,	Allemagne.
E. fourchue,	*E. furcata,*	Walckenaer,	France.
E. épaisse,	*E. crassa,*	Quoy et Gaymard,	Nouvelle-Zélande.
E. dromadaire,	*E. dromedaria,*	Walckenaer,	Europe.
E. grosse,	*E. grossa,*	Koch,	Allemagne.

6e groupe. *Cyrtophora,* E. S. (χύρτος, bosse ; φέρω, porter). — Parties supérieure et postérieure de l'abdomen couvertes de tubercules irréguliers, — épéires diurnes, vivant sur les plantes, filant plusieurs cocons.

C. de l'opuntia,	*C. opuntiæ,*	Léon Dufour,	Nouveau-Monde.
C. citricole,	*C. citricola,*	Forskaël,	Naples.
C. jaune,	*C. flava,*	Vinson,	île de la Réunion.
C. pourprée,	*C. purpurea,*	Vinson,	île de la Réunion.
C. circonspecte,	*C. circonspecta,*	Freycinet,	Rio-Janeiro.
C. mexicaine,	*C. mexicana,*	Lucas,	Antilles.
C. floconneuse,	*C. glomosa,*	Abbot,	Géorgie.
C. oculée,	*C. oculata,*	Walckenaer,	France.
C. trifourchée,	*C. trifurcata,*	Doumerc,	Guyane.
C. anséripède,	*C. anseripes,*	Quoy et Gaymard,	îles Célèbes.

| G. paradoxe, | *C. paradoxa,* | Lucas, | Algérie. |
| G. mitrale, | *C. mitralis* (1), | Vinson, | Madagascar. |

Épéires trouvées à la Géorgie américaine par le voyageur Abbot, que les descriptions incomplètes de Walckenaer ne permettent pas de classer avec certitude et qui appartiennent probablement aux genres singa, épéire, argyope ou néphile.

E. sacra.	E. illustrata.	E. emphana.	E. iris.
E. anastera.	E. portita.	E. nephodæ.	E. ectypa.
E. miniata.	E. decolorata.	E. trinotata.	E. segmentata.
E. cingulata.	E. fulva.	E. subfusca.	E. cerasiæ.
E. fuliginosa.	E. dissimulata.	E. guttulata.	E. amictoria.
E. apotroga.	E. triflex.	E. bivittata.	E. æmula.
E. spatulata.	E. petarata.	E. jaspidata.	

Épéires rapportées du Chili par M. Nicolet et encore non décrites.

E. flaviventris.	E. clymena.	E. rectangulata.	E. transversalis.
E. gasteracanthoïdes.	E. cruciata.	E. dorsalis.	E. quadripunctata.
E. inflata.	E. valdurensis.	E. affinis.	E. thalia.
E. flavipes.	E. bicaudata.	E. hispida.	E. longipes.
E. flavifrons.	E. immunda.	E. næva.	E. obliterata.
E. erudita.	E. quadrimaculata.	E. americana.	

Ainsi réduit, le beau genre épéire de Walckenaer renferme encore un grand nombre d'espèces, mais si étroitement liées par une forme et des caractères communs, qu'il est impossible, comme le veut M. Koch, de pousser plus loin la subdivision. Toutes ont les yeux disposés en trois groupes et bien séparés, les pattes de médiocre longueur, mais plus robustes, un abdomen élevé en avant et triangulaire en dessus. Chez toutes, la peau a la même coloration, et est seulement ornée de dessins différents. L'Europe est bien partagée comme espèces ; les épéires lui fournissent ses plus abondantes et ses plus belles araignées.

----

(1) Je ne classe qu'avec doute dans cette liste l'*epeira mitralis* de M. Vinson, qui me paraît différer autant des épéires que les gastéracanthes et les acrosomes, dont nous parlerons plus loin. La singularité des expansions cornées de son tégument, et la disposition de ses membres qui se séparent en deux faisceaux comme la patte d'un perroquet ou d'un caméléon, lui donnent une physionomie singulière et unique.

Ce genre se distingue des gastéracanthes et des acrosômes, parce que sa première paire de pattes est la plus
allongée. Le plus ou moins de grosseur et d'éloignement
des yeux intermédiaires antérieurs a servi pour caractériser les·trois sous-genres *miranda*, *atea* et *epeïra*, qui
m'ont paru les plus naturels que l'on puisse établir dans
le grand genre épéire.

ESPÈCES PRINCIPALES.

*Épéire diadème. — E. scalaire. — E. agalène. — E. quadrille·
— E. apoclyse. — E. marbrée. — E. ombraticole. — E. anguleuse. — E. cucurbitine. — E. de l'opuntia.*

L'*épéire diadème* (*neopora*) est une grosse araignée dont
la couleur est jaune, plus ou moins rougeâtre ou noirâtre,
et dont l'abdomen est orné de petites taches blanches disposées en croix, ce qui lui a valu le nom de *porte-croix*
ou de *croix de Saint-Denis* que les jardiniers lui donnent
souvent. Elle est extrêmement commune en France, à
Paris même, où au mois de septembre elle apparaît par
milliers avec tout son développement.

La toile qu'elle construit est grande, elle est composée
de cercles s'écartant de plus en plus et régulièrement
d'un centre, d'où partent des rayons nombreux qui, en
s'éloignant, croisent perpendiculairement ces cercles.

Elle est de plus soutenue au milieu de l'air, et dans une
position verticale, par de grands fils disposés généralement en triangle, et attachés à des objets placés souvent
à des distances considérables.

Trois ordres de fils entrent dans sa composition : les
grands fils suspenseurs, destinés à soutenir l'édifice, les
rayons qui doivent maintenir les cercles, et enfin ces cercles eux-mêmes qui forment la trame de la toile.

Comment l'épéire diadème s'y prend-elle pour con-

Fig. 121.

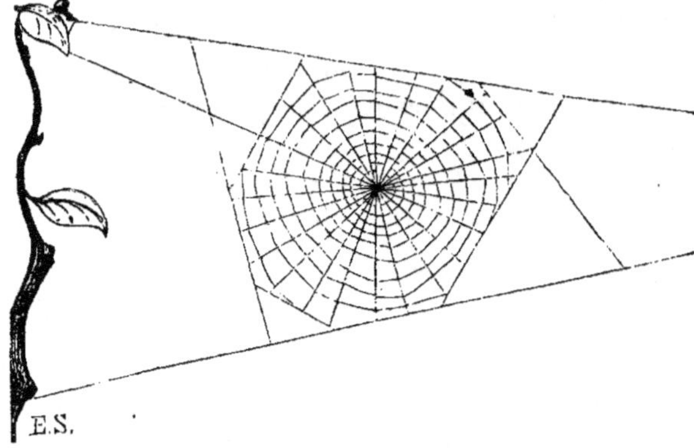

Toile de l'épéire.

struire cette toile dont l'admirable régularité, et surtout la manière dont elle est suspendue, étonnent tous ceux qui l'examinent?

Plusieurs auteurs ont cherché à l'expliquer : les uns ont dit que l'araignée projetait son fil comme une flèche, d'autre ont prétendu qu'elle s'élevait dans l'air en volant comme les mouches ; suivant d'autres encore, après avoir fixé son fil, elle le dévidait et l'entraînait avec elle jusqu'au point où elle voulait l'attacher ; mais aucune de ces explications ne repose sur l'observation, et toutes doivent être considérées comme de simples hypothèses. On peut cependant, par une expérience très-simple et qui m'a toujours réussi, voir de la manière la plus nette comment cette épéire s'y prend pour amarrer ces grands fils.

Si l'on choisit une épéire jeune encore, parce qu'elle est moins craintive, qu'on la prenne le soir, moment qu'elle préfère pour filer, et qu'on la place dans des conditions favorables pour l'exécution de son travail, c'est-à-dire en plein air et sur un point d'appui environné à une certaine distance d'objets élevés, on la voit construire sa toile, sans s'inquiéter de la présence de l'observateur qui peut suivre facilement toutes les manœuvres qu'elle exécute.

Après être restée quelque temps immobile pour se remettre de la frayeur que lui a occasionnée son déplacement, ou pour bien s'assurer qu'elle n'a plus rien à craindre, elle se met à l'œuvre; elle explore d'abord la surface de l'objet sur lequel on l'a placée, va, vient, et enfin s'arrête sur un endroit qui lui paraît convenable pour établir la base de son édifice; c'est ordinairement un point en saillie. Là elle fixe un petit peloton de soie; pendant ce travail souvent elle se laisse glisser le long de son fil, puis remonte, peut-être pour aider le dévidement; cependant, ce peloton fixé, elle reste tranquille, et si on l'examine dans cet instant avec une grande attention, on voit sortir de ses filières un fil extrêmement fin; ce fil s'allonge et, soulevé par l'air, prend bientôt une position horizontale en se dirigeant du côté opposé au vent; il est tellement délié qu'on le perd facilement de vue : cependent il s'allonge toujours et progressivement, jusqu'à ce qu'enfin son extrémité libre atteigne un des objets environnants et y prenne adhérence; l'épéire avertie le tend immédiatement, puis s'élance dessus et franchit hardiment l'espace, pour aller reconnaître le point sur lequel il s'est amarré.

Quelquefois pendant que l'observateur est occupé à retrouver le fil qu'il a perdu de vue, il est tout surpris de voir l'araignée quitter l'endroit sur lequel elle est, et venir droit sur lui ; c'est ce qui arrive lorsque le fil, dérangé de sa direction, est allé à son insu s'attacher sur ses vêtements (1). Une fois que ce premier fil qui doit servir d'attache aux autres est tendu de la manière que je viens de décrire, l'épéire s'occupe à trouver un troisième point d'appui pour y amarrer le second de ses fils suspenseurs. On comprend que l'espace dont elle dispose et que la position des objets qui l'environnent doivent influer sur la direction et la longueur de ce fil, aussi elle ne le tend pas toujours de la même manière ; il arrive souvent qu'elle revient sur son premier fil, et qu'après en avoir fixé un sur lui à moitié de sa longueur, elle se laisse glisser pour aller en attacher un autre perpendiculairement au-dessous ; d'autres fois, en revenant sur ce fil, elle en dévide un autre dont elle empêche l'adhérence, et qu'elle va fixer à quelques décimètres plus bas que le premier ; je l'ai vue plusieurs fois tendre un fil parallèle à son premier, l'appliquer intimement contre, puis revenir au milieu de ce double fil, appuyer ses filières sur le nouveau tendu, et se jeter à terre en le tirant avec assez de force pour que, sans se briser, il abandonne le premier dans son milieu et forme avec lui un triangle, etc., etc. Pour donner au contour intérieur de ce triangle la forme d'un polygone, l'épéire a soin de couper ses angles par de petits fils obliques, ce qui complète le cadre qui doit limiter la toile

---

(1) En marchant, cette araignée laisse presque toujours sortir de ses filières un fil qui se dévide à mesure qu'elle avance, et qu'elle colle de distance en distance en appuyant son abdomen contre l'objet sur lequel elle est. Ce fil, dont elle se sert pour se maintenir et pour remonter lorsqu'elle a glissé, se détache souvent par brins qui, soulevés par le vent, vont se fixer sur les arbustes environnants. Pour l'épéire, c'est autant de cordes tendues dont elle profite pour passer d'un endroit à un autre, et aussi pour suspendre sa toile.

formée elle-même, comme nous allons le voir, par des rayons et des cercles soyeux. Si le moyen que l'épéire emploie pour tendre ses grands fils a pu échapper à la plupart des observateurs, la manière dont elle construit ses rayons, et surtout ses cercles concentriques, est connue depuis bien longtemps, et a été fort bien observée et décrite par l'entomologiste suédois de Geer.

Placée sur le point le plus élevé de son cadre polygonal, elle y colle un fil et se laisse tomber en ligne droite sur le point le plus bas, de manière à en diviser l'intérieur par un diamètre parfaitement vertical; d'un seul coup d'œil elle en a mesuré la longueur, se rend à la moitié, et là fixe un petit flocon de soie blanche sur lequel doivent s'appuyer tous les rayons; c'est de ce point qu'elle part : après avoir déposé une gouttelette de soie sur le flocon, elle monte verticalement sur le rayon déjà construit, en dévidant un fil qui lui est parallèle; arrivée sur la corde horizontale qui forme le cadre, sans lâcher le fil qu'elle tient à ses filières, elle s'écarte de celui sur lequel elle est montée, et va le fixer en le tendant à la distance convenable, ce qui forme un nouveau rayon sur lequel elle redescend au centre pour remonter et en même temps en tendre un troisième ; elle fait de la même manière tout le tour de sa toile jusqu'à ce qu'elle rencontre le premier rayon qu'elle a tendu.

Seulement il lui arrive souvent de ne pas suivre un ordre régulier et de tendre alternativement un rayon supérieur et un rayon inférieur.

Pour la construction des cercles soyeux, c'est encore le petit flocon central qui est le point de départ de notre fileuse : après y avoir collé un fil, elle tourne autour de lui et passe de rayon en rayon, appliquant ses filières

sur chacun d'eux, et y attachant ce fil avec ses pattes
postérieures; elle s'écarte ainsi de plus en plus du centre
en décrivant des cercles, jusqu'à ce qu'elle ait atteint le
cadre extérieur, de manière à former une spirale très-
régulière; arrivée au point le plus éloigné, elle recommence à filer une seconde spirale, mais cette fois en allant
de l'extérieur au centre, et en passant entre les mailles
de la spirale déjà construite, jusqu'à ce qu'elle ait rencontré le petit flocon central sur lequel elle doit se reposer,
et passer la plus grande partie de son existence, immobile et aux aguets.

Pour la confection complète de cette trame si compliquée, l'épéire diadème ne reste pas plus d'une heure, aussi
la reconstruit-elle immédiatement lorsqu'elle a été détruite par un accident quelconque. Il est bon de noter à
ce propos l'habitude singulière qu'elle a, lorsque sa toile
a été brisée, d'en rassembler aussitôt tous les fils épars,
d'en former un peloton et de l'avaler, s'aidant de ses
pattes pour l'introduire entre ses mandibules.

L'épéire diadème ne construit pas de coque à côté de
sa toile, comme beaucoup d'autres espèces du même
genre; mais se contente de rapprocher et de maintenir
ensemble plusieurs feuilles, de manière à former une retraite et un abri.

Elle se tient là, la tête dirigée du côté de sa toile, avec
laquelle sa demeure communique par un fil particulier
plus fort que les autres, et qui va directement au flocon
central.

Lorsqu'un insecte se prend dans ses filets, l'araignée
descend au moyen de ce simple fil avec une telle rapidité
qu'on pourrait croire qu'elle se laisse glisser. Arrivée sur
sa toile, elle attaque la mouche; si elle est petite, elle

l'entraîne sans difficulté dans sa retraite ; si elle offre une
trop vive résistance, elle colle des fils nombreux sur son
corps, tout en la faisant tourner au moyen de ses pattes
antérieures avec une adresse telle que beaucoup de personnes s'amusent à jeter de grosses mouches dans cette
toile pour se donner ce petit spectacle, que l'on compare
souvent au mouvement que fait un tourne-broche : cette
manœuvre a pour but d'arrêter la fuite trop rapide des
mouches, ou de rendre inoffensives les proies les plus vigoureuses.

C'est au mois de septembre que les épéires diadèmes
atteignent tout leur développement ; c'est aussi à cette
époque, qu'elles sont ornées de leurs plus belles couleurs
et qu'elles construisent ces vastes toiles qui pullulent
partout.

Elles pondent leurs œufs pendant le mois d'octobre ;
mais ce n'est pas à côté de leur toile, qu'elles abandonnent alors, qu'elles vont déposer leur cocon : elles choisissent pour cela les endroits les plus retirés, le dessous
des pierres ou des toits, les trous des murs abrités, etc.

Ces œufs sont gros, ronds, jaunâtres et en nombre considérable, ce qui explique la vulgarité de cette espèce ; le
cocon qui les enveloppe est fait d'une bourre de soie serrée, épaisse et d'une couleur jaune doré.

Là, les œufs passent l'hiver et éclosent à la fin du printemps : les petits ne se dispersent pas tout de suite, mais
restent environ un mois en société ; chacun d'eux tend
de petits filets de manière que le tout forme un gros
flocon fourmillant d'araignées : celles-ci ne ressemblent
pas à l'épéire adulte, mais ont une couleur jaune uniforme avec une tache noire au-dessus de l'anus. Dès qu'on

touche au flocon, il s'agite, grossit, s'écarte, et les jeunes qui le composent se dispersent.

Vers le mois de juin, lorsque ces jeunes sont assez forts, ils se séparent et cherchent chacun de leur côté un endroit propice à la construction de leur toile; c'est alors que l'on voit apparaître de tous côtés, au travers des allées, sur les plantes, en un mot partout, ces innombrables toiles, tellement délicates que le vent venant à les détacher, les enlève souvent à des hauteurs considérables, entraînant quelquefois l'araignée, qui voyage ainsi dans les airs. Ces fils, blanchis par la rosée du matin, retombent en longs flocons que l'on désigne sous le nom de *fils de la Vierge.*

Les mâles, après l'accouplement, dépérissent et meurent; quant aux femelles, la plupart ne pouvant supporter le froid, subissent le même sort après la construction de leur cocon : quelques-unes seulement survivent en s'enveloppant d'une coque de soie blanche sans ouverture, et d'un tissu très-serré (1).

L'*épéire agalène* est fort commune au printemps, dans les environs de Paris, surtout dans les clairières des bois ; au mois de mai elle fabrique un cocon jaune : cette pe-

---

(1) Depuis longtemps, les naturalistes qui ont fait des expériences sur la soie de l'araignée, et qui ont cherché les avantages que l'industrie pouvait tirer de son emploi, ont reconnu la supériorité de celle de l'épéire diadème sur celle des autres espèces européennes, et surtout la quantité plus considérable que cette araignée peut fournir. Le fil de la toile a une couleur argentée, il est plus lisse, plus cassant et aussi beaucoup plus fin que celui du cocon, dont l'épaisseur n'est cependant pas le dixième de celle d'un cheveu. Ce cocon, étant plongé dans l'eau bouillante saturée de gomme et de savon, se dévide facilement et donne une soie plucheuse, d'un jaune doré. Quant au fil de la toile, la meilleure manière de l'obtenir est, après avoir maintenu l'épéire, de le prendre directement de ses filières, de l'appliquer sur un dévidoir et de dévider en tournant lentement.

tite espèce a un abdomen énorme et à peu près rond, elle est fauve avec de petites taches blanches.

L'*épéire scalaire* (*neoscona*), une des plus belles du genre, est très-grosse, elle est jaune citron ou blanche avec un parallélogramme noir à la partie postérieure de l'abdomen; ses pattes sont rouges à la base, annelées à l'extrémité; elle se cache dans les feuilles qu'elle rapproche et roule en cornet, mais ne construit pas de coque. Elle vit dans les bois et les jardins, mais plus particulièrement sur le bord des étangs et des mares; sa toile est plus légère et plus lâche que celle de l'épéire diadème. En Belgique elle est, avec l'épéire quadrille, la plus commune de toute la famille des épéiriformes.

L'*épéire quadrille* (*neopora*) est une grosse et belle espèce, dont l'abdomen est globuleux, jaune très-clair, avec de petites taches blanches qui forment un carré; elle n'est pas commune en France, je ne l'ai trouvée qu'une fois dans la forêt de Compiègne; en Belgique, au contraire, elle paraît fort abondante. Suivant Walckenaer, elle se renferme auprès d'une toile verticale, dans une coque blanche en forme de dôme qui ressemble à celle du theridio nervosum. Elle pond en automne.

L'*épéire apoclyse* est, après l'épéire diadème, la plus commune et la plus intéressante des espèces européennes. Un peu plus petite que la diadème, elle a des teintes aussi vives; son abdomen, de couleur blanche ou jaune, est également taché de brun ou de noir foncé. Elle recherche le bord des eaux tranquilles pour y établir sa coque et sa toile. Walckenaer l'a décrite avec grand soin; aussi c'est à lui que nous empruntons le passage suivant : « Cette « espèce, qui est une des plus répandues, est aussi une « des plus industrieuses. Elle se fait un nid de soie très-

« serrée, comme la *quadrille*, mais qui n'a qu'une petite
« ouverture que l'aranéide ferme avec ses pattes quand
« on veut la prendre. Elle enveloppe ses œufs dans un
« double cocon avec un art admirable. A l'approche de
« l'hiver, elle attache à l'entour de son nid des grains et
« des détritus de végétaux. Après l'avoir fortifié, elle le
« ferme entièrement, et n'en sort qu'au printemps sui-
« vant, très-maigre et très-affaiblie par un aussi long
« jeûne. Le mâle diffère beaucoup de la femelle ; il coha-
« bite en toute sûreté avec elle, car elle n'a rien de la
« férocité de l'épéire diadème. Sa toile est verticale, mais
« irrégulièrement orbiculaire, c'est-à-dire que les portions
« de cercles ne se correspondent pas toujours. Son cocon
« est aplati, et formé d'abord d'une enveloppe blanche,
« puis d'une bourre jaune épaisse, puis des œufs qui sont
« nombreux. »

L'*épéire ombraticole* (*nuctenea*) est très-commune ; son
abdomen est déprimé, et porte une large figure brune dont
les bords sont découpés. Elle doit son nom aux lieux ombragés et obscurs où elle établit sa toile. Elle ne se tient
que la nuit au centre de cette toile, qui n'est pas très-régulière, mais fort grande.

L'*épéire cucurbitine* (*miranda*) est une petite araignée
qui, quoique commune, l'est moins cependant que les
espèces précédentes ; elle se reconnaît facilement à sa
belle couleur jaune ou verdâtre uniforme, aux petits
points noirs très-visibles sur le dos de l'abdomen, à la
tache rouge qui se remarque au-dessus de l'anus lorsqu'elle a atteint tout son développement.

Elle se trouve, surtout au printemps, dans les jardins,
les vergers et les bois, sur les buissons et les taillis peu
élevés ; là, elle construit avec beaucoup d'art une très-

petite toile orbiculaire, toujours placée horizontalement, souvent sur une grande feuille; l'aranéide se tient au centre, en dessous et sur le ventre comme les linyphies : c'est vers la fin du mois de juin qu'elle pond quarante-cinq à cinquante œufs, gros, gris satinés, couverts d'une poussière jaune; elle les colle et les agglutine ensemble; puis elle les entoure d'un cocon de soie fine, blanche et transparente qu'elle garnit extérieurement d'une épaisse bourre de soie fauve et grossière. Suivant de Geer, elle est d'une tendresse extrême pour ce cocon, elle le place près de sa toile, entre des feuilles qu'elle a soin de maintenir rapprochées pour le protéger, elle se tient auprès, et le garde assidûment jusqu'à la dispersion des jeunes, qui a lieu au mois de septembre.

L'*épéire anguleuse*, et quelques espèces qui s'en rapprochent, sont remarquables par les deux tubercules que porte l'abdomen à sa partie antérieure. Ces petites espèces ne sont pas très-communes à Paris.

D'autres portent ces tubercules sur la partie postérieure de l'abdomen. L'*épéire de l'opuntia* (*cyrtophora*) du midi de l'Europe et de l'île de France, est la plus remarquable sous ce rapport. Cette espèce, suivant MM. L. Dufour et Vinson, suspend au-dessus de sa toile ronde plusieurs cocons très-gros, dont le tissu est solide et verdâtre.

53ᵉ Genre. **NÉPHILE**, *Nephila*, Leach.

(νέω, filer ; φιλέω, aimer).

Synonymie : *Epeira*, Waclkenaer.

Yeux, au nombre de huit, les deux antérieurs du carré plus gros et plus rapprochés que les supérieurs ; les latéraux plus ou moins distants, toujours élevés sur des tubercules.

Fig. 122.

Lèvre, aussi large que haute, presque carrée.

Pattes-mâchoires, à coxopodites, médiocrement allongés, larges et divergents à leur extrémité.

Mandibules, fortes, jamais proéminentes.

Corselet, grand, déprimé en arrière, un peu rétréci et bombé en avant, presque carré.

Abdomen, ovalaire, allongé, à dos déprimé ou cylindrique, lisse, non tuberculeux.

Pattes, moins allongées et plus fortes que celles des tétragnathes, plus allongées et plus fines que celles des épéires, dans l'ordre 1, 2, 4, 3.

Couleurs, vives, brillantes et métalliques, le plus souvent des bandes longitudinales ou transversales, jaunes, roses, dorées ou argentées.

Taille : après les mygales, les néphiles sont les plus grandes araignées, quelques-unes atteignent un décimètre ; — mâle trois à six fois plus petit que la femelle.

Patrie : une seule espèce est commune dans l'Europe méridionale, toutes les autres vivent sous les tropiques.

Habitudes : aranéides sédentaires, formant des toiles orbiculaires, grandes, proportionnées à leur taille.

ESPÈCES.

N. fasciée,	*N. fasciata*,	Walckenaer,	Europe.
N. de Latreille,	*N. Latreilla*,		île de France.
N. de Bougainville,	*N. Bouguinvilla*,		îles Salomon.
N. mauricienne,	*N. mauricia*,		île de France.
N. luzone,	*N. luzona*,		îles Philippines.

N. fastueuse,	*N. fastuosa,*		Guadeloupe.
N. cophinaire,	*N. cophinaria.*		Amérique, Géorgie.
N. argyraspide,	*N. argyraspides,*		Géorgie.
N. brillante,	*N. nitida,*		?
N. attrayante,	*N. jucunda,*		?
N. fascinatrice,	*N. fascinatrix,*		Rio-Janeiro.
N. ceinte,	*N. accincta,*		?
N. suspendue,	*N. appensa,*		?
N. fixée,	*N. affixa,*		?
N. aérienne,	*N. ætherea,*		Nouvelle-Guinée.
N. ambitoire,	*N. ambitoria,*	Koch,	New-York.
N. ambagieuse,	*N. ambagiosa,*		Espagne.
N. fasciculée,	*N. fasciculata,*	de Geer,	Brésil.
N. chrysogastre,	*N. chrysogaster,*	Walckenaer,	Indes orientales.
N. antipodiane,	*N. antipodiana,*		Nouvelle-Zélande.
N. mangeable,	*N. edulis,*		Nouvelle-Calédonie.
N. dorée,	*N. inaurata,*	Walckenaer,	Ile de France.
N. sénégalaise,	*N. senegalensis,*		Sénégal.
N. clavipède,	*N. clavipes,*		Brésil.
N. géniculée,	*N. geniculata,*	Walckenaer,	Cayenne.
N. brunipède,	*N. fuscipes,*	Koch,	Chine.
N. vespuce,	*N. vespucea*	Koch,	Brésil.
N. plumipède,	*N. plumipes,*	Koch,	Louisiane.
N. Janéire,	*N. Janeïra,*		Rio-Janeiro.
N. sombre,	*N. caliginosa,*	Freycinet,	ile de Guam.
N. doréyene,	*N. doreyana,*	Quoy et Gaymard.	Nouvelle-Guinée.
N. tétragnatoïde,	*N. tetragnatoïdes,*	Quoy et Gaymard,	Polynésie.
N. brésilienne,	*N. brasiliensis,*		Brésil.
N. perplexe,	*N. perplexa,*		Brésil.
N. d'Azzara,	*N. Azzara,*		Brésil.
N. anama,	*N. anama,*		Cochinchine.
N. de Durville,	*N. Durvilla,*	Walckenaer,	Polynésie.
N. de Madagascar,	*N. Madagascartensis,*	Vinson,	Madagascar.
N. Cunningham,	*N. Cunninghamii,*		?
N. vitienne,	*N. vitiana,*	.	iles Salomon.
N. fémorale,	*N. femoralis,*	Lucas.	Gabon.
N. d'Aubry,	*N. Aubryi,*	Lucas,	Gabon.
N. de Bourbon,	*N. Borbonica,*	Vinson,	Ile de la Réunion.
N. noire,	*N. nigra,*	Vinson,	Ile de la Réunion.
N. livide,	*N. livida,*	Vinson,	Ile de la Réunion.

Walckenaer blâmait Savigny d'avoir formé de son groupe des *épéires allongées* un genre sous le nom de *néphile*, tout en reconnaissant que ces araignées ont une forme et une physionomie différentes des vraies épéires ; mais le nombre des espèces s'étant accru considérablement,

je crois qu'il est utile aujourd'hui d'établir pour les néphiles, un genre qui, ayant, il est vrai, de nombreuses
analogies avec les épéires, s'en distingue cependant d'une
manière assez nette par ses yeux antérieurs plus gros et
plus rapprochés, par ses latéraux portés sur des tubercules, par son corselet très-court, aussi large en avant
qu'en arrière, par son abdomen cylindrique très-allongé
et dépourvu de tubercules, par ses pattes fort longues, et
surtout par l'inégalité de taille dans les deux sexes ; le
mâle, en effet, est quatre à six fois plus petit que la
femelle ; son palpe, quoique renflé, n'a jamais la complication de celui des épéires et reste plus simple.

La toile des néphiles est orbiculaire, verticale, plus
grande et à mailles plus larges que celle des autres épéiriformes ; elle est traversée par un fil plus épais que les
autres, d'une couleur argentée et disposé en zig-zag.

Ces aranéides sont les plus belles que l'on connaisse ;
leur couleur est le plus souvent métallique ; le jaune vif,
l'or ou l'argent qui couvrent leur abdomen, leur donnent
un aspect brillant, qui est rare parmi les araignées.

ESPÈCES PRINCIPALES.

Néphile fasciée. — N. chrysogastre. — N. géniculée.
N. plumipède. — N. noire.

La seule espèce européenne, la *néphile fasciée* (*épéire
fasciée*, Walck.), quoique inférieure pour la taille et le
brillant des couleurs aux espèces exotiques, n'en est pas
moins une des plus grandes et des plus belles araignées
de notre pays. Son abdomen est d'un jaune très-vif, relevé
par de petites lignes transversales blanches et noires.

Cette espèce, très-commune dans le midi de l'Europe.

ne se trouve que rarement dans le Nord, et suit particulièrement en France la culture de la vigne ; cependant
Hermann l'a prise à Strasbourg, Walckenaer aux environs
de Paris ; je l'ai vue aussi une fois à Fontenay, près Marolles.

Sa toile a une dimension considérable ; souvent on la
voit étendue entre deux arbres, ou du bord d'une petite
rivière à l'autre ; quoique très-régulière, elle l'est cependant moins que celle de l'épéire diadème, car au milieu
des rayons droits qui soutiennent les orbes concentriques,
il en est d'irréguliers qui décrivent des courbes et des
lignes brisées.

La néphile fasciée ne construit pas de coque soyeuse à
proximité de sa toile, comme les épéires quadrille et apoclyse, mais se contente de rouler plusieurs feuilles et de
s'y tenir immobile, prête à se précipiter sur les insectes
qui se prennent dans ses filets.

M. Dufour a fait connaître le mâle qui est rare ; il est
au moins trois fois plus petit et plus grêle que la femelle ;
aussi celle-ci le dévore-t-elle souvent après l'accouplement. Cet entomologiste a décrit aussi le cocon de cette
araignée : « Au temps de la ponte, dit-il, elle enferme
« ses œufs au milieu
« d'une bourre de soie
« très - fine, dans un
« grand cocon de près
« d'un pouce de lon-
« gueur, ayant la forme
« d'un ballon ovoïde
« tronqué par son petit
« bout, qui est fermé

Fig. 123.

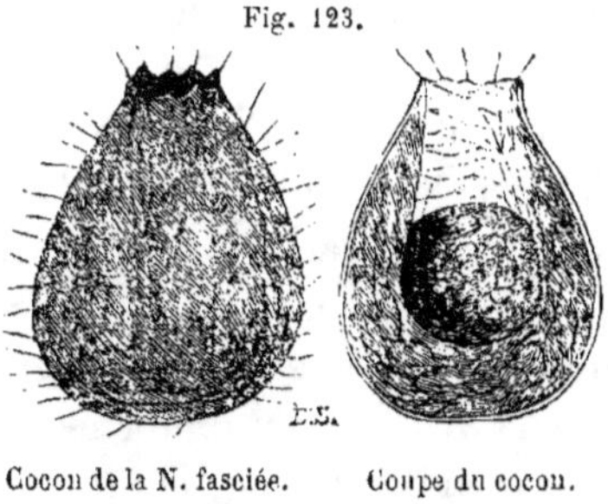

Cocon de la N. fasciée.   Coupe du cocon.

« par un opercule. Ce ballon, extérieurement garni d'un

« taffetas assez solide, panaché de petits traits noirs sur
« un fond grisâtre, est suspendu verticalement entre les
« arbustes par des fils, les uns réticulés, les autres
« droits. »

Une helminthe du genre filaire et une larve d'ichneu-
mon sont deux ennemis de cette aranéide.

Parmi les nombreuses espèces exotiques, je ne citerai
que les plus remarquables et les plus communes dans
les collections. La *néphile chrysogastre* a dix centimètres
de long, son dos est marqué de bandes noires et son
ventre est uniformément doré, ce qui lui a valu son nom ;
elle habite les Indes Orientales.

La *néphile géniculée*, presque aussi grande que la précédente, est brune, mais son abdomen est recouvert d'un
duvet argenté qui forme des bandes blanches et élégantes ; elle habite la Martinique. Ch. Darwin dit de cette
araignée : « Aux environs de Rio-Janeiro, dans le Brésil,
« chaque sentier, dans les bois, est barricadé par les toiles
« très-fortes de cette espèce. »

La *néphile plumipède* est remarquable par les bouquets
de poils qu'elle porte aux articulations des pattes.

Les nègres de la Nouvelle-Calédonie et des Indes mangent ces grandes néphiles dont ils sont très-friands.

M. Vinson a très-habilement observé et décrit les
mœurs des néphiles qui vivent à l'île de la Réunion :
l'une d'elles, qu'il appelle *épéire noire*, et qui est d'une
taille considérable, est nocturne, c'est-à-dire que le soir
elle construit une toile très-grande et très-régulière, et
que le matin elle la détruit, en mange les fils, se cache
dans des feuilles rapprochées pour recommencer ce travail la nuit suivante, et ainsi de suite. M. Vinson a également découvert l'usage du fil argenté et en spirale, si

remarquable et si constant sur les toiles des néphiles.
Lorsqu'il jetait une mouche dans la toile, l'araignée l'enveloppait de fils ordinaires : lorsqu'il jetait une proie plus forte, une sauterelle, par exemple, elle détachait son gros fil et liait plus solidement le corps de l'insecte.

La néphile noire, dit M. Vinson, tisse une toile trèsforte, susceptible d'être tissée ; ses fils sont jaune d'or ; son cocon, qui est également d'un beau jaune, est entouré d'une bourre de même couleur.

Cet observateur a fait connaître aussi le mâle de cette grosse araignée ; il est remarquable par sa taille qui ne dépasse pas 4 millimètres ; mais dans son petit volume, il représente les formes de la femelle qui a au moins 4 centimètres de long ; cependant son corselet est dépourvu des tubercules oculaires, et sa couleur est fauve, assez claire et uniforme.

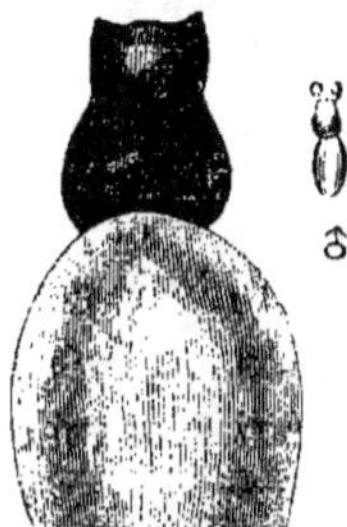

Fig. 124.

Néphile noire.

Ses mœurs sont des plus singulières : M. Vinson a observé que le mâle est souvent victime de la force de sa compagne ; aussi dans chaque toile et pour chaque femelle il y a deux mâles qui se tiennent à distance, car lorsqu'ils se rencontrent, ils se livrent des combats furieux. Il doit souvent son salut à son agilité ; il est curieux, dit M. Vinson, de le voir se promener sur le corps de la femelle, marcher sur ses côtés, fuir rapidement en se laissant glisser le long de ses grandes pattes comme après un câble ; lorsqu'il redoute sa colère, il se place sur son dos, et là n'a rien à craindre de sa férocité.

54ᵉ GENRE. **ARGYOPES,** *Argyopes,* Savigny.

(ἄργυρος, argent ; ὀπὸς, aspect.)

Synonymie : *Épéire,* Walckenaer.

Yeux, au nombre de huit : quatre au milieu, dont les deux
    postérieurs sont le plus souvent plus
    gros et plus distants que les anté-
    rieurs.

Fig. 125.

Pattes-mâchoires, à coxopodites, très-courts, arrondis, de la
    même longueur que la lèvre, ne la dépassant jamais.

Lèvre, courte, arrondie.

Corselet, court, déprimé, presque carré, à fossule peu mar-
    quée.

Abdomen, aplati, ovale ou triangulaire, recouvert d'une peau
    épaisse et coriace, tuberculeuse, plissée ou découpée
    sur les bords.

Pattes, allongées, fines, dans l'ordre suivant, 1, 2, 4, 3.

Couleurs, brillantes, abdomen et corselet recouverts d'un du-
    vet jaune, doré ou argenté, — pattes rouges, annelées
    de taches noires.

Taille : le plus souvent un ou deux centimètres.

Patrie : toutes sont exotiques, sauf trois qui habitent l'Es-
    pagne ; l'Amérique en a 12, l'Asie 3, l'Afrique 3,
    l'Océanie, 5.

Habitudes : aranéides construisant sur le bord des eaux, de
    grandes toiles orbiculaires, inclinées.

ESPÈCES.

A. aurélie,	*A. aurelia,*	Walckenaer,	Barbarie.
A. argentée,	*A. argentata,*	Koch,	Amérique.
A. magnifique,	*A. prælauta,*	Koch,	Amérique.
A. australe,	*A. australis,*	Walckenaer,	île de la Réunion.
A. fénestrée,	*A. fenestrina,*	Koch,	Amérique.
A. grillée,	*A. clathrata,*	Koch,	Afrique.
A. soyeuse,	*A. sericea,*	Latreille,	Espagne.
A. de coquerel,	*A. coquerelii,*	Vinson,	île de la Réunion.
A. splendide,	*A. splendida,*	Savigny,	Syrie.

A. dentée,	A. dentata,		Espagne.
A. émule,	A. æmula,	Quoy et Gaymard,	île Célèbes.
A. amictaire,	A. amictoria,	Freycinet,	Brésil.
A. noble,	A. nobilis,	Abbot,	Géorgie (Amér.).
A. cerise,	A. cerasia,	Abbot,	Géorgie.
A. iris,	A. iris,	Abbot,	Géorgie.
A. segmentée,	A. segmentata,	Abbot,	Géorgie.
A. diabrosse,	A. diabrossa,	Quoy et Gaymard,	Australie.
A. pustuleuse,	A. pustulosa,	Quoy et Gaymard,	Australie.
A. tridentée,	A. tridentata,	Koch,	Brésil.
A. gonygastre,	A. gonygaster,	Koch,	Brésil.
A. sablée,	A. arenata,	Abbot,	Géorgie (Amér.).
A. déprimée,	A. depressa,	Abbot,	Géorgie.
A. verruqueuse,	A. verrucesa,	Quoy et Gaymard,	Polynésie.
A. prudente,	A. prudens,	Freycinet,	Nouvelle-Guinée.
A. prostype,	A. prostypa,	Freycinet,	Brésil.
A. de decaisne,	A. decaisni ?	Lucas,	îles Pilippines.

Ce genre, établi par Savigny, est important et bien tranché. Walckenaer ne l'admettait pas, mais aujourd'hui il est accepté par presque tous les entomologistes, et on lui conserve le nom d'*argyope* que lui a donné l'illustre auteur de la *Description de i Égypte*. Toutes les épéires que nous avons vues jusqu'à présent, et celles des genres qui nous restent à examiner, sans avoir des mâchoires longues, les ont droites et dépassant la lèvre; le genre argyope a des mâchoires d'une brièveté remarquable, ne dépassant pas une lèvre fort courte, et qui, de plus, se creusent, s'évident au côté interne pour enclaver cette lèvre. Le corselet est grand, mais déprimé et sans fossule; l'abdomen, également déprimé, est recouvert d'une peau épaisse, qui se plisse et se découpe sur les bords; les pattes, qui sont fortes sont plus latérales que celles des épéires, de sorte que les argyopes ont des affinités lointaines avec les sénélops de la famille des latérigrades: toutes construisent des toiles à mailles concentriques, et ont des mœurs identiques à celles des épéires; aussi je ne m'y arrêterai pas longuement.

ESPÈCES PRINCIPALES.

Argyope argentée. — A. soyeuse.

Le type du genre est l'*argyope argentée*; cette araignée, répandue dans les collections, est argentée, comme l'indique son nom; son abdomen est déprimé et festonné sur les bords, ses pattes sont longues et annelées de taches brunes et rouges. Cette espèce est commune à la Martinique; on la trouve, avec sa grande toile orbiculaire, dans les prairies, où croissent les hautes herbes, et que sillonnent de petits cours d'eau. Le cocon dans lequel elle renferme ses œufs est, comme celui de toutes les argyopes, ovoïde et tronqué aux deux bouts.

L'*argyope soyeuse* habite le sud de l'Europe et n'est pas rare en Espagne; sa couleur fauve uniforme permettra de la distinguer.

53ᵉ Genre. **GASTÉRACANTHE**, *Gasteracantha*, Latreille.

(γαστήρ, ventre ; ἄκανθα, épine.)

Synonymie : *Plectana*, Walckenaer.

Yeux, au nombre de huit, égaux, quatre intermédiaires formant un carré régulier assez resserré, les latéraux rejetés très-loin sur les côtés se touchant.

Fig. 126.

Lèvre, large, grande, arrondie à son extrémité.

Pattes-mâchoires, à coxopodites, en forme de massue, très-étroits à la base, mais dilatés et arrondis à leur extrémité, surtout au côté interne, — portion libre, grêle et courte.

Corselet, très-court, plus large que long.

Abdomen, beaucoup plus large qu' long, recouvert d'une peau épaisse, dure et cornée, portant trois paires d'épines, dures et aiguës, dont la longueur varie beaucoup ; ventre mou, conique, terminé par les filières.

Pattes, courtes quoique fines, dans l'ordre 4, 1, 2, 3.

Couleur, brune, jaune ou rouge, le plus souvent relevée par des taches noires ou blanches régulières.

Taille, peu considérable, n'excédant jamais un centimètre.

Patrie : toutes sont étrangères à l'Europe et vivent sous les climats les plus brûlants.

Habitudes : aranéides orbitèles, filant de grandes toiles orbiculaires comme les épéires, se tenant le plus souvent au centre, immobiles et guettant leur proie.

1ᵉʳ *sous-genre*. EURYSOMA, Koch (εὐρύ, large ; σῶμα, corps). — Abdomen recouvert d'une épaisse cuirasse circulaire, dépassant ses rebords, mais lisse et régulière, ne présentant pas trace d'épine.

E. impériale,	*E. imperialis,*	Walckenaer;	Cap.
E. hémisphérique,	*E. hemispherica,*	Koch,	Afrique (sierra Leona).
E. à bouclier,	*E. scutata,*	Perty,	Brésil.

Fig. 127.

2ᵉ *sous-genre*. TETRACANTHA, E. S. (τέτρα, quatre;
ἄκανθα, épine). — Abdomen plus large que long,
garni de chaque côté d'une petite épine, et en arrière de deux autres également petites.

T. à quatre dents,	*T. quadridentata,*	Koch,	Saint-Thomas.
T. pâle,	*T. pallida,*	Koch,	?
T. de Linné,	*T. Linnei,*	Walckenaer,	Cafrerie.
T. large,	*T. lata,*	Walckenaer,	Guadeloupe.

Fig. 128.

3ᵉ *sous-genre*. COLLACANTHA. E. S. (κολλάω, sou-
der; ἄκανθα, épine). — Abdomen beaucoup plus
large que long, souvent un peu creusé dans le milieu, portant six épines, dont deux de chaque
côté, droites, obtuses et intimement soudées.

C. géminée,	*C. geminata,*	Fabricius,	Indes Orientales.
C. de serville,	*C. servillii,*	Guérin,	Brésil

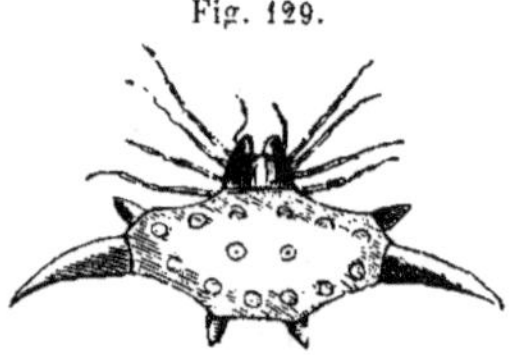

Fig. 129.

4ᵉ *sous-genre*. GASTERACANTHA (proprement dites). — Abdomen beaucoup plus
large que long, garni de six épines : quatre
latérales, dont les inférieures sont quatre
à six fois plus longues que les supérieures;
— deux épines postérieures horizontales.

G. à trois découpures,	*G. triscrrata,*	Walckenaer,	Guyane
G. bariolée,	*G. versicolor,*	Walckenaer,	Cafrerie.
G. de Madagascar,	*G. Madagascariensis.*	Vinson,	Madagascar.
G. magnifique,	*G. formosa,*	Vinson,	Madagascar.
G. voûtée,	*G. fornicata,*	Walckenaer,	Nouvelle-Calédonie.
G. transversale,	*G. transversalis,*	Walckenaer,	Timor.
G. chilienne,	*G. chilensis,*		Chili.
G. falcifère,	*G. falcifera,*	Koch,	Manile.
G. oblique,	*G. obliqua.*	Koch,	Brésil.

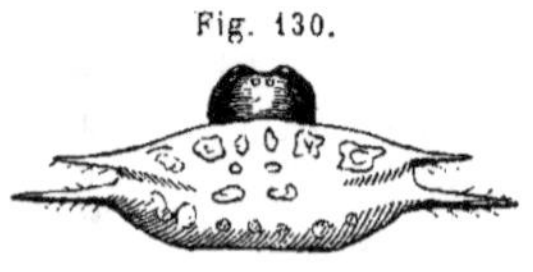

Fig. 130.

5ᵉ *sous-genre*. ATELACANTHA, E. S. (ἀτελής,
incomplet; ἄκανθα, épine). — Abdomen
beaucoup plus large que long et un peu
bombé, ne portant que deux paires d'é-
pines, droites et parallèles, sur les parties
latérales.

A. de Malacca,	*A. Malayensis,*	Eug. Simon,	Malacca.

Fig. 131.

6ᵉ *sous-genre*. ISACANTHA, E. S. (ἴσος, égal ; ἄκανθα, épine). — Abdomen plus large que long, ayant la forme d'un carré-long ; six épines très-courtes, obtuses et égales : une à chaque angle du carré, deux sur sa partie postérieure.

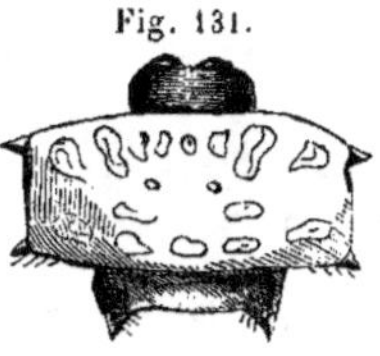

I. cancriforme,	*I. cancriformis*,	Brown,	Antilles.
I. hexacanthe,	*I. hexacantha*,	Walckenaer,	Antilles.
I. cuspidée,	*I. cuspidata*,	Koch,	Java.
I. ellipsoïde,	*I. ellipsoïdes*,	Abbot,	Géorgie.
I. de Lepelletier,	*I. Lepelletieri*,	Guérin,	Taïti.
I. à six découpures,	*I. sexserrata*,	Walckenaer,	Cayenne.
I. à cinq découpures,	*I. quinqueserrata*,	Walckenaer,	Guyane.
I. acuminée,	*I. acuminata*,	Walckenaer,	Java.
I. variée,	*I. variegata*,	Quoy et Gaymard,	Nouvelle-Guinée.
I. de Bourbon,	*I. borbonica*,	Vinson,	île de la Réunion.
I. de Maurice,	*I. mauricia*,	Walckenaer,	île Maurice.
I. blanche,	*I. alba*,	Vinson,	île de la Réunion.

Fig. 132.

7ᵉ *sous-genre*. ACTINACANTHA, E. S. (ακτιν, ινος, rayon ; ἄκανθα, épine). — Abdomen aussi large que long, presque arrondi : six épines inégales, également éloignées, divergentes comme si elles rayonnaient d'un centre.

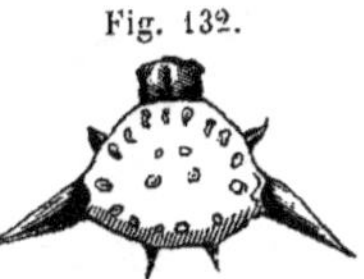

A. globulée,	*A. globulata*,	Walckenaer,	Malaisie.
A. velitée,	*A. vilitaris*,	Koch,	Brésil.
A. Hassellie,	*A. Hassellii*,	Koch,	Asie, Ceylan.
A. curvispine,	*A. curvispina*,	Guérin,	Guinée.
A. mucronée,	*A. mucronata*,	Walckenaer,	Cafrerie.
A. inverse,	*A. inversa*,	Walckenaer,	Cafrerie.
A. tétraèdre,	*A. tetraedra*,	Walckenaer,	
A. pretextée (1),	*A. prœtextata*,	Quoy et Gaymard,	Nouvelle-Guinée.
A. atlante (1),	*A. atlantica*,	Walckenaer,	Saint-Domingue.
A. sanguinolente,	*A. sanguinolenta*,	Koch,	Cap.
A. à cicatrice,	*A. cicatricosa*,	Koch,	Cap.
A. rougeâtre,	*A. rubiginosa*,	Koch,	Saint-Domingue.
A. mamelonnée,	*A. mammosa*,	Koch,	Brésil.
A. à pieds annelés,	*A. annulipes*,	Klug,	Manille.
A. couleur de pois,	*A. picea*,	Koch,	Brésil.

---

(1) Les deux espèces *prétextée* et *atlante*, décrites par Walckenaer, n'appartiennent peut-être pas au genre gastéracanthe.

8ᵉ *sous-genre*. MACRA-
CANTHA, E. S. (μαχρὸς,
grand; ἄχανθα, épine). —
Abdomen un peu plus large
que long, presque trian-
gulaire; épines antérieures
petites et aiguës, épines
postérieures également petites, épines intermédiaires
cinq fois aussi longues que
le corps, arquées, presque
verticales.

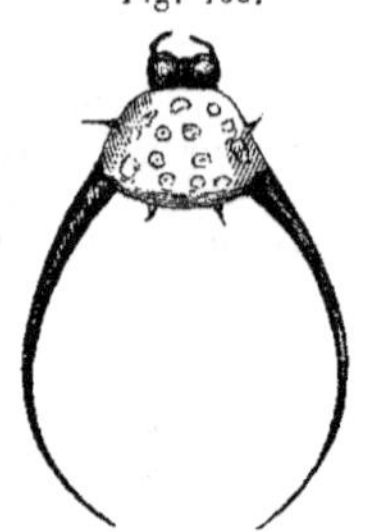

Fig. 133.

M. curvicaude,	*M. curvicauda*,	Vauthier,	Java.
M. fourchée,	*M. furcata*,	Fabricius,	Saint-Domingue.
M. arquée,	*M. arquata*,	Fabricius,	Indes or. Malacca.

Le genre gastéracanthe, si connu des entomologistes
et si nombreux dans les collections, renferme les araignées les plus singulières que l'on connaisse. Ce sont les
seules, avec les acrosômes, chez lesquelles la peau de
l'abdomen se durcit et devient solide de manière à constituer un bouclier dorsal. Cet abdomen est toujours
beaucoup plus large que long, il présente latéralement
deux paires d'épines horizontales, dont la direction et la
grosseur caractérisent les subdivisions, et une troisième
paire à son extrémité postérieure. Le ventre, qui reste
mou, a la forme d'un cône, dont les filières occupent le
sommet et le centre. Toutes les espèces ont cette forme
générale et le même nombre d'épines; mais le bouclier
varie dans ses proportions: tantôt il est presque aussi
long que large, tantôt il est deux à quatre fois plus large
que long, tantôt les épines sont longues, tantôt elles sont
courtes et rudimentaires. Les yeux des gastéracanthes
sont semblables à ceux des épéires. La forme de leurs
mâchoires, la conformation générale de leur corps, et
leur quatrième paire de pattes plus longue les en distin-

guent nettement. Les mœurs sont les mêmes dans ces
deux grands genres.

ESPÈCES PRINCIPALES.

*Gastéracanthe cancriforme. — G. hexacanthe. — G. bariolée.
G. voûtée. — G. prétextée. — G. transversale.*

Je ne décrirai pas toutes les espèces dont j'ai donné la
liste plus haut ; je me contenterai de dire quelques mots
des cinq plus communes dans les collections ; je ne m'arrêterai pas longtemps sur les mœurs, car elles sont à peine
connues, et ressemblent d'ailleurs à celles des épéires.

La *gastéracanthe cancriforme* a un corselet noir et
carré, un abdomen presque hémisphérique, jaune pâle,
avec quatre ou six taches noires en carré dans le milieu,
et deux rangées de points de même couleur sur le pourtour de la circonférence ; les épines ainsi que les pattes
sont rouges ; elle est commune à la Jamaïque.

La *gastéracanthe hexacanthe* a l'abdomen très-large, de
couleur claire, avec des taches granuleuses surmontées
chacune d'une petite épine : il porte quatre ou six taches
noires dans le milieu, et des lignes noires aux deux extrémités ; le corselet et les pattes sont d'un beau rouge. Elle
est plus rare que la précédente, et se trouve aux Antilles.
La *gastéracanthe bariolée* n'est pas rare en Cafrerie et au
Cap ; c'est une de celles dont l'abdomen est le plus large
proportionnellement à sa longueur ; il est en même temps
convexe dans son milieu, et relevé sur ses bords ; sa couleur est jaune avec des taches noires et des lignes roses
transverses. Cette curieuse espèce a les épines latérales
fort rapprochées. ·

Les *gastéracanthes* dites *de Linné et voûtée*, comme

d'autres espèces voisines, ont l'abdomen énormément
élargi, les épines courtes, et sont entièrement brunes, plus
ou moins rougeâtres, avec des points enfoncés, rangés régulièrement sur le dos. Elles habitent le midi de l'Afrique et l'archipel Malaisien.

La *gastéracanthe prétextée*, rapportée de la Nouvelle-
Guinée, a l'abdomen presque carré, brun, entouré d'une
large bande noire.

La Nouvelle-Calédonie nourrit encore la *gastéracanthe
transversale*, dont l'abdomen, très-étroit et jaune, est un
peu creusé dans le milieu, et porte deux rangs de points
noirs.

M. Vinson dit de la *gastéracanthe de l'île Bourbon* :
« Elle tisse une toile verticale, d'un mètre environ et plus ;
« les fils sont différents de ceux des autres aranéides ; ils
« offrent de petits renflements cotonneux de distance en
« distance, mais très-rapprochés, de façon qu'entre ces
« renflements ils paraissent interrompus. L'aranéide se
« tient au centre. Elle est vive lorsqu'elle marche ; mais
« lorsqu'on la touche, elle se laisse tomber en demeurant
« attachée à son fil, à l'aide duquel elle va se replacer
« sur sa toile. Le cocon est ovoïde, rond, aplati. La bourre
« qui l'enveloppe comprend une étendue de 20 millimè-
« tres, et le noyau central mesure 10 millimètres d'éten-
« due transversale. Le centre qui contient les œufs est
« blanc, mais il brunit au moment de l'éclosion : tout le
« reste du cocon, extérieurement, est en bourre laineuse
« jaune et verte. Le 1ᵉʳ juillet, une gastéracanthe, enfer-
« mée dans un flacon, a fixé son cocon contre la paroi :
« le 25, les petits sont éclos ; on les voit bien avec leur
« forme, leurs petites pattes, mais ils sont encore empri-
« sonnés dans le cocon ; ils paraissent noirâtres : ils sor-

« tent et se répandent le 11 août. En somme, dans notre
« hiver, l'éclosion des œufs et la sortie des petits occu-
« pent une période de quarante jours. A l'état naissant,
« les petites gastéracanthes sont rondes et noires, sans
« épines, avec une tache blanche triangulaire sur l'ab-
« domen. »

La plus singulière de toutes les gastéracanthes est la
curvicaude. C'est une belle araignée, dont l'abdomen jaune
clair est orné de taches granuleuses rouges, et est terminé par des épines trois fois aussi longues que le corps,
d'un beau rouge, dressées verticalement et recourbées en
avant. Cet ensemble de particularités donne à cette araignée un aspect curieux et des plus singuliers.

56ᵉ Genre. **ACROSÔME**, *Acrosoma*. Hahn.

(ἄκρος, élevé ; σῶμα, corps.)

Synonymie : *Plectana*, Walkenaer ; *Gasteracantha*, Latreille.

Yeux, huit, les latéraux très-écartés du carré médian, les intermédiaires supérieurs plus petits que les antérieurs.

Lèvre, ovalaire, grande, élargie à sa base.

Mâchoires, courtes, droites, étroites à leur base, mais élargies et arrondies à leur extrémité.

Corselet, deux fois plus long que large, tronqué et bombé en avant.

Abdomen, ayant la forme d'un triangle dont le sommet est attaché au corselet ; à dos convexe, à bords relevés et hérissés d'un grand nombre d'épines horizontales, verticales ou obliques (toujours plus de trois paires) de dimension et de force variables.

Pattes, fines, plus allongées que chez les gastéracanthes, dans l'ordre 4, 1, 2, 3.

Couleur, le plus souvent formée par des taches rouges, jaunes ou noires.

Taille, 1 centimètre et plus.

Patrie : toutes sont exotiques.

Habitudes : aranéides filant des toiles orbiculaires verticales se tenant toujours au centre et immobiles.

Fig. 134.

1ᵉʳ *sous-genre*. Acrosoma (proprement dites). — Abdomen triangulaire, creusé dans le milieu, portant sur ses bords, qui sont relevés et dilatés, un nombre variable d'épines plus ou moins longues (1).

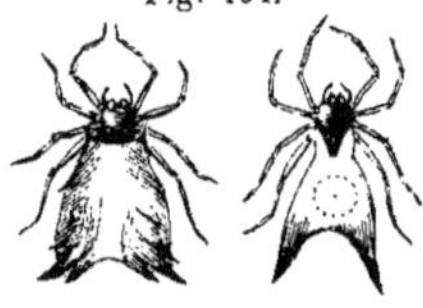

A. pointue,	A. *aculeata*,	Fabricius,	Cayenne.
A. à grosses épines,	A. *crassispina*,	Koch,	Amérique.
A. transitoire,	A. *transitoria*,	Koch,	Brésil.

(1) Chez les acrosômes, la direction et le nombre des épines de l'abdomen varient à l'infini et ne sont souvent pas identiques dans les individus d'une même espèce, de sorte qu'ils ne peuvent servir, comme chez les gastéracanthes, à caractériser des sous-genres.

A. à huit épines,	A. *spinosa*,	Linné,	Amérique.
A. aiguë,	A. *acuta*,	Walckenaer,	Cayenne.
A. fendue,	A. *difissa*,		Brésil.
A. piquante,	A. *pungens*,	Walckenaer,	Cayenne.
A. de Geer,	A. *Degeeri*,	De Geer,	Surinam.
A. sagittée,	A. *sagittata*,	Abbot,	Géorgie.
A. militaire,	A. *militaris*,	Fabricius,	Amérique méridion.
A. parente,	A. *affinis*,	Koch,	Brésil.
A. cousine,	A. *patruela*,	Koch,	Brésil.
A. à épée,	A. *glabiola*,		Amérique.
A. à grandes pointes,	A. *macrocantha*,		Brésil.
A. armigère,	A. *armigera*,		Brésil.
A. squammeuse,	A. *squammosa*,	Walckenaer,	Guyane.
A. de Vigors,	A. *Vigorsii*,	Koch,	Brésil.
A. massigère,	A. *clavatrix*,	Walckenaer,	Malaisie.
A. triangulaire,	A. *triangularis*,	Koch,	Brésil.
A. plane,	A. *plana*,	Koch,	Brésil.
A. à épines fendues,	A. *fissispina*,	Koch,	Brésil.
A. dorée,	A. *aureolea*,	Koch,	Brésil.
A. peinte,	A. *picta*,		Brésil.
A. à sac,	A. *saccata*,		Brésil.
A. brûlée,	A. *bullata*,		Guyane.
A. à deux poinçons,	A. *bisicata*,	Walckenaer,	Amérique du Sud.
A. flabellée,	A. *flabellata*,	Walckenaer,	Amérique du Sud.
A. grèle,	A. *gracilis*,	Walckenaer,	Caroline.
A. ailée,	A. *alata*,		Brésil.
A. doublée,	A. *duplicata*,		Brésil.
A. à hache,	A. *asciata*,		Brésil.
A. bifurquée,	A. *bifurcata*.	Hahn,	Brésil.
A. échancréc,	A. *incisa*,		Brésil.
A. vespoïde,	A. *vespoïdes*,	Walckeaner,	Cayenne.
A. lygéenne,	A. *lygeana*,	Diard et Durancel,	Malaisie.
A. de sloane,	A. *sloani*,		Jamaïque.
A. secteur,	A. *sector*,	Forskaël,	Asie.
A. réduvienne,	A. *reduviana*,	Abbot,	Géorgie.

2° *sous-genre*. MÉGANOPLA, E. S. (μέγας, très-grand; ὅπλον, arme). —

Fig. 135.

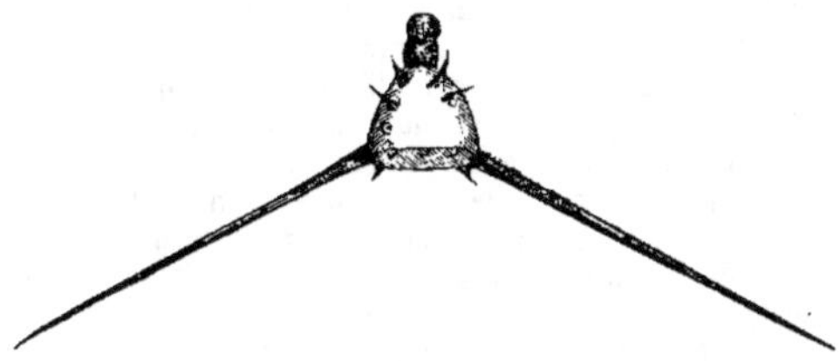

Deux épines antérieures dorsales verticales courtes, — trois épines marginales courtes, — deux épines postérieures trois fois aussi longues que le corps, divergentes, droites et un peu effilées.

| M. à épines bleues, | *M. cyanospina,* | Lucas, | Guyane. |
| M. armée, | *M. armata,* | | Saint-Domingue. |

Fig. 136.

3e *sous-genre.* TRICANTHA, E. S. (τρεῖς, trois; ἄκανθα, épine). — Abdomen aussi large que long, triangulaire, portant trois épines vigoureuses verticales, à chaque angle de ce bouclier abdominal.

E.S.

| T. tricorne (1), | *T. tricornis,* | Eug. Simon, | Brésil. |

Fig. 137.

4e *sous-genre.* MICRATHENA, Sundevall (μικρὸς, petit; θείνω, aiguillonner). — Corps aussi large que long, recouvert d'une carapace formée par des écailles rapprochées et surmontées le plus souvent chacune d'une petite épine.

| M. à bouclier, | *M. clipeata,* | Sundewal, | Brésil. |
| M. écailleuse, | *M. squammosa* (2), | Eug. Simon, | Brésil. |

Il y a déjà longtemps que Hahn a établi aux dépens des gastéracanthes de Latreille, un genre que son tégument

---

(1) Je place provisoirement dans ce genre, en en formant le sous-genre *tricantha,* une petite aranéide de ma collection, qui s'éloigne par la disposition de ses épines, des acrosômes proprement dites; son abdomen a la forme d'un triangle, dont la base touche au corselet, et dont les trois angles sont armés chacun d'une épine presque aussi longue que tout le corps; les deux antérieures sont obliques, la postérieure est verticale. — Les quatre yeux du carré sont placés sur une éminence du corselet, ce qui les fait paraître plus avancés que les latéraux.

(2) L'aranéide à laquelle j'ai donné le nom de *micrathena squammosa* n'existe, à ma connaissance, que dans ma collection : sa longueur est de 1 millimètre et demi; son corselet est tellement court qu'il a la forme d'un croissant; il s'étale au-dessus des mandibules en manière de gouttière, dont les angles ont l'apparence de pointes rouges et polies: L'abdomen, qui est cinq fois plus long que le corselet, est un ovale plus étroit à la partie postérieure et un peu bombé en dessus; il est protégé par une cuirasse formée d'écailles rangées régulièrement à côté les unes des autres; au microscope, ces écailles ont la forme de petits cristaux. — La figure ci-dessus a été faite d'après nature, ainsi que celles du *tricantha.*

solide, ses épines et ses mœurs placent à la fin de la famille des épéiriformes. C'est avec le genre gastéracanthe qu'il a le plus d'affinités, mais il s'en distingue nettement, et à première vue, par la configuration toute différente de son bouclier abdominal, qui a la forme d'un triangle dont les bords sont relevés et hérissés d'épines irrégulières divergeant en tous sens, souvent très-aiguës et bifurquées.

Un caractère anatomique peu sensible, il est vrai, se joint à la forme extérieure pour établir la séparation des gastéracanthes et des acrosômes ; c'est que dans les premières, les yeux supérieurs du carré sont les plus gros et les plus distants, tandis que chez les acrosômes, ce sont les antérieurs qui sont les plus volumineux, comme chez les vraies épéires.

ESPÈCES PRINCIPALES.

Acrosôme pointue. — A. armigère. — A. massigère. — A. grêle.

L'*acrosôme pointue* a un abdomen triangulaire, allongé, isocèle, échancré en avant, pourvu de huit épines ou pointes, six sur le dos et deux sous le ventre. Le corselet est ovalaire et allongé. Elle se trouve à la Guyane, ainsi que les *acrosômes à grosses épines et macracanthe* qui en sont voisines.

L'*acrosôme armigère*, qui habite également l'Amérique du Sud, a la même forme et une couleur entièrement jaune ; elle diffère en ce que le dos porte huit épines, et le ventre quatre, dont deux sont assez fortes et les autres rudimentaires.

L'*acrosôme massigère* a une forme un peu différente de celle des précédentes ; dans cette rare et curieuse araignée, l'abdomen équilatéral est coupé en tous sens par des lignes droites, et hérissé en dessus d'épines verticales et horizontales ; elle a été découverte et rapportée de l'archipel Malais par MM. Quoy et Gaymard.

Le Brésil est la patrie par excellence des acrosômes, c'est le pays qui nourrit le plus grand nombre d'espèces : entre autres, l'*acrosôme grêle*, et une douzaine d'espèces voisines, remarquables par leur abdomen relevé et bifurqué en arrière, portant des épines fortes et bifurquées elles-mêmes une ou plusieurs fois. Toutes ces araignées ont à peu près la même coloration jaune avec des points noirs.

Une des espèces que sa forme éloigne le plus des autres est l'*acrosôme à épines bleues* ; ses épines postérieures sont, comme chez la gastéracanthe curvicaude, plus de quatre fois aussi longues que le corps ; mais elles sont divergentes, droites et de couleur bleue.

Cette aranéide est rare dans les collections, elle habite la Guyane.

57ᵉ Genre. **ARACHNOURE,** *Arachnoura*, Vinson.

(ἀράχνη, araignée; οὐρά, queue.)

Yeux, au nombre de huit : quatre formant un carré, dont les deux postérieurs sont très-rapprochés ; quatre yeux latéraux, dont deux pour chaque côté, sont bien séparés entre eux et distants de ceux du carré intermédiaire, quoique placés comme eux sur deux lignes, les antérieurs correspondent aux postérieurs.

Mâchoires, courtes, petites, triangulaires, écartées entre elles, émoussées à leur extrémité.

Lèvre, large et arrondie.

Palpes, longs et recourbés en crochet dans le repos.

Pattes, moyennes ou peu allongées : la deuxième paire est la plus longue, la deuxième et la quatrième presque égales, la troisième paire est la plus courte.

Abdomen, à tégument mou, prolongé en une sorte de queue membraneuse et fort longue, formée de segments transversaux.

Couleur, fauve rosé, très-pâle.

Taille, 13 millimètres.

Patrie : île de la Réunion.

Habitudes : aranéide filant une toile horizontale, et se tenant au-dessous, suspendue le dos en bas.

L'unique espèce qui compose ce genre, et qui est d'une grande rareté, a été découverte dernièrement à l'île de la Réunion par M. le docteur Vinson. Ses yeux et sa bouche sont semblables à ceux des épéiriformes ; mais elle présente cette singulière anomalie, parmi les aranéides, d'avoir un abdomen terminé par un prolongement caudiforme à l'extrémité duquel se trouvent les filières. On prendrait, au premier abord, cette araignée pour un petit scorpion, ce qui lui a valu le nom d'*arachnoure scorpionide* que lui a donné M. Vinson.

Ses mœurs ne diffèrent en rien de celles des autres épéiriformes.

58ᵉ Genre. DOLOPHONE, *Dolophona*, Walck.

(δολόω, chasser; φόνος, sang.)

Yeux, au nombre de huit, inégaux, sur quatre lignes; les deux lignes antérieures, longues, très-rapprochées, formées par de petits yeux latéraux, placés sur les angles antérieurs du bandeau; les deux lignes postérieures moins longues, forment un quadrilatère dont le côté antérieur est le plus étroit, les deux yeux de la ligne supérieure sont les plus gros.

Lèvre, triangulaire, bombée, plus haute que large, terminée en pointe obtuse.

Mâchoires, allongées, ovalaires, plus hautes que larges, élargies à leur extrémité où elles sont arrondies à leur côté externe et très-échancrées à leur côté interne.

Corselet, énorme, coniforme, très-bombé à sa partie antérieure; tronqué et élargi à sa partie postérieure.

Abdomen, excessivement court, quatre fois plus large que long, ayant la forme d'un croissant renversé, dont les angles sont très-pointus, et dont le sommet se prolonge en une sorte de queue formée par les filières.

Pattes, robustes, aplaties, allongées; la première est égale à la quatrième, la troisième est la plus courte.

Couleur, fauve doré, un peu rougeâtre.

Taille, de 3 à 5 millimètres.

Patrie : Nouvelle-Hollande.

Habitudes : araignée courant après sa proie, et formant une toile entre les plantes.

ESPÈCE.

| D. notacanthe, | D. *notacantha*, | Quoy et Gaymard, | Nouvelle-Hollande. |

Ce sont MM. Quoy et Gaymard qui ont découvert la curieuse araignée à laquelle ils ont donné le nom d'*araignée notacanthe*, et qu'ils ont figurée dans l'atlas du

Voyage de l'Uranie; ils l'ont trouvée dans une petite île de la rade de Sidney, au port Jackson ; elle était au milieu d'une toile irrégulière ; elle fit la morte lorsqu'on s'en saisit. Ne connaissant pas mieux ses mœurs, on ne peut savoir si elle appartient réellement au groupe des épéiriformes épineuses, dans lequel je la place, ou bien à une autre famille.

4ᵉ Tribu. ÉRÈSIENS.

Yeux : quatre au milieu normaux, les latéraux plus écartés entre eux, — corps très-gros, — corselet bombé, — membres remarquablement courts et épais.

Un seul genre : *Erèse.*

59ᵉ Genre. **ÉRÈSE**, *Eresa*, Walckenaer.

(ἐρείσω, attacher, appliquer.)

Synonymie : *Erythrophora*, Koch (ἐρυθρὸς, rouge ; φέρω, porter).

Yeux, huit, presque égaux, quatre au milieu rapprochés formant un carré, deux de chaque côté écartés entre eux.

Fig. 138.

Lèvre, allongée, en triangle renversé dont le sommet touche au plastron.

Pattes-mâchoires, a coxopodites longs, droits, à angles arrondis, conjoncteur en spirale, presque découvert comme chez les épéires.

Mandibules, courtes, verticales, bombées.

Corselet, grand, large et bombé en avant.

Abdomen, ovalaire, presque rond, déprimé en dessus.

Pattes, remarquablement larges et courtes, la quatrième et la première presque égales.

Couleur, rouge ou noir-profond.

Taille, de 1 à 3 centimètres.

Patrie : ce genre étranger au nouveau monde, habite surtout le bassin de la Méditerranée.

Habitudes : araignées presque sédentaires. filant sur les plantes basses de larges réseaux, dont les mailles sont lâches mais non régulières.

1ᵉʳ *sous-genre*. Eresa, Walckenaer. — Yeux du carré égaux et équidistants, — couleur noire ou brun foncé.

E. de Walckenaer,	*E. Walck.(ctenizoïdes)*,	Brullé,	Grèce.
E. de Guérin,	*E. Guerinii*,	Lucas,	Algérie.
E. enfumée,	*E. fumosa*,	Koch,	Afrique.
E. impériale,	*E. imperialis*,	L. Dufour,	Espagne.
E. à cheveux rouges,	*E. ruficapilla,*	Koch,	Europe méridionale.
E. acanthophile,	*E. acanthophila*,	L. Dufour,	Espagne.
E. ouvrière,	*E. molitor*,	Koch,	Égypte.
E. arrosée,	*E. adspersa*,	Koch,	Europe méridionale.
E. à front brun,	*E. fuscifrons*,	Koch,	Égypte.
E. effacée,	*E. liturata*,	Koch,	Égypte.
E. de Dufour,	*E. Dufourii*,	Walckenaer,	Europe méridionale.

2e *sous-genre.* ERYTHROPHORA, Koch (ἐρυθρὸς, rouge; φέρω, porter). — Yeux supérieurs du carré un peu plus gros et plus écartés que les antérieurs, plus rapprochés de ces derniers qu'ils ne le sont entre eux. — Couleur rouge écarlate.

E. cinabre,	*E. cinaberina*,	Walckenaer,	Europe méridionale.
E. pharaon,	*E. pharaonis*,	Walckenaer,	Égypte.
E. 4-taches (*),	*E. 4 guttata*,	Rossi, Hahn,	Italie.
E. punique (*),	*E. punicea*,	Koch,	Grèce.
E. illustre (*),	*E. illustris*,	Koch,	Europe méridionale.
E. annulée (*),	*E. annulata*,	Koch,	région du Danube.
E. fastueuse (*) (1),	*E. fastuosa*,	Koch,	Sénégal.

Les érèses se rapprochent des épéires, non-seulement

Fig. 139.

par la conformation, l'égalité et la disposition de leurs yeux, mais encore par la forme de leurs appendices locomoteurs et de la partie antérieure de leur corps; c'est surtout au corselet des gastéracanthes qu'il faut comparer celui des érèses; leur front est en effet également élevé et velouté, et porte dans son milieu quatre petits yeux, enfoncés dans le tégument et cachés par les poils. Le seul caractère qui, selon moi, soit rigoureusement propre à la tribu qui nous occupe est l'écartement des yeux latéraux, qui forment comme

---

(1) Le *dorceus fastuosus* de Koch est une érèse dont les yeux intermédiaires sont presque sur une seule ligne et dont les filières sont longues et visibles.

un grand carré, au milieu duquel se trouve un plus petit
composé des intermédiaires.

Il est impossible de méconnaître que les érèses ressemblent beaucoup aux attes, et par leur forme et par leurs
habitudes ; mais il n'est pas difficile de voir que ces analogies reposent plus sur des formes extérieures que sur
des caractères anatomiques.

Les érèses sont des araignées moitié errantes, moitié
sédentaires, qui forment des toiles étendues et à mailles
lâches, mais qui au lieu d'être régulières, comme celles
des épéires, s'étalent dans toutes les directions.

Ce genre renferme de grandes et belles espèces,
aux couleurs élégantes et variées ; mais elles sont rares
partout, et les cinq érèses que nourrit l'Europe n'ont encore été trouvées que par un petit nombre d'observateurs,
et dans les parties les plus méridionales de ce continent.

ESPÈCES PRINCIPALES.

*Érèse cinabre. — É. acanthophile. — É. Walckenaer.
É. de Guérin.*

Une seule espèce, l'*érèse cinabre*, se rencontre, mais
accidentellement, aux environs de Paris, pendant les années chaudes ; elle est plus commune dans le midi, et
particulièrement en Hongrie et dans les Pyrénées. La
taille de cette araignée est moyenne, son corselet, ainsi
que ses pattes, sont d'un noir profond, son abdomen est
rouge orangé, et porte quatre gros points noirs entourés
chacun d'un petit cercle blanc. Sa démarche est peu
vive, et la brièveté de ses membres, ainsi que la grosseur
de son corps, contribue à la rendre lourde et lente ; mais
en même temps la vigueur de ses pattes lui permet

d'exécuter de petits sauts et de s'avancer par bonds avec assez de rapidité, lorsqu'elle est poursuivie. Elle se trouve dans les lieux tranquilles et ombragés, riches en végétation, et où abondent toute sorte de diptères et d'insectes dont elle se nourrit. Elle habite sur les arbustes peu élevés. Lorsqu'elle sort de la retraite qu'elle s'est choisie, elle marche lentement, explore soigneusement le dessus et le dessous des feuilles, la surface des tiges et des fleurs, en palpant la superficie des objets avec ses deux pattes antérieures qu'elle a l'habitude de relever comme les attes, et en laissant sur son passage de longs fils qui retiennent les insectes ailés, et qui enveloppent souvent l'arbuste tout entier. On rencontre quelquefois l'érèse sur les gazons, surtout lorsque l'herbe est élevée; sa belle couleur rouge, qui tranche sur le fond vert, la fait facilement apercevoir. Quand elle a saisi sa proie, elle l'entraîne en reculant ou en marchant de côté, ce qui lui donne l'aspect d'une thomise. Suivant Hahn, qui l'a trouvée un des premiers en Allemagne, elle fabrique sous les pierres un sac de soie très-épais, d'un blanc argenté, où elle se renferme pour pondre et passer l'hiver; car quoique recherchant la chaleur, elle vit plusieurs années.

Parmi les espèces espagnoles, la plus remarquable est l'*érèse acanthophile;* son abdomen est d'un noir tellement profond qu'il semble recouvert de velours, il est coupé par deux larges bandes blanc pur, longitudinales, qui elles-mêmes sont revêtues de petits points noirs disposés par paires. Selon M. Léon Dufour, qui l'a découverte, l'érèse acanthophile établit constamment son domicile sur les plantes et les arbustes très-épineux, tels que le *genista scorpius,* l'*asparagus horridus,* l'*ulex Eu-*

ropæus; cette aranéide tend entre les branches, d'un arbrisseau à l'autre, des fils qui forment un réseau très-irrégulier, lié par d'autres fils à un fourreau long de quelques centimètres, tissu d'une étoffe serrée et enclavé dans l'aisselle des rameaux, au milieu des épines : c'est dans ce fourreau qu'elle se tient en embuscade. Elle attaque et tue tous les insectes, même les plus forts, qui se trouvent engagés dans ses fils, les mouches, les hyménoptères, les coléoptères et même les sauterelles.

Ce genre renferme quelques espèces dont la taille est très-grande; telle est l'*érèse de Walckenaer*, qui a plusieurs centimètres de long, et dont les pattes sont très-courtes et le corps excessivement renflé et énorme.

M. Brullé l'a découverte en Turquie et en Grèce, où elle vit sous les grosses pierres.

On peut encore citer l'*érèse de Guérin*, décrite par M. Lucas dans son exploration scientifique de l'Algérie. Cette grande et belle espèce, d'un brun noir uniforme, mesure plus de trois centimètres de longueur. Dans le sud de l'Algérie, elle habite l'intérieur des maisons, et est réputée venimeuse chez les indigènes.

SIXIÈME FAMILLE.

SALTICIFORMES [1] E. S.

L'ancien genre *atte* de Walckenaer constitue à lui seul cette famille, sans contredit la plus naturelle de l'ordre des aranéides, comme le prouve ce fait que la plupart des auteurs ont trouvé les espèces qui la composent tellement unies, qu'ils n'en ont fait qu'un genre.

Un corps singulièrement court et large, un corselet

---

(1) En présence d'une liste de plus de deux cents espèces, dont se compose cette famille, les naturalistes devaient naturellement chercher à rapprocher par groupes celles qui se ressemblent le plus et à désunir celles qui s'écartent par des particularités, quelque insignifiantes qu'elles soient, du type commun et normal. Quand on a, à l'exemple de Sundevall, converti en genres les deux familles que Walckenaer appelait les *sauteuses* et les *voltigeuses*, en leur donnant les noms d'*atta* et de *saltica*, on éprouve la plus grande difficulté à établir de nouvelles divisions aux dépens de ces genres, ou même à répartir leurs espèces en des divisions secondaires ou des sous-genres; M. Koch a cependant remarqué : 1° que la longueur relative des pattes varie, très-faiblement il est vrai; — 2° que la longueur relative des divers articles des pattes-mâchoires n'est pas la même dans toutes les espèces; — 3° que le corselet est tantôt aplati et surbaissé, tantôt bosselé et élevé; — 4° que les mandibules sont tantôt verticales dans les deux sexes, tantôt horizontales dans le mâle; — 5° que les yeux intermédiaires dorsaux sont tantôt plus rapprochés des antérieurs, d'autres fois plus rapprochés des supérieurs; — 6° enfin il a observé que les figures du dos et le fond de la coloration sont toujours en rapport avec une de ces particularités, et permettent de reconnaitre à première vue à quel groupe appartient une espèce.

carré et tronqué en avant, des membres remarquablement forts et courts, des yeux énormes et occupant toute
la largeur de la face, telles sont les particularités que
présentent ces aranéides au premier abord.

Les yeux des attes diffèrent de ce que nous avons
vu jusqu'à présent, en ce qu'au lieu d'être égaux, semblables et groupés sur un front, ils sont placés sur le
devant, les côtés et la partie dorsale du céphalo-thorax,
et qu'il y en a deux, au moins quatre fois plus gros que
les autres.

L'utilité de cette disposition caractéristique des yeux
s'explique, quand on sait que les attes sont des araignées
qui chassent à découvert, et qu'elles ont besoin, pour
surprendre les insectes qu'elles épient, de les apercevoir
en avant, de côté, en arrière, et même au-dessus de leur
tête, car il leur arrive souvent de les saisir en sautant.

Les pièces qui composent la bouche n'ont rien de bien
particulier : la lèvre est allongée, ovale,
obtuse ou tronquée à son extrémité ; les
coxopodites des pattes-mâchoires sont droits,
plus hauts que larges, dilatés et arrondis à
leur extrémité, leur article terminal est
gros dans le mâle, mais le conjoncteur est
entièrement caché et enveloppé. L'abdomen est petit
relativement, et a la faculté de se mouvoir dans tous les
sens ; il est terminé par trois paires de filières disposées
en faisceau, dont la paire intermédiaire est toujours la
plus longue. — Les pattes sont courtes et souvent très-
fortes, propres à la course et quelquefois au saut.

Les salticiformes, appelées à juste titre *araignées sauteuses* ou *guetteuses* par les auteurs, sont de petits animaux qui se font remarquer par la variété et l'élégance

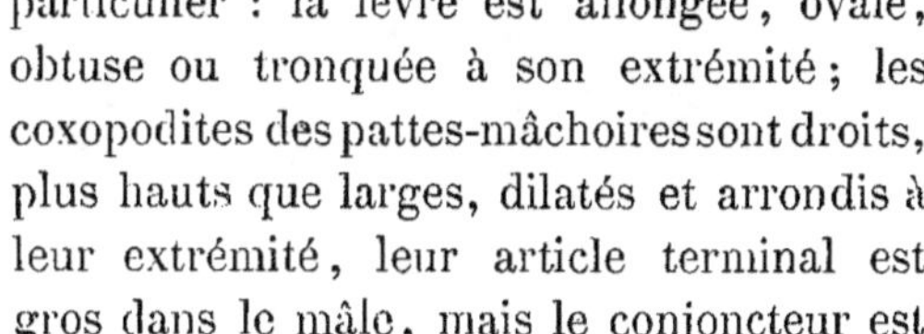
Fig. 140.

de leur livrée, et qui sont par cela même faciles à distinguer entre eux.

Toutes sont chasseuses, mais aucune ne construit de toile ni ne tend des filets réguliers ; elles ne sortent que le jour de leurs petites cellules de soie, se promènent lentement sur les murailles, sur le tronc des arbres ou les végétaux , épient pendant longtemps les insectes et sautent sur eux d'assez loin, lorsque ceux-ci ont eu l'imprudence de s'approcher.

On trouve une telle similitude de formes et de caractères entre les divers genres qui composent cette famille , qu'il est impossible de les répartir en plusieurs tribus.

Elle renferme les genres : *rhanis, atte, cyrtonote, héliophane, saltique, déinope.*

60ᵉ Genre. **RHANIS**, *Rhanis*, Koch.

(Rhanis [Myth.] nymphe.)

Yeux, très-inégaux, sur trois rangs; le rang antérieur tout à
fait droit, formé de quatre
yeux peu écartés; les intermédiaires, le double de la
grandeur des latéraux, occupant toute la hauteur de
la face : second rang formé
de deux yeux extraordinairement petits, touchant
presque aux latéraux antérieurs; ligne postérieure
rejetée sur le derrière de la tête.

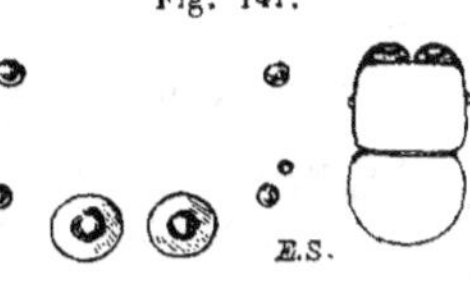

Mandibules, renfoncées, courtes, verticales.

Pattes-Mâchoires, courtes et larges; troisième et quatrième
articles du mâle, à peine aussi longs qu'épais; article
terminal oviforme, couvrant entièrement le conjoncteur qui est un peu aplati.

Corselet, aussi large que haut et que long, presque cubique.

Abdomen, plus petit que le corselet, pointu à la partie postérieure.

Pattes, épaisses, très-courtes et presque égales.

Couleur, métallique et luisante; corps presque toujours dépourvu de poils et d'écailles.

Taille, ne dépassant pas 3 millimètres.

Patrie: Archipel Malais et Amérique.

Habitudes, inconnues.

ESPÈCES.

R. flavigère,	*R. flavigera,*	Koch,	île Bintang.
R. abligère,	*R. abligera,*	Koch,	île Bintang.
R. nègre,	*R. nigrita,*	Koch,	île Bintang.
R. cuivrée,	*R. cuprea,*	Eug. Simon.	Brésil.

Les caractères de ce genre, institué par M. Koch, sont
assez faibles, et j'hésite à le séparer du genre suivant.
Il ne renferme encore que quatre espèces, trois que l'en-

tomologiste allemand a reçues de l'île Bintang, et une du Brésil, dont j'ai trois individus sous les yeux.

Le seul caractère qui me semble avoir de l'importance est la petitesse et l'avancement des yeux de la seconde ligne.

Chez la *Rhanis cuprea*, le corps aussi long que large est presque cubique, la peau qui le recouvre paraît plus épaisse que celle des autres attes; elle est d'un beau vert cuivré et dépourvue de poils; les pattes, qui sont jaunes, sont tellement courtes qu'on les voit à peine en regardant l'animal en dessus.

61ᵉ Genre. **ATTE**, *Atta*, Walckenaer.

(ἄττω [attique], s'élancer, sauter.)

Synonymie : *Salticus*, Latreille; *Euophrys, Phyale, Ciris, Eris*, etc., Koch.

Yeux, huit, sur trois lignes : une ligne antérieure un peu courbée, formée de quatre yeux,
dont les latéraux sont plus
petits que les intermédiaires; une seconde ligne formée de deux yeux un tiers
plus petits que les latéraux antérieurs, à égale distance de ces derniers et des postérieurs, le plus souvent un peu plus rapprochés des antérieurs; yeux
postérieurs moitié du diamètre des latéraux antérieurs, à axe visuel vertical.

Fig. 142.

Bouche (voir *Notice de la Famille*).

Mandibules, courtes, verticales dans les deux sexes.

Corselet, plus long que large, tronqué en avant, plat et lisse
en dessus, tête non distincte du corselet.

Abdomen, ovale, allongé, un peu aplati en dessus, plus long
que le corselet.

Pattes, n'égalant pas la longueur du corps, assez robustes,
propres au saut.

Couleurs : corps couvert de poils écailleux (semblables à ceux
des papillons) diversement colorés.

Taille, de 1 à 6 millimètres.

Patrie : ce genre innombrable est répandu sur toute la terre.

Habitudes : aranéides épiant leur proie, la saisissant à la course
ou en sautant, se renfermant dans un sac de soie fine
entre les feuilles, dans les herbes ou sous les pierres.

1ᵉʳ *sous-genre*. Atta, Walckenaer. — Yeux : les quatre antérieurs
presque égaux, extrêmement rapprochés, sur une ligne
presque droite; axe visuel des supérieurs dirigé en haut,
ces derniers peu éloignés; — corselet aussi large que long;
— quatrième article des pattes-mâchoires du mâle, armé
en dessous d'une apophyse mobile; — fond de la couleur
claire; tégument lisse.

Fig. 143.

1ᵉʳ groupe. *Ciris*, Koch (κίῤῥις, jaune). — Corselet aussi large que long et élevé,
— pattes courtes et ordinaires dans l'ordre 2, 1, 4, 3, — couleur jaune uniforme, sans
tache ni raie.

C. arrondie,   *C. rotundata*,   Koch,   Bintang Malacca.

Fig. 144.

2ᵉ groupe. *Atta*, Walckenaer. — Corselet un quart plus long que
large,— pattes ordinaires, dans l'ordre 4, 2, 1, 3 ou 4, 3, 1, 2, — fond de
la couleur jaune; des figures noires, fines, irrégulières et très-nombreuses.
— Attes vivant et pondant sous les grosses pierres, dans les bois.

A. frontale,   *A. frontalis*,   Walckenaer,   Europe.
A.   *id.*   var.,   *striolata*,   Koch,   Allemagne, Belgique.
A.   *id.*   var.,   *minima*,   Eug. Simon,   . Belgique.
A. maculée de noir,   *A. nigromaculata*,   Lucas,   Algérie.
A. à lignes testacées(1), *A. testaccolineata*,   Lucas,   Algérie.

3ᵉ groupe. *Balla*, Koch (βάλλω, lancer.) — Corselet un tiers plus long que large,
— pattes moyennes, dans cet ordre: 3, 4, 2, 1, — jambe et cuisse de la première paire
souvent renflées, -- pattes annelées, — couleur noir luisant. -- Attes pondant sous les
pierres.

B. des prés,   *B. pratensis*,   Koch,   Allemagne, Belgique.
B. hétérophtalme (2),   *B. heterophtalma*,   Wider,   Allemagne.

2ᵉ *sous-genre*. Euophrys, Koch (εὖ, bien; ὀφρύω, s'élever).   Fig. 145.
— Yeux : ligne antérieure fortement courbée, les quatre
yeux en sont nettement séparés, les latéraux moitié du diamètre des intermédiaires; axe visuel des supérieurs vertical, ces derniers très-reculés; — abdomen un tiers plus long
que le corselet; — palpes lisses dans les deux sexes.

1ᵉʳ groupe. *Euophrys*, Koch. — Pattes ♀ (3) 1 et 4 égales, 2, 3, ♂ 1, 4, 2, 3. — Corselet et abdomen des mâles, jaunes sans taches, — corselet de la femelle orné d'une
couronne brune, abdomen brun avec des taches assez vagues.

E. entourée,   *E. coronata*,   Walckenaer,   Europe.
E. joyeuse,   *E. lœtabunda*,   Koch,   Allemagne.
E. lunulée,   *E. lunulata*,   Walckenaer,   Europe.
E. grêle,   *E. gracilis*,   Hahn,   Europe.
E. vigoureuse,   *E. vigorata*,   Koch,   Grèce, Algérie.

---

(1) Appartiennent probablement à ce groupe (à cause de leurs yeux)
les *atta flavescentemaculata*, *fallax*, *quadripunctata* et *fulvopilosa* de
M. Lucas. (*Explor. sc. Alg.*)

(2) Appartiennent peut-être à ce groupe les *atta fulviventris*, *algeriana*
et *nigrifrons* de M. Lucas.

(3) Ces deux signes abréviatifs ♀ ♂, bien connus des entomologistes,
signifient : ♂ mâle, ♀ femelle.

E. rusée,   *E. callida (agilis, Hahn)* (1),   Walckenaer,   Europe, Égypte.
E. gesticulateur,   *E. gesticulator*,   Lucas,   Algérie.

2ᵉ groupe. *Phœbe*, Koch, (*Phœbe*, mythol., Diane, déesse de la lune).— Pattes ♂ ♀
4, 1, 2 et 3 égales,—couleur noire ou brun foncé, l'abdomen porte toujours un accent
circonflexe blanc très tranché (lune), souvent surmonté de deux points de même couleur. — Attes vivant sous les tas de pierres.

P. saxicole,   *P. saxicola*,   Koch,   Allemagne.
P. rupicole,   *P. rupicola*,   Koch,   Alpes.
P. floricole,   *P. floricola*,   Koch,   Bavière.
P. joyeuse (1),   *P. jucunda*,   Lucas,   Algérie.

3ᵉ groupe. *Ino*, Koch (nom de femme chez les Grecs). — Pattes ♀ 1, 2, 3 à peu près
égales, 4ᵉ un peu plus longue; ♂ 4, 1, 2 et 3 égales, — couleur ♂ brun vert foncé uniforme; ♀ portant des lignes de petits triangles noirs ou fauves. — Attes très-agiles
vivant sur des arbres élevés ou sur le toit des habitations.

I. pubescente,   *I. pubescens*,   Walckenaer,   Europe.
I. tigre,   *I. tigrina*,   Walckenaer,   Europe.
I. nègre,   *I. nigra*,   Walckenaer,   Europe.
I. psylle,   *I. psylla*,   Walckenaer,   Europe.

4ᵉ groupe. *Pandora*, Koch (nom mythologique).— Pattes ♂ ♀ 1, 2, 3, 4. — couleur
brun vert, une bande plus foncée, uniforme sur la ligne médiane, — parties latérales
marbrées de noir. — Attes très-lentes vivant dans les marécages, sur les roseaux.

P. lettrée,   *P. litterata*,   Walckenaer,   Europe.
P. cirtana,   *P. cirtana*,   Lucas,   Algérie.

Fig. 146.

5ᵉ groupe. *Dia*, Koch (mythol., surnom de Cérès). — Pattes ♂ 1 et 4
égales 2, 3; ♀ 4, 1 et 2 égales, 3, — couleur noire; ♂ corselet et
abdomen ornés de lignes blanches longitudinales; ♀ abdomen orné
de lignes blanches transversales.

D. quiquefide,   *D. quinquefida*,   Walckenaer,   Europe.
D. atellane,   *D. atellana*,   Koch,   Grèce.

6ᵉ groupe. *Palès*, Koch (myth , déesse des bergers). ♀ ♂ 1-3 et 4ᵉ paires Fig. 147.
de pattes presque égales, la seconde plus courte, — couleur brune; cuisses
jaunes, tarse annelé; abdomen portant une ligne blanche en long, croisée
par une autre ligne transverse, ce qui forme une croix. — Atte lapidicole,
ne sortant qu'au moment de la grande chaleur.

P. crucifère,   *P. crucifera*,   Walckenaer,   Europe.

---

(1) Appartiennent probablement à ce groupe les *atta nicoleti* et *albifrons* de M. Lucas.

7ᵉ groupe. *Maturna*, Koch (étymologie inconnue). — Quatrièmes pattes plus fortes dans la femelle, — première paire renflée dans le mâle, — troisième paire plus grêle et plus longue, — couleur : ♂ entièrement noir ou brun uniforme ; ♀ brun olivâtre, ligne médiane glabre, parties latérales velues, marquetées de taches blanc pur. — Attes paludicoles, établissant leur petite coque sur les plantes aquatiques.

Fig. 148.

M. grossipède,	M. grossipes,	Walckenaer,	Europe.
M. brune,	M. fusca,	Sundevall,	Suède.
M. des prés,	M. pratincola,	Koch,	région du Danube.
M. neigeuse,	M. nivosa,	Walckenaer,	Europe.
M. virgulée,	M. virgulata,	Walckenaer,	France.
M. blanchie,	M. candefacta,	Walckenaer,	Europe.

8ᵉ groupe. *Parthenia*, Koch (παρθενία, surnom de Minerve, (myth.). — Palpes allongés, — pattes ainsi 4, 2, 3, 1, — couleur noire, des raies longitudinales tranchées alternativement claires et plus foncées.

P. à lignes,	P. lineata (1),	Koch,	Grèce.
P. à trois lignes jaunes,	P. fulvo-trilineata,	Lucas,	Algérie.
P. trifasciée,	P. trifasciata (thore),	Koch,	Brésil.
P. fasciée,	P. fasciata,	Walckenaer,	Pyrénées.
P. africaine,	P. africana,	Vinson,	île de la Réunion.
P. bordée,	P. limbata,	Walckenaer,	Mexique.

9ᵉ groupe. *Freya*, Koch. — Pattes ainsi : 1, 3, 4, 2, — corps noir ou brun rouge, avec de belles bandes longitudinales blanc pur.

F. décorée,	F. decorata,	Koch,	Brésil.
F. belle,	F. bella,	Koch,	Brésil.
F. attifée,	F. comta,	Koch,	Brésil.
F. joyeuse,	F. jucunda,	Koch,	Montévidéo.
F. ambiguë,	E. ambigua,	Koch,	Surinam.

10ᵉ groupe. *Frigya*, Koch. — Pattes ainsi : 4, 1, 2, 3, — abdomen brun rouge, sur la ligne médiane une bande de taches polygonales blanc pur ou jaune d'or.

F. coronigère,	F. coronigera,	Koch,	Brésil.
F. hastigère,	F. hastigera,		Brésil.
F. gris cendré,	F. leucophœa,		Pensylvanie.

11ᵉ groupe. *Amphirape* (2), Koch (ἀμφί, autour ; ῥάπτω, broder). — Première et

---

(1) Il faut se garder de confondre les parthenies avec quelques attes du genre phidippe, — l'*atte biche* par exemple, — qui ont la même coloration.

(2) M. Koch forme pour l'*atte latipède* le groupe *corythalie*, j'ai cru inutile de le mentionner. — Son caractère est d'avoir des poils divergents sur les pattes, et la quatrième paire sensiblement plus longue que les autres.

quatrième pattes égales, troisième très-courte, — membres trapus, — couleur brun-jaune, — de petites touffes de poils blancs forment sur l'abdomen un pointillé assez élégant.

A. ancille,	A. *ancilla*,		Brésil.
A. brunissante,	A. *brunescens*,		Brésil.
A. négligée,	A. *incomta*,		Brésil.
A. rapide,	A. *rapida*,		Chili.
A. aimable,	A. *amabilis*,		Pensylvanie.
A. brunâtre,	A. *obfuscata*,		Pensylvanie.

12e groupe. *Trivia*, Koch.— Pattes plus fines et plus longues que d'ordinaire : pour la longueur, 4, 1, 2 et 3 égales, — couleur fauve uniforme, rarement des figures constantes.

T. vêtue,	T. *vetusta*,		Saint-Thomas.
T. humble,	T. *humilis*,		Pensylvanie.
T. à marques blanches,	T. *leucostigma*,		Brésil.
T. rougeâtre,	T. *rubiginosa*,		Para.
T. à lignes jaunes,	T. *fulvolineata* (1),	Lucas,	Algérie.

3e *sous-genre*. DENDRYPHANTES, Koch (δὲνδρον, arbre; ὑφαντος, tisser). — Yeux de la rangée de devant peu inégaux, séparés chacun, ne se touchant pas, — corselet allongé, — abdomen moitié plus long que le corselet, un peu aplati. — Femelle à pattes peu inégales, — mâle à pattes antérieures robustes et longues, — couleur brune, parties latérales de l'abdomen et corselet foncés, — dos gris clair avec des figures noires non constantes.

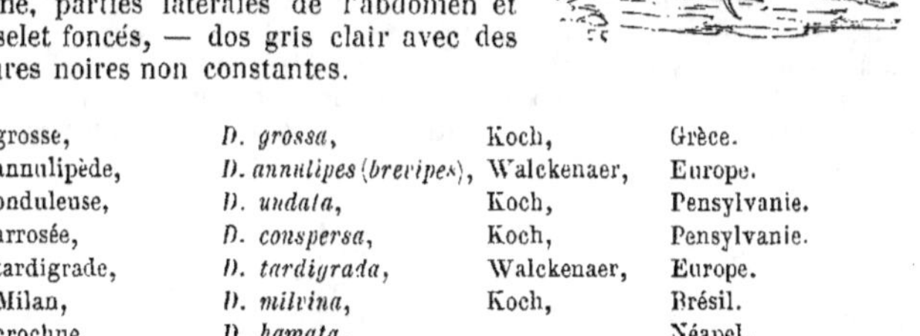

Fig. 149.

D. grosse,	D. *grossa*,	Koch,	Grèce.
D. annulipède,	D. *annulipes* (*brevipes*),	Walckenaer,	Europe.
D. onduleuse,	D. *undata*,	Koch,	Pensylvanie.
D. arrosée,	D. *conspersa*,	Koch,	Pensylvanie.
D. tardigrade,	D. *tardigrada*,	Walckenaer,	Europe.
D. Milan,	D. *milvina*,	Koch,	Brésil.
D. crochue,	D. *hamata*,		Néapel.
D. rufifrons,	D. *rufifrons*,	Lucas,	Algérie.
D. entourée,	D. *balteata*,		Sénégal.
D. variable,	D. *varia*,		Pensylvanie.
D. dissemblable,	D. *dissimilis*,		Saint-Thomas.
D. bistriée,	D. *bistriata*,		Brésil (sud).
D. incertaine,	D. *incerta*,		Saint-Thomas.
D. discolore,	D. *discoloria*,	Koch.	île Bintang.

---

(1) Appartiennent probablement à ce groupe les *atta angustata, paludivaga, mutabilis* et *meticulosa* de M. Lucas.

D. du Cap,	D. capensis,		Cap.
D.	D. Nevoys,	Lucas,	Algérie.
D. erratique,	D. erratica,	Lucas,	Algérie.
D. des pins,	D. pini,	De Geer,	Europe.
D. moyenne,	D. media,		Allemagne.
D. blanchissante,	D. canescens,		Grèce.
D. dorsale,	D. dorsata,		Italie.
D. gâtée,	D. mucida,		Hongrie.
D. leucomèle,	D. leucomelas,		Néapel.
D. nébuleuse,	D. nebulosa,		Néapel.
D. lanipède,	D. lanipes,		Tyrol.
D. bicolore,	D. bicolor (bima),	Walckenaer,	France, Allemagne.
D. dorée.	D. aurata,		Allemagne.
D. à quatre points,	D. quadripunctata,	(maculata) Walck.	Europe.
D. perroquet,	D. psittacinæ (1),	Koch,	Brésil.
D. aimable,	D. amabilis,	Koch,	Mexico.
D. pâle,	D. pallida,	Koch,	Brésil, Para.

4ᵉ *sous-genre*. Eris, Koch (ἔρις, querelle, dispute). — Yeux : la rangée
de devant presque droite et éloignée du rebord mandibulaire, — yeux
postérieurs très-reculés, — corselet et abdomen courts, partie céphalique
un peu plus élevée, — pattes de cette longueur 1, 4 et 2 égales. Le fond
de la couleur est un brun cuivreux, des bandes jaunes et vertes sur le dos.

E. aurigère,	E. aurigera,	Koch,	Pensylvanie.
E. à crinière,	E. jubata,	Koch,	Saint-Thomas.
E. illustre,	E. illustris,	Koch,	Porto-Rico.

5ᵉ *sous-genre*. Phyale, Koch (myth., une des nymphes de Diane). —
Yeux : la rangée de devant un peu courbée, touchant presque au rebord
mandibulaire, — yeux postérieurs moins écartés que d'habitude, formant
avec les latéraux antérieurs un carré plus large que long, — corselet et
abdomen courts et ramassés, — pattes 4, 3, 2, 1, — le rouge domine
dans la coloration.

P. gratieuse,	P. gratiosa,	Koch,	Brésil.
P. jaune safran,	P. crocea,	Koch,	Brésil.
P. modeste,	P. modesta,	Koch,	Brésil.
P. jeune fille,	P. virgo,	Koch,	Brésil.
P. à taches rouges,	P. rufoguttata,	Koch,	Brésil.
P. bérine,	P. berina,	Koch,	Brésil.
P. servante,	P. ministerialis,	Koch,	Colombie.
P. décorée,	P. decorata,	Koch,	Colombie.
P. de tamatave,	P. tamatavii,	Vinson,	île de la Réunion.

Nota. Je crois qu'il sera nécessaire de former un nouveau sous-genre
pour les *atta Levaillanti* et *Duricœi*, décrites et figurées par M. Lucas

---

(1) M. Koch a constitué le genre *alcmena* pour ces trois attes (Koch,
Uebers. des.).

dans son *Exploration de l'Algérie.* Ces deux belles attes se font remarquer par une disproportion anormale de leurs paires de pattes. Les antérieures, qui sont courtes, sont très-épaisses et noires; celles de la quatrième paire sont assez grêles et ne dépassent pas la longueur de l'abdomen; celles de la troisième paire, au contraire, sont remarquables par leur longueur et dépassent de plusieurs millimètres l'extrémité de l'abdomen Les *atta berbruggeri* et *guichenotii* du même auteur, et également algériennes, doivent constituer un nouveau groupe dans le sous-genre *euophrys*. La grandeur de leur corselet, la longueur exagérée de leur troisième paire de pattes, leur couleur gris cendré à peu près uniforme, servent à les distinguer.

Voici le nom de quelques attes algériennes qui, sans s'éloigner assez des groupes que nous venons de mentionner, ne se rattachent directement à aucun d'eux : *Atta moreletii,* — *A. rufolimbata,* — *A. numidica,* — *A. theïssi,* — *A. basseletii,* — *A. monardi,* — *A. boryi,* — *A. affinis,* — *A. Guyonii,* — *A. rufolineata,* — *A. arenaria,* — *A. mœsta,* — *A. bovœi.* (Lucas, *Exploration scientifique de l'Algérie,* Articulés, — Arachnides.)

Les espèces rapportées du Chili par M. Nicolet sont innombrables; j'ai cru inutile de les signaler, ne les connaissant pas, et ne sachant à quels groupes elles appartiennent.

᾿ Je crois nécessaire d'ajouter un nouveau sous-genre.

6ᵉ *sous-genre.* Lagenicola, E. S. (*lagena,* bouteille; *colere,* habiter.) — Yeux : ceux de la ligne antérieure égaux, ceux de la seconde ligne aussi gros que ceux de l'antérieure en sont rapprochés, ceux de la ligne supérieure les plus petits sont reculés sur le haut du front — Atte renfermant ses œufs dans une coque en forme de bouteille.

L. de Doumerc,   *L. Doumercii,*   Walckenaer,   Europe.

Si l'on en retranche les espèces à mandibules énormes; celles dont les yeux postérieurs sont très-éloignés de ceux de la seconde ligne, et dont le corselet est en talus, sous le nom de *cyrtonote;* celles dont les palpes sont épineux, sous celui d'*héliophane;* celles enfin qui ont la forme de fourmis, sous celui de *Saltique;* il reste un noyau d'espèces, type de toute la famille, et qui conserve à juste titre le nom d'*atte,* donné par Walckenaer à tous les genres que je viens de citer. Le genre atte ainsi composé, et quoique encore fort nombreux, est parfaitement caractérisé et indivisible; aucun de tout

l'ordre des aranéides ne diffère moins quant à la taille
et à la forme de ses nombreuses espèces. M. Koch a eu
tort, je crois, de donner une valeur générique aux sous-
genres que je viens d'indiquer sous les noms de *phyale*
d'Euophrys, de *marpissa*, de *dendryphantes*, etc., qui ne
peuvent êre caractérisés que par la grandeur et la hauteur du corselet, ou quelquefois par la longueur relative
des pattes, ce qui est douteux et très-difficile à vérifier,
à cause de la petitesse des individus et de la presque
impossibilité d'étendre ces pattes.

« Le genre atte, dit Walckenaer, un des plus nom-
« breux de tout l'ordre des aranéides, est un de ceux où
« la nature a le mieux marqué la distinction des espèces,
« par la riche diversité des couleurs et la variété des des-
« sins qui ornent leur abdomen. Mais la petitesse du
« plus grand nombre des espèces, leur peu de fécondité,
« qui est la cause qu'on ne rencontre chacune d'elles que
« rarement, en rend l'étude difficile. Aucun genre ne
« s'éloigne en apparence plus fortement du type vul-
« gaire de l'araignée ou d'un insecte à longues pattes,
« courant avec rapidité et se filant une toile. Ce sont de
« petits animaux sautant, marchant avec précaution,
« épiant à l'entour d'eux, et dont on ne voit la toile que
« quand on les prend dans le nid où elles se renferment. »

ESPÈCES PRINCIPALES.

Atte quiquefide. — *A. pubescente.* — *A. crucigère.* — *A. en-*
tourée. — *A. grossipède.* — *A. lettrée.* — *A. tardigrade.* —
A. de Doumerc.

Comme on vient de le voir par la liste précédente, le
genre atte est encore fort nombreux, et ses innombrables

espèces sont à peu près uniformément répandues dans
toutes les parties du monde; il me serait impossible de
parler de chacune en particulier; aussi je commencerai
leur étude par décrire les mœurs de l'atte en général,
après quoi je me contenterai de mentionner brièvement
quelques-unes des plus communes de nos environs, et les
particularités qui servent à les distinguer.

Il n'est personne qui, en se promenant, n'ait remarqué
sur les murs des habitations, les portes de jardins, les
haies, les treillages, etc., ces petites araignées dont l'aspect
n'a rien de repoussant, dont la démarche vive et saccadée
a quelque chose de particulier que n'offre aucun autre
genre d'aranéide. La locomotion ordinaire est une succession de petits sauts rapides et non interrompus; quelquefois encore, c'est une vraie marche très-lente dans
laquelle l'atte parcourt les objets sur toutes leurs faces, et
explore le dessus et le dessous des branches sur lesquelles
elle est placée; mais lorsqu'elle veut saisir sa proie, elle
saute sur elle avec force et s'élève souvent à une hauteur
de plusieurs centimètres au-dessus du sol.

Comme toutes les araignées vagabondes, l'atte est courageuse et attaque des insectes plus gros qu'elle; lorsqu'elle tient sa proie, elle s'arrête ou se retire dans un
abri sûr et tranquille pour sucer sa victime lentement et à
son aise, après quoi elle recommence sa chasse.

Lorsqu'il fait chaud et que le soleil donne sur les
murs, elle reste souvent à la même place pendant des
heures entières, tournant de temps en temps sur elle-
même, et soulevant son grand corselet pour agrandir
son horizon visuel.

Lorsqu'on effraie une atte en faisant du bruit auprès
d'elle, elle se dresse sur ses pattes antérieures, et pour

voir d'où vient le danger, se tourne et se retourne, agite
ses palpes de haut en bas, en signe de crainte : si
l'ennemi s'éloigne, elle reste quelque temps dans cette
position, et ne recommence à chasser que lorsque tout
danger est passé ; si au contraire l'ennemi s'avance toujours, elle prend la fuite, court et saute avec une telle
rapidité qu'elle échappe à la main qui veut la saisir.

La première paire de pattes étant toujours plus robuste que les autres et souvent renflée, Walckenaer pensait qu'elle seule servait au saut, mais Dugès voulant
s'assurer du fait, opéra la section successive des quatre
paires de pattes, et remarqua qu'aussitôt que la quatrième manquait, l'atte cessait de sauter, mais qu'au contraire l'amputation de la première, de la seconde et même
de la troisième paires de pattes ne gênait en rien cet
exercice ; il en a conclu que la quatrième paire sert seule
au saut ; il est cependant utile que le point d'appui formé
par la première paire soit assez solide.

La nuit, dans l'heure du repos, ou pendant l'hiver,
les attes se retirent dans des coques d'un tissu très-
blanc et très-épais, d'une douceur et d'une chaleur
remarquables, d'une forme aplatie et ovalaire, qu'elles
appliquent contre ou plus souvent sous l'écorce des
arbres, entre les pierres des murs, sous les corniches
des bâtiments, quelquefois même à l'intérieur des coquilles vides de limaçons. Cette chambre soyeuse n'a
qu'une ouverture, qui est très-petite et arrondie. Au printemps l'atte pond ses œufs, qui sont gros, de couleur jaune,
et en très-petit nombre. Le tissu qui recouvre immédiatement les œufs est peu épais, transparent et collé au sol ;
l'araignée recouvre ce cocon de plusieurs enveloppes
blanches superposées, entre lesquelles elle se tient, tou-

jours immobile; elle ne prend point la fuite, même lorsqu'on déchire ces enveloppes, et se laisse prendre sans
faire aucun mouvement. La plupart de ces cocons renferment de dix à quarante œufs seulement. Au mois d'avril
dernier, j'en ai pris un à Chaville, près de Paris; il était
à peine gros comme un pois, et ressemblait beaucoup au cocon d'une lycose quant à la contexture de
l'enveloppe, à la forme et à la grosseur; mais ce cocon
était fixé sur la pierre, et auprès d'un ancien cocon de
callophyle éclos depuis longtemps et abandonné. Les œufs
n'étaient qu'au nombre de dix-huit, et non agglutinés
entre eux.

Les espèces les plus communes aux environs de Paris,
sont :

L'*atte quiquefide* (*dia*), dont l'abdomen porte une raie
longitudinale d'un blanc vif, bordée par deux bandes
noires se rejoignant près des filières et formant deux
triangles; le corselet est orné, dans le mâle, de cinq petites
raies noires longitudinales. Elle a été trouvée dans diverses
parties de l'Europe.

L'*atte pubescente* (*ino*) a l'abdomen comme chiné de
blanc et de brun, quatre points gris sont plus marqués que
les autres et disposés en carré sur le dos; moins commune que la quiquefide, elle habite comme elle la France
et l'Allemagne.

L'*atte entourée* (*euophrys*) est brune et a l'abdomen
bordé d'une ligne blanche; cette espèce compte parmi
les plus communes, et est, pendant l'été et l'automne,
uniformément répandue dans toutes les parties de la
France.

L'*atte nidicole* a l'abdomen jaune doré avec des lignes

de points blancs, et se reconnaît à la grosseur exagérée
du corselet. Walckenaer l'a trouvée plusieurs fois à Paris
dans sa coque qui était établie à l'extrémité des tiges de
plantes et d'arbustes, ou dans des feuilles sèches, roulées.

L'*atte frontale*, que M. Koch considère comme le type du
genre, est petite et jaune, elle porte une grosse tache noire
sur le front et de petites lignes brisées noires sur l'abdomen. Walckenaer la dit assez rare en France; en Belgique et en Allemagne, au contraire, c'est la plus commune de toutes; aux environs de Spa, on ne peut soulever
une pierre sans voir une ou plusieurs de leurs coques
blanches. Elles ne se font point la guerre, et souvent on
trouve cinq ou six de ces coques, rangées à côté les unes
des autres; les œufs, qui sont jaunâtres, sont régulièrement au nombre de douze.

L'*atte lettrée* (*pandora*) se fait remarquer par sa grosseur, la brièveté de ses pattes et la lenteur de ses mouvements; elle habite les marais et établit sa coque entre
les roseaux; j'ai eu l'occasion de l'observer à Fontenay,
près d'Arpajon; sa coque, de la grosseur d'une noix et
d'un tissu très-fin, était placée entre plusieurs roseaux
qu'elle retenait unis, son ouverture était à la partie inférieure.

L'*atte crucigère* (*pales*) est noire, son abdomen est entouré d'une fine ligne blanche, et orné d'une petite croix
de points blancs; elle se trouve communément en France.

L'*atte grossipède* (*maturna*) se distingue de toutes les
autres espèces, par le renflement de sa première paire de
pattes.

L'espèce qui a souvent été prise comme le type et le
représentant le plus parfait du genre, est l'*atte tardigrade*

(*dendryphante*). Sa taille est plus forte que celle de ses congénères, sa couleur est grise et variée de brun, de roux et de noir ; c'est elle que l'on voit le plus souvent courir sur les murs des maisons.

On peut encore citer comme habitant nos environs, les attes *tigrée*, *bicolore*, *nègre*, etc., etc.

Enfin il est impossible de passer sous silence la très-rare espèce à laquelle Walckenaer a donné le nom de M. Doumerc qui la découvrit, et observa ses mœurs intéressantes.

Nous avons déjà vu (page 316) que ses caractères anatomiques l'éloignent de toutes les autres espèces, et forcent d'en former un sous-genre à part.

Mais ce sont surtout ses mœurs qui la rendent intéressante ; en effet, comme l'avait remarqué M. Doumerc qui l'a trouvée dans le bois de Boulogne, et comme j'ai eu l'occasion de l'observer cette année dans les environs de

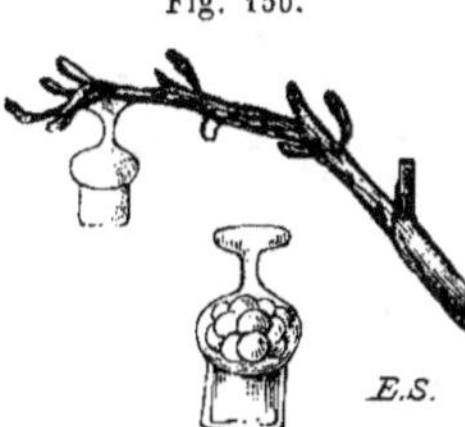

Fig. 150.

Cocon de l'atte (Lagénicole)
de Doumerc.

Spa, cette araignée, pour pondre ses œufs et construire son cocon ne se réfugie pas, comme ses congénères, sous les pierres ou sous les écorces, mais se met, au contraire, en évidence, monte sur de petits arbustes, se rend à la dernière extrémité des ramuscules, et là, construit avec un art merveilleux un cocon composé d'un tissu solide, imperméable et du plus beau blanc. Cet édifice, qui est long d'un centimètre environ et qui a la forme d'une petite bouteille, est suspendu sous la branche par un pédicule étroit, qui s'élargit à son insertion : il est divisé à l'intérieur en deux loges par une cloison horizontale ; la chambre supérieure

contient des œufs jaunes et non agglutinés ; la chambre
inférieure est vide et est destinée à recevoir les jeunes
après leur éclosion.

Après avoir gardé le nid de cette atte depuis le 15 juin
jusqu'au 3 juillet, M. Doumerc vit ce jour-là une petite
crevasse qui se formait à la partie antérieure, et il en
sortit 12 à 15 petites araignées longues d'une ligne.

C'est le 15 août que j'ai trouvé ce cocon suspendu à
une tige de bruyère ; c'est lui que j'ai figuré ici.   •

62ᵉ Genre. **CYRTONOTE**, *Cyrtonota*, Eug. Simon.

(κύρτὸς, bossu ; νῶτον, dos.)

Synonymie : *Salticus*, Latreille ; *Attus*, Walckenaer, Lucas ; *Mœvia*,
Phidippius, *Plexippus*, *Thiania*, *Icelus*, *Hyllus*, *Alcmena*, *Cocalus*, *Asaracus*,
Philia, *Calliethera*, Koch.

Yeux et *bouche*, comme ceux des attes (voir p. 310).

Corselet, plus large que celui des attes, à dos en forme de talus,
élevé dans le milieu et s'abaissant
vers les extrémités, de sorte que
les yeux sont sur un plan incliné.

Fig. 151.

Abdomen, court et ovale.

Pattes, plus longues, plus inégales et plus
robustes ; la première paire dépasse généralement
les autres.

Taille, de 3 à 20 millimètres.

Couleur : corps noir, recouvert d'écailles microscopiques blanches, jaunes, rouges ou vertes.

Patrie : la plupart sont exotiques.

1ᵉʳ *sous-genre.* Mœvia, Koch ([latin] nom de femme). — Yeux latéraux
antérieurs un tiers du diamètre des intermédiaires, — yeux postérieurs
de la même grosseur que ces derniers ; — yeux de la seconde ligne très-
petits, plus près des antérieurs, — corps étroit, presque cylindrique, terminé par des filières fort longues, — pattes de la première paire beaucoup plus épaisses et plus longues que les autres, — mandibules verticales
courtes et renfoncées, — coloration fauve, des bandes longitudinales.

M. en pinceau,	M. *penicillata*,	Koch,	Pensylvanie.
M. crétée,	M. *cristata*,	Koch,	Pensylvanie.
M. soufrée,	M. *sulphurea*,	Koch,	Pensylvanie.
M. peinte,	M. *picta*,	Koch,	Inde.
M. petite,	M. *paula*,	Koch,	île Bintang.
M. entourée de jaune,	M. *flavo-cincta*,	Koch,	île Bintang.
M. muselée,	M. *capistrata*,	Koch,	île Bintang.
M. rayée,	M. *lineata*,	Koch,	Pensylvanie.
M. de Vinson,	M *Vinsonii* (*lineata*, Sim)	Vinson,	île de la Réunion.
M. tibiale,	M. *tibialis*,	Koch,	Pensylvanie.
M. pâle,	M. *pallida*,	Koch,	Pensylvanie.
M. annulipède,	M. *annulipes*,	Koch,	Pensylvanie.
M. étincelante,	M. *micans*,	Koch,	île Bintang.
M. brillante,	M. *chrysea*,	Koch,	Pensylvanie.
M. dorée,	M. *aurulenta*,	Koch,	Pensylvanie.

2° *sous-genre*. PHIDIPPIA, KOCH (*Phidippus*, nom d'un coureur célèbre [latin]). — Yeux : ceux de la rangée de devant peu inégaux, les intermédiaires plus avancés que les latéraux, — yeux de la seconde ligne le plus souvent plus près de ceux de l'antérieure, — yeux postérieurs placés près de petites saillies qui rendent leur axe horizontal, — pattes beaucoup plus longues que d'habitude, — mandibules courtes, ridées, verticales, — couleurs vives et tranchées, noir profond avec des taches blanches ou rouges. — Les espèces nombreuses se présentent sous trois formes.

Fig. 152.

1er groupe. *Plexippa*, Koch. — Corps étroit et élancé, — membres très-longs, forts et peu velus, — tubercules oculaires rapprochés et placés sur le sommet du dos, — couleur noire et foncée, quelquefois métallique.

P. mutillaire,	*P. mutillaria,*	Koch,	Java, Bintang.
P. observatrice,	*P. speculator,*	Bosc., Walck.,	Caroline.
P. robuste,	*P. robusta,*	Koch,	île Bintang.
P. guttulée,	*P. guttata* (1),	Koch,	île Bintang.
P. de Malacca,	*P. malayensis* (2),	Eug. Simon,	Malacca.
P. succinte,	*P. succincta,*	Koch,	île Bintang.
P. féline,	*P. felis,*	Abbot,	Géorgie.
P. furtive,	*P. furtiva,*	Walckenaer,	Brésil.
P. érythrocéphale,	*P. erythrocephala,*	Koch,	Java.
P. versicolore,	*P. versicolor,*	Koch,	île Bintang.
P. veuve,	*P. vidua,*	Koch,	île Bintang.
P. à lignes blanches,	*P. albolineata,*	Koch,	Java.
P. biche,	*P. ligo,*	Walckenaer,	Sénégal.
P. sénégalaise,	*P. senegalensis,*	Koch,	Sénégal.
P. brésilienne,	*P. brasiliensis,*	Lucas,	Brésil.
P. hypatique,	*P. hypatica,*	Koch,	Indes, Pulo-Loz.
P. à front noir,	*P. nigrifrons,*	Koch,	île Bintang.
P. mimique,	*P. mimica,*	Koch,	Mexico.
P. chrysis,	*P. chrysis,*	Bosc,	Caroline.
P. iris,	*P. iris,*	Abbot,	Géorgie.
P. plumeuse,	*P. pilosa,*	Abbot,	Géorgie.
P. séladonique,	*P. seladonica,*	Koch,	Mexico.
P. tricolore,	*P. tricolor,*	Koch,	Mexico.
P. à six taches,	*P. sex maculata,*	Koch,	Nouvelle-Hollande.

(1) La *pl. janthina* (Koch, *Arach*, pl. 438) ne me semble être qu'une variété. Walckenaer me paraît s'être mépris sur la synonymie de toutes ces espèces (Walck., *Suppl.*, t. IV).

(2) Je ne possède que le corselet et les pattes de cette magnifique plexippa. Les pattes antérieures sont plus disproportionnées que celles des espèces figurées par Koch, son corselet est bordé d'une large bande blanche.

P. rouge,	*P. rufa,*	Koch,	Pensylvanie.
P. marquée,	*P. signata,*	Walckenaer,	Pensylvanie.
P. à bande,	*P. tæniata,*	Koch,	Mexico.
P. paresseuse,	*P. proterva,*	Abbot,	Géorgie.
P. notable,	*P. notabilis* (1),	Koch,	Néapel.
P. honorable,	*P. honesta,*	Koch,	Brésil.
P. à 2 taches blanches,	*P. albobimaculata,*	Lucas,	Algérie.
P. noir brun,	*P. nigro-fusca,*	Vinson,	île de la Réunion.

2e groupe. *Thiania* (2), Koch. — Tubercules oculaires peu sensibles, — yeux de la seconde ligne un peu plus rapprochés des supérieurs, — membres glabres et longs, — couleur rouge, bleue ou verte, métallique et irisée.

T. thalassine,	*T. thalassina,*	Koch,	Bintang.
T. à raies,	*T. vittata,*	Koch,	Bintang.
T. somptueuse,	*T. somptuosa,*	Walckenaer,	Brésil.
T. très-pure,	*T. pulcherrima,*	Koch,	Indes.
T. orangée,	*T. aurantia,*	Lucas,	Mexique.

3e groupe. *Phidippia,* Koch. — Corps et membres courts et larges, — tubercules oculaires éloignés et placés sur les parties latérales du corselet, — couleur noire; avec des taches rouges ou blanches tranchées, — corps très-velu.

P. variée,	*P. variegata,*	Lucas,	Brésil.
P. purpurifère,	*P. purpurifera,*	Koch,	Amér. Nord.
P. smaragdifère,	*P. smaragdifera* (3),	Koch,	Amér. Nord.
P. recherchée,	*P. mundula,*	Koch,	Pensylvanie.

---

(1) C'est à tort, selon moi, que M. Koch a formé le genre *Icelus* pour ces deux attes.

(2) Ce groupe est loin d'avoir la même étendue que le genre *thiania* dans Koch.

(3) Les taches que toutes ces espèces portent sur le dos et qui ne sont dues qu'à des poils écailleux diversement colorés, sont sujettes à des variations individuelles tranchées, ce qui a été une cause d'erreur pour les auteurs allemands, qui ont beaucoup trop multiplié les espèces exotiques du groupe phidippie.

Je crois cependant que Walckenaer a jugé trop sévèrement toutes celles que Koch a décrites et figurées avec tant de soin. La planche 453 de son bel ouvrage (*Arachniden*) nous montre trois espèces certainement distinctes : 1° la *variegata*; 2° la *purpurifera,* dont le corselet est tout noir, les mandibules ternes et les yeux intermédiaires beaucoup plus reculés; 3° la *smaragdifera,* dont les *ph. togata, alchymista, rufimana, lunulata, dubiosa,* figurées sur la pl. 454, ne sont que les variétés. La pl. 455 nous représente une espèce différente (*mundula*) dont les pattes sont plus courtes et dont les taches sont rouge orangé. La *ph. personata* de la même planche est une femelle plus jeune. La *ph. concinnata* figurée plus loin, quoique très-semblable, me parait distincte.

P. à trident,	P. *tridentigera*,	Abbot,	Géorgie.
P. élégante,	P. *elegans (insidiosa)*,	Koch,	Pensylvanie,
P. préparée,	P. *concinnata*,	Koch,	Amér. Nord.
P. de Diard,	P. *Diardii*,	Walckenaer,	Cochinchine.
P. vagabonde,	P. *multivaga*,	Walckenaer,	Géorgie.
P. guerrière,	P. *castrensis*,	Koch,	Pensylvanie.
P. examinatrice,	P. *rimator*,	Abbot,	Géorgie.
P. royale,	P. *regia*,	Koch,	Cuba.
P. sagace,	P. *sagax*,	Abbot,	Géorgie.
P. galathée,	P. *galathea*,	Abbot,	Géorgie.
P. de Marais,	P. *paludata*,	Koch,	Caroline.
P. insigne,	P. *insignaria*,	Koch,	Pensylvanie.
P. métallique,	P. *metallica*,	Koch,	Brésil.
P. lumineuse,	P. *fulgida*,	Koch,	Mexico.
P. fuscipède,	P. *fuscipes*,	Koch,	Mexico.
P. brillante,	P. *nitens*,	Koch,	Mexico.
P. à dents bleues,	P. *cyanidens*,	Koch,	Brésil.
P. arrogante,	P. *arrogans*,	Koch,	Brésil.
P. mosaïque,	P. *tesselata*,	Koch,	Brésil.
P. chalcedon,	P. *chalcedon*,	Koch,	Brésil.
P. testacée,	P. *testacea* (1),	Koch,	Pensylvanie.

3e *sous-genre*. COCALA, Koch. — Yeux antérieurs sur une ligne presque droite, les intermédiaires le double des latéraux, — yeux postérieurs écartés entre eux, regardant de côté, formant avec les latéraux antérieurs un carré parfait, — corselet en talus, la crête en est très-élevée et au milieu, — membres presque égaux ainsi : 1, 4, 2, 3, — filières très-longues dépassant l'abdomen.

1er groupe. *Cocala*. — Corselet aussi large que long, — membres fins et glabres, — couleur jaune pâle ou gris uniforme.

| C. concolore, | C. *concolor*, | Koch, | île Bintang. |
| C. bœuf, | C. *bos*, | Sundevall, | Bengale. |

2e groupe. *Psecas*, Koch (nom mythologique). — Corselet étroit et allongé, — membres robustes et épais, — couleur bleu métallique.

| P. bleue, | P. *cyanea*, | Koch, | Surinam. |

4e *sous-genre*. PHILIA, Koch (φιλίς, roseau). — Yeux : ligne antérieure peu courbée, les latéraux un tiers moins grands que les intermédiaires; yeux supérieurs placés en dessus et plus rapprochés des antérieurs qu'ils ne le sont entre eux; yeux intermédiaires à égale distance, — mandibules courtes et verticales, plus épaisses dans le mâle, — membres et corps trapus et robustes, — pattes ♂ 1, 2, 3, 4, ♀ 1, 4, 2, 3, — couleurs : noir et rouge tranchés.

---

(1) Appartiennent peut-être au genre *cyrtonota* les *alta quadripunctata* — *bovoei* — *albifrons* — dont nous avons parlé plus haut.

P. sanguinolente,	*P. sanguinolenta,*	Walckenaer,	Europe.
P. à deux lignes,	*P. bilineata,*	Walckenaer,	Europe.
P. hæmorrhoïque,	*P. hæmorrhoïca,*	Koch,	Grèce.
P. de Vaillant,	*P. Vaillanti,*	Lucas,	Algérie.
P. érythrogastre,	*P. erythrogaster,*	Lucas,	Algérie.

5ᵉ *sous-genre.* CALLIETHERA, Koch (χαλλιέθειρα, à la belle chevelure). — Fig. 153. Yeux : les intermédiaires antérieurs le double de la grandeur des latéraux ; yeux postérieurs écartés, regardant en haut, plus rapprochés des antérieurs qu'ils ne le sont entre eux ; yeux intermédiaires plus près des antérieurs, — corselet de la femelle plat, celui du mâle bombé, — mandibules courtes dans la femelle ; énormes, horizontales, denticulées, aussi longues que le corselet dans le mâle, — pattes fines, ♂ 1, 2, 3, 4, ♀ 4, 1, 2, 3.

C. parée,	*C. scenica,*	Walckenaer,	Europe.
C. bordée,	*C. limbata (lhenera),*	Hahn,	Allemagne.
C. erratique,	*C. erratica (cingulata),*	Walckenaer,	Europe.
C. actrice,	*C. histrionica (psylla),*	Koch,	Europe.
C. variée,	*C. varia,*	Koch,	Europe.
C. maculée,	*C. maculata,*	Walckenaer,	Europe.
C. ambiguë,	*C. ambigua,*	Koch,	Bavière.
C. à trois ceintures,	*C. tricincta,*	Koch,	Buchara.
C. royale,	*C. aulica,*	Koch,	Pensylvanie.
C. mendiante,	*C. mendica,*	Koch,	Indes.
C. voisine,	*C. propinqua,*	Lucas,	Algérie.
C. confuse,	*C. confusa,*	Lucas,	Algérie.
C. à bandes blanches.	*C. albovittata,*	Lucas,	Algérie.
C.	*C. ruvoisœi,*	Lucas,	Algérie.

6ᵉ *sous-genre.* HYLLA, Koch (nom mytholog.). — Yeux : les latéraux antérieurs un tiers plus petits que les intermédiaires ; yeux postérieurs petits, formant avec les antérieurs un carré parfait ; yeux de la seconde ligne plus près des antérieurs, — mandibules énormes, divergentes et horizontales dans les deux sexes, — pattes antérieures extraordinairement longues et fortes.

H. géante,	*H. gigantea,*	Koch,	Colombie.
H. active,	*H. strenua,*	Koch,	Mexique.
H. mordante,	*H. mordax,*	Walckenaer,	Montevido.
H. noble,	*H. nobilis,*	Koch,	
H. combattante,	*H. pugnax,*	Koch,	Mexique.
H. alternante,	*H. alternans,*	Koch,	Indes Orientales.

7ᵉ *sous-genre.* AMYCA, Koch (nom mytholog.). — Yeux reculés sur le haut du front, les antérieurs intermédiaires extraordinairement grands, ceux de la seconde ligne plus près des antérieurs, — corselet presque globuleux, — mandibules fortes et denticulées, — membres très-longs et grêles, dans l'ordre 3, 1, 2, 4.

A. flamboyante,	*A. ignea,*	Perty,	Brésil.
A. visible,	*A. spectabilis,*	Koch,	Brésil.
A. à lignes jaunes,	*A. flavolineata,*	Koch,	Mexique.
A. sous-fasciée,	*A. subfasciata,*	Koch,	Brésil.

Je me suis servi du mot de *cyrtonote* pour désigner un grand nombre d'attes qui se distinguent du genre typique par un facies tout différent, mais non par des caractères anatomiques tranchés.

Le corselet des cyrtonotes, au lieu d'être plat et de niveau avec l'abdomen, est bossu surtout dans le milieu et s'abaisse graduellement jusqu'à l'insertion de l'abdomen ; les mandibules, au lieu d'être renfoncées et courtes, sont plus ou moins saillantes et souvent tout à fait horizontales.

La détermination des espèces qui se rapportent à ce genre est très-difficile, à cause de la grande similitude qui existe entre elles, et aussi parce qu'elles sont sujettes à de nombreuses variations individuelles. M. Koch, cependant, les a réparties en divers genres que j'ai réduits en sous-genres comme on vient de le voir : quoique j'ai apporté tous mes soins à cette classification, je crois néanmoins qu'elle ne pourra être adoptée qu'après avoir été encore étudiée.

Une seule espèce est fort commune en France, c'est l'atte parée de Walckenaer ou la calliéthérée parée de Koch.

ESPÈCES PRINCIPALES.

Cyrtonote parée. — C. psylle. — C. sanguinolente. — C. variée. C. très-belle. — C. mordante. — C. biche.

La *cyrtonote parée* (*calliéthérée* de Koch, *atte parée* de Walckenaer) est une petite araignée longue de 4 millimètres, dont la coloration est élégante ; son corselet noir luisant porte sur les côtés une bande blanche, et dans le milieu, deux gros points de même couleur.

Fig. 154.

De tous les attiens, cette espèce est la plus commune; elle apparaît dès les premiers jours d'avril, on la voit, lorsque le soleil donne, courir et sauter sur les haies, les portes de jardins et aussi sur les murs de nos habitations. Elle se fait remarquer entre toutes les autres par sa vivacité et l'agilité avec laquelle elle saisit les insectes, même ceux qui sont ailés, au moment où ils s'envolent; toujours aux aguets, elle élève son corselet sur ses pattes pour voir tout autour d'elle.

Elle sait se préserver du froid en s'enfonçant sous l'écorce des arbres; la coque qu'elle construit est ovalaire et ressemble pour le tissu et la forme à celle de la clubione soyeuse, seulement elle est plus petite et plus chaude. C'est dans cette même coque qu'elle pond et garde ses œufs, qui, comme ceux de toutes les attes, sont gros, mais en petit nombre et collés ensemble.

Fig. 155.

Les mâles, dans cette espèce, se font remarquer par la longueur extrême de leurs mandibules ou chélicères qui sont denticulées et tout à fait horizontales.

La *calliéthérée psylle* ou *actrice*, espèce voisine de la précédente, ne s'en distingue que par ses couleurs plus vives et plus tranchées.

Une espèce européenne plus rare, et qu'il faut rechercher particulièrement dans les parties sablonneuses des forêts de Fontainebleau et de Compiègne, est la *cyrtonote sanguinolente (philia)*. Son corselet et ses pattes sont noir profond, son abdomen est d'un rouge écarlate, et porte dans le milieu un trait noir longitudinal.

Les espèces exotiques sont innombrables, et se font toutes remarquer par la grandeur de leur taille et la beauté de leurs couleurs, qui souvent sont tranchées et métalliques. La *cyrtonote* ou *phidippie variée* des Indes Orientales est une des plus grandes et une de celles qui sont le plus répandues dans les collections ; ses mandibules sont vertes comme celles d'une ségestrie ; son abdomen et son corselet noir profond portent des taches blanches dont le nombre et la forme varient à l'infini.

La *cyrtonote* ou *plexippus biche*, originaire du Sénégal, a un système de coloration bien différent ; tout son corps est traversé par trois larges bandes blanches longitudinales non interrompues.

Les grosses *cyrtonotes* américaines *iris* et *chrysis* ont le dos d'un vert clair irisé, et les parties latérales d'un jaune assez pâle.

Les plus belles *cyrtonotes* sont celles dont Koch a formé le genre *thiania*. L'une d'elles, la *th. pulcherrima*, a un corselet bleu d'azur, un abdomen également bleu et tranché par trois larges ceintures du plus beau rose ; toutes ses couleurs sont changeantes et rappellent celles des oiseaux-mouches et des papillons.

La *cyrtonote mordante* (*hyllus*) et quelques autres voisines sont remarquables par la prodigieuse longueur de la première paire de pattes et des mandibules, qui sont horizontales et divergeantes.

63ᵉ Genre. **HÉLIOPHANE,** *Héliophana*, Koch.

(ἥλιος, soleil; φᾶνὸς, brillant.)

Synonymie : *Attus*, Walckenaer.

Yeux, disposés comme ceux des attes, c'est-à-dire que ceux de la seconde ligne sont un peu plus rappro-   Fig. 156. chés des yeux de la ligne antérieure que de ceux de la ligne postérieure; seulement les intermédiaires de la ligne antérieure se touchent et les latéraux sont plus éloignés.

Mandibules, verticales, assez longues, mais non proéminentes.

Palpes, longs et robustes, second article de ceux des mâles armé en dessous d'une longue pointe   Fig. 157. recourbée en forme de crochet.

Corselet, grand, très-élevé, plus long que large.

Abdomen, ovalaire, allongé, assez étroit, deux fois aussi long que le corselet, à filières très-courtes.

Pattes, assez fortes, peu longues, variant d'un sexe à l'autre, comme il suit : celles de la femelle sont ainsi, 4, 1, 2, 3 ; celles du mâle ainsi, 4, 1, 3, 2, mais cette différence est peu visible.

Couleur, métallique, mais généralement uniforme, quelquefois ornée de poils blancs ou noirs.

Taille, petite, variant de 3 à 5 millimètres.

Patrie: toutes habitent l'Europe tempérée et méridionale.

Habitudes : araignées chasseuses et coureuses plutôt que sauteuses, se renfermant dans de petites coques blanches.

ESPÈCES.

H. des mousses,	*H. muscorum,*	Walckenaer,	France.
H. dorée,	*H. aurata,*	Koch,	Allemagne.
H. cuivrée,	*H. cuprea,*	Walckenaer,	France.
H. métallique,	*H. metallica,*	Koch,	Allemagne.
H. douteuse,	*H. dubia,*	Koch,	Allemagne.
H. brillante,	*H. nitens,*	Koch,	Allemagne.
H. à pieds jaunes,	*H. flavipes,*		Allemagne.

II. à trois bandes,	*H. tricincta,*	Koch,	Allemagne.
II. éclatante,	*H. micans,*	Koch,	Allemagne.
II. en deuil,	*H. luctuosa,*	Lucas,	Algérie.
II. à ventre brillant,	*H. nitidiventris,*	Lucas,	Algérie.
II. brillante,	*H. nitida,*	Lucas,	Algérie.
H. lugubre,	*H. lugubris,*	Vinson,	île de la Réunion
II. variable,	*H. variabilis,*	Vinson,	île de la Réunion.

Les héliophanes pourraient, au premier abord, être confondues avec les attiens que nous avons décrits sous les noms de *saltique,* d'*atte,* de *calliéthérée,* etc. ; en effet, leur forme est tellement semblable, que si un caractère générique, celui de porter une dent cornée au-dessous du palpe, n'était apparent chez le mâle surtout, la confusion serait inévitable ; la longueur de leurs trois premières paires de pattes varie un peu d'un sexe à l'autre, la quatrième est toujours la plus longue ; leur peau, luisante comme si elle était vernie, est le plus souvent dépourvue de poils et d'écailles.

Elles sautent souvent, mais moins lestement que les attes, et leurs mœurs se rapprochent davantage de celles des saltiques ou des attiens coureurs et voltigeurs, comme les appelait Walckenaer. Leur organisation n'ayant rien de particulier, je me contenterai de décrire brièvement les deux seules espèces que possède la *Faune parisienne.*

ESPÈCES PRINCIPALES.

Héliophane des mousses. — H. cuivrée.

L'*héliophane des mousses* est grande pour une espèce européenne ; sa taille dépasse un demi-centimètre ; son corselet est brun, ainsi que ses pattes ; son abdomen est vert bronzé ; il est entouré d'une fine raie blanche, et porte sur sa partie postérieure deux accents blancs renversés. Les pattes sont pour la femelle 4, 1, 2, 3, et pour le mâle 4, 1, 3, 2. Elle est plus commune en Belgique et en Allemagne qu'en France. Elle construit sous les pierres une coque relativement grande.

Une autre espèce plus intéressante, à cause de sa plus grande vulgarité à Paris, est l'*héliophane cuivrée* (*atte cuivrée*, Walckenaer); elle ressemble à la précédente, seulement sa taille est moindre, la couleur de son abdomen est plus brillante et à reflets cuivrés. Cet abdomen est également bordé d'une ligne blanche, et porte, dans son milieu, six taches de même couleur, rangées très-régulièrement; le corselet présente aussi des lignes blanches transverses et longitudinales; le mâle est plus petit que la femelle, et entièrement d'un noir bronzé.

« Cette espèce, dit Walckenaer, saute avec agilité :
« Ayant mis un individu dans une boîte, il se fila un nid à
« deux issues, composé d'une soie fine et transparente.
« On trouve cette aranéide en mai et en juin dans les
« jardins de Paris. M. Sundevall dit qu'elle est commune
« dans les bois de la Scanie et de Gotland, et que, dans
« les mois de juin et de juillet, les femelles se renferment
« dans des nids assez resserrés, construits sous l'écorce
« morte des arbres ; là elles pondent une vingtaine d'œufs
« blancs, ronds, séparés ou non agglutinés entre eux :
« elles enveloppent ces œufs dans un filet ou cocon très-
« mince, qui est grand en le comparant au volume de
« l'insecte. »

Aucune atte ne présente des variétés aussi nombreuses et aussi tranchées que cette espèce ; Walckenaer les a décrites toutes avec grand soin dans la *Faune française*.

64ᵉ Genre. **SALTIQUE,** *Saltica,* Latreille.

(*Saltica,* danseuse.)

Synonymie : *Attus,* Walckenaer.

Yeux, huit, sur trois lignes : l'antérieure formée de quatre yeux, dont les intermédiaires sont plus gros et plus avancés que les latéraux ; la seconde formée de deux yeux très-petits, souvent plus rapprochés des latéraux antérieurs ; la troisième ligne rejetée très-loin sur le milieu du dos.

Mandibules, cylindriques, grêles, plus ou moins allongées et proéminentes.

Corselet, grand, élevé, bombé, carré ou un peu plus étroit en arrière.

Abdomen, à pédicule très-long, cylindrique ; quelquefois presque filiforme ; à filières très-courtes et cachées.

Pattes, peu longues, dans l'ordre 4, 1, 3, 2, ou 4, 3, 1, 2 ; elles sont d'une grande finesse, si ce n'est la première qui est souvent renflée.

Couleur, corselet le plus souvent noir, abdomen moitié rouge moitié noir, pattes noires et blanches.

Taille, d'une petitesse extrême, de 1 à 3 millimètres,

Patrie : la plupart sont de l'Europe méridionale.

Habitudes : araignées coureuses et chasseuses, sautant peu, tendant des fils et se retirant dans de petites coques à tissu fin et transparent.

Fig. 158.

1ᵉʳ *sous-genre.* SALTICA, Latreille. — Yeux de la seconde ligne beaucoup plus rapprochés des antérieurs que des supérieurs, — yeux postérieurs très-reculés, — mandibules renfoncées dans les deux sexes, — corps allongé.

S. fourmi,	S. *formicaria,*	Walckenaer,	Europe.
S. formiciforme,	S. *formiciformis,*	Lucas,	France.
S. gaie,	S. *hilarula,*	Koch,	Allemagne.
S. de Berlin,	S. *berolinensis,*	Koch,	Allemagne.
S. à bandes blanches,	S. *albocincta,*	Koch,	Pensylvanie.
S. mutilloïde,	S. *mutilloïdes,*	Lucas,	Algérie.

S. à 3 lignes blanches,   *S. albotrilineata*,   Lucas,   Algérie.
S. phrynoïdes,   *S. phrynoïdes* (1),   Walckenaer,   Jamaïque.

2° *sous-genre*. PYROPHORA, Koch (πυρὸς, feu; φέρω, porter). — Yeux de la seconde ligne presque à égale distance des antérieurs et des supérieurs, — yeux postérieurs très-reculés, — mandibules du mâle aussi longues que le corselet, déprimées, horizontales.

Fig. 159.

P. semi rouge,   *P. semi rufa*,   Koch,   Europe.
P. helvétique,   *P. helvetica*,   Koch,   Suisse.
P. sicilienne,   *P. siciliensis*,   Koch,   Sicile.
P. tyrolienne,   *P. tyrolensis*,   Koch,   Tyrol.

3° *sous-genre*. JANUS, (2) Koch (nom mytholog.). — Yeux de la seconde ligne à égale distance des antérieurs et des supérieurs, — yeux postérieurs assez avancés, — corselet étranglé.

J. bossu,   *J. gibberosa*,   Koch,   Pensylvanie.
J. à tête noire,   *J. melanocephala*, Koch,   île Bintang.

M. Sundevall et M. Koch réservent le nom de *saltique* donné à toute la famille par Latreille, à la saltique fourmi et aux quelques espèces de son petit groupe; ces espèces sont précisément celles qui sautent le moins et auxquelles le nom de *saltique* s'applique le moins bien; mais j'ai voulu me conformer à l'usage en conservant ce nom. Ce genre correspond à la seconde famille du genre atte de Walckenaer, à celle qu'il a appelée *les voltigeuses*.

Le placement de la seconde ligne des yeux, qui est plus rapprochée de l'antérieure, et la finesse des appendices, sont à peu près les seuls caractères anatomiques qui distinguent ces araignées; mais elles ont une physionomie si spéciale et des mœurs si différentes, qu'il est impossible de les confondre.

---

(1) Par la singularité de ses pattes antérieures, cette espèce pourrait former un sous-genre. (Voir Walck., p. 479, pl. 12.)

(2) Il est impossible, comme le veut M. Koch, de fonder un genre sur les débris d'un insecte exotique; le genre *toxeus* ne pourra être adopté que lorsqu'on en connaîtra des individus complets.

Saltique fourmi. — S. semi-rouge.

Aucune araignée, même parmi celles des genres drasse et micryphante, que l'on appelle souvent formi- Fig. 160.
coïdes à cause de leur petite taille, ne ressemble davantage à une fourmi que la saltique à laquelle on a, pour cette raison, donné le nom de *fourmi;* un observateur exercé même, pourrait se tromper en voyant cette petite araignée courir sous ses yeux.

En effet, sa taille ne dépasse pas un millimètre et demi, la couleur de son corselet est noire, la partie antérieure de son abdomen est rousse et séparée de la postérieure, qui est noire, par une fine ceinture blanche ; les grosses pattes antérieures sont noires, les autres sont également noires à la base, mais blanches à leur extrémité.

Cette espèce est peut-être la plus commune de toutes les attes, et le représentant le plus vulgaire et le plus répandu de cette nombreuse famille. Depuis les premiers jours d'avril jusqu'aux derniers jours de septembre, et même en octobre, on la rencontre sur les murs exposés au soleil, mais particulièrement sur les treillages et les portes des jardins, même parfois sur l'écorce des arbres sous laquelle elle se réfugie l'hiver.

Cette petite saltique a une démarche toute particulière, qui ne ressemble en rien à celle des attes et des autres araignées que nous avons étudiées; aucune n'est plus lente en cherchant sa proie et n'est plus rapide dans sa fuite. En effet, lorsque la saltique est en chasse, elle se promène lentement et avec précaution, regardant et épiant tout autour d'elle, et saisissant les petites mouches, particulièrement les pucerons. Mais lorsqu'elle est effrayée

22

elle s'arrête brusquement, élève son corselet sur ses pattes pour mieux voir son ennemi, et puis fuit à reculons et avec une telle rapidité qu'il est difficile de la saisir; une fois qu'elle est à une certaine distance, elle s'arrête, puis se retourne, et si elle est placée sur un corps élevé, elle se laisse tomber à terre au moyen d'un fil très-fin; pendant tout ce temps, ses palpes ne cessent de s'élever et de s'abaisser, et ses deux pattes antérieures toujours relevées s'agitent constamment comme de longues antennes. Je ne sais quel est l'usage de cette manœuvre, mais je suppose que c'est simplement un signe de crainte.

Je ne puis mieux comparer cette course singulière de la saltique qu'à celle d'un habile patineur qui se lancerait à reculons, puis s'arrêterait quelques secondes pour tourner sur lui-même et ensuite se relancerait avec plus de vitesse sur la glace. La saltique a de plus la faculté de donner toute sorte de mouvements à son abdomen, en le haussant, le baissant et le dirigeant de tous les côtés.

Elle se construit, sous les pierres et plus souvent sous l'écorce des arbres, une coque soyeuse, très-petite, de forme ovale, déprimée, ouverte à ses deux extrémités, et d'un tissu si fin et si transparent qu'on la voit au travers.

Elle s'éloigne moins de sa demeure que les autres attiens, et s'y renferme plus souvent; aussi est-ce là qu'on doit la chercher : seulement il faut la saisir tout de suite, car aussitôt qu'elle se voit découverte, elle sort de sa coque et se précipite à terre au moyen d'un fil, avec une adresse remarquable.

La rapidité avec laquelle cette cellule est construite est prodigieuse ; en effet, une saltique enfermée dans un bocal est, au bout d'une demi-heure, au milieu de sa coque, souvent appliquée contre la surface la plus verticale et la plus lisse du verre.

Au mois de juin, son abdomen cylindrique se gonfle, elle pond ses œufs qui sont jaunes, en petit nombre, non agglutinés, dans un cocon fin et presque rond.

Plusieurs espèces, en particlier la *saltique semi-rouge* ou *formicoïde* du midi de l'Europe, dont M. Koch a fait le genre *pyrophore*, ont les mandibules et leur crochet d'une longueur excessive dans le mâle, ce qui donne à ces araignées un aspect des plus singuliers. J'ai pris plusieurs fois la saltique formicoïde courant par terre dans le bois de Meudon.

Fig. 161.

Voici la liste des espèces de salticiformes américaines que Walckenaer ne connaissait que par les descriptions des voyageurs Bosc et Abbot, et qu'il est impossible de classer avec certitude.

Locustoïdes.	*Dirisa.*	*Tridentigera.*	*Provocator.*
Gerbilla.	*Clandestina.*	*Pileata.*	*Inclemens.*
Opposita.	*Scenicoïdes.*	*Canosa.*	*Lenta.*
Claveata.	*Investigador.*	*Icterica.*	*Marginata.*
Excubitor.	*Peregrina.*	*Ambesas.*	*Inorata.*
Attenta.	*Scrutator.*	*Quaterna.*	*Aspergata.*
Inquies.	*Purpuraria.*	*Dissimulator.*	*Ambigua.*
Lata.	*Cancroïdes.*	*Maga.*	*Infesta.*
Pulchra.	*Cerulea.*	*Plumosa.*	*Verna.*
Cinerea.	*Smaragdina.*	*Speculator.*	*Pistacia.*
Fraudulenta.	*Quinque-tesserata.*	*Leoparda.*	*Viridis.*

On peut en dire de même des trois,

A. *rubra.*   A. *d'Urvilli.*   A. *doreyana.*

rapportées de la Nouvelle-Calédodie, et que Walckenaer décrit d'une manière trop incomplète.

65ᵉ Genre. **DÉINOPE,** *Deïnopis*, Mac Leay.

(δεινὸς, terrible, hideux ; ὀψς, aspect.)

Yeux, très-inégaux, sur trois lignes, dont les deux antérieures
sont frontales et la supérieure dorsale ; l'antérieure
formée de quatre yeux très-petits et opaques ; l'intermédiaire formée de deux yeux, environ dix fois plus
gros que les autres.

Lèvre, allongée, quadriforme, quoique un peu étranglée.

Mâchoires, droites, larges, divergentes, tronquées obliquement
au côté interne, étroites à leur extrémité, très-dilatées et arrondies à leur base.

Corselet, grand, en cœur, allongé.

Abdomen, très-long, cylindrique.

Pattes, fort allongées et assez grêles, dans l'ordre 1, 2, 3, 4.

Couleur, grisâtre, velue, pattes annelées.

Taille, près de 2 centimètres.

Patrie : Antilles, Cuba.

Habitudes : aranéide courant vite, au bord des eaux, après les
insectes, se réfugiant parfois sous les pierres.

C'est avec incertitude que je place à la fin de la série
des salticiformes la singulière et rare aranéide qui compose le genre *déinope*, et que M. Mac-Leay a découverte
il n'y a pas longtemps dans l'île du Cuba. C'est une atte
dont les pattes sont fines et aussi longues que celles des
pholques, dont les yeux sont très-inégaux et disposés
un peu comme ceux des lycoses. Ainsi que le fait remarquer M. Mac-Leay, elle ressemble aussi à une dolomède
par sa couleur brune et son aspect général. Le peu que
l'on connaît de ses mœurs la rapproche davantage des
saltiques.

SEPTIÈME FAMILLE.

LYCOSIFORMES. E. S.

Cette famille, sans être la plus nombreuse en espèces, est, sans nul doute, celle qui occupe la plus grande place dans la nature, à cause de l'étonnante multiplicité de chacune de ses espèces dans toutes les localités et sous tous les climats : c'est aussi celle qui se caractérise le plus facilement, et qui se distingue le mieux des sept autres familles.

Les yeux, qui sont toujours au nombre de huit, sont de deux sortes, comme ceux des attes : les uns, généralement au nombre de deux, plus gros et plus brillants, sont placés au milieu du front ; les autres, plus petits et plus ternes, sont rangés en avant ou sur les côtés ; la bouche est dans tous les genres courte et très-large ; l'abdomen est grêle, mais le corselet est énorme et bombé en avant ; la longueur et la force des appendices sont très-variables, presque toujours ils sont disposés pour la course ou pour le saut ; les filières, au nombre de six, et inégales, sont courtes et peu visibles (*hersélie* exceptée). La glande à venin est au contraire bien développée, surtout dans les grandes espèces (*tarentules*).

Les habitudes, aussi bien que la conformation, se mo-

difient chez les lycosiformes et les éloignent des autres
aranéides. — Elles ne construisent pas cette toile qui
caractérise cet ordre d'une manière si tranchée : ce sont
les araignées *vagabondes* de Walckenaer, ce sont celles
qui font le moins usage de leurs fils, et qui ne s'en servent qu'au moment de la ponte, pour envelopper leurs
œufs.

Cette famille renferme des animaux dont les mœurs et
l'aspect général du corps semblent différer beaucoup au
premier abord : aussi, est-il facile d'y établir trois tribus
qui, bien qu'étroitement unies par des caractères essentiels, présentent cependant des différences assez tranchées pour qu'on soit tenté, avant un examen attentif,
d'en former trois familles distinctes.

Yeux très-inégaux, corps assez élancé, pattes longues,
    étalées. . . . . Herséliens.
Yeux inégaux, corps court et ramassé, membres robustes
    et courts. . . . . Lycosiens.
Yeux peu inégaux, corps étroit et allongé, membres fins,
    longs et divergents. . . . . Dolomédiens.

1re Tribu. HERSÉLIENS.

Membres fins et très-allongés, — démarche lente et latérale, — les plus gros yeux sur les lignes antérieure et intermédiaire.

Un seul genre.

66e Genre. **HERSÉLIE**, *Herselia*, Savigny.

(ἕρσις, action d'enlacer.)

Yeux, huit, peu inégaux; les quatre intermédiaires et antérieurs, formant un carré parfait, placé sur une élévation frontale que porte le corselet; les latéraux antérieurs fort petits; les latéraux supérieurs très-reculés et plus gros.

Fig. 162.

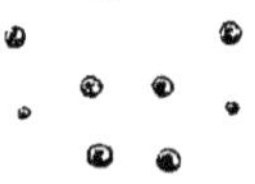

Lèvre, courte très-large, à angles arrondis.

Mâchoires, convergentes, très-inclinées sur la lèvre, se touchant en avant d'elle ; elles sont petites, oblongues, et rétrécies à leur sommet.

Corselet, grand, élevé et pyramidal en avant; déprimé et arrondi en arrière.

Abdomen, ovale ou presque arrondi.

Filières, les plus longues que l'on connaisse, ressemblant à de petites pattes.

Pattes, fines, très-inégales et d'un allongement extrême, de la longueur suivante : 1, 2, 4, 3; le tarse est souvent subdivisé en trois articles.

Couleur, gris obscur, quelquefois des lignes transverses ; corps très-velu.

Taille, dépassant 1 centimètre et demi.

Patrie : ce genre est propre à l'Afrique.

Habitudes : araignées se tenant sous les pierres, marchant de côté.

ESPÈCES.

H. caudée,	*H. caudata,*	Savigny,	Égypte.
H. indienne,	*H. indica,*	Lucas,	Inde.
H. d'Edwards,	*H. Edwardii,*	Lucas,	Algérie.
H. d'Oran,	*H. oraniensis,*	Lucas,	Algérie.

Le genre *hersélie* ne doit point nous arrêter longtemps, car il a été établi par M. Savigny, sur un animal du nord de l'Afrique encore peu connu, et dont les mœurs et la manière de vivre sont presque ignorées ; cette araignée est de grande taille ; son corps est velu, elle a l'aspect d'une tégénaire.

L'extrême longueur de ses filières, qui ressemblent à des pattes, pourrait faire supposer qu'elle est bonne fileuse ; mais M. Lucas, qui seul l'a observée vivante en Algérie, nous apprend qu'elle est *lapidicole*, c'est-à-dire qu'elle se plaît sous les pierres, et qu'on la trouve sur leur surface inférieure, les pattes étendues dans toute leur longueur et attendant sa proie, qu'elle a coutume de saisir en marchant de côté. M. Lucas dit de plus qu'on la rencontre quelquefois errant lentement dans les champs et sur les murs des habitations, qu'elle tend des fils, mais ne fabrique point de toile. L'inégalité de ses yeux, ainsi que l'élévation pyramidale de son corselet, la classent dans la famille des lycosiformes : c'est néanmoins en tête de cette famille qu'il faut la placer ; elle semble être un passage entre les *araignées grandes fileuses* et les lycoses.

Les quelques espèces qui composent ce genre ont, depuis qu'elles sont découvertes, attiré l'attention et la curiosité des entomologistes, à cause de leur rareté et des particularités intéressantes de leur organisation.

2ᵉ Tribu. LYCOSIENS.

Yeux sur trois lignes bien séparées, — membres peu allongés et assez robustes, — araignées courant avec rapidité, traînant leur cocon attaché à leurs filières et portant leurs petits sur leur dos.

Cette tribu renferme les genres : *trochosie, lycose, lycosine.*

67ᵉ Genre. **TROCHOSIE,** *Trochosa,* Koch.

(τροχὸς, course en rond.)

Synonymie : *Lycosa,* Walckenaer.

Yeux, sur trois lignes, l'antérieure près du rebord mandibulaire, formée de quatre yeux ; la seconde sur le haut du front, formée de deux yeux rapprochés et petits ; la supérieure sur le dessus de la tête, formée de deux yeux plus écartés et un peu plus gros que les six antérieurs.

Fig. 163.

Bouche, lèvre et *mâchoires,* semblables à celles des lycoses (voir p. 349), dernier article des pattes-mâchoires du mâle moins renflé et plus effilé, à peine plus large que celui de la femelle.

Corselet, grand, en cœur, peu bombé et de niveau avec l'abdomen, élargi en avant un peu comme celui des érèses.

Pattes, courtes et renflées, peu inégales, dans l'ordre 4, 1, 3, 2, ou 4, 1, 2, 3.

Couleur, brun verdâtre, un duvet jaune ou blanc pur couvre certaines parties du corps.

Taille, de 3 à 20 millimètres.

Patrie : Europe et Afrique.

Habitudes : araignées vivant dans les bois, sous les grosses pierres, y épiant les insectes, traînant un cocon globuleux attaché à leurs filières.

1er *sous-genre.* ARCTOSA, Koch (ἀρκτή, peau d'ours). — Yeux supérieurs presque égaux avec ceux de la seconde ligne, — couleur claire, de petites taches irrégulières.

A. singorienne (1),	A. *singoriensis,*	Walckenaer,	Grèce.
A. revêche,	A. *vultuosa,*	Koch,	Grèce.
A. helléuique,	A. *hellenica,*	Koch,	Grèce.
A. allodrome,	A. *allodroma,*	Walckenaer,	Europe.
A. courageuse,	A. *animosa,*	Abbot,	Géorgie.
A. ligurienne,	A. *liguriensis,*	Walckenaer,	Grèce.
A. grise,	A. *cinerea,*	Fabricius,	Europe.
A. adroite,	A. *perita,*	Walckenaer,	Grèce.
A. pictée,	A. *picta,*	Kock,	Europe.
A. incolore,	A. *incolor,*	Bosc,	Caroline.
A. malfaisante,	A. *infesta,*	Abbot,	Géorgie.
A. du volcan,	A. *vulcani,*	Vinson,	île de la Réunion.

2e *sous-genre.* TROCHOSA, Koch. — Yeux supérieurs sensiblement plus gros que ceux de la seconde ligne,—couleur brune, des raies jaunes en long.

T. agrétyque,	T. *agretyca (trabalis),*	Walckenaer,	Europe.
T. ruricole,	T. *ruricola,*	Latreille,	Europe.
T. ombraticole,	T. *umbraticola,*	Koch,	Grèce.
T. rusée,	T. *vafra,*	Koch,	Amérique.

La *lycosa allodroma* et la *lycosa agretyca* de Walckenaer sont, dans la classification de Koch, le type de deux genres particuliers que j'ai fondus en un seul. Les quelques différences qui séparent ces araignées m'ont servi à former deux sous-genres.

Le caractère qui distingue les trochosies des vraies lycoses est l'égalité de la première et de la seconde ligne de leurs yeux, et aussi la forme plus élargie et plus bombée de la partie antérieure du céphalo-thorax. Tout le reste de l'organisation et les mœurs rapprochent les tro-

---

(1) Il faut peut-être rapporter à ce groupe toutes les espèces que Walckenaer appelait *tarentuloïdes,* c'est-à-dire les *lycosa encarpata, philadelphiana, georgicola* de la Géorgie, décrites par Abbot, et la *lycosa maderiana* de l'île Madère, décrite par Walckenaer d'après un individu de la collection de M. Guérin. Dans l'incertitude, nous classerons ces espèces dans le genre *lycose,* au sous-genre *tarentule.*

chosies des lycoses du sous-genre tarentule. La coloration a cependant dans le premier sous-genre quelque
chose de particulier qui rappelle un peu celle des attes.

Trois espèces habitent la France, deux appartiennent
au sous-genre *arctosie*.

ESPÈCES PRINCIPALES.

Trochosie allodrome. — *T. peinte.* — *T. agrétyque.*

La *lycose allodrome* (*arctosa allodroma*) est une belle
araignée dont la taille dépasse un centimètre, dont le
corps court et trapu est recouvert d'un épais duvet gris
de souris, et porte de plus sur le corselet et l'abdomen
des tachettes noires ou blanc pur qui ne sont pas toujours visibles et régulières.

Elle n'a jamais été prise dans les environs de Paris,
mais suivant Walckenaer, Hahn, Sundevall, Koch, etc.,
elle se rencontre assez fréquemment dans le nord de
l'Italie, le midi de la France, la Grèce, etc. Suivant ces
observateurs, elle recherche le voisinage des eaux et se
plaît sur les berges sablonneuses, où elle se creuse un
trou assez profond et cylindrique qu'elle tapisse à l'intérieur de fils grossiers. Elle se tient là tout le jour, mais
aussitôt le soleil caché, elle sort de cette retraite et se
promène avec lenteur dans les environs.

Le cocon qu'elle traîne à ses filières est gros; ses jeunes
qui montent sur le dos de son abdomen après leur naissance, sont d'un vert uniforme. Je crois que c'est à tort
que Walckenaer a confondu la lycose peinte de Hahn
avec l'allodrome.

La *trochosie peinte* est une petite araignée que son
grand corselet et ses couleurs, font ressembler
à une atte. Son corselet, aussi long que l'abdomen, est large et d'un brun rougeâtre et luisant ; son abdomen, d'un gris velouté, porte deux
bandes de petites tachettes alternativement blanches et noir luisant. Elle habite nos environs, mais ne s'y
rencontre que rarement ; je l'ai prise dans la forêt de
Compiègne.

La *lycose agrétyque* (*trochosa agretyca*) est la seule qui
soit très-commune en France ; elle se trouve à Paris même
et abonde partout. Sa taille atteint presque un centimètre, sa couleur est fauve rougeâtre, son corselet est
bordé d'une large bande plus foncée, son abdomen noirâtre porte une petite ligne jaune sur sa partie antérieure.
On la rencontre rarement courant sur les gazons ; c'est
sous les grosses pierres qu'elle se tient la plus grande
partie de la journée. A la fin de juillet, l'abdomen de
la femelle devient énorme ; elle pond alors plus de cent
œufs jaunes, qu'elle entoure d'un cocon ; celui-ci, dont
le volume est très-gros, est tout à fait sphérique et d'un
blanc mat.

68ᵉ Genre. **LYCOSE**, *Lycosa*, Walckenaer.

(λύκος, loup.)

Yeux, huit, très-inégaux, sur trois lignes, l'antérieure formée
par quatre petits yeux rap-
prochés, la seconde formée
de deux yeux qui sont les
plus gros, la supérieure
formée de deux yeux placés
sur la face dorsale.

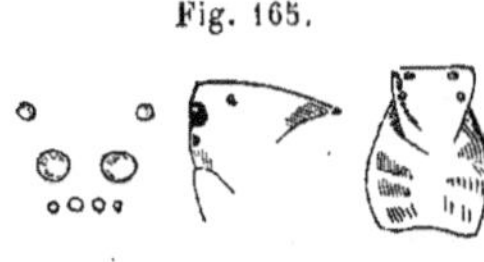

Fig. 165.

Lèvre, presque carrée, quoique plus haute que
large et un peu échancrée à son extrémité.

Fig. 166.

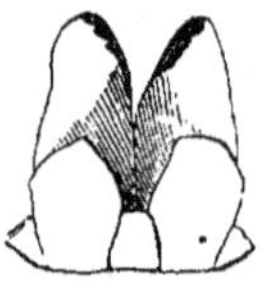

Pattes-mâchoires, courtes : coxopodites droits,
écartés, plus hauts que larges, aigus
à leur sommet interne, tronqués obliquement au côté externe ; le dernier article du mâle est peu renflé et renferme
un conjoncteur court, triarticulé, roulé
en spirale et entouré de trois petits appendices membraneux (*Conjoncteurs acces-
soires,* Savigny).

Fig. 167.

Corselet, grand et large en arrière; plus étroit,
élevé et tronqué en avant.

Abdomen, moyen, ovalaire; filières courtes et cachées.

Pattes, fortes et assez allongées, propres à la course, dans
l'ordre 4, 1, 2, 3.

Couleurs, foncées, noires ou brunes, souvent ornées de lignes
et de taches formées par des poils colorés.

Taille, variant de 4 millimètres à 2 centimètres.

Patrie : elles sont répandues sur toute la terre, en Amérique
et en Europe surtout.

Habitudes : aranéides chasseuses et vagabondes; ne construisant ni coque, ni toile, traînant leur cocon attaché
à leurs filières, et portant leurs petits sur leur dos
lorsqu'ils sont éclos.

1er *sous-genre*. Tarentula (ville de Tarente). — Première ligne des yeux un peu courbée, éloignée du rebord mandibulaire, les quatre yeux qui la forment sont égaux et très-rapprochés, de sorte qu'elle ne dépasse pas la largeur de la seconde ligne, — pattes épaisses et peu longues, — corps couvert d'un duvet noir, gris bleu, blanc ou rougeâtre.

Araignées habitant les lieux secs et fuyant le voisinage des eaux; se réfugiant souvent sous les pierres et passant l'hiver dans des cavités souterraines; cocon tout à fait rond, doux, blanc mat.— Nous en connaissons deux formes.

1er *groupe*. — Pattes de même épaisseur et presque égales entre elles, — corselet portant trois bandes claires en long, — abdomen avec des taches foncées transversales.

T. apulienne,	*T. apuliæ,*	Aldrovande,	Europe méridionale.
T. narbonnaise,	*T. narbonnensis,*	Walckenaer,	Europe méridionale.
T. très-grande,	*T. prægrandis,*	Hahn,	Grèce.
T. vieille,	*T. absoleta,*	Koch,	Asie.
T. voisine,	*T. affinis,*	Lucas,	Algérie.
T. à bouche rouge,	*T. erythrostoma,*	Koch,	Brésil.
T. poliostome,	*T. poliostoma,*	Koch,	Montevideo.
T. rufimane,	*T. rufimana,*	Koch,	Montevideo.
T. funeste,	*T. funesta,*	Koch,	Nouvelle-Hollande.
T. carolinoise,	*T. carolinensis,*	Walckenaer,	Caroline.
T. suspecte,	*T. suspecta,*	Abbot,	Géorgie, Amérique.
T. géorgienne,	*T. georgiensis,*	Abbot,	Géorgie.
T. ornée,	*T. ornata,*	Walckenaer,	Brésil.
T. de Perty,	*T. Pertyi,*	Perty,	Brésil.
T. renard,	*T. vulpina,*	Koch,	Brésil.
T. cotonneuse,	*T. xylina,*	Wagner,	Algérie.
T. rubigineuse,	*T. rubiginosa,*	Koch,	Italie.
T. grise,	*T grisea,*	Koch,	Grèce, Nauplie.
T. famélique,	*T. famelica,*	Koch,	Grèce.
T. erratique,	*T. erratica,*	Lucas,	Algérie.
T. tarentuline,	*T. tarentulina,*	Savigny,	France méridionale.
T. géorgicole,	*T. georgicola,*	Abbot,	Géorgie.
T. philadelphienne,	*T. philadelphiana,*		Amérique.
T. festonnée,	*T. encarpata,*	Abbot,	Géorgie.
T. madérienne,	*T. maderiana,*	Guérin,	île Madère.
T. ouvrière,	*T. fabrilis,*	Clerck,	Europe.
T. preneuse,	*T. captans,*	Walckenaer,	Europe méridionale.
T. pélusienne,	*T. pelusiana,*	Savigny,	Égypte.

2e *groupe*. — Membres antérieurs courts, beaucoup plus épais que les postérieurs dans le mâle, — cuisses noires, — tibias souvent globuleux, — corselet et abdomen ornés de larges bandes longitudinales blanches ou rougeâtres.

T. vorace,	*T. vorax,*	Walckenaer,	Europe.
T. prompte,	*T. velox,*	Walckenaer,	Europe.

T. sagittée,	T. *sagitta,*	Koch,	Grèce, Algérie.
T. égorgeuse,	T. *trucidatoria,*	Walckenaer,	Europe.
T. champêtre,	T. *campestris,*	Walckenaer,	Europe.
T. fuscipède,	T. *fuscipes,*	Koch,	Grèce.
T. accentuée,	T. *accentuata,*	Latreille,	Europe.
T. armillée,	T. *armillata,*	Walckenaer,	Europe.
T. graminicole,	T. *graminicola.*	Walckenaer,	Europe.
T.	T. *gasteinensis,*	Koch,	Allemagne.
T. neigeuse,	T. *nivalis,*	Sundevall,	Europe.
T. andrénivore,	T. *andrenivora,*	Walckenaer,	Grèce.
T. mordante,	T. *mordax* (1),	Walckenaer,	Caroline.

2ᵉ *sous-genre.* Leimonia, Koch (λειμωνιὰς, habitant des prairies). —
Tête assez large et peu élevée, — rangée antérieure des yeux fortement
inclinée, un peu plus large que la seconde ligne, à égale distance de cette
dernière et du rebord mandibulaire, les intermédiaires de cette ligne un
tiers plus gros que les latéraux, — yeux dorsaux rapprochés de ceux de la
seconde ligne, — membres allongés, épais à la base, effilés à l'extrémité, —
couleur le plus souvent terne, obscure, avec des dessins vagues, — pattes
annelées de tachettes noires. — Araignées vivant dans les plaines marécageuses, les tourbières, etc.; cocon très-gros, déprimé sur les côtés, gris
bleu assez foncé.

L. paludicole,	L. *paludicola,*	Clerck,	Europe.
L. agréable,	L. *blanda,*	Koch,	Tyrol.
L. nègre,	L. *nigra,*	Koch,	Europe.
L. enfumée,	L. *fumigata,*	Linné,	Europe.
L. pâle,	L. *pallida,*	Walckenaer,	Europe.
L. courageuse,	L. *valida,*	Lucas,	Algérie.
L. adroite,	L. *solers,*	Walckenaer,	Europe.
L. riveraine,	L. *riparia,*	Koch,	Danube.
L. disgracieuse,	L. *invenusta,*	Koch,	Grèce, Algérie.
L.	L. *atomaria,*	Koch,	Grèce.
L. audacieuse,	L. *audax,*	Klug,	Prusse.
L. intrépide,	L. *intrepida,*		Amérique.
L. pellione,	L. *pelliona,*	Savigny,	Égypte.
L. de Milbert,	L. *Milbertii,*	Walckenaer,	New-York.
L. de Say,	L. *Say,*	Walckenaer,	New-York.
L. gloutonne,	L. *helluo,*	Walckenaer,	New-York.

---

(1) Appartiennent peut-être à ce groupe les *lycosa avida, crassipes,
vehemens, impavida,* que Walckenaer ne connaissait que par le ma-
nuscrit d'Abbot, et les *lycosa irrorata* et *Laperousi* de la Nouvelle-Hollande, également décrites par Walckenaer (*Suites à Buffon,* Aptères,
t. I, p. 325).

L. goulue,	*L. gulosa,*		Amérique septentrion.
L. ravisseuse,	*L. raptoria,*		Brésil.
L. douteuse,	*L. dubia,*		Rio-Janeiro.
L. chercheuse,	*L. indagatrix,*		Indes Orientales.
L. pilipède,	*L. pilipes,*	Lucas,	Algérie.

3ᵉ *sous-genre.* LYCOSA. — Tête très-étroite et élevée, — yeux disposés comme ceux des leimonia, les supérieurs plus éloignés, la ligne antérieure presque droite et égale, — membres allongés et effilés, — corselet orné d'une bande plus claire, — abdomen finement moucheté.

Araignées vivant aussi bien dans les champs que dans les bois, courant tout le jour, se réfugiant sous les pierres aussitôt le soleil caché ; cocon blanc sale et terreux, un peu déprimé, lenticulaire.

L. striatipède,	*L. striatipes,*	Koch,	Allemagne.
L. bifasciée,	*L. bifasciata,*	Koch,	Allemagne.
L. forestière,	*L. silvicultrix,*	Koch,	Allemagne.
L. des sables,	*L. arenaria,*	Savigny,	Grèce, Afrique.
L. rapide,	*L. alacris,*	Koch,	Europe.
L. vagabonde,	*L. vagabunda,*	Lucas,	Algérie.
L. monticole,	*L. monticola,*	Sundevall,	Europe.
L. agile,	*L. agilis,*	Walckenaer,	Europe.
L. coureuse,	*L. cursoria,*	Koch,	Bavière.
L. à sac,	*L. saccata,*	Linné,	Europe.
L. chasseuse,	*L. venatrix,*	Lucas,	Algérie.
L. voyageuse,	*L. peregrina,*	Savigny,	Égypte.
L. exilipède,	*L. exilipes,*	Lucas,	Algérie.
L. à deux taches,	*L. biimpressa,*	Lucas,	Algérie.
L. sylvicole,	*L. sylvicola,*	Lucas,	Algérie.
L. timide,	*L. timida,*	Lucas,	Algérie.

4ᵉ *sous-genre.* POTAMIA, Koch (ποτάμιος, vivant dans les fleuves). — Tête large et plate, — les quatre yeux antérieurs écartés entre eux, formant une ligne droite beaucoup plus large que la seconde, touchant presque au rebord mandibulaire ; yeux de la seconde ligne moins grands en proportion, — pattes fortes, glabres, étalées, — couleur verdâtre ; des bandes ou des points marginaux argentés. — Araignées habitant le bord ou le dessus des eaux ; cocon gros tout à fait rond, blanc argenté.

P. pirate,	*P. piratica,*	Clerck,	Europe.
P. pêcheuse,	*P. piscatoria,*	Clerck,	Europe.
P. soyeuse,	*P. sericata,*	Koch,	Bavière.
P. des marais,	*P. palustris,*	Koch,	Europe.
P. triton,	*P. triton,*	Abbot,	Géorgie
P. nautique,	*P. nautica,*	Walckenaer,	Nouvelle-Zélande
P. bordée d'argent,	*P. argenteomarginata.*	Lucas,	Algérie.

Le genre *lycose*, qui compose presqu'à lui seul la nombreuse tribu des lycosiens, réalise d'une manière parfaite les caractères de la grande famille, à laquelle il donne son nom : il est, à juste titre, le plus connu et le plus célèbre, car il fournit à notre pays ces innombrables petites araignées de couleur noire, qui fourmillent sur les gazons, et les grandes et redoutables aranéides connues dans le midi de l'Europe sous le nom de *tarentules*. Comme on peut le voir tout de suite, le nom de lycose s'applique à des animaux dont la taille est bien dissemblable ; en effet, il est des araignées-loups qui, dans nos environs, ne dépassent pas 2 à 4 millimètres, il en est d'autres qui, dans les plaines de la Pouille et les environs de Tarente, ont plus de 4 centimètres de long.

Aucun genre cependant ne garde d'une manière aussi constante ses caractères distinctifs et exclusifs, et n'est plus uniforme dans les mœurs et la manière de vivre de ses espèces.

Quelle que soit la taille des lycoses, leur corselet est grand, s'élève en cône à sa partie antérieure, où il semble tronqué ; sur le plan vertical et antérieur de ce front sont placés six yeux, dont quatre petits en avant sur une ligne transverse, deux plus gros au-dessus, et deux plus petits et plus écartés sur le dos.

La bouche, très-reculée sous le front, est toujours formée par une lèvre carrée et des mâchoires droites, courtes et larges, quoique arrondies de tous les côtés. Les palpes sont remarquablement courts : les pattes locomotrices sont allongées et fortes, la quatrième paire est toujours la plus longue ; les filières sont courtes, égales et cachées. La couleur du corps est noire ou brune ; des poils blancs y dessinent quelquefois des points ou des lignes.

La faculté de filer est très-bornée chez les lycoses, aussi ne tendent-elles pas, comme la plupart des araignées, des piéges et des filets compliqués aux insectes dont elles se nourrissent. Pour subvenir à leur existence, elles sont obligées de courir presque constamment; on les rencontre partout, dans les bois et dans les champs, dans la plaine et sur la montagne, sur le bord ou la surface des eaux et dans les lieux les plus secs et les plus arides. Elles changent souvent de domicile, et la plupart des espèces n'ont pas de demeure fixe; c'est pour cette raison que Walckenaer les a appelées *araignées vagabondes*.

A l'époque de la ponte, ne pouvant rester en repos, sous peine de mourir de faim, la lycose est dans les conditions les plus défavorables pour garder un cocon et soigner une jeune famille; un instinct merveilleux lui apprend alors à attacher ce cocon à ses filières et à le traîner dans sa course vagabonde; mais ce n'est pas tout : lorsque la nombreuse couvée a brisé sa prison de soie, les jeunes ne pouvant ni filer ni chasser, se répandraient sans force et sans expérience au milieu d'un monde où fourmillent les ennemis et les dangers, et périraient inévitablement, si la mère, en même temps pour les protéger et leur apprendre à vivre, ne les mettait tous sur son dos et ne les portait ainsi par voies et par chemins, comme elle faisait quinze jours auparavant, lorsqu'ils étaient encore à l'état d'œufs.

Quoique nombreux, le genre lycose est difficile à subdiviser à cause de la grande uniformité qui existe entre toutes ses espèces, quelle que soit la disparité de leur taille.

Cependant la largeur de la première ligne d'yeux et son éloignement du rebord mandibulaire ne sont pas iden-

tiques dans toutes les espèces : c'est cette particularité
jointe au système de coloration qui a servi de base aux
quatre sous-genres *tarentula*, *lycosa*, *leimonia* et *potamia*,
dont j'ai exposé précédemment les caractères.

ESPÈCES PRINCIPALES.

*Lycose (tarentule) d'Apulie. — L. narbonnaise. — L. tarentu-
line. — L. vorace. — L. armillée. — L. paludicole. — L. nègre.
— L. à sac. — L. rapide. — L. monticole. — L. pirate. —
L. pêcheuse ou accentuée.*

Le genre lycose, comme nous l'avons déjà dit, comprend des espèces en apparence très-différentes à cause
de la disparité de leur taille. Les unes sont ces petites
araignées qui courent constamment sur nos gazons et que
l'on désigne sous le nom d'*araignées-loups ;* les autres,
d'une grande taille, habitent le midi de l'Europe, où elles
sont connues depuis des siècles sous le nom de *tarentules.*
Je parlerai d'abord de ces dernières.

L'espèce que les effets attribués à sa morsure ont de-

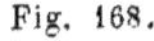

Fig. 168.

puis longtemps rendue célèbre, est la *tarentule apulienne;*
elle ne vit que dans les plaines de l'Apulie, et se trouve
particulièrement dans les environs de Tarente ; c'est une
grosse araignée dont le dos est d'un fauve à peu près

uniforme et dont le ventre est orangé et orné de taches noires.

Valetta a publié un intéressant mémoire sur cette tarentule ; je ne crois pas mieux faire que d'en reproduire une partie. (1706, *De phalangio Apulo opusculum.*)

« La tarentule, dit-il, se trouve dans les plaines de la
« Pouille ; elle pratique un trou en terre dans les lieux
« exposés au soleil et qui s'élèvent en pente douce, dans
« les endroits incultes et non défrichés, ou que le fer de
« la charrue n'a pas remués depuis longtemps. J'ai trouvé
« le plus souvent l'ouverture de ce trou exposé au midi ;
« par le moyen de ses fils, cette araignée fortifie l'entrée
« de son habitation avec du chaume ou des plantes des-
« séchées, et forme une sorte de rempart qui s'élève un
« peu au-dessus du sol. Elle fixe au sol ce rempart par
« le moyen d'une glu tenace dont elle revêt la base et
« dont elle enduit le dessous et l'intérieur. Toute cette
« petite fabrique, séchée par la chaleur du soleil, acquiert
« la dureté de la pierre ; l'inclinaison du terrain et le
« rempart qu'elle construit, garantissent la demeure de
« cette aranéide de la pluie et des frimas, et empêchent
« qu'il n'y puisse rien tomber.

« Elles ne sortent pas le jour, ou du moins très-rare-
« ment, mais seulement lorsque le soleil est couché. Elles
« errent toute la nuit autour de leur demeure pour
« chasser après leur proie. Elles se nourrissent de toutes
« sortes d'insectes. Le jour, elles restent cachées ; cepen-
« dant lorsque le soleil est près de se coucher, elles ne
« sont pas oisives, et j'en ai vu à l'entrée de leur trou,
« les deux pattes antérieures allongées et écartées, épiant
« leur proie, et toutes prêtes à s'élancer sur les insectes
« qu'elles apercevaient. Lorsqu'on les regarde dans l'obs-

« curité, on distingue bien leurs yeux, qui sont extrême-
« ment brillants. L'hiver, pour se garantir de l'inclémence
« de l'air, elle bouche entièrement son trou avec des
« pailles et des végétaux desséchés qu'elle entoure de
« soie et dont elle forme une masse compacte, que ni la
« neige ni la pluie ne peuvent amollir. Ainsi renfermée
« pendant tout le temps de la mauvaise saison, elle ne
« dort ni ne veille, mais est plutôt engourdie. Sa reclu-
« sion dure non-seulement tout l'hiver, mais même pen-
« dant une grande partie de l'automne et du printemps,
« car vers la fin d'octobre on trouve plusieurs trous bou-
« chés, et ils le sont encore pendant tout le mois de mars
« et même plus tard, si le froid continue. Pendant tout ce
« temps, ces aranéides ne sortent jamais ; cependant il
« arrive quelquefois qu'à cette époque le laboureur pas-
« sant sa charrue dans un lieu en friche ou qui n'a pas
« été cultivé depuis longtemps, bouleverse et détruit la
« demeure d'une de nos araignées. Alors, bien loin de
« chercher à mordre, elle est comme engourdie ou assou-
« pie. Elle paraît revoir à regret la lumière. Elle semble
« ne savoir où se retirer et fuir, aussi n'a-t-on jamais eu
« d'exemple que quelqu'un dans la Pouille ait été mordu
« de la tarentule dans l'automne, l'hiver ou le prin-
« temps. »

Valetta n'a pas parlé du cocon de cette espèce, et cependant c'est le point le plus intéressant de son industrie ; ce cocon a la forme d'une boule ronde deux fois
grosse comme une petite noisette, et dont la couleur est
bleuâtre ou blanche ; les œufs qu'il contient sont, suivant
Baglivi et Serao, au nombre de 825, de couleur jaune
et de la grosseur d'un grain de millet ; la tarentule le
soigne avec une sollicitude remarquable et ne l'aban-

donne jamais, même pour chasser; comme les lycoses de nos environs, elle le traîne attaché à ses filières, malgré la gêne que ce fardeau lui occasionne pour courir et sauter. Lorsqu'elle est en repos dans son trou, elle le place au fond, se tient à l'entrée, et le défend avec courage.

Lorsque les petits sont éclos, ce qui a lieu au mois d'août, ils montent tous sur le dos de la mère qui, dans ses chasses même, les promène ainsi et les protége contre tous leurs ennemis. Elle porte ce précieux fardeau pendant une quinzaine de jours, après quoi toute cette couvée de jeunes tarentules se disperse dans la campagne.

Ce qui a surtout attiré l'attention sur la tarentule apulienne, c'est l'étrange maladie que l'on attribuait à sa morsure, et que l'on trouve décrite dans les auteurs anciens de l'Italie. Suivant eux, celui qui était mordu par cette araignée tombait dans un état d'engourdissement que l'on appelait *tarentisme*, et qui ne tardait pas à être suivi de la mort. Le seul moyen de guérison était la fatigue et les grandes transpirations; aussi jouait-on de la musique devant le malade, et en particulier deux airs, la *Pastorale* et la *Tarentola*, qui avaient la propriété de le réveiller et de le faire entrer dans un état de délire, pendant lequel il faisait mille extravagances, riait, dansait, gesticulait, criait de toutes ses forces, jusqu'à ce qu'épuisé de fatigue et baigné de sueur, il tombât endormi : en se réveillant il était guéri.

Tous ces faits n'existent plus qu'à l'état de traditions; il est reconnu aujourd'hui que les phénomènes nerveux, qui se développaient chez ces malades, étaient dus non pas au venin inoculé par la tarentule, mais seulement à la frayeur qu'inspirait sa morsure; et comme il est arrivé souvent, pendant les xvᵉ et xvɪᵉ siècles, dans des circonstances analogues, la bizarrerie même de la maladie contribuait à la propager.

Le midi de la France, l'Espagne, la Grèce, etc., nourrissent de grosses *tarentules* bien distinctes de l'*apulienne*, mais tellement voisines par leur organisation et leurs mœurs, qu'elles ont été souvent confondues avec elle. Walckenaer en fait trois espèces, qui pourraient bien n'être que les variétés d'une même. Il a donné à celle qui habite le littoral de la Méditerranée en France, et le nord de l'Italie, le nom de *narbonnaise*, à cause de sa plus grande vulgarité aux environs de la ville de Narbonne. Le dos de cette araignée est recouvert d'un épais duvet gris; le corselet est orné de trois bandes longitudinales blanches, l'abdomen porte une série de triangles plus foncés, le ventre est d'un noir velouté, les pattes sont annelées de petits cercles blancs et noirs. — Ses mœurs ont été observées par M. Chabrier (1).

Je pense, avec M. L. Dufour, que la tarentule inscrite par Walckenaer sous le nom d'*hispanique*, n'est qu'une variété plus jaune de la narbonnaise. Cet entomologiste a décrit ses mœurs avec tant de soin, que je ne puis m'empêcher de reproduire un passage de l'intéressant mémoire qu'il publia sur ce sujet (2).

« La lycose tarentule habite de préférence les lieux découverts, secs, arides, incultes, exposés au soleil; elle se tient ordinairement, ou du moins quand elle est adulte, dans des conduits souterrains, dans de véritables

---

(1) Chabrier, *Société des arts et des sciences de Lille*, 4ᵉ cahier.
(2) Dufour, *Annales des sciences naturelles*, 1835.

clapiers qu'elle se creuse elle-même. Ces clapiers, signalés par plusieurs auteurs, ont été imparfaitement saisis et mal étudiés. Cylindriques et souvent d'un pouce de diamètre, ils s'enfoncent jusqu'à plus d'un pied dans la profondeur du sol. Mais ils ne sont pas simplement perpendiculaires ainsi qu'on l'a avancé. L'habitant de ce boyau prouve qu'il est en même temps chasseur adroit et ingénieur habile. Il ne s'agissait pas seulement pour lui de construire un réduit profond qui pût le dérober aux poursuites de ses ennemis, il fallait encore qu'il établît là son observatoire pour épier sa proie et s'élancer sur elle comme un trait.

« La tarentule a tout prévu ; le conduit souterrain a effectivement une direction d'abord verticale, mais, à 4 ou 5 pouces du sol, il se fléchit à angle obtus, il forme un coude horizontal , puis redevient perpendiculaire. C'est à l'origine de ce coude que la lycose, établie en sentinelle vigilante, ne perd pas un instant de vue la porte de sa demeure ; c'est là, qu'à l'époque où je lui faisais la chasse, j'apercevais ses yeux étincelants comme des diamants, lumineux comme ceux du chat dans l'obscurité. L'orifice extérieur du terrier de la tarentule est ordinairement surmonté par un tuyau construit de toutes pièces par elle-même. Ce tuyau, véritable ouvrage d'architecture, s'élève jusqu'à 1 pouce au-dessus de la surface du sol et a parfois 2 pouces de diamètre ; en sorte qu'il est plus large que le terrier lui-même. Cette dernière circonstance, qui semble avoir été calculée par l'industrieuse aranéide, se prête à merveille au développement obligé des pattes au moment où il faut saisir la proie.

« Ce tuyau est principalement composé par des fragments de bois secs, unis par un peu de terre glaise et artistement disposés les uns sur les autres ; ils forment un échafaudage en colonne droite dont l'intérieur est un cylindre creux. Ce qui établit surtout la solidité de cet édifice tubuleux, de ce bastion avancé, c'est qu'il est revêtu, tapissé en dedans, d'un tissu ourdi par les filières de la lycose, et qui continue dans tout l'intérieur du terrier. Il est facile de concevoir combien ce revêtement si habilement fabriqué, doit être utile, et, pour prévenir les éboulements, les déformations, et pour l'entretien de la propreté, et pour faciliter aux griffes de la tarentule l'escalade de la forteresse. » L'utilité de cette construction est de mettre le réduit de l'araignée à l'abri des inondations, et de le prémunir contre les corps étrangers, qui, en tombant dans son intérieur, pourraient l'obstruer. Elle est aussi une embuscade derrière laquelle elle attend immobile les insectes qui s'en approchent.

M. Dufour raconte avec de longs détails la singulière manière dont il faisait la chasse aux tarentules, et l'espèce de domesticité dans laquelle il avait réduit l'une de ces redoutables aranéides.

Les tarentules sont souvent en guerre, soit entre elles, comme l'a remarqué M. Dufour, soit avec le scorpion qui, suivant Dugès, est leur plus redoutable adversaire.

M. Brullé (1), qui a observé en Grèce la *tarentule hellénique*, remarque que les paysans grecs, qui craignent beaucoup les animaux nuisibles, ne redoutent en rien les tarentules qui abondent dans leur pays ; la plupart ne la connaissent même pas.

---

(1) Brullé, *Expédition scientifique de Morée*, 1832.

Les *lycoses tarentuline* et *ouvrière* de taille inférieure s'avancent plus au nord et se rencontrent accidentellement dans les environs de Paris.

La *tarentuline*, dont le corps est long de 1 centimètre, est entièrement brune ; son corselet porte trois bandes jaunes ; son abdomen, d'une teinte obscure, est orné d'une succession de triangles noirs, qui ne sont pas visibles chez tous les individus ; le ventre est d'un beau noir, les filières seules sont entourées d'une petite couronne orangée ; on la trouve sous les pierres, ou quelquefois courant à terre dans les bois. Je l'ai prise cette année en Belgique, et je ne sache pas qu'on l'ait jamais trouvée dans cette contrée. Suivant Savigny, elle habite aussi l'Égypte et y est plus commune que partout ailleurs.

La *lycose ouvrière* a des couleurs à peu près analogues, les triangles noirs de son abdomen sont seulement relevés par un petit contour de poils blancs ; elle est plus répandue ; les auteurs l'ont signalée en Italie, en Espagne, en Allemagne, en France et même en Suède.

Les tarentules ne sont représentées dans le Nord que par quelques petites espèces.

La *lycose vorace* (*tarentula*), a 4 millimètres de long ; le mâle est orné de couleurs vives et tranchées ; il porte sur le dos une large bande gris clair, qui en renferme une autre d'un brun rougeâtre qui a la forme d'un fer de lance ; les parties latérales du corps et la base des appendices sont d'un noir profond. Dans sa petite taille, cette espèce reproduit exactement les formes de la tarentule narbonnaise ; elle a aussi les mêmes mœurs ; on la trouve sous les pierres ; elle se met en embuscade dans les petits trous accidentels.

La *lycose armillée* (*tarentula*) a les mêmes formes et
la même coloration que l'espèce précédente;   Fig. 169.
elle ne s'en distingue que par le renflement
globuliforme des pattes antérieures du mâle.

Ces deux espèces sont lentes, et font les
mortes lorsqu'on veut les saisir. Leur cocon, qui n'est pas
très-gros, est d'un blanc assez terne.

La grande taille, chez les lycoses, n'est qu'un fait ex-
ceptionnel, et la plus grande majorité des espèces sont
de petite dimension.

Il n'est personne qui, en se promenant dans les jardins ou dans les bois, n'ait été étonné de la prodigieuse
quantité de petites araignées que l'on voit courir dans
l'herbe, sur la terre ou sous les feuilles sèches ; c'est par
milliers qu'elles fourmillent dans les allées des bois. Leur
couleur est noire, mais quelques-unes portent des bandes
de poils blancs ou jaunes.

Le nombre de ces espèces étant très-considérable , je
n'entreprendrai pas de décrire en détail les mœurs de
chacune en particulier; je développerai d'abord ce que
j'ai déjà signalé en commençant, sur les mœurs des lycoses
en général, puis j'indiquerai les particularités distinc-
tives des plus communes et des plus connues.

Aucune araignée n'est plus vive et plus précipitée dans
sa course, plus brusque et plus courageuse dans son
attaque, que la lycose; aucune n'est plus exclusivement
errante et vagabonde ; elle ne se repose jamais deux fois
dans le même gîte et court toujours à l'aventure, de côté
et d'autre, recherchant les terrains favorables à la chasse,
et habités par les fourmis et les petits diptères dont elle
fait sa nourriture.

Lorsqu'on observe avec attention les lycoses pendant leur chasse, on voit que leur course varie suivant l'instant où on les considère : tantôt elle est très-lente, c'est alors que l'araignée épie sa proie, ou qu'elle vient de la saisir ; tantôt elle est tellement rapide, qu'on ne distingue plus le mouvement des pattes ; la lycose parcourt alors plusieurs décimètres par seconde ; d'autres fois encore elle s'effectue par sauts : c'est lorsque l'araignée est poursuivie par un ennemi, ou lorsqu'on essaye de s'en emparer ; si c'est au milieu d'un gazon, elle saute d'herbe en herbe et disparaît au moment où l'on croit la saisir ; si c'est au bord d'un ruisseau, elle s'élance sur l'eau et s'y tient sans se mouiller. Lorsque cette araignée s'empare d'une proie, c'est toujours par bonds ; si c'est un insecte ailé, elle s'élance sur lui de fort loin, s'arrête un instant pour le tuer, et ensuite recommence sa course en le tenant sous son corps à l'aide de ses mandibules et en le suçant.

J'ai vu souvent ces araignées se jeter sur de grosses mouches qui les faisaient tourner en bourdonnant et qui les enlevaient même à une certaine hauteur, sans parvenir à leur faire lâcher prise. La nuit, ou lorsqu'il pleut, les lycoses cherchent des abris ; c'est généralement sous les pierres ou sous les feuilles sèches qu'elle se réfugient ; néanmoins, ces abris ne suffisent pas pour les protéger contre les orages qui en détruisent un grand nombre.

Cet instinct vagabond est tellement prononcé et caractéristique du genre que, comme je l'ai déjà dit, la lycose le conserve même après la ponte, et que les soins de la maternité s'accommodent à la vie errante et coureuse. Pour cet effet, au lieu de garder son cocon assidûment, et dans l'immobilité, comme toutes les autres arai-

gnées, elle le prend, le colle à ses filières, l'entraîne avec elle et ne l'a-
bandonne pas même au moment de
la chasse.

Fig. 170.

Lorsqu'elle a pondu ses œufs, dont le nombre est généralement considérable, mais varie suivant les espèces,
de vingt à cent cinquante ; elle les rapproche de manière
à en former une petite boule, qu'elle entoure ensuite
d'une couche de tissu soyeux peu épais, mais serré et
solide. Ce cocon, qui a la forme et la grosseur d'un
pois légèrement aplati et dont la surface est lisse, est le
plus souvent gris blanchâtre ; néanmoins, sa couleur
varie du bleu foncé au blanc le plus éclatant. Son enveloppe est formée par la réunion de deux moitiés ou
valves dont la suture apparaît sous la forme d'une petite
ligne circulaire, plus blanche et d'un tissu plus lâche.

La sollicitude de la mère pour ses œufs paraît très-
grande ; lorsqu'on la poursuit, elle court le plus vite que
lui permet le poids de ce précieux fardeau, mais si l'on
vient à saisir le cocon, elle s'arrête brusquement et cherche à le reprendre ; elle tourne d'abord lentement autour
du ravisseur, se rapproche de lui de plus en plus et par
saccades, et enfin se jette violemment sur lui et le combat avec fureur. Mais si le cocon a été détruit, la lycose
se retire dans un coin et meurt, au bout de quelque
temps, de tristesse et d'engourdissement, car alors elle
ne prend aucun exercice.

Après un mois au plus, les jeunes éclosent et sortent
de leur prison ; mais, si faibles et ne sachant ni chasser
ni construire de toile, ils auraient inévitablement péri, si
la mère les avait abandonnés : c'est au contraire le moment où son dévouement maternel redouble : forcée pour

vivre de courir sans cesse, ne pouvant déposer ses jeunes sous un abri qu'elle pourrait bien ne plus retrouver, elle les place sur son dos, et surchargée de ce cher fardeau, elle continue sa course vagabonde. Elle court toujours vite, mais avec moins de brusquerie ; elle évite tout danger et n'attaque plus de proies trop vigoureuses, comme si elle comprenait que les grands mouvements pourraient disperser sa nombreuse famille. Dans

Fig. 171.

cet état, l'aspect de cette mère si dévouée est hideux et repoussant ; elle paraît couverte de petits parasites se pressant et se mouvant par centaines autour de son abdomen.

Ce fait a été remarqué depuis les temps les plus reculés, et les anciens croyaient que ces araignées nourrissaient leurs petits et les allaitaient comme les mammifères ; il est inutile de dire qu'il n'en est rien : pendant les quinze jours qu'ils restent sur le dos de leur mère, ils ne prennent aucune nourriture.

La lycose fait deux pontes, l'une au printemps, l'autre en automne ; il arrive quelquefois, mais très-rarement, qu'il y ait trois pontes ; j'ai trouvé plusieurs fois en Belgique, à la fin de juillet, des lycoses portant leurs petits sur leur dos et traînant un cocon volumineux.

Dans le jeune âge, les lycoses tendent des fils et sont souvent enlevées avec eux.

Elles passent l'hiver sous l'écorce des arbres, sous les pierres, etc. Elles apparaissent en mars et ne disparaissent qu'après les premières gelées ; elles résistent aux plus grands froids.

Le nombre des espèces est très-considérable ; je ne citerai que les principales et ne dirai que quelques mots sur chacune d'elles. Les unes, appelées *leimonies* et *lycoses vraies*, cherchent les terrains secs ; les autres, nommées *potamies*, ne vivent qu'au bord des eaux.

La *lycose paludicole* (*leimonia*) a un corselet noir brillant, un abdomen brun avec des lignes noires transverses plus foncées, et des pattes rougeâtres annelées de cercles bruns ; son cocon gris bleu assez foncé contient de soixante à soixante-dix œufs jaune orangé ; ordinairement elle habite les plaines marécageuses.

La *lycose nègre* (*leimonia*) est un peu plus grande et entièrement noire ; l'abdomen porte de loin en loin de petites touffes de poils blancs ; je l'ai trouvée par milliers en avril au-dessus de Sèvres. Son cocon est bleuâtre.

La *lycose agile* est une des plus petites ; son corps est verdâtre et orné de petites tachettes noires et rouges.

La *lycose à sac* est la plus répandue, à la ville comme à la campagne, dans les bois comme dans les champs ; son corps, entièrement brun, n'a ni bandes ni taches, mais est légèrement ponctué de roux et de noir. Son cocon est jaunâtre et contient de vingt à soixante-dix œufs.

Les *lycoses saccigère* et *monticole*, très-voisines de la précédente, se reconnaissent aux bandes noires et jaunes de leur céphalo-thorax, et se distinguent entre elles par les annelures de leurs membres.

La *lycose rapide* est d'une vulgarité remarquable, surtout dans les grandes forêts, dès les premiers jours d'avril jusqu'à la fin de septembre ; la femelle ressemble à la lycose à sac, le mâle a un corselet énorme et orné d'une bande d'un blanc vif.

La *lycose pirate* (*potamia*), très-abondante au bord des mares, est de couleur verdâtre ; son corselet porte de petites lignes brunes, et son abdomen est orné de points blancs. Le cocon est argenté et contient cent œufs. Lorsqu'il fait chaud, elle se tient presque toujours sur l'eau, les pattes étalées, et poursuit les insectes sur la surface du liquide qui ne lui mouille ni le corps ni les pattes.

Une espèce voisine est la *lycose pêcheuse* (*potamia*); elle ne se distingue de la précédente que par ses couleurs plus noires et la petite ligne d'argent qui entoure son corselet. Elle est fort abondante sur les petits ruisseaux qui entourent Spa; j'ai remarqué que lorsqu'elle est poursuivie, elle plonge facilement dans l'eau et peut y rester quelque temps sans venir à la surface.

69ᵉ Genre. **LYCOSINE**, *Lycosina*, Eug. Simon.

(Diminutif de *Lycose*.)

Synonymie : *Lycosa*, Walckenaer; *Aulonia*, Koch (αὐλωνιος, qui habite les vallons).

Yeux, au nombre de huit, sur trois lignes; l'antérieure, formée de quatre yeux, est très-courbée en avant; les yeux de la ligne intermédiaire sont au-dessus des plus latéraux
de l'antérieure.
  L'inégalité des yeux est peu sensible.

Fig. 172.

Bouche, semblable à celle des lycoses.

Corselet, grand, presque carré, élevé et pointu en avant.

Abdomen, petit et ovalaire, terminé par six filières, dont deux
sont très-longues et ont la forme de petites pattes.

Pattes, longues et fines, non renflées, dans l'ordre 4, 1, 2, 3.

Couleur, noir verdâtre uniforme; pattes et palpes plus clairs.

Taille, très-petite, ne dépassant pas 2 millimètres.

Patrie . la seule espèce de lycosine est propre à l'Europe.

Habitudes : aranéide coureuse et vagabonde; toujours errante,
se réfugiant parfois sous les pierres; traînant un cocon presque rond et d'un blanc très-pur.

ESPÈCE.

L. albimane,   *L. albimana,*   Walckenaer.   France.

La petite araignée que Walckenaer appelait *lycose albimane*, et à laquelle j'ai donné le nom de *lycosine*, semble
au premier abord différer moins que les tarentules, du
type lycose; mais une étude approfondie de sa conformation prouve qu'elle s'en éloigne davantage; et des caractères de première valeur viennent à l'appui de cette
opinion; pour n'en citer que deux, je rappellerai la disposition différente de la première ligne des yeux et la
longueur des filières.

La *lycosine albimane* a l'aspect et la forme des plus petites espèces de lycose ; sa couleur n'a rien de remarquable, elle est entièrement d'un noir verdâtre ; ses pattes sont jaunes, sauf les hanches qui sont noires ; les palpes portent des poils blancs, ce qui lui a valu le nom d'*albimane*. Ses mœurs sont identiquement les mêmes que celles des lycoses et ne doivent point nous arrêter. Elle est rare et ne se rencontre que dans les grands bois. Walckenaer l'a prise, traînant son cocon, sous une pierre, dans le bois de Boulogne. Je l'ai trouvée assez fréquemment dans les clairières de la forêt de Compiègne, courant en compagnie de beaucoup d'autres araignées des genres lycose et saltique. Son cocon qui est rond, petit et du plus beau blanc, ne renferme, suivant Walckenaer, qu'un petit nombre d'œufs, ce qui explique sa rareté. Sa course est aussi vive que celle des lycoses, et grâce à sa petitesse et à sa vivacité, elle échappe à la main qui veut la saisir.

5ᵉ Tribu. OCYALIENS ou Latéro-Lycoses.

Yeux peu inégaux et rapprochés, — corselet aplati en arrière, — corps étroit, allongé et cylindrique, — membres fins, longs, divergents, — aranéides gardant leur cocon, le portant souvent dans leurs mandibules.

Cette tribu comprend les genres : *zora, dolomède, ctène, storène, ocyale, oxyope.*

70ᵉ Genre. **ZORA**, *Zora*, Koch.

Synonymie : *Dolomedes*, Walckenaer; *Lycœna*, Sundevall; *Lycosoïdes*, Lucas.

Yeux, peu inégaux et sur deux lignes : l'antérieure presque droite, très-rapprochée du rebord mandibulaire. Les yeux intermédiaires en sont un peu plus petits que les latéraux; ligne supérieure très-courbée en avant, yeux égaux et plus gros que les antérieurs.

Fig. 173.

Lèvre, assez étroite à sa base, élargie et tronquée à son extrémité.

Pattes-mâchoires, courtes, à coxopodites presque droits, plus étroits à la base, tronqués à leur extrémité interne; article copulateur du mâle assez étroit, effilé et simple.

Corselet, peu large et fort allongé, pointu en avant.

Abdomen, ovalaire, un peu déprimé, à filières fort courtes.

Pattes, les antérieures les plus longues; hanches et cuisses renflées; jambes et tarses grêles et allongés.

Couleur, jaune clair, thorax avec des lignes brunes, abdomen avec des bandes ponctuées.

Taille, de 3 à 9 millimètres.

Patrie : Europe méridionale.

Habitudes : araignées vivant sur les plantes basses, pondant sous les pierres, courant avec rapidité.

Z. spinimane,	Z. *spinimana,*	Sundevall,	Europe.
Z. de Dufour,	Z. *Dufourii,*	Walckenaer,	Europe méridionale.
Z. algérienne,	Z. *algeriensis,*	Lucas,	Algérie.

Koch a changé le nom de *lycæna* donné par Sundevall à la *dolomède spinimane* de Walckenaer en celui de *zora*, parce que le nom de *lycæna* était déjà employé pour un genre de lépidoptère.

Le genre *zora* est bien caractérisé et ne peut être confondu ni avec les dolomèdes ni avec les lycoses, quoique cependant il associe les caractères de ces deux grands genres. Ses yeux, presque égaux et rapprochés entre eux, l'unissent intimement aux dolomèdes, et le placent dans la seconde tribu ; mais son corps allongé, ses pattes fortes, son corselet pointu, obligent de le placer en tête de cette tribu, et immédiatement après le genre lycose.

M. Lucas a créé, sous le nom de *lycosoïde,* un genre dans lequel il a réuni aux trois espèces que nous venons de signaler, quelques araignées que leurs caractères et leur forme extérieure placent non-seulement dans un genre différent, mais encore dans une famille éloignée. (Voir *tectrix.* Supplément.)

ESPÈCES PRINCIPALES.

Zora spinipède.

La *zora spinipes* ou *lycæna* est une petite aranéide Fig. 174. assez élégante de coloration, dont le corps et la base des membres sont entièrement jaunes, dont l'extrémité des pattes est noire. Son corselet porte deux lignes longitudinales brunes, et son abdomen est orné de larges bandes formées par de petits points bruns rapprochés.

Cette araignée est d'une grande agilité et échappe quand on veut la saisir ; au moment de la grande chaleur, elle chasse sur les gazons et les plantes basses. A l'époque de la ponte, son industrie ressemble à celle d'un théridion ; elle se rend sous les pierres et suspend à leur face inférieure, un cocon formé d'une bourre légère, transparente et rosée, qui laisse voir les œufs à l'intérieur.

71ᵉ Genre. **DOLOMÈDE**, *Dolomedes*. Walck.

(δόλος, ruses; μήδοςμαι, méditer.)

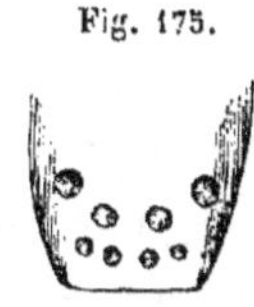

Fig. 175.

Yeux, inégaux, sur deux lignes transverses; l'antérieure peu large et presque droite, formée de quatre yeux petits et égaux; la supérieure courbée en avant, formée de quatre yeux, dont les deux latéraux plus reculés sont les plus gros.

Lèvre, moyenne, carrée, presque aussi large que haute.

Pattes-mâchoires, à coxopodites droits, courts, étroits à la base, très-élargis et arrondis à leur extrémité; dernier article peu large et allongé, dépourvu d'épines.

Corselet, grand, élevé en avant, déprimé et arrondi en arrière.

Abdomen, petit, ovalaire, à filières courtes.

Pattes, de longueur moyenne, fortes et robustes, propres à la course; la première et la quatrième paire sont les plus longues.

Couleur, claire, verdâtre; des poils blancs et noirs forment des taches et des bandes longitudinales.

Taille, de 4 à 7 millimètres.

Patrie : Europe, Amérique, Afrique.

Habitudes : araignées chasseuses, courant sur le bord des mares ou même sur les eaux; devenant plus sédentaires au moment de la ponte.

ESPÈCES.

D. binotée,	*D. binotata,*	Koch,	Amérique (nord).
D. rouillée,	*D. ærugina,*	Koch,	Amérique.
D. oblongue,	*D. oblonga,*	Koch,	Montevideo.
D. entourée,	*D. fimbriata,*	Walckenaer,	Europe.
D. bordée,	*D. vittata,*	Abbot,	Géorgie.
D. rayée,	*D. lineata,*	Abbot,	Géorgie.
D. ponctuée,	*D. punctipes,*	Walckenaer,	île de Gam.
D. sacrée,	*D. sacra,*	Koch,	Montevideo.
D. scapulaire,	*D. scapularis,*	Koch,	Pensylvanie.
D. marginée,	*D. marginella,*	Koch,	Amérique (sud).
D. de Bourbon,	*D. borbonica,*	Vinson,	île de la Réunion.

Le genre dolomède est aujourd'hui réduit à la famille que Walckenaer appelait les *campestres riverains*, et est loin d'avoir les mêmes limites qu'à l'époque de sa formation.

Le petit nombre d'espèces qui le composent, sont de belles araignées, de taille assez grande, dont le corselet est large et assez aplati, de sorte que la première ligne des yeux qui est presque droite, touche au rebord mandibulaire, dont l'abdomen est étroit et peu allongé, dont les pattes sont glabres, fortes et généralement étalées.

Par leurs caractères anatomiques, leurs mœurs et même leur coloration, les dolomèdes ressemblent d'une manière frappante aux lycoses du sous-genre *potamia* : comme ces dernières, elles sont précipitées dans leur course, habitent le bord des mares, et marchent même avec agilité sur la surface de l'eau. A l'époque de la ponte cependant, elles ne traînent pas leur cocon attaché à leurs filières, mais le déposent sur des plantes basses, et le portent seulement de temps en temps avec leurs mandibules.

ESPÈCE PRINCIPALE.

Dolomède entourée.

Une seule espèce se trouve en France et se rencontre assez communément, surtout dans les bois, autour des étangs et sur le bord des rivières : c'est la *dolomède entourée*. La taille de cette araignée est forte, et ses couleurs sont assez élégantes; le corselet brun est entouré de deux bandes blanches, l'abdomen d'un noir pourpré est également relevé par une large bordure de poils blancs.

Walckenaer donne sur ses mœurs les détails suivants : « Ces aranéides se plaisent aux bords des marais et des

« étangs. Elles courent avec vitesse sur la surface de
« l'eau, qui ne leur mouille ni le corps ni les pattes, pas
« même quand elles entrent un peu dans l'eau, et quand,
« poursuivies, elles descendent sur les plantes aquatiques.
« Quand elles se tiennent en repos sur l'eau, leurs pattes
« sont toujours étendues et appliquées tout de leur long
« sur la surface de l'eau. Elles se précipitent sur les
« mouches sans avoir tendu de filets. Au moment de la
« ponte, elles se rendent sur quelques plantes ou arbustes
« près de l'eau. Là, elles filent une grosse toile irrégu-
« lière, dont les fils s'étendent sur plusieurs tiges ou
« branches à la ronde. Elles pondent leurs œufs au mi-
« lieu de cette toile, et elles les enferment dans un cocon
« ovale qu'elles ne quittent jamais, à moins que les pe-
« tits ne soient éclos. »

D'après Koch, le tissu de ce cocon est mou et un peu
âpre au toucher; les petites dolomèdes commencent à
filer dès leur sortie de l'œuf, et vivent longtemps ensemble avant de se séparer.

72ᵉ Genre. **CTÈNE**, *Ctena*, Walckenaer.

(κτῆνος, bête brute.)

Synonymie : *Phoneutra*, Koch (φονευτρία, homicide, meurtrier).

Yeux, assez inégaux, sur trois lignes, l'antérieure formée de deux yeux assez rapprochés; l'intermédiaire formée de quatre yeux et légèrement courbée en avant; la supérieure formée de deux yeux plus écartés.

Lèvre, assez petite, triangulaire, amincie et tronquée à ses extrémités.

Mâchoires, longues, droites, divergentes, tronquées obliquement au côté interne, arrondies à leur côté externe.

Corselet, court, large en arrière, arrondi, en cœur.

Abdomen, étroit et très-allongé.

Pattes, fines et longues, souvent rejetées de côté.

Couleur, élégante, rouge ou jaune, plus rarement des lignes et des taches.

Taille, grande, égale à celle des olios.

Patrie : sauf trois espèces, toutes sont américaines.

Habitudes : aranéides chasseuses, tendant des fils.

1ᵉʳ *sous-genre*. Ctena, Walckenaer. — Yeux antérieurs plus petits que les intermédiaires supérieurs; yeux latéraux antérieurs sessiles, placés à côté des intermédiaires supérieurs; yeux latéraux postérieurs reculés sur le haut de la tête, petits et placés chacun sur un petit tubercule.

Fig. 176.

C. bordée,	C. fimbriata,		Cap.
C. Janeïre,	C. Janeïra,		Rio-Janeiro.
C. sanguinolente,	C. sanguinea,		Brésil.
C. concolore,	C. concolor,	Perty,	Brésil.
C. douteuse,	C. dubia,	Walckenaer,	Cayenne.
C. rousse,	C. rufa,	Doumerc,	Guyane.
C. brune,	C. fusca,	Doumerc,	Cayenne.
C. d'Oudinot,	C. Oudinoti,		France.
C. canellicolore,	C. cinnamonea,	Koch,	???

2e *sous-genre*. Phoneutra, Koch (φονεύτρια, meurtrier). — Yeux antérieurs presque aussi gros que les intermédiaires supérieurs,
formant avec eux un carré régulier ; yeux latéraux antérieurs et supérieurs placés sur un même mamelon et rapprochés des intermédiaires de la seconde ligne.

Fig. 177.

P. rufibarbe,	*P. rufibarbis*,	Perty,	Brésil.
P. féroce,	*P. fera*,	Perty,	Brésil.
P. marginée,	*P. marginata*,		île Salomon.
P. ochracée,	*P. ochracea*,	Koch,	Brésil.

Le genre ctène est un genre que le peu d'inégalité de
ses yeux et la dépression de son corselet placent dans la
tribu qui nous occupe ; il a néanmoins de nombreux rapports avec les lycoses, et doit former le passage entre ces
deux grands groupes. Les yeux, comme nous l'avons vu,
sont placés sur trois lignes. La ligne antérieure est formée de deux yeux assez rapprochés, l'intermédiaire de
quatre, et la supérieure de deux plus écartés. Les mâchoires sont droites, la lèvre est carrée, et ces pièces, en
se raccourcissant en même temps qu'elles s'élargissent,
nous amènent ainsi par transition à la bouche des oxyopes
et des philodrômes.

Le genre ctène est nombreux en espèces ; l'Europe n'en
possède qu'une seule, qui encore se rencontre rarement.
Les ctènes exotiques ne le cèdent qu'aux mygales sous
le rapport de la taille, et surpassent parfois les olios.

ESPÈCES PRINCIPALES.

Ctène d'Oudinot. — C. rousse. — C. féroce.

L'unique espèce européenne est la *ctène d'Oudinot ;*
cette petite araignée est tellement rare, qu'elle n'a encore
été trouvée en France et figurée que par l'auteur dont
elle porte le nom. Elle est une des plus élégantes de notre

pays; sa coloration est formée par de petites lignes longitudinales blanches et noires, les pattes sont annelées
de cercles noirs. Albin a plus tard retrouvé cette espèce
en Angleterre, au mois d'août.

Les espèces exotiques se font presque toutes remarquer par la grandeur de leur taille et la longueur de leurs
appendices. Leur facies semble au premier abord les confondre avec les olios. Leur couleur est également brun
foncé, et leur abdomen un peu déprimé; leurs habitudes
sont presque toujours nocturnes et errantes.

La plus remarquable d'entre elles, et celle qui est la
plus répandue dans les collections, est la *ctène* ou la *pho-
neutre féroce;* sa taille dépasse quatre centimètres, son
corselet est rouge lie de vin, son abdomen ainsi que ses
pattes sont recouverts d'une couche de villosités jaunâtres, les articulations sont en outre armées de poils roides
et piquants; elle se trouve aux Antilles, où elle habite l'intérieur des maisons et des caves peu fréquentées.

On peut encore citer les *ctènes rousse* et *brune*, qui ont
été découvertes et rapportées pour la première fois de la
Guyane par M. Doumerc.

73ᵉ GENRE. **STORÈNE**, *Storena*, Walckenaer.

C'est peut-être ici qu'il convient de placer une magnifique aranéide de la Nouvelle-Hollande, qui n'est encore connue que d'après un individu, décrit par Walckenaer sous le nom de *storène*.

Les yeux de cette rare espèce sont inégaux et placés sur trois lignes, l'antérieure et la postérieure formées chacune de deux yeux, l'intermédiaire de quatre. Les yeux supérieurs et les deux yeux intermédiaires de la seconde ligne sont très-rapprochés et se touchent presque. Quant à la bouche, la lèvre est ovale et allongée, les mâchoires sont étroites, cylindriques et inclinées sur la lèvre. Si la description de Walckenaer est exacte, la storène bleue serait la plus belle des araignées ; son corselet est rouge vif et son abdomen du plus beau bleu. L'extrême rareté de cette espèce fait qu'elle est fort peu connue, et que ses mœurs sont complétement ignorées.

74ᵉ Genre. **OCYALE,** *Ocyala,* Savigny, Koch.

(ὠχύαλος, rapide.)

Synonymie : *Dolomedes,* Walckenaer.

Yeux, au nombre de huit, tous semblables, quoique inégaux, disposés sur deux lignes, dont l'antérieure, de quatre yeux, est peu courbée, dont la postérieure est fortement courbée, c'est-à-dire que ses yeux latéraux sont plus élevés que ses intermédiaires.

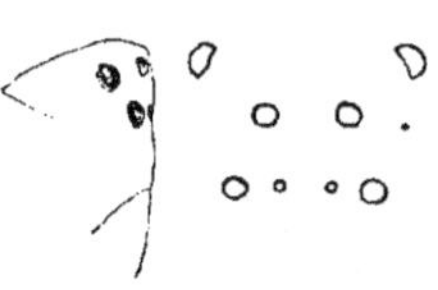

Fig. 178.

Lèvre, petite, courte, semi-circulaire.

Fig. 179.

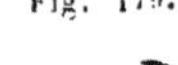
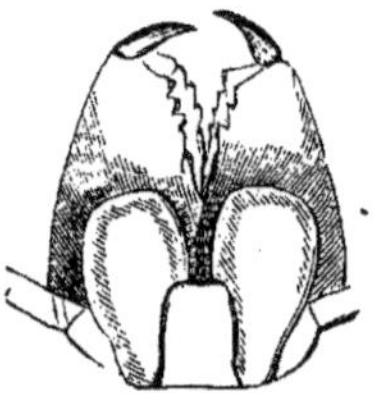

Pattes-mâchoires, à coxopodites longs, droits, parallèles, assez élargis, à angles arrondis ; dernier article gros dans le mâle, prolongé en avant, à conjoncteur spiral.

Corselet, court, large, en cœur ou presque rond.

Abdomen, étroit, cylindrique, fort allongé, pointu à son extrémité.

Pattes, assez fines et très-allongées, dans l'ordre 4, 2, 1, 3. Elles sont souvent portées de côté.

Couleurs, vives et fraîches, souvent fauve clair, avec des figures brunes, rouges, violettes ou blanches, en forme de bandes.

Taille, assez considérable, dépassant parfois 1 centimètre.

Patrie : Europe méridionale, Amérique et Polynésie.

Habitudes : aranéides chasseuses, courant sur les gazons ou sur le bord des eaux avec une extrême vivacité ; construisant une toile au moment de la ponte pour y déposer leur cocon, qui est gros et rond.

ESPÈCES.

O. rousse,	*O. rufa,*	Abbot, Koch,	Géorgie.
O. ocyale,	*O. ocyale,*	Savigny,	Égypte.
O. merveilleuse,	*O. mirifica,*		Nouvelle-Zélande.
O. admirable,	*O. mirabilis,*	Walckenaer,	France.
O. remarquable,	*O. mira,*	Abbot,	Géorgie.
O. vergetée,	*O. virgata,*	Abbot,	Géorgie.
O. noukhaïvienne,	*O. noukhaïva,*		Polynésie.
O. murine,	*O. murina,*	Koch, Schuch,	Grèce.

Quoique les espèces d'ocyale se ressemblent toutes, et qu'il n'y ait peut-être pas de genre mieux circonscrit et plus naturel, il n'en est pas un qui soit plus difficile à classer, parce que, par ses formes et ses caractères, il tient à la fois de plusieurs types éloignés.

Walckenaer et plusieurs autres, en les associant aux dolomèdes, en ont fait un groupe très-voisin des lycoses ; en effet, nous trouvons dans le placement de leurs yeux et la hauteur de leur front une ressemblance véritable ; mais, d'une autre part, la forme du corps et de ses appendices rappelle tellement celle des philodrômes, et surtout des olios, qu'on ne sait dans quelle famille les ranger.

Le corselet des ocyales est rond et plat ; l'abdomen cylindrique est très-allongé ; les membres, sans être complétement latérigrades, sont comme ceux des olios légèrement étalés de côté et rapprochés par paires dans le repos ; les coxopodites des pattes-mâchoires, quoique droits, sont loin d'être aussi courts que ceux des lycoses ; ils sont au contraire assez allongés et plus étroits.

Les ocyales sont des araignées élégantes de coloration, moitié sédentaires, moitié errantes, dont la course est d'une rapidité remarquable, et qui soignent leurs œufs et leurs jeunes avec un grand dévouement.

ESPÈCE PRINCIPALE.

Ocyale admirable.

Une seule espèce est commune en Europe et bien connue, c'est l'*ocyale admirable (dolom. admirable, Walckenaer)*. Après la tégénaire domestique, la néphile fasciée et l'épéire diadème, l'ocyale admirable est la plus grosse araignée de nos environs; en effet, sa taille dépasse parfois 1 centimètre; son corps est entièrement fauve blanchâtre, le dessus de l'abdomen présente une large bande brune qui tire souvent sur le violet; le corselet est bordé d'une ligne de poils blancs très-fine. Elle vit toujours à terre, dans les bois, où elle court avec rapidité sur les feuilles sèches, mêlée aux troupes de lycoses; on la trouve souvent encore, au printemps ou en automne, dans les hautes herbes, courant à la manière des anyphœnes nourrices et des sparasses émeraudes, dont j'ai décrit précédemment les mœurs. L'ocyale admirable, plus vive que ces belles araignées, recherche comme elles la chaleur, et se plaît à chasser au soleil. Elle ne se construit pas de demeure ni de coque fixe, et est erratique comme les lycoses, c'est-à-dire qu'elle court toujours de côté et d'autre, *à l'aventure*, et qu'elle s'arrête là où elle trouve un endroit favorable et commode pour s'y reposer. Un petit trou, le dessous d'une pierre, l'intérieur d'une feuille sèche, voilà le gîte qu'elle choisit pendant la nuit ou pendant l'hiver.

Lorsque l'époque de la ponte approche, l'*ocyale* femelle devient plus sédentaire; elle file une grande toile à tissu fin, serré et blanc, comme celui de la toile des tégénaires ou plutôt des lyniphies, qui couvre le sommet des herbes, et les enveloppe comme d'un dôme soyeux de la dimension du poing environ ; au centre de cet édifice, l'araignée pond des œufs gros et nombreux, qu'elle rapproche de manière à en former une boule très-ronde de la grosseur d'une groseille, et qu'elle entoure d'une soie serrée, résistante, blanc de lait ou un peu jaunâtre.

Aussitôt que son cocon est terminé, elle le prend entre

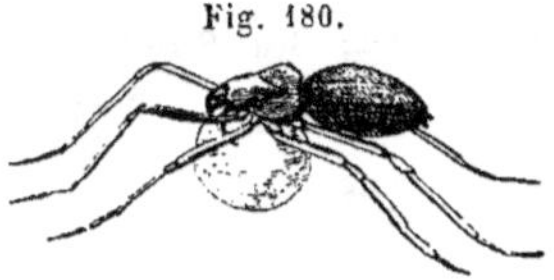

Fig. 180.

ses pattes, l'applique sous son corselet, et le maintient dans cette position au moyen de ses mandibules et de ses palpes qui sont longs et forts. Elle ne le quitte jamais, même lorsqu'elle erre autour de sa demeure pour chasser, car l'ocyale, quoique mère, ne perd pas entièrement son caractère sauvage ; elle le tient toujours appliqué sous elle, malgré son poids et son volume ; et, si l'on veut l'en séparer, elle le défend jusqu'à la dernière extrémité et aime mieux mourir que de l'abandonner. Cette habitude rapproche les dolomèdes des lycoses, et montre qu'elles tiennent à la fois des lycosiformes et des thomises, quoique appartenant certainement à la première de ces deux familles. J'ai eu souvent l'occasion d'ouvrir de ces cocons, dans les bois de Meudon et de Compiègne : j'y ai toujours trouvé de cent à cent cinquante œufs.

Lorsque les jeunes sont assez forts pour sortir du cocon, la dolomède pose celui-ci au centre de cette coque soyeuse qu'elle a préparée pour eux, et que nous avons décrite.

Les jeunes s'y répandent et vivent quelque temps en famille ; la femelle les garde assidûment et ne s'absente que pour se procurer de la nourriture, elle ne les abandonne que lorsque ceux-ci, après leur première mue, l'abandonnent eux-mêmes.

Comme toutes les araignées dont les jeunes vivent quelque temps en famille, l'*ocyale* construit donc pour les recevoir et empêcher leur dispersion, une chambre soyeuse qui est l'analogue de la grande coque de soie blanche de l'anyphœne nourrice, du sac en tissu solide de la néphile fasciée ou de l'argyronète; seulement, sa forme, ses dimensions, le tissu qui la compose sont tout différents.

75e Genre. **OXYOPE**, *Oxyopa*. Dugès.

(ὀξὺ, vivacité; ὄψις, aspect.)

Synonymie : *Sphasus*, Walckenaer (σφάζω, immoler).

Yeux, au nombre de huit, peu inégaux, semblables, sur quatre lignes de deux yeux chacune. La seconde paire est la plus grosse et la plus écartée.

Fig. 181.

Lèvre, grande, allongée, ovalaire, à base tronquée, à extrémité un peu élargie et arrondie.

Pattes-mâchoires, à coxopodites très-allongés, droits, arrondis extérieurement, tronqués au côté interne, divergents; article copulateur du mâle allongé, à conjoncteur gros et lisse, terminé par une pointe, effilé et recourbé en forme d'hameçon.

Mandibules, à crochets faibles.

Corselet, grand et carré, très-élevé, surtout en avant.

Fig. 182.

Abdomen, ovalaire et allongé.

Pattes, fines et longues, portées latéralement.

Couleurs, foncées : fauves, avec des figures noires.

Taille, moyenne, n'excédant pas 1 centimètre.

Patrie, le midi de l'Europe nourrit trois espèces, l'Asie deux, l'Australie une, l'Afrique quatre à cinq, et l'Amérique cinq.

Habitudes, aranéides chasseuses, courant avec agilité, de côté, droit, ou en sautant; tendant des fils; montant sur les végétaux pour pondre.

ESPÈCES.

O. variée,	O. *variegata*,	Hahn,	Europe mérid., cent.
O. italienne,	O. *italica* (*gentilis*, K.),	Walckenaer,	Italie, Grèce.
O. rayée,	O. *lineata*,	Walckenaer,	France.
O. cochinchinoise,	O. *cochinchinensis*,		Cochinchine.
O. indienne,	O. *indica*,	Walckenaer,	Bengale.
O. timorienne.	O. *timoriana*,		île Timor.

O. alexandrine,	O. *alexandrina*,	Savigny,	Égypte.
O. fossane,	O. *fossana*,	Bosc,	Caroline.
O. lancéolée,	O. *lanceolata*,	Abbot,	Géorgie.
O. arquée,	O. *arcuata*,	Abbot,	Géorgie.
O. à bandes,	O. *vittata*,	Abbot,	Géorgie.
O. idiops,	O. *idiops*,	Perty,	Brésil.
O. algérienne,	O. *algeriana*,	Lucas,	Algérie.
O. pâle,	O. *pallida*,	Koch,	Indes.
O. marine,	O. *thalassina*,	Koch,	Saint-Domingue.
O. linéatipède,	O. *lineatipes*,	Koch,	Singapour.

Walckenaer, en établissant ce genre sous le nom de *sphase*, lui reconnaissait de nombreuses affinités avec les lycoses et les dolomèdes dont il est évidemment voisin; mais comme la ressemblance frappante de ce dernier genre avec les philodrômes et surtout les olios, lui avait toujours échappé, il avait laissé les sphases entre les lycoses et les saltiques, comme un genre dont le classement est incertain et arbitraire; considéré à son véritable point de vue, le genre sphase, par sa bouche et la disposition de ses yeux est un véritable lycosien; mais par la forme générale de son corps et la disposition de ses appendices, et surtout de ses pattes qui sont fines et longues, il se place naturellement à la fin de cette famille; par les caractères que nous venons de signaler, ce genre forme une liaison des philodrômes aux dolomèdes, et ne paraît pas au premier abord se rapprocher plus de l'un que de l'autre de ces deux types.

Les yeux de l'oxyope sont inégaux en grosseur et disposés en échelle, par paires rapprochées et superposées.

Comme le démontrait Walckenaer, les oxyopes ont des analogies plus apparentes que réelles avec les saltiques, non-seulement par la forme de leur corselet, mais aussi par leurs mœurs; les oxyopes en effet épient leur proie et la saisissent, non-seulement à la course droite ou latérale, mais encore au saut.

ESPÈCE PRINCIPALE.

Oxyope variée.

Trois espèces d'oxyopes sont européennes, mais rares partout où elles se trouvent ; elles ont été rencontrées surtout en Allemagne, en Espagne et en Italie, et quelquefois dans le midi de la France. La plus connue est l'*oxyope variée* : son abdomen est rougeâtre, au milieu est un ovale noir entouré de blanc, avec un croissant et des chevrons blancs en avant et en arrière de cette figure ; quelques variétés sont entièrement grises. Les pattes sont longues, annelées et portent de loin en loin de longs crins roides. Cette espèce est rare, Walckenaer ne l'a jamais trouvée. Les arachnologues allemands Hahn et Koch en particulier, nous apprennent que dans les forêts de leur pays, on la trouve plus communément. Je l'ai prise en Belgique, dans les fanges qui environnent Spa et Malmedy. Léon Dufour et Dugès avaient remarqué que, pour pondre, cette araignée change de vie, et de vagabonde devient sédentaire, de terrestre devient arboricole ; en effet, ils l'ont trouvée dans des feuilles d'arbustes roulées en cornet. Les oxyopes que j'ai observées au mois d'août, s'étaient placées à l'extrémité des tiges de bruyères, avaient rapproché plusieurs petits ramuscules, et y avaient construit leur cocon dans une position verticale. Celui-ci était grand, du blanc le plus pur, et avait la forme d'un disque plat, sur lequel se dessinaient nettement les œufs par de petites saillies arrondies, quoique les jeunes fussent déjà éclos ; le tissu de ce cocon était solide et serré, mais peu épais : l'oxyope mère se tenait un peu au-dessus, la tête en bas, les pattes étalées comme

celles d'une thomise, mais dès qu'on touchait à ce précieux cocon, elle se laissait glisser dessus, sans faire aucun mouvement, et
le couvrait de son corps. Les jeunes,
entièrement verdâtres, étaient presque
semblables à des philodrômes nais-
sants.

Fig. 183.

L'oxyope court avec une grande rapidité, saute même avec une agilité
surprenante, et se précipite à terre au
moment où l'on croit la saisir. Sa démarche et sa manière de chasser se rapprochent de celles des attes; comme elles, elle choisit
les endroits échauffés par le soleil, étale ses pattes postérieures, relève les antérieures au-dessus de sa tête, les
agite comme de longues antennes, tourne sur elle-même
sans changer de place, élève et abaisse alternativement
son grand corselet.

HUITIÈME FAMILLE.

THOMISIFORMES. E. S.

Cette famille correspond à la grande division des araignées latérigrades, que Walckenaer avait établie en 1805,
pour celles dont les membres robustes et allongés ont
tous la même direction, et sont articulés de façon à ce
que la locomotion se fasse de côté comme celle des crabes. Chez ces aranéides, le corselet est toujours déprimé,
et a la forme d'un cœur, plus que dans aucune autre famille ; l'abdomen n'a rien de constant dans sa configuration, le plus souvent il a la forme d'un triangle dont
le sommet est attaché au corselet ; les mâchoires sont
presque toujours très-larges ; elles enclavent complète-
ment la lèvre, et se rencontrent en avant d'elle. Quant au
système oculaire, son caractère est d'être composé de huit
yeux peu inégaux, assez éloignés l'un de l'autre, mais
presque à égale distance : jamais ces yeux ne sont opaques, on y distingue même à l'œil nu, une pupille et une
prunelle nettement marquées.

Quant aux organes intérieurs, ils se modifient peu ; les
glandes vénénipares sont généralement bien développées, les glandes séricipares le sont au contraire moins
que celles des grandes fileuses ; leurs filières sont souvent
analogues à celles des vrais théridions et des épéires,
c'est-à-dire que, à cause du renflement de l'abdomen,

elles paraissent placées au milieu du ventre, et qu'elles se renferment à volonté dans une petite fossette.

La considération des yeux, des membres et des habitudes force d'établir deux tribus; la première, celle des *philodrômiens*, pour les thomises à yeux semblables; à formes grêles; à membres fins, égaux

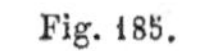

Fig. 184.

et pourvus à leur extrémité de petites brosses gluantes qui leur permettent de marcher sur les surfaces lisses. La seconde, celle des *thomisiens*, pour les thomises franchement latérigrades, dont les yeux sont inégaux et étalés, dont les membres antérieurs sont beaucoup plus longs que les postérieurs, et dont les pattes sont terminées par deux simples petites griffes.

Fig. 185.

Cette famille, très-fortement caractérisée par sa forme, dans sa seconde tribu, l'est moins nettement dans la première, dont les limites sont encore douteuses.

La seconde a des affinités éloignées avec les épéires; le corselet est à peu près semblable; la peau est épaisse et porte souvent des tubercules; de plus, il existe des analogies dans la manière de vivre; car les thomises sont les seules araignées qui tendent des fils d'un arbre à l'autre, souvent à de grandes distances, et qu'on pourrait appeler aériens : mais ces fils sont isolés comme ceux des *atles*, et ne sont jamais disposés régulièrement. Les philodrômiens, surtout dans les premiers genres, se rapprochent davantage des dolomèdes et des lycoses, et présentent plusieurs de leurs caractères.

Classification des thomisiformes.

Yeux égaux ; pattes égales et ordinaires, fines et longues.   PHILODRÔMIENS.
Yeux inégaux; pattes inégales et franchement latérigrades. . . . .   THOMISIENS.

1re Tribu. PHILODROMIENS.

Corps oblong, — pattes fines, presque égales, terminées par de petites pelotes adhérentes, — démarche très-rapide, tantôt droite, tantôt latérale, — yeux égaux.

Cette tribu comprend les genres : *Claste, sparasse, thanatè, selenops, olios, philodrôme, artame.*

76ᵉ Genre. **CLASTE**, *Clasta*. Walckenaer.

(χλαστὸς, brisé.)

Yeux, presque égaux, sur deux lignes courbées en sens inverse, formées de quatre yeux chacune, les laté- Fig. 186. raux antérieurs et les intermédiaires supé- rieurs sont les plus gros.

Lèvre, assez grande, en cœur, plus élargie à sa partie supé- rieure, plus étroite à sa partie postérieure. Ses extré- mités sont arrondies.

Mâchoires, longues, droites, assez étroites, à extrémité ar- rondie, à côté interne évidé.

Mandibules, longues, grêles, presque horizontales.

Corselet, grand, cordiforme, plus étroit en avant qu'en arrière.

Abdomen, étroit, très-allongé, cylindrique ou ovalaire.

Pattes, longues, inégales, dirigées latéralement. La première, puis la quatrième paire sont les plus longues. La troisième est la plus courte.

Couleur, jaune ou verte, avec des taches rouges ou brunes.

Taille, robuste, atteignant 2 centimètres.

Patrie, toutes sont de l'Amérique du Nord, sauf une seule, qui est propre à la Nouvelle-Guinée.

Habitudes, aranéides chasseuses, tendant des fils, ou se tenant en embuscade entre les feuilles roulées et les pétales des fleurs.

ESPÈCES.

C. de Freycinet,	C. *Freycineti*,		Nouvelle-Guinée.
C. d'Abbot,	C. *Abbotii*,	Abbot,	Géorgie.
C. verte,	C. *viridis*,	Abbot,	Géorgie.
C. rose,	C. *rosea*,	Abbot,	Géorgie.

. Le genre *claste*, qui est placé en tête de la nombreuse série des aranéides latérigrades , s'éloigne, en effet, fortement de leur genre type (*thomise*). Dans les espèces qu'il renferme, les yeux sont inégaux et placés sur deux lignes courbes; les mâchoires sont droites et d'une grande longueur. La forme générale de leur corps, leur corselet court , leur abdomen ellipsoïde, leur donnent de nombreux rapports avec les philodrômes qui vont suivre, et aussi avec les oxyopes que nous avons déjà étudiées. Leurs mandibules ont cela de particulier, qu'au lieu d'être verticales et cunéiformes, comme dans la plupart des latérigrades, elles s'allongent et prennent une direction presque horizontale.

Les pattes des clastes sont faiblement inégales; la première, puis la quatrième paire sont les plus longues.

ESPÈCES PRINCIPALES.

Claste de Freycinet. — C. d'Abbot.

La *claste* de *Freycinet* est une jolie araignée, dont la taille est assez grande, dont la couleur est fauve avec des taches rouges : elle habite l'archipel malais, la Nouvelle-Guinée, et, en particulier, l'île de Guam.

La *claste d'Abbot*, quoique aussi rare, a été observée par le voyageur *Abbot*, dont elle porte le nom ; cet arachnologue donne sur ses mœurs les quelques lignes suivantes :

« Cette araignée ne fait pas de toile, mais tend des
« fils, épie et chasse après sa proie, et se cache dans
« les feuilles et les fleurs de différentes plantes. » On voit
par ces quelques mots que les clastes appartiennent
sûrement à la famille des latérigrades, et que leurs mœurs
les rapprochent des thomises, type de cette grande division.

Le fond de la couleur de cette espèce est vert, mais les
taches du dos sont rouges.

Abbot, qui a également découvert les *clastes verte* et
rose, a trouvé leur cocon ; celui de la claste verte est
brun, et a la forme d'un pain de sucre, mais présente un
cône moins allongé et moins pointu ; celui de la claste
rose est brun foncé et a la forme, dit-il, d'un bloc de
chapeau. Ce cocon est multiple, c'est-à-dire, formé de
plusieurs masses d'œufs séparées et distinctes.

77ᵉ Genre. **SPARASSE**, *Sparassa*. Walckenaer.

(σπαράσσω, déchirer.)

Synonymie . *Micrommate*, Dugès, Dufour (μικρὸς, petit; ὄμματα, yeux).

Yeux, huit, très-apparents, presque égaux, sur deux rangs, l'antérieur plus court, formant une ligne courbée en avant, le postérieur composé de quatre yeux placés sur une ligne transverse.

Fig. 187.

Lèvre, fort courte, large, semi-ovalaire ou ellipsoïde.

Pattes-mâchoires, à coxopodites écartés, droits, à extrémité arrondie, à côtés parallèles; dernier article du mâle large et ovale, à conjoncteur roulé en spirale, canaliculé et tranchant sur les bords.

Fig. 188.

Mandibules, verticales, renflées.

Corselet, assez petit, élargi en arrière, élevé et étroit en avant.

Pattes, allongées, fortes, souvent étalées latéralement, peu inégales entre elles.

Couleurs, fraîches et claires, le plus souvent vert-émeraude et rose.

Taille, de 1 à 3 centimètres.

Patrie, presque toutes sont d'Europe.

Habitudes, aranéides coureuses, construisant de grandes coques sur les feuilles ou sous les pierres pour y déposer leurs œufs.

ESPÈCES.

S. émeraude,	S. *smaragdula* ♀,	*rosea* ♂,	France.
S. ornée,	S. *ornata*,		Europe.
S. d'argélas,	S. *argelasia*,	Léon Dufour,	Europe méridionale.
S. de Walckenaer,	S. *Walckenaerii*,	Savigny,	Égypte.
S. punctipède,	S. *punctipes*,	Nicolet,	Chili.
S. de Desjardin,	S. *Desjardinii*,	Nicolet,	Chili.
S. de Fontaine,	S. *Fontanii*,	Nicolet,	Chili.

S. ligurienne,	S. *ligurina*,	Koch,	Grèce.
S. brésilienne,	S. *brasiliensis*,	Nicolet,	Chili.
S. brune,	S. *fusca*,		
S. à jambes épineuses,	S. *spinica*,	L. Dufour,	Espagne.
S. vêtue,	S. *vestita*,		
S. des Moluques,	S. *moluccana*,	Lucas,	îles Moluques.
S. ammanite,	S. *ammanita*,	L. Dufour,	Cochinchine.

Les *sparasses* sont, pour la plupart, de belles aranéides, moins franchement latérigrades que les olios et que les autres genres qui composent avec elles la tribu des philodròmiens. La femelle se rapproche singulièrement des drassiformes, surtout des anyphœnes, par sa forme et par la configuration de ses mâchoires ; mais la direction de ses appendices, la disposition de ses yeux et aussi la forme des pattes et du palpe chez le mâle, montrent que Walckenaer ne s'était pas trompé en classant ce genre parmi les latérigrades.

Le seul caractère que les sparasses aient en propre et qui servira toujours à les distinguer, est l'extrême réduction de la pièce antérieure du sternum qui a la forme d'un petit croissant.

Toutes vivent au milieu des jardins, errant de côté et d'autre ; leurs couleurs claires indiquent qu'elles sont destinées à chasser en plein jour. Au moment de la ponte, elles deviennent plus sédentaires et filent comme les dolomèdes une vaste coque de soie, pour y déposer leur cocon.

ESPÈCES PRINCIPALES.

Sparasse émeraude. — S. ornée. — S. d'Argélas.

La *Sparasse émeraude* est une des plus belles aranéides de France : comme son nom l'indique, sa couleur est du vert tendre le plus beau, relevé, chez le mâle, par une bande couleur de pourpre qui s'étend sur le dessus de l'abdomen. Cette espèce, qui n'est pas commune, recherche les grandes forêts; là, on la trouve par terre, courant avec rapidité après les insectes, et attaquant les plus vigoureux. Elle se mêle aux bandes de lycoses, et dévore celles de ces petites araignées qu'elle peut saisir à la course.

C'est dans la forêt de Saint-Germain, au mois de mai, que j'ai trouvé la sparasse émeraude mâle et femelle, très-adulte, en compagnie de dolomèdes admirables et de lycoses de toute espèce. On la rencontre aussi sur les gazons où elle se plaît à sauter d'herbe en herbe, attrapant ainsi les mouches et les insectes ailés, au moment où ils s'élèvent de terre.

Quand la femelle est près de pondre, elle abandonne sa vie vagabonde et errante, elle monte sur un arbuste ou sur un buisson; là elle rapproche deux ou trois feuilles qu'elle roule avec art et qu'elle unit au moyen de ses fils, afin que, par leur réunion, elles concourent à former l'édifice, berceau de sa progéniture.

« J'ai trouvé une fois, dit Walckenaer, cette espèce, le 27 juin, dans l'allée couverte d'un bois, entre les feuilles qu'elle avait rapprochées. Elle venait probablement de pondre ses œufs, car ils étaient renfermés dans un sac globuleux, gros comme une petite noisette, formé d'une toile fine et transparente. Ils étaient plus gros que ceux de l'*épéire diadème*, non agglutinés entre eux, d'une couleur verte, couleur qu'ils gardent encore lorsqu'ils sont écrasés. » Cette ponte était tardive, car, le même jour, il vit plusieurs jeunes de la même espèce et assez gros.

Clerck a compté cent quarante œufs dans le cocon de la sparasse émeraude. Kummer dit qu'aux environs de Paris, elle fait deux pontes : une au printemps, l'autre en septembre.

Le mâle se distingue de la femelle par ses couleurs rouges, son abdomen plus petit et plus grêle, ses palpes extraordinairement renflés et à articulations armés d'éperons, et enfin par ses pattes beaucoup plus longues. Il est plus rare que la femelle; il était anciennement regardé comme une espèce distincte que Fabricius appela *araignée rose.*

La *sparasse ornée* se distingue à ses couleurs rouges dans les deux sexes; cette belle espèce, fort rare, n'a encore été trouvée à Paris que par Walckenaer.

La *sparasse d'Argèlas* est une grande espèce de couleur brune que ses mœurs éloignent des deux précédentes, comme on va le voir par les détails que je vais emprunter à M. Dufour, qui l'a observée dans le royaume de Valence, où elle habite sur les montagnes les plus arides.

« Cette aranéide, dit-il, court avec vélocité, les pattes
« étendues latéralement ; la conformation de ses pelotes
« onguiculaires lui donne la faculté de s'accrocher sur
« les surfaces les plus lisses, les plus verticales et d'y
« circuler comme un trait dans toutes les directions. Elle
« établit à la face antérieure des fragments de rochers,
« une coque qui a beaucoup d'analogie, par sa contex-
« ture, avec celle du clotho de Durand.

« Elle s'y loge pour se mettre à l'abri des rigueurs de
« la saison et de ses ennemis, ou pour y pondre et
« couver ses œufs. Cette coque est une tente ovale de
« près de 2 pouces, appliquée contre la pièce à peu près

« comme les patelles marines. Son contour n'offre point
« les échancrures de celui du clotho. Elle se compose :
« 1° d'une enveloppe extérieure, d'un taffetas jaunâtre
« très-fin ; 2° d'un fourreau intérieur plus souple, plus
« moelleux, ouvert aux deux bouts. C'est par ces ouver-
« tures munies de soupapes, que cette araignée sort de
« son appartement pour faire des excursions. Ce cocon
« renferme environ soixante œufs. »

78ᵉ Genre. **THANATE,** *Thanata.* Koch.

(Θάνατος, mort, meurtre.)

Synonymie : *Philodromus*, Walckenaer, Lucas.

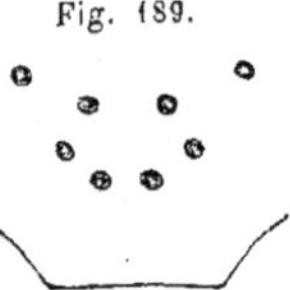

Fig. 189.

Yeux, petits, presque égaux, les deux lignes fortement inclinées en arrière, les deux yeux de la rangée postérieure formant un ovale avec ceux de l'antérieure.

Lèvre, ovalaire, tronquée et rétrécie à sa base, arrondie à son extrémité.

Pattes-mâchoires, à coxopodites assez allongés et fortement couchés en dedans, à base large, à sommet atténué et arrondi; article terminal du mâle peu renflé.

Corselet, déprimé, ovalaire, un peu rétréci en avant.

Abdomen, assez allongé, presque cylindrique, en forme d'ovale.

Pattes, presque égales et assez fortes, les trois antérieures étalées. La quatrième paire est la plus longue, la première est la plus courte : toutes sont pourvues de petites brosses gluantes sous les griffes.

Couleur, fauve ou gris assez pâle, rarement des taches.

Taille, de 3 à 7 millimètres.

Patrie, midi de l'Europe, nord de l'Afrique.

Habitudes, araignées courant rapidement à terre ou sur les herbes; pondant au pied des arbres; mourant presque toujours au commencement de l'hiver.

ESPÈCES (1).

T. oblongue,	*T. oblonga,*	Walckenaer,	France.
T. grêle,	*T. gracilenta,*	Lucas,	Algérie.
T. oblongiuscule,	*T. oblongiuscula,*	Lucas,	Algérie.
T. rhombifère,	*T. rhombifera,*	Walckenaer,	France.

(1) Le *taumasia senilis* de Perty, s'éloigne trop des thanates par ses yeux antérieurs inégaux pour l'en rapprocher. Walckenaer l'a décrit sous le nom de *philodroma senilis*.

26

T. rapide,	T. præceps,	Abbot,	Géorgie.
T. striée,	T. striata,	Koch,	Grèce.
T. parallèle,	T. parallela,	Koch,	Morée.

Les philodrômes, dont Koch a formé le genre *thanate*, ressemblent beaucoup aux sparasses par leur forme extérieure ; en effet, leurs membres sont assez épais et peu latérigrades, leur abdomen est ovale et cylindrique, etc. Le principal caractère qui serve à les distinguer des autres genres de la même tribu est l'écartement de leurs yeux latéraux, qui fait paraître les deux lignes qu'ils forment courbées en demi-cercle. La seconde, la troisième et la quatrième paire de pattes locomotrices sont presque égales en longueur.

Par leur forme extérieure et leurs couleurs, les thanates se rapprochent un peu de la famille des drassiformes, et en particulier, du genre clubione.

ESPÈCES PRINCIPALES.

Thanate rhombifère. — Th. oblongue.

Deux espèces de thanate habitent nos environs et se rencontrent assez fréquemment dans nos bois.

La *thanate rhombifère (philodr. rhombifera,* Walck.) est

Fig. 190.

une araignée d'assez forte taille, dont le corps est uniformément fauve gris assez clair, dont l'abdomen porte cependant dans son milieu une figure noire, allongée, ayant un peu la forme d'un rhombe, ce qui a valu à cette espèce le nom qu'elle porte.

Ses mœurs, aussi bien que ses caractères anatomiques nous montrent qu'elle s'éloigne fortement du type latérigrade : elle chasse le plus souvent à terre ou sur le tronc des arbres, alternativement droite comme une clubione, et de côté comme une sélénops ; sa vivacité est remarquable, elle atteint dans sa course vagabonde les insectes les plus agiles.

Quoique rare dans les lieux où elle se trouve, la thanate rhombifère a un habitat très-étendu ; la plupart des auteurs l'ont trouvée dans les bois des environs de Paris ; Koch l'a prise en Allemagne, Sundevall en Suède, Savigny et M. Lucas dans le nord de l'Afrique.

Suivant Dugès, elle place son cocon plat et étoilé contre terre, au pied des touffes de gramen, et le surmonte d'une toile verticale, pareille à celle d'une brigantine de navire.

La *thanate oblongue* a une teinte plus jaune, mais porte également une raie plus foncée sur la ligne médiane. Son abdomen est étroit, cylindrique et très-allongé.

Elle paraît plus commune dans nos environs ; ses mœurs n'ont rien de particulier. Pendant le repos, elle étend ses pattes le long des branches et ressemble à l'épisine (1).

---

(1) Parmi les genres que Walckenaer a établis, il en est peu qui renferment des espèces aussi disparates que le genre philodrôme. Cette division générique est restée, jusqu'à nos jours, un magasin où les auteurs avaient entassé un bon nombre d'espèces très-hétérogènes, et dont le seul caractère commun était d'avoir les pattes fines et égales. Lorsqu'à l'exemple de M. Koch, on examine soigneusement le placement des yeux dans les diverses espèces, on reconnaît sans peine qu'il peut se rapporter à trois types principaux, ce qui nécessite l'établissement de trois genres. L'observation montre même que les *philodroma jejuna, dispar, rhombifera*, etc., diffèrent plus entre elles que les *sparasses*, les *olios*, les *sélénops*, etc., dont la séparation remonte cependant à une époque assez éloignée.

79e Genre. **ÉPISINE,** *Episina.* Walckenaer.

(ἐπισινὴς, dangereux, nuisible.)

Yeux, huit, presque égaux entre eux, la ligne postérieure peu courbée, la ligne antérieure fortement courbée en arrière et formant avec l'autre un demi-cercle; ils sont placés sur une avance du corselet, qui a la forme d'une carène.

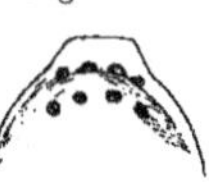

Fig. 191.

Lèvre, courte, arrondie, plus large que haute, en demi-cercle.

Pattes-mâchoires, à coxopodites allongés, arrondis vers leur extrémité, penchés sur la lèvre; — à digital du mâle énormément renflé et long, renfermant un gros conjoncteur étranglé dans son milieu et canaliculé sur ses faces supérieure et inférieure.

Corselet, circulaire, aplati, un peu caréné en avant.

Abdomen, à dos fort déprimé, ayant dans ses contours la forme d'un rhomboïde étroit et long.

Pattes, assez renflées et longues, la première, puis la quatrième dépassent de beaucoup les autres; — elles sont, dans le repos, réunies en deux faisceaux et étendues dans le sens longitudinal.

Couleur, brune, ornée de poils fauves.

Taille, 3 millimètres.

Patrie, Europe et nord de l'Afrique.

Habitudes, aranéides tendant des fils sur lesquels elles s'étendent et se tiennent suspendues, en rapprochant en avant et en arrière leurs pattes dans le sens de la longueur du corps.

ESPÈCES.

E. tronquée,	*E. truncata,*	Walckenaer,	Europe.
E. américaine,	*E. americana,*	Nicolet,	Chili.

Par l'ensemble de ses caractères, le genre épisine se sépare nettement de toutes les autres aranéides; mais il présente néanmoins des analogies avec des types qui se trouvent éloignés, ce qui fait que les aranéologues sont encore incertains sur le rang qu'il doit occuper dans la classification.

Walckenaer, auquel nous devons sa découverte et sa formation, reconnut dans ses mâchoires inclinées et son petit corselet une grande ressemblance avec ce qui se voit dans le genre *théridion*. M. Koch, considérant surtout les organes de la locomotion et l'étroitesse du corps, en fit une épéiride voisine des tétragnathes.. Cependant si l'on étudie soigneusement les organes les plus importants et ceux qui fournissent les caractères les plus certains, je veux dire le placement des yeux et la forme générale du corps, on arrive à un autre résultat que ces deux savants aranéologues; en effet, les yeux de l'épisine sont placés en demi-cercle et égaux comme ceux des philodrômes du genre type, le corselet est rond et disciforme, les pattes longues, l'abdomen plat et un peu élargi en arrière, comme celui des artames.

L'espèce encore unique qui compose ce genre est l'*épisine tronquée* ; c'est une petite araignée dont le corselet et l'abdomen sont brun foncé, dont le corps est entouré d'une fine ligne jaune, et dont les membres sont moitié clairs et transparents, moitié noirâtres.

Elle paraît très-rare, et n'a encore été trouvée que par un petit nombre d'observateurs : aux environs de Paris, Walckenaer l'a prise à Sèvres; moi, à Leudeville; en Allemagne, Koch l'a observée non loin du Danube; M. Lucas l'a signalée aussi en Algérie.

80ᵉ Genre. **PHILODRÔME**, *Philodroma*. Walckenaer.

(φιλέω, aimer; δρόμος, course.)

Yeux, huit, tous égaux et petits, assez reculés sur le haut du front, sur deux lignes, dont l'antérieure, plus étroite que la postérieure, est faiblement infléchie en arrière, dont la ligne postérieure est presque droite.

Fig. 192.

Lèvre, triangulaire, obtuse.

Pattes-mâchoires, à coxopodites étalés, allongés et infléchis au côté interne, un peu élargis et bombés à leur base; article terminal du mâle assez petit, mais presque globuleux.

Corselet, presque circulaire et tronqué en avant, plus aplati sur les bords.

Abdomen, ovale, un peu aplati en dessus.

Pattes, fines, allongées et divergentes; la première, puis la seconde paire, sont un peu plus longues que les autres.

Couleur, fond blanc ou jaune; de petits points noirs ou roux dessinent sur le dos des figures qui ne sont pas toujours régulières.

Taille, ne dépassant pas 6 millimètres.

Patrie, Europe et Amérique.

Habitudes, araignées chassant à terre ou sur les arbustes bas; tendant des fils et se laissant souvent glisser à terre; construisant leur cocon à l'extrémité des tiges.

ESPÈCES.

P. cespiticole,	*P. cespiticolis,*	Walckenaer,	Europe.
P. flamboyante,	*P. aureola,*	Walckenaer,	Europe.
P. bordée,	*P. limbata* (1),	Koch (*argentata* W.),	Europe.

---

(1) Cette espèce, par sa forme, ses membres et sa coloration, semble appartenir au genre *thanotus*. La position de ses yeux latéraux et leur égalité la placent dans le genre philodrôme.

Philodrômes rapportées du Chili par M. Nicolet et non classées.

P. punctata.   *P. funebris.*   *P. 4 lineata.*   *P. lineata*

Le nom de philodrôme a été reservé par les auteurs allemands à un très-petit nombre d'espèces qui présentent mieux que les autres tous les caractères de la tribu.

Les quelques araignées dont il se compose sont de taille minime, mais dans leur petit volume, elles représentent exactement les formes des olios que nous étudierons bientôt ; leur corselet est également plat et rond ; leur abdomen est ovale, et leurs pattes presque égales, sont étalées latéralement.

Le seul caractère qui les distingue, est l'égalité de leurs yeux, la régularité et la largeur des deux lignes qu'ils forment sur le haut du front.

Les couleurs brunes et ternes des philodrômes leur permettent de se cacher sous l'écorce des arbres sans y être découvertes par leurs ennemis. Lorsqu'on veut les saisir, elles courent avec une telle célérité, qu'elles échappent à l'œil le plus exercé.

ESPÈCES PRINCIPALES.

Philodrôme cespiticole. — P. flamboyante. — P. bordée.

Le type du genre, et l'espèce qui se trouve le plus fréquemment dans toutes les parties de l'Europe, est la *philodrôme cespiticole.* Sa taille est de trois millimètres, le fond de sa coloration est blanc jaunâtre ; le corselet est entouré d'une large bordure rousse, et l'abdomen brun dans le milieu est orné de deux rangs de petites taches blanches. Je l'ai trouvée très-fréquemment aux environs de Paris, et encore plus souvent en Belgique, aux environs de Spa; là, elle recherche de préférence les buissons qui bordent les petits ruisseaux; elle se tient immobile, les pattes étendues dans le sens de la branche ou du roseau; mais dès qu'on touche à la plante qui la porte, elle s'enfuit avec célérité, et court même sur l'eau sans se mouiller les pattes.

A l'époque de la ponte, ainsi que je l'ai observé, cette araignée monte sur un arbuste quelconque, sur un pin par exemple, se rend à l'extrémité d'une petite branche, et là, file un cocon très-gros, dont la forme n'est pas déterminée, mais varie avec la direction des petites feuilles qui le soutiennent. Le tissu extérieur en est gris sale, d'une contexture serrée, et semblable à une toile de tégénaire; la couche profonde est une bourre grossière et jaunâtre. A la fin de juillet, les jeunes venaient d'éclore; dès leur sortie de l'œuf, ils sont reconnaissables, et montrent déjà, par la direction de leurs petites pattes, qu'ils sont des latérigrades. Lorsqu'on touche à ce cocon, la philodrôme mère ne s'enfuit pas, mais tient bon, et le défend à coups de mandibules.

La *philodrôme flamboyante* de Walckenaer, ou *auréolée* de Hahn, se distingue difficilement de la cespiticole, elle en diffère cependant par ses teintes plus rouges et plus tranchées; elle est également commune.

La France nourrit encore la *philodrôme bordée*, dont nous devons la découverte à M. Koch. La coloration de cette rare espèce est noir profond; tout son corps est entouré d'une fine bordure blanche. Je ne l'ai prise qu'une fois, au commencement du printemps, dans un jardin de Paris.

81ᵉ Genre. **OLIOS**, *Olios*. Walckenaer.

(ὀλοὸς, destructeur, pernicieux.)

Synonymie : *Ocypetes*, Koch.

Yeux, au nombre de huit, presque égaux, tous semblables, à pupille et iris bien distincts : disposés sur deux lignes transverses ; l'antérieure formée de quatre yeux assez rapprochés, dont les latéraux sont un peu plus gros ; la supérieure un peu plus large ; yeux latéraux placés sur des saillies du front.

Fig. 193.

Lèvre, petite, courte, carrée.

Pattes-mâchoires, à coxopodites peu allongés, larges surtout à leur base, inclinés sur la lèvre, divergents à leur extremité, arrondis ou tronqués obliquement au côté interne. — Digital du mâle assez gros et ovale, renfermant un conjoncteur arrondi et lisse portant un petit crochet terminal recourbé.

Corselet, grand, presque rond, déprimé, à fossule profonde.

Abdomen, déprimé, grand, ovale.

Pattes, longues, fortes, articulées latéralement ; leur longueur relative est le plus souvent ainsi, 2, 1, 4, 3. Leur extrémité est garnie de pelotes onguiculaires très-développées.

Couleur, le plus souvent fauve, uniforme, plus ou moins claire.

Taille, très-grande, de 3 à 6 centimètres de long.

Patrie, toutes sont exotiques ; elles habitent le midi de l'Afrique, l'Amérique du Sud, et surtout la Nouvelle-Hollande.

Habitudes, aranéides chasseuses, tendant des fils, courant à l'intérieur des habitations, attaquant les plus gros insectes.

ESPÈCES.

O. grapse,	*O. grapsa*,	Walckenaer,	Nouvelle-Hollande.
O. pagure,	*O. pagura*,	Walckenaer,	Nouvelle-Hollande

O. captieuse,	*O. captiosa,*	Walckenaer,	île de France.
O. pinnothère,	*O. pinnothera,*	Walckenaer,	Nouvelle-Hollande.
O. chasseuse,	*O. venatoriu(leucosius),*	Linné,	Brésil.
O. mexicaine,	*O. mexicana,*	Lucas.	Mexique.
O. antillienne,	*O. antilliana,*		Antilles.
O. de Freycinet,	*O. Freycinetii,*		Polynésie.
O. traprobanienne,	*O. traprobania,*		Ceylan.
O. colombienne,	*O. colombiana,*		Brésil.
O. marron,	*O. castanea,*	Latreille,	Cap, Cafrerie.
O. de Franklin,	*O. Franklina,*		New-York.
O. de Dubois,	*O. Duboisii,*	Lucas,	Valparaiso.
O. longipède,	*O. longipes,*	Quoy et Gaymard.	îles Moluques.
O. brune,	*O. fusca,*		? ? ?
O. à tarses spongieux.	*O. spongitarsi (1),*	L. Dufour,	Espagne.
O. provocatrice,	*O. provocator,*		Afrique.
O. morbide,	*O. morbidosa,*	Mac-Leay,	Nouvelle-Hollande.
O. poilue,	*O. setulosa,*	Perty,	Brésil.
O. algérienne,	*O. algeriana,*	Lucas,	Algérie.
O. d'Oran,	*O. oranensis,*	Lucas,	Algérie.
O. barbare,	*O. barbara,*	Lucas,	Algérie.
O. rufipède,	*O. rufipes,*	Lucas,	
O. géniculée,	*O. geniculata,*	Lucas,	
O. du Gabon,	*O. gabonensis,*	Lucas,	Gabon.
O. verte,	*O. viridis,*	Vinson,	Madagascar.
O. imérina,	*O. imerinensis,*	Vinson,	Madagascar,
O. de Madagascar,	*O. madagascariensis,*	Vinson,	Madagascar,
O. rufipède,	*O. rufipes,*	Nicolet.	Chili.
O. sparassoïde,	*O. sparassoïdes,*	Nicolet,	Chili.
O. épineuse,	*O. hispida,*	Nicolet,	Chili.
O. guyannaise,	*O. guyanensis,*	Lucas,	Guyane.
O. tasmanienne,	*O. tasmanensis,*	Lucas,	Tasmanie.

Nous avons déjà vu que les ocyaliens, placés sous des climats chauds, grandissent et se modifient légèrement pour former le genre ctène : les philodrômiens aussi et encore plus, lorsqu'ils sont destinés à vivre sous les tropiques, tout en gardant la même forme, acquièrent des proportions gigantesques, comparables dans certaines espèces à celles des mygales et des néphiles. Les caractères les plus essentiels, je veux dire les yeux et la bou-

---

(1) Si cette espèce était mieux connue, elle mériterait de former un genre à part ; Walckenaer en a fait une famille.

che, se modifient peu; mais la forme de la pièce antérieure du sternum ou lèvre est assez transformée, pour

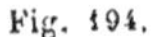

Fig. 194.

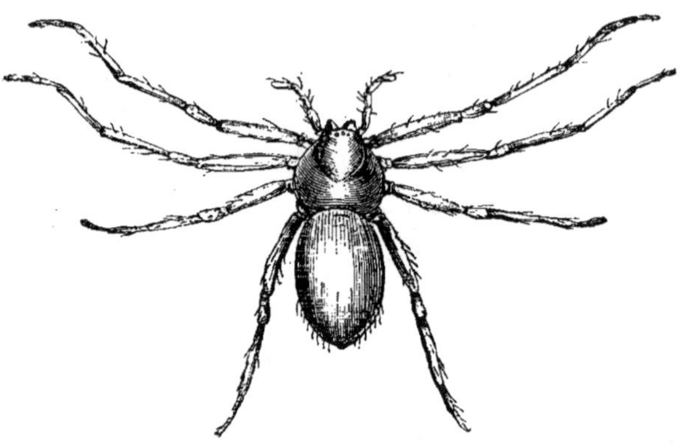

que ces philodrômes exotiques portent un nom particulier, et constituent le genre olios; en effet, cette lèvre, au lieu d'être étroite et effilée, est large et carrée.

Les premiers voyageurs, frappés de la grande taille des olios, de leurs couleurs brunes et sombres, de la forme même des demeures qu'elles habitent, les avaient prises pour des mygales.

La configuration de ces aranéides a cependant quelque chose de particulier qui empêche toute confusion.

Les olios sont des araignées vagabondes et chasseuses, qui courent droit, quoique portant presque constamment leurs pattes latéralement; toutes habitent les pays les plus chauds; l'Europe n'en nourrit qu'une espèce, qui encore n'est classée dans ce genre qu'avec doute. Les unes, comme nous allons le voir, recherchent l'intérieur des maisons; les autres vivent en plein air et dans les jardins.

Toutes sont remarquables par les petites pelotes de poils gluants qui garnissent le dessous de leurs tarses; ce qui leur permet de marcher sur les corps les plus lisses.

ESPÈCES PRINCIPALES.

Olios leucosie. — O. captieuse. — O. à tarses spongieux.

L'*olios leucosie* ou *chasseuse*, est le type de ce genre remarquable; c'est une très-grosse aranéide, dont la forme extérieure rappelle celle d'un philodrôme, dont la couleur est un brun fauve uniforme, et dont les membres sont rejetés latéralement et couverts de longs crins roides.

Il est peu d'araignées dont l'habitat soit plus étendu; elle a été signalée au Sénégal et au Cap, elle est fort commune au Brésil, mais sa patrie par excellence paraît être l'île de la Réunion, où on la trouve abondamment, ainsi qu'une espèce voisine qu'on appelle *captieuse*, et qui s'en distingue surtout par sa taille inférieure et ses couleurs plus foncées.

M. Vinson, qui a observé avec soin les mœurs de ces araignées, donne sur elles les détails suivants : « L'*olios* « *captieuse* se rencontre dans les buissons, dans les jar- « dins et dans les champs. Elle se tient sur les arbres et « les arbustes, et se tapit durant le jour dans les feuilles « sèches enroulées, ou dans les feuilles vertes qu'elle ras- « semble ou qu'elle forme en cornet à l'aide de la matière « agglutinative de ses fils. Lorsque la nuit est venue, elle « sort, va faire sa chasse : et le matin on retrouve ses longs « fils qui pendent des arbres ou de la pointe des arbustes. « Si on va avec une lumière et qu'on visite les plantes « d'un jardin le soir, on la surprend en chasse hors et

« souvent loin de son domicile, ce qui n'a jamais lieu le
« jour. Après avoir enveloppé ses œufs dans une petite
« coque hémisphérique, un peu conique, d'un blanc
« soyeux et éclatant, elle les dépose dans son nid de
« feuilles. »

Autant l'olios captieuse aime les champs, autant l'olios
leucosie affectionne l'intérieur des habitations.

Pendant le jour, elle se cache derrière les boiseries et
les meubles, dans les lieux sombres ; la nuit, au contraire, elle se met en chasse et court avec vélocité sur les
murs et les plafonds, où elle saisit les plus gros insectes,
les blattes en particulier ; ce qui lui a valu de la part des
insulaires une sorte de vénération qui empêche qu'elle
ne soit détruite.

« Cette aranéide, ajoute M. Vinson, a un gros cocon,
« de la circonférence d'une pièce d'un franc au moins,
« aplati comme un disque et de l'épaisseur d'une ligne ;
« elle le tient sous son ventre avec ses palpes et ses man-
« dibules. Ce cocon s'ouvre, par la circonférence, en deux
« disques égaux, pour donner passage aux petits éclos.
« Vers cette époque, l'insecte frappe à petits coups re-
« doublés contre les meubles ou les cloisons, son cocon,
« qui finit par se fendre en deux, et qui rend un son par-
« ticulier dans cette percussion répétée. »

Enfin, une des plus rares, mais aussi une des plus intéressantes est l'*olios à tarses spongieux*; c'est la seule
espèce de ce genre qui soit européenne.

Elle fut décrite, pour la première fois, sous le nom de
micrommate ou *sparasse à tarses spongieux*, par M. Léon
Dufour, d'après un individu mâle qu'il trouva dans les
Pyrénées. Cette découverte fut contestée par plusieurs entomologistes, qui prétendirent que cette araignée n'était

que le mâle du micrommate d'Argelas; mais dans ces
dernières années, M. Dufour put confirmer le fait qu'il
avait avancé vingt-cinq ans auparavant. En effet, un jour
qu'il était dans son salon à Saint-Sever, il sentit un insecte
courir sur sa tête, il y porta la main et amena une araignée : quelle ne fut pas sa surprise, lorsqu'il reconnut que
c'était la femelle de son micrommate à tarses spongieux,
très-semblable au mâle qu'il avait décrit dans sa jeu-
nesse et dont il conservait le dessin.

Walckenaer a placé cette espèce dans le genre olios,
mais je crois que si elle était mieux connue, elle devien-
drait le type d'un genre particulier.

82ᵉ Genre. **ARTAME**, *Artama*. Koch.

(ἀρτάομαι, suspendre.)

Synonymie : *Philodromus*, Walckenaer (1805).

Yeux, peu inégaux, rapprochés du rebord mandibulaire et étalés sur un front assez large ; sur deux lignes, l'antérieure courbée en arrière, la postérieure plus large et presque droite, les quatre yeux intermédiaires un tiers moins grands que les quatre latéraux.

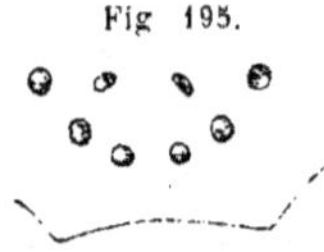
Fig 195.

Lèvre, grande, presque triangulaire, obtuse à son extrémité.

Pattes-mâchoires, à coxopodites assez longs, larges et bombés à la base, infléchis à l'extrémité ; dernier article étroit et peu renflé dans le mâle, à surface lisse et simplement velue.

Corselet, déprimé, circulaire, tronqué à la partie antérieure.

Abdomen, aplati, un peu renflé dans le milieu, pointu postérieurement.

Pattes, assez fortes et allongées, peu inégales, la deuxième et la troisième paires les plus longues, la première et la quatrième égales.

Couleur, fond gris cendré ou blanchâtre ; de nombreuses petites taches noires couvrent le corps et les membres.

Taille, de 3 à 10 millimètres.

Patrie, Europe et Amérique.

Habitudes, araignées courant avec rapidité à terre ou sur le tronc des arbres, se réfugiant sous les écorces et les pierres.

ESPÈCES.

A. tigrée,	A. *tigrina*,	Walckenaer,	Europe.
A. sobre,	A. *jejuna*,	Walckenaer,	Europe.
A. d'Abbot,	A. *Abbotii*,	Abbot,	Géorgie (Amérique).
A. inquisiteur,	A. *inquisitor*,	Abbot,	Géorgie.
A. grise,	A. *grisea*,	Hahn (*dispar* W.),	Europe.

A. pâle,	A. *pallida,*	Walckenaer,	Europe.
A. rouge ?	A. *rufa?*	Walckenaer,	France.
A. armée,	A. *armata,*	Lucas,	Algérie.
A. belle,	T. *pulchella,*	Lucas,	Algérie.
A. rusée,	A. *callida,*	Lucas,	Algérie.
A. marginée de brun,	T. *fusco-limbata,*	Lucas,	Algérie.

Le genre artame, tel que Koch l'a établi aux dépens des philodrômes de Walckenaer, est caractérisé, non-seulement par le rapprochement de ses deux lignes d'yeux et la grosseur de ses latéraux, mais encore par un facies tout particulier. En effet, les espèces qui le composent se rapprochent déjà de la forme thomise; leur corps, au lieu d'être allongé et cylindrique comme chez les philodrômes, types de la tribu, est aplati et élargi en arrière.

Les couleurs des artames ont également quelque chose de bien reconnaissable, elles ressemblent pour la plupart à celles des écorces sous lesquelles elles vivent; le gris bleu en est généralement le fond, de petites tachettes noires couvrent le thorax et l'abdomen.

Elles vivent plusieurs années; pendant l'hiver elles se réfugient sous l'écorce des arbres, elles s'y engourdissent, et passent toute cette saison sans prendre de nourriture.

ESPÈCES PRINCIPALES.

Artame sobre. — A. grise.

L'*artame sobre* (*philodromus jejunus,* Walck.), est une espèce assez répandue. Sa taille dépasse la moyenne; le fond de sa couleur est un gris cendré; les membres sont fort allongés et jaunâtres; les parties latérales du corselet, ainsi que l'abdomen et les articulations des pattes, sont relevés par des marques noir luisant. Sa dé-

Fig. 196.

marche est des plus vives et des plus rapides : elle atteint dans sa course vagabonde les diptères ailés ; elle se fait aussi remarquer par sa férocité.

On la rencontre dans les jardins, sous l'écorce des arbres, dans une coque blanche qui ressemble beaucoup à celle de la clubione soyeuse. Pendant le rigoureux hiver de 1830, Walckenaer en trouva avec leurs cocons, qui sont aplatis ronds, d'un brun jaunâtre et entourés d'une bourre très-blanche. Clerck a gardé de ces cocons qui contenaient cent œufs non agglutinés entre eux. Les jeunes ont éclos vers la fin de juillet. Panzer ayant enfermé un individu de cette espèce dans une boîte, au mois de novembre, l'en retira au mois de mars suivant, bien portant, quoiqu'il n'eût pris aucune nourriture pendant cet intervalle : c'est à cause de ce fait qu'il lui donna le nom de sobre.

L'*artame grise* ou *disparate* (*philodromus dispar*, Walck.), est de moitié plus petite, son corps est également déprimé ; sa couleur est un gris terne assez uniforme ; ses pattes, quoique longues, le sont moins que celles du *jejunus*, elles sont également annelées de petits cercles bruns.

Elle est tout aussi commune, et se trouve fréquemment dans les jardins de Paris. Elle court avec rapidité après sa proie.

Pour passer l'hiver, elle se réfugie sous l'écorce des arbres, et s'enferme dans une cellule de soie blanche, ou bien encore, elle s'enfonce dans les trous des vieux murs, où, grâce à sa petite taille, elle pénètre, et se cache entre les couches épaisses de bourre soyeuse, dont l'amaurobie atroce s'entoure comme d'un maillot.

27

2ᵉ Tribu. THOMISIENS.

Corps cancériforme, très-élargi, déprimé et court, — yeux inégaux et étalés, — démarche toujours latérale, — pattes très-inégales, dépourvues de pelotes onguiculaires.

Cette tribu comprend les genres : *Monaste, délène, arkys, xystique, thomise, phrynoïde, oxyptile, éripe.*

83ᵉ Genre. **MONASTE**, *Monastes*. Lucas.

(μόνος, seul; αστὸς, habitant.)

Yeux, peu inégaux, sur deux lignes, l'antérieure droite, la postérieure courbe; les yeux latéraux sont élevés sur des mamelons.

Lèvre, allongée, étroite, rétrécie dans son milieu, pointue à son extrémité.

Mâchoires, allongées, larges et arrondies à leur base, se touchant à leur extrémité, qui est étroite et également arrondie.

Corselet, étroit, légèrement bombé.

Abdomen, allongé et effilé, trois fois plus long que le corselet.

Pattes, fines et allongées, les deux paires antérieures de beaucoup plus longues que les deux postérieures. La troisième paire est la plus courte; — griffes pectinées.

Couleur, fauve ou roussâtre, uniforme ou finement ponctuée.

Taille, moyenne, atteignant 1 centimètre.

Patrie, ce genre est propre à l'Algérie.

Habitudes, aranéides très-agiles; se tenant sur les branches, les pattes étendues dans le sens de la longueur.

ESPÈCES.

M. paradoxe,	*M. paradoxa*,	Lucas,	Algérie.
M. lapidaire,	*M. lapidaria*,	Lucas,	Algérie.

Ce genre a été découvert en Algérie par M. Lucas; il a été décrit et figuré pour la première fois par cet entomologiste, dans son *Exploration scientifique de l'Algérie;* il est intéressant, parce qu'il tient à la fois des thomises et des philodrômes, et qu'il est une véritable liaison entre les deux tribus des araignées latérigrades. L'ensemble de ses formes, son corps allongé, presque filiforme, ses pattes fines et longues, ses mâchoires même étroites et grêles, sembleraient le placer dans la grande division des philodrômes, si les yeux n'étaient ceux des thomises, et si les deux paires de pattes postérieures n'étaient beaucoup plus courtes que les antérieures.

Ces deux aranéides présentent quelques particularités singulières dans leur organisation : ainsi, leur abdomen se prolonge au delà des filières en une sorte de queue plissée et recourbée, leurs yeux, au lieu d'être groupés sur un front, sont placés au milieu de la face dorsale du corselet.

M. Lucas rapporte que les monastes sont très-vives, qu'elles courent souvent après les insectes avec une rapidité surprenante, et qu'elles sont arboricoles; il les a trouvées sur les branches des arbres, les pattes étendues dans le sens de la longueur, les quatre grandes antérieures portées en avant et les quatre postérieures rejetées en arrière.

84ᵉ Genre. **SÉLÉNOPS**, *Sélénops*. L. Dufour.

(σελήνη, lune; ὄψ, aspect.)

Synonymie : *Hypoplatæa*, Mac-Leay.

Yeux, au nombre de huit, inégaux et semblables entre eux, placés sur tout le devant et même les côtés de la partie antérieure du corselet. Six forment une ligne presque droite et transverse : deux plus gros, placés sur le haut du front et portés sur des tubercules.

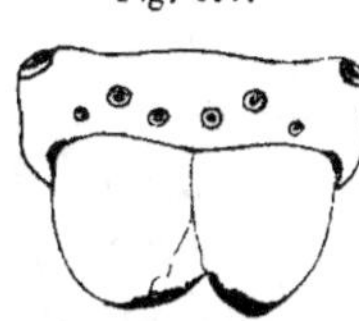

Fig. 197.

Lèvre, grande, large, assez courte, en demi-ovale ou demi-cercle.

Mâchoires, assez courtes, dépassant la lèvre, s'amincissant graduellement à leur extrémité.

Mandibules, courtes, cunéiformes, à rainure bidenticulée.

Corselet, large, court, circulaire, tronqué à ses deux extrémités.

Abdomen, large, court, déprimé, ovalaire.

Pattes, presque égales, dans l'ordre 4, 2, 3, 1 ; elles sont fortes et toujours rejetées latéralement.

Couleur, jaune ou rougeâtre ; pattes annelées de taches brunes.

Taille, de 1 à 3 centimètres.

Patrie, Europe méridionale et Amérique centrale.

Habitudes, aranéides très-vives, courant avec rapidité après leur proie.

ESPÈCES.

S. omalosome,	S. *omalosomus*,	Dufour,	Espagne.
S. annulipède,	S. *annulipes*,	Savigny,	Égypte.
S. fugitif,	S. *fugitivus*,		Cafrerie.
S. voyageur,	S. *peregrinator*,		Sénégal.
S. aïsse,	S. *aïssus*,		Martinique.
S. brésilien,	S. *brasilianus*,	Perty,	Brésil.
S. prompt,	S. *celer*,	Mac-Leay,	Cuba.
S. de Dufour,	S. *Dufourii*,	Vinson,	île de la Réunion.
S. de Madagascar,	S. *Madagascariensis*,	Vinson,	Madagascar.

Quoique les sélénops appartiennent certainement à la tribu des thomisiens, et aient, par la disposition de leurs yeux, les rapports les plus intimes avec les délènes, ils s'éloignent fortement du genre typique et pourraient à la rigueur former à eux seuls une tribu, tenant à la fois des thomises par ses yeux et des philodrômes par ses membres égaux et la rapidité de sa course. Les yeux des sélénops sont étalés sur tout le devant du corselet, et pour ainsi dire sur une même ligne, tant ils sont écartés. Le corps de ces latérigrades est tout à fait aplati; l'abdomen est ovale ou un peu élargi en arrière; le corselet est relativement large.

Les sélénops se tiennent généralement dans les endroits chauds, particulièrement sur le sable, dont ils ont la couleur. Leur taille, qui est moyenne, est supérieure à celle des thomises, mais inférieure à celle des délènes.

ESPÈCE PRINCIPALE.

Sélénops omalosome.

L'espèce la plus connue est le *sélénops omalosome;* c'est aussi la seule qui soit européenne; elle a été découverte et décrite par M. Léon Dufour. Son corps est jaune et très-déprimé; ses pattes sont fauves, mais élégamment tachetées de brun et de rouge. C'est sur les montagnes arides et exposées au soleil du royaume de Valence, ainsi que dans les Pyrénées espagnoles, que M. Dufour a trouvé cette belle araignée, courant à terre, de côté, et rapidement, après les insectes.

Quoique peu nombreux en espèces, le genre sélénops est disséminé dans toutes les parties du monde; la Nouvelle-Hollande seule en est dépourvue.

Ce qui caractérise leurs mœurs, dans tous les pays, est leur excessive vivacité et la facilité avec laquelle ils marchent sur les corps les plus lisses.

Suivant Mac-Leay, à l'île de Cuba, le *sélénops prompt* habite les maisons et se plaît sur les plafonds.

Le *sélénops de Dufour* a, d'après M. Vinson, les mêmes habitudes; il ne se trouve pas sur le littoral, mais à l'intérieur de l'île de la Réunion.

85ᵉ Genre. **DÉLÈNE**, *Delena*. Walckenaer.

(δηλέω, nuire; αἶνος, désastreux.)

Synonymie : *Thomisus*, Walckenaer (1805).

Yeux, presque égaux, sur deux lignes transversales très-larges et parallèles; ceux de la ligne supérieure plus écartés; les latéraux un peu plus gros que les intermédiaires.

Fig. 198.

Lèvre, tantôt petite et carrée, tantôt allongée ; toujours anguleuse.

Mâchoires, longues, dépassant de beaucoup la lèvre; inclinées sur elle; se touchant à leur extrémité, qui est large et carrée.

Mandibules, coniques, à crochets grêles, mais longs.

Corselet, grand, carré, tantôt déprimé, tantôt renflé et globuleux.

Abdomen, ovale, cordiforme ou piriforme.

Pattes, courtes et robustes, très-inégales.

Couleur, brune ou noire, quelquefois claire et tachée.

Taille, forte, de 1 à 6 centimètres de long.

Patrie, ce genre est presque exclusivement propre à la Nouvelle-Hollande.

Habitudes, inconnues (aranéides rares).

ESPÈCES.

D. cancéride,	*D. cancerides*,	Walckenaer,	Van-Diemen.
D. plaguse,	*D. plagusia*,		Australie.
D. craboïde,	*D. craboïdes*,		Australie.
D. péronienne,	*D. peroniana*,		Nouvelle-Zélande.
D. hastifère,	*D. hastifera*,	Percheron,	?
D. canarienne,	*D. canariensis*,	Lucas,	îles Canaries.

Les délènes sont de gigantesques thomises, toutes exotiques, dont les formes sont massives et lourdes. Le corselet varie, il est tantôt globuleux, et ressemble à celui d'une érèse; tantôt aplati comme celui d'une thomise : les pattes sont toujours courtes, inégales et robustes; les chélicères sont puissantes; les yeux, peu différents de ceux des thomises, sont rangés sur deux lignes très-longues : la lèvre et les mâchoires sont celles de la tribu ; leur inclinaison et leur largeur varient néanmoins un peu dans chaque espèce de ce genre. La couleur est le plus souvent foncée et uniforme, le corps couvert de longs poils. « Les mandibules coniques, les pattes « étalées latéralement et très-inégales entre elles, le peu « de longueur des pattes postérieures, dit Walckenaer, « sont des caractères qui rapprochent les délènes des « thomises. »

C'est surtout dans les îles de la Polynésie et de la Malaisie que MM. Quoy, Gaymard, Péron et Lesueur ont trouvé les quelques espèces de délène. Elles semblent représenter les latérigrades de la seconde tribu à la Nouvelle-Hollande, qui ne nourrit point de vraies thomises.

86ᵉ Genre. **ARKYS,** *Arkys.* Walckenaer.

(ἄρκυς, filet.)

Yeux, huit, peu inégaux, quatre au milieu, formant un carré
dont les deux yeux postérieurs sont plus écartés que
les deux antérieurs. Deux de chaque côté rejetés assez
loin sur les parties latérales.

Lèvre, courte, aussi large que longue, arrondie à son extrémité.

Mâchoires, allongées, inclinées sur la lèvre, un peu amincies
et arrondies à leur extrémité, légèrement creusées au
côté interne.

Corselet, très-grand, d'une excessive largeur, surtout à la
partie antérieure, divisé en deux moitiés par un sillon
transversal; la moitié antérieure est un peu bombée
et convexe en avant; elle projette une pointe de chaque côte.

Abdomen, déprimé, en forme de triangle ou de cœur échancré
en avant, dont la pointe longue et aiguë est dirigée en
arrière.

Pattes, allongées, étendues latéralement; les deux paires antérieures, beaucoup plus allongées que les postérieures, dans l'ordre 1, 2, 4, 3. La longueur de la troisième paire est contenue quatre fois dans celle de la
première.

Couleur, fauve; abdomen orné de petites taches blanches.

Taille, un demi-centimètre.

Patrie, Brésil.

Habitudes, inconnues.

ESPÈCES.

A. lancier,	A. *lancearius,*	Walckenaer,	Brésil.
A. liliputien,	A. *liliputanus,*	Nicolet,	Chili.
A. jaunâtre,	A. *flavescens,*	Nicolet,	Chili.
A. gonflé,	A. *inflatus,*	Nicolet,	Chili.
A. à ventre noir,	A. *nigriventris,*	Nicolet,	Chili.
A. petit,	A. *parvulus,*	Nicolet,	Chili.

A. pyriforme,	A. *pyriformis*,	Nicolet,	Chili.
A. de Gay,	A. *Gayi*,	Nicolet,	Chili.
A. variable,	A. *variabilis*,	Nicolet,	Chili.
A. réticulé,	A. *reticulatus*,	Nicolet,	Chili.

Le genre arkys ne devra pas nous arrêter longtemps, car il ne renferme qu'un petit nombre d'espèces qui ont été trouvées au Brésil, à Rio-Janeiro, et récemment au Chili, par MM. Nicolet et Gervais. Ce genre est excessivement voisin des thomises; la conformation de la bouche et l'inégalité des pattes le démontrent : mais les yeux, répartis en trois groupes, comme ceux des épéires, sont tout à fait différents.

La configuration générale du corps a aussi quelque chose de particulier; le corselet est tellement large et grand, qu'il a la forme d'un parallélogramme un peu concave en avant; l'abdomen est un triangle, dont le sommet est tourné en bas, et dont la base est échancrée au niveau de l'insertion du pédicule.

87° Genre. **XYSTIQUE**, *Xystica*. Koch.

Synonymie : *Thomisus*, Walckenaer.

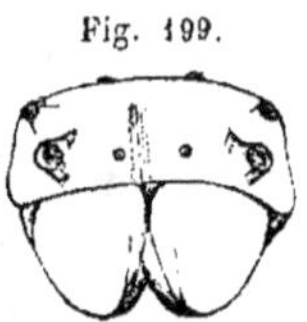

Fig. 199.

Yeux, huit, placés sur deux lignes, l'antérieure droite, la supérieure courbée en demi-cercle; les yeux latéraux de la ligne antérieure plus gros et portés sur des tubercules.

Lèvre, grande, épaisse, arrondie à ses angles.

Pattes-mâchoires, courtes ; coxopodites larges, droits, arrondis; digital globuleux, conjoncteur disciforme, creux à l'intérieur.

Corselet, court, cordiforme, plat, tronqué en avant.

Abdomen, déprimé sur le dos, à ventre renflé dans les femelles, plus élargi à la partie postérieure.

Pattes, fortes, peu allongées dans les femelles, très-longues chez les mâles, les antérieures dépassant les postérieures.

Couleur, fauve plus ou moins foncé; dessus du corps orné d'une figure plus claire en forme de crête découpée.

Taille, de 6 à 12 millimètres.

Patrie, Europe, Afrique et Amérique.

Habitudes, araignées assez vives, courant à terre ou sur la tige des plantes.

1er *sous-genre*. Xystica. — Yeux à peu près équidistants.

X. robuste,	*X. robusta*,	Hahn,	Europe, Algérie.
X. crapaud,	*X. bufo*,	Dufour,	Europe.
X. insouciante,	*X. indiligens*,	Abbot,	Géorgie.
X. bourreau,	*X. lanio*,	Koch,	Allemagne.
X. crétée,	*X. cristata (viatica)*,	Walckenaer,	Ancien-Monde.
X. latérale,	*X. lateralis*,	Hahn,	Allemagne.
X. poilue,	*X. pilosa*,	Walckenaer,	Europe méridionale.
X. sablonneuse,	*X. sabulosa*,	Koch,	Grèce.
X. des prés,	*X. praticola*,	Koch,	Allemagne.
X. confluente,	*X. confluens*,	Koch,	Grèce.
X. aspergée,	*X. conspergata*,	Abbot,	Géorgie.

X. rubanée,	*X. lemnisca,*	Abbot,	Géorgie.
X. barrée,	*X. transversata,*	Abbot,	Géorgie.
X. sablée,	*X. atomaria (horticola)*	Walckenaer,	Europe.
X. grammique,	*X. grammica,*	Koch,	Grèce.
X. déprimée,	*X. depressa,*	Koch,	Grèce,
X. brévipède,	*X. brevipes,*	Hahn,	Europe.
X. variable,	*X. varians,*	Abbot,	Géorgie.
X. belle patte,	*X. formosipes,*	Abbot,	Géorgie.
X. chargée,	*X. onusta,*	Walckenaer,	Europe, Afrique.
X. enfarinée,	*X. farinaria,*	Quoy et Gaymard,	îles Célèbes.
X. maculée,	*X. maculosa,*	Quoy et Gaymard,	Nouvelle-Hollande.
X. dauphine,	*X. delphina,*	Abbot,	Géorgie.
X. jaunissante,	*X. flavescens,*	Abbot,	Géorgie.
X. numide,	*X. numida,*	Lucas,	Algérie.
X. annulipède,	*X. annulipes,*	Lucas,	Algérie.

2ᵉ *sous-genre.* CHORIZOPSIS, Eug. Simon (χωρίζω, séparer ; ὄψις, œil).
— Trois yeux de chaque côté du front, séparés par un espace vide.

C. de Maugé,	*C. maugei,*	Maugé,	???
C. pourprée,	*C. purpurata,*	Abbot,	Géorgie.
C. gravée,	*C. exarata,*	Abbot,	Géorgie.
C. noircie,	*C. infumata,*	Abbot,	Géorgie.
C. lente,	*C. lenta,*	Abbot,	Géorgie.
C. indolente,	*C. oscitans,*	Abbot,	Géorgie.

Ce genre, créé par M. Koch et démembré de la grande
division des thomises de Walckenaer, n'en diffère essen-
tiellement que par la grosseur des yeux latéraux de la
ligne antérieure et leur plus d'avancement.

A part cette différence, qui peut être prise comme caractère principal, les xystiques rappellent par leur peau
délicate et glabre, par leur abdomen renflé et par la disparité des sexes, les thomises du groupe typique, la *citrina*, par exemple.

Toutes ont une teinte fauve qui devient brune dans le
mâle ; l'abdomen porte toujours une bande plus claire,
découpée sur les bords en forme de palme ou de crête.

Les auteurs ne sont pas d'accord sur le nombre des
espèces qu'il renferme, car elles ne sont pas tranchées,

elles offrent au contraire des variétés multipliées qui rendent leur distinction difficile.

Le type du genre et la seule espèce que j'en décrirai est la *thomise crêtée* de Walckenaer.

ESPÈCES PRINCIPALES.

Xystique crêtée. — X. sablée.

La *xystique crêtée* (*thomise crêtée*) est une araignée de taille médiocre, dont le fond de la coloration est chez la femelle un fauve plus ou moins noirâtre, rougeâtre ou verdâtre suivant les individus ; le dessus de l'abdomen présente une large palme de couleur plus claire, dont les contours sont plus ou moins nets et marqués ; les pattes antérieures sont beaucoup plus longues que les posté- rieures.

Elle apparaît dès les premiers jours du printemps, mais elle est plus commune en automne.

Plus vagabonde et plus vivace que les thomises *ar- rondie* et *citron*, elle est aussi moins floricole et moins sédentaire ; elle court souvent et de côté, sur les branches et les feuilles des arbustes peu élevés, des groseilliers, du lilas en particulier, ou encore sur les grandes herbes. Elle tend toujours de longs fils isolés pour retenir sa proie, ou plutôt afin de pouvoir passer et repasser d'une branche à une autre ; car son moyen de chasse est ordi- nairement la course. Au mois de septembre, sa nourriture consiste principalement en jeunes araignées, mais au printemps elle chasse les diptères et les petites saute- terelles. Pour faire sa ponte, la femelle roule une feuille et s'y renferme ; elle dépose ses œufs dans un cocon aplati, relativement grand, qu'elle fixe aux rebords de la feuille par ses quatre angles, de manière à laisser au-dessous un espace où elle se tient toujours.

Cette espèce résiste aux plus grands froids; pour passer l'hiver, elle se réfugie sous les pierres, sous l'écorce à moitié détachée des arbres, ou même à l'intérieur du sol, lorsqu'elle trouve une petite cavité dans laquelle elle se blottit et se recouvre de terre. Ce qui a longtemps trompé les entomologistes sur la détermination de cette espèce, c'est d'abord que les variétés sont nombreuses et tran-chées, qu'elle subit des changements après ses diverses mues, et enfin que les sexes ont une couleur, un aspect et même un genre de vie tout différents. En effet, chez le mâle, les formes sont grêles et allongées; la figure que porte l'abdomen, est d'un blanc plus vif, ornée de li-gnes rouges et bordée de noir; le corselet et les pattes sont d'un noir rougeâtre; enfin, il est beaucoup plus agile que la femelle: au lieu de guetter et d'attendre pa-tiemment sa proie, il va au-devant d'elle et la poursuit; on le trouve souvent suspendu dans l'air à l'extrémité de son fil, comme les épéires et les jeunes lycoses.

Ce qui augmente encore la difficulté, c'est que plusieurs espèces distinctes sont presque semblables au mâle de la crétée, ainsi la *xystica lanio* ne s'en distingue que par la bande rougeâtre que porte longitudinalement son cor-selet. Une autre espèce un peu plus rare, et qu'il faut rechercher dans les grandes forêts de Fontainebleau ou de Compiègne, est la *xystique sablée (thomise*, Walck.), sa couleur d'un fauve pâle porte de petits points blancs très-nombreux.

88ᵉ Genre. **THOMISE,** *Thomisa.* Walckenaer.

(Ꝫωμίζω, enlacer.)

Synonymie : *Xysticus,* Koch.

Yeux, petits, au nombre de huit, égaux, sur deux lignes, l'antérieure un peu courbée en
avant, la postérieure presque
droite, les latéraux souvent élevés sur des tubercules ou des
angles du front.

Fig. 200.

Fig. 201.

Lèvre, grande, plus haute que large, un
peu amincie et arrondie à son extrémité; coupée carrément à sa
base.

Pattes-mâchoires, courtes; coxopodites assez allongés, entourant la lèvre, se touchant
en avant d'elle; — organe copulateur peu
renflé, à conjoncteur simple, obtus et
disciforme; — avant-dernier article épineux protégeant le digital.

Fig. 202.

Mandibules, courtes, renflées, en forme de
clous, ou de cylindres tronqués.

Corselet, grand, déprimé, en cœur.

Abdomen, triangulaire ou cordiforme, élargi à sa partie postérieure, plus étroit proche le corselet.

Pattes, articulées pour être étendues latéralement, très-inégales entre elles. Les deux paires postérieures beaucoup plus courtes que les deux antérieures; — deux
griffes pectinées.

Couleurs, fraîches, vives et variées, jaunes, gris-clair, vertes ou
rouges.

Taille, peu considérable, n'excédant pas 1 centimètre.

Patrie, toutes les parties du monde nourrissent des thomises,
mais l'Europe et surtout les deux Amériques sont la
patrie par excellence de ces aranéides.

Habitudes, aranéides chasseuses, marchant de côté comme les crabes, épiant les insectes, tendant de longs fils solitaires : vivant sur les plantes et les gazons; gardant leurs œufs avec assiduité.

1er *sous-genre*. Phlœoides. E. S. (φλοιὸς, écorce; εἶδος, ressemblance).—
Yeux latéraux sur des tubercules élevés, épais et dentiformes, — corps tout à fait déprimé, — abdomen tronqué, triangulaire, — les deux paires de pattes antérieures sont quatre fois aussi longues et aussi larges que les deux postérieures, et égales entre elles, — couleur brun uniforme sans aucune figure, — mâle peu différent de la femelle.

Fig. 203.

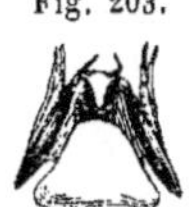

P. tronquée,	*P. truncata* (*horrida*),	Walckenaer,	Europe.
P. diadème,	*P. diadema* (*abbreviata*),	Hahn,	Europe méridionale.
P. coupée,	*P. secata*,	Walckenaer,	île Timor,

2e *sous-genre*. Thomisa (vraies). — Yeux latéraux sur des tubercules divergents, minces et tranchants, — corps voûté, — abdomen large et renflé à sa partie postérieure, — femelle à pattes peu longues, les deux antérieures un tiers plus allongées que les postérieures, — couleur verte ou jaune sans figures constantes, — mâle plus petit, à pattes antérieures doubles de la longueur des postérieures.

Fig. 204.

1er groupe. *Thomisa.* — Abdomen très-renflé,— mandibules renfoncées, — femelle verte ou jaune uniforme,— mâle moitié plus petit, orné de taches rouges ou de lignes foncées.

T. citron,		*T. citrina*,	Walckenaer,	Europe.
T.	var.	*calycina* (bandes rouges)	Hahn,	Europe.
T.	var.	*vatia* (verte),	Clerck,	Europe.
		T. viridis,	Walckenaer,	France.
T. géorgienne,		*T. georgiensis*,	Abbot,	Géorgie.
T. léoparde,		*T. leoparda*,	Abbot,	Géorgie.
T. inerte,		*T. iners*,	Abbot,	Géorgie.
T. peinte,		*T. picta*,	Abbot,	Géorgie.
T. cérine,		*T. cerina*,	Koch,	Hongrie.
T. latérale,		*T. lateralis*,	Koch,	Grèce.

2e groupe. *Cirrofère*, E. S. (κιῤῥός, jaune; φέρω, porter). — Abdomen aplati et peu élargi, — corselet voûté, plus grand que d'ordinaire,—mandibules proéminentes, — couleur jaune d'or, avec des taches noires.

| C. à 8 taches, | *C. octo maculata*, | Koch, | Malacca. |
| C. mexicaine, | *C. mexicana*, | E. S. | Mexique. |

3e groupe. *Diana* (nom mythologique). — Abdomen aplati et très-élargi, — mandibules courtes et renfoncées, — mâle de même taille que la femelle et de couleur semblable, — milieu du corps gris obscur, parties latérales vert foncé.

D. délicate,	D. *delicata*,	Walckenaer,	Europe.
D. dorsale,	D. *dorsalis*,	Fabricius,	Europe.
D. violette,	D. *violacea*,	Walckenaer,	France.
D. bicolore,	D. *bicolor*,	Abbot,	Géorgie.
D. brodée,	D. *phrygiata*,	Abbot,	Géorgie.
D. ombrée,	D. *fuscata*,	Abbot,	Géorgie.
D. ensanglantée,	D. *cruentata*,	Abbot,	Géorgie.
D. tatouée,	D. *stigmatisata*,	Abbot,	Géorgie.
D. sphinx,	D. *sphinx*,	Savigny,	Égypte.
D. câpre,	D. *caparina*,	Koch,	Hongrie.

3e *sous-genre*. PACHYPTILE, E. S. (παχὺς, épais; πτίλον, duvet). — Yeux égaux, relativement gros; latéraux supérieurs plus relevés, — abdomen et corselet bombés, — mâle plus grêle que la femelle, — pattes assez fortes dans l'ordre 2, 1, 4, 3, — couleur brune ou noirâtre uniforme, — corps couvert de poils épais et roides.

P. villeuse,	P. *villosa*,	Walckenaer,	France.
P. écartée,	P. *devia*,	Koch,	Hongrie.
P. en deuil,	P. *luctuans*,	Koch,	Pensylvanie.

4e *sous-genre*. SYNEMA, E. S. (σὺν indique ressemblance, couleur, etc.; αἷμα, sang). — Yeux petits, sur deux lignes peu courbées, les latéraux sur des tubercules bas et horizontaux, — pattes courtes et robustes, les antérieures un tiers plus longues que les postérieures, la seconde paire la plus longue, — corselet plat, abdomen renflé, presque arrondi, portant dans le milieu une large bande noire découpée, et une belle teinte rouge sanguin sur les parties latérales.

Fig. 205.

S. arrondie,	S. *rotundata*,	Walckenaer,	France.
S. trématée,	S. *tremata*,	Savigny,	Égypte.
S. indolente,	S. *desidiosa*,	Abbot,	Géorgie.
S. sphérique,	S. *spherica*,	Abbot,	Géorgie.
S. enflée,	S. *turgida*,	Abbot,	Géorgie.
S. gonflée,	S. *tumefacta*,	Abbot,	Géorgie (1).

(1) Walckenaer établit, à la suite de sa famille des cancroïdes, deux divisions particulières pour deux araignées mal conservées, et que leurs caractères me semblent éloigner du type thomise. La *T. stellata* a un abdomen rugueux, découpé et projeté horizontalement dans tous les sens par des pointes aiguës; sa patrie est inconnue. La *T. malacostracca* a les yeux groupés sur un mamelon frontal et non étalés sur deux lignes; Latreille connaissait cette espèce; elle est de la Nouvelle Hollande.

Thomises rapportées du Chili par M. Nicolet et encore non classées.

T. Buffonii.	T. sulcata.	T. luteola.	T. variabilis.
T. nodosa.	T. deformis.	T. verrucosa.	T. onusta.
T. exigua.	T. rugata.	T. pubescens.	T. faderata.
T. spectra.	T. macrophtalma.	T. cordiformis.	T. fuliginosa.
T. marcida.	T. flavipes.	T. limbata.	T. terrosa.
T. ditissima.	T. depressa.	T. histrix.	T. fumosa.
T. cinerea.			

Le genre thomise est loin d'être aussi nombreux que Walckenaer l'avait établi ; il est aujourdhui limité aux espèces, dont les yeux des deux lignes sont égaux, et dont la peau est lisse, glabre et richement teintée, comme celle des épéires et des théridions.

Ce genre nous offre néanmoins les représentants les plus normaux et ceux qui, avant tout, doivent être choisis pour caractériser la famille.

En effet, les thomises sont des araignées communes partout, mais surtout en Europe ; elles attirent l'attention, à cause de leur forme, qui rappelle celle de certains crustacés, et qui leur a valu le nom d'*araignées crabes*, ou simplement de *petits crabes*. Leurs pattes sont longues, fortes et portées latéralement, toutes rejetées sur les côtés et dans la même direction ; leur démarche est plus ou moins lente et latérale, ce qui leur donne cette physionomie particulière et reconnaissable.

Leurs couleurs, loin d'être sombres comme celles des tégénaires et des lycoses, sont fraîches, élégantes, variées et en rapport avec les lieux qu'elles habitent. En effet, toutes les espèces vivent en plein air dans les jardins et les bois, sur les fleurs ou les feuilles des arbustes. Plusieurs se rencontrent fréquemment à Paris : nous dirons quelques mots sur les principales.

Thomise arrondie. — T. citron. — T. Diane. — T. tronquée.

La *thomise arrondie* (*synema rotundata*) est une araignée de taille médiocre, qui doit son nom à la forme de son abdomen et à l'égalité de ses pattes, qui s'étalent comme les rayons d'un cercle. Le corselet et les pattes de cette espèce sont noirs; le dessus de l'abdomen présente une large figure noire en forme de feuille ou de palme découpée, dont les côtés sont d'un beau rouge orangé et dont le milieu porte de petits chevrons blancs, qui font ressortir la vivacité du rouge et du noir (fig. 205).

Sans être bien commune, la thomise arrondie se trouve assez fréquemment en France : l'année dernière, j'en ai pris plusieurs individus adultes dans un jardin de Paris. C'est une des plus floricoles de toutes; elle habite le calice des fleurs, se blottit entre deux pétales, et là, attend patiemment que les hyménoptères ou les diptères, trompés par ses couleurs, viennent se poser sur la fleur qui loge leur ennemi ; lorsque la thomise voit le moment favorable, elle se jette sur l'imprudent insecte, et le dé-vore sur place. Elle tend aussi des fils aux alentours, et sur la fleur même qu'elle habite pour assurer la capture de ceux qui auraient échappé à ses mandibules.

Ce sont les roses, mais surtout les fleurs en ombrelle, telles que celles du sureau, de la ciguë, etc., que recher-chent ces araignées.

La *thomise citron* (*thomisa citrina* W.) (fig. 204), doit être signalée comme la plus belle et aussi comme une des espèces les plus répandues du genre ; sa couleur est jaune verdâtre, avec ou sans signes rouges sur l'abdomen.

Elle est lente et lourde dans ses mouvements ; elle vit, comme la précédente, sur les fleurs en ombrelle, ou elle se tient à la surface inférieure, guettant les diptères et les abeilles qui viennent pomper le suc de la fleur ; on la rencontre aussi quelquefois au centre des roses. Elle pond une cinquantaine d'œufs, qu'elle enveloppe dans un cocon aplati, et qu'elle place dans une feuille roulée, au centre d'une petite toile dont le tissu est blanc, serré et solide.

La *thomise diane* (*diana delicata*), plus petite que la précédente, est presque aussi commune sur les fleurs, surtout sur celles qui poussent au bord des ruisseaux.

Elle est d'une couleur verte, relevée par un croissant rouge que porte l'abdomen.

La plus rare de toutes les espèces parisiennes, mais aussi la plus singulière de toutes, est la *thomise tronquée* (*phlœoides truncata*) (fig. 203). Le corps de cette espèce est très-déprimé et coupé à angle droit de tous les côtés ; les pattes antérieures sont quatre fois plus longues et plus larges que les postérieures ; de plus elles sont d'un rouge annelé de cercles bruns, tandis que les autres sont d'un jaune pâle. Cette thomise est d'une grande taille ; elle se tient toujours appliquée le long des branches, et sa couleur est tellement semblable à celle de l'écorce qu'elle échappe souvent à la vue ; avec de tels membres, elle court rapidement, mais dès qu'on la touche, elle rapproche ses pattes, fait la morte, et se laisse tomber à terre.

89ᵉ Genre. **PHRYNOIDE**, *Phyrnoides*. E. S.

(Φρῦνος, crapaud; εἶδος, ressemblance.)

Synonymie : *Thomisus*, Walckenaer, Vinson.

Yeux, égaux comme ceux des thomises, les deux lignes plus rapprochées entre elles, mais plus étalées sur un front plus large.

Mâchoires et *Lèvre*, épaisses, larges et droites.

Corselet, grand, large, un peu convexe, en forme de cœur.

Abdomen, élargi à la partie postérieure, recouvert, ainsi que le corselet, de rugosités ou de tubercules irréguliers qui donnent à l'araignée ou aspect hideux.

Pattes, robustes; première, seconde et troisième paires diminuant graduellement, recouvertes de rugosités et denticulées à leur bord interne; — quatrième paire beaucoup plus courte et lisse.

Taille, de 10 à 12 millimètres.

Couleur, brun terne et uniforme.

Patrie : île de France et Madagascar.

Habitudes : aranéides vivant sous l'écorce des arbres.

ESPÈCES.

| P. rugueuse, | *P. rugosa*, | Walckenaer, | île de France. |
| P. fouque, | *P. foka*, | Vinson, . | Madagascar. |

Walckenaer avait établi, dans le genre thomise, la famille des crustacéides, pour une araignée appartenant à la collection de Lamarck, et qui avait été rapportée de l'île de France.

M. Vinson vient de faire connaître une nouvelle espèce de ce groupe; la description détaillée et la belle figure qu'il en donne, nous montrent des particularités si remarquables, que j'ai cru devoir m'en servir pour caractériser un nouveau genre. La peau n'est pas lisse et homogène comme chez les thomises, mais offre des creux et des éminences irrégulières qui font ressembler l'araignée à un crustacé. Il n'y a pas chez les phrynoïdes, comme chez les thomises, une grande disproportion entre les quatre pattes antérieures et les quatre pattes postérieures ; la première, la seconde et la troisième paires sont presque égales.

La *thomise foka* est rare, et ne se trouve que dans les parties incultes de Madagascar, où elle vit sous l'écorce des arbres.

Suivant M. Vinson, cette araignée est l'effroi des insulaires, qui prétendent que son souffle seul suffit pour donner une enflure mortelle ; cet observateur a remarqué que son venin tue instantanément les plus gros insectes.

90ᵉ GENRE. **OZYPTILE,** *Ozyptila.* E. S.

(ὀξύς, piquant; πτίλος, duvet.)

Synonymie : *Thomisus*, Walckenaer.

Yeux, huit, formant un croissant tourné en avant, les quatre
intermédiaires très-près de la base des mandibules,
plus petits et peu éloignés les uns des autres ; les latéraux un peu plus gros, surtout les antérieurs, rejetés sur le sommet du front.

Lèvre, conique, assez allongée, enclavée par un rebord du sternum.

Mâchoires, allongées, étroites, cylindriques, entourant la lèvre.

Mandibules, courtes, cunéiformes, renflées, à surface rugueuse
et velue.

Corselet, petit, déprimé, cordiforme, élargi en arrière, convexe
dans son milieu.

Abdomen, ayant la forme d'un triangle, dont le sommet est
tourné en avant et touche au corselet, dont la base
très-élargie est à la partie postérieure, dont les angles
sont arrondis. La peau en est assez épaisse, et hé-
rissée d'épines fines, dures et un peu élargies à leur
extrémité.

Pattes, courtes, assez robustes, dans l'ordre 2, 1, 4, 3.

Couleur, gris obscur, uniforme.

Taille, petite, 3 à 4 millimètres.

Patrie : Espagne.

Habitudes : aranéide épiant sa proie, la saisissant avec lenteur et de côté.

UNE SEULE ESPÉCE.

O. à clous,	*O. claveata,*	Savigny,	Europe méridionale.

La *thomise à clous*, que tous les aranéologues classent
dans le grand genre *thomise*, me semble s'éloigner assez

des autres espèces de cette grande division déjà trop nombreuse, pour former un genre particulier. Son tégument au lieu d'être lisse et délicat, est recouvert sur
toutes ses parties, de petits tubercules qui se durcissent
et constituent de petites épines renflées à leur extrémité,
en forme de clous ; cette singulière armure, unique dans
la classe qui nous occupe, est un moyen de défense effi-
cace pour l'araignée qui la porte ; elle lui donne l'aspect
du petit coléoptère connu sous le nom de *hispe*. De plus,
les yeux se présentent tout différemment que ceux des
thomises : au lieu d'être disposés sur deux lignes presque
droites, en avant de la tête, ils forment des lignes courbées en demi-cercle, et sont rejetés jusque sur le milieu
du dos. Les couleurs de cette aranéide sont ternes et
n'ont rien de remarquable. Quoique européenne, elle est
d'une grande rareté, et peu d'entomologistes l'ont observée, aussi ses mœurs sont elles peu connues. Savigny l'a
trouvée en Égypte, et l'a figurée dans son grand ouvrage : Latreille la connaissait également ; Walckenaer
l'a prise lui-même dans les Pyrénées, et donne sur elle
les détails suivants :

« J'ai pris cette araignée le 16 août 1833, dans les
« Pyrénées, dans la vallée d'Ossau, sous les pierres. J'en
« vis deux individus sans fils, ni vestiges de nids ou de
« toiles, mais avec leur cocon, qui est aplati, lenticu-
« laire, et près duquel l'aranéide se tenait immobile,
« ayant ses quatre pattes dirigées en avant : les œufs
« étaient déjà éclos, et les jeunes d'un blanc de lait. Ils
« avaient 1 millimètre de longueur. Ces petits n'étaient
« qu'au nombre de six ; et dans d'autres cocons que j'ou-
« vris, il n'y avait que cinq œufs. Il n'est pas étonnant
« qu'une aranéide si peu prolifique, soit très-rare. »

91ᵉ Genre. **ÉRIPE,** *Eripus*. Walckenaer.

(ἐρίπνη, sommet à pic)

Yeux, huit, ainsi disposés : une paire en avant, sessile; plus
    haut trois yeux de chaque côté, groupés sur des tu-
    bercules élevés et pointus, un œil au sommet, un à
    moitié de la longueur, et un à la base.

Lèvre, allongée, ovalo-triangulaire, arrondie à son extrémité.

Mâchoires, étroites, allongées, droites, entourant la lèvre, un
    peu élargies et arrondies à leur extrémité.

Corselet, court, large, déprimé, portant quatre tubercules
    durs : deux élevés et pointus à la partie antérieure,
    sur lesquels sont les yeux : deux autres, plus petits,
    sur le milieu du corselet.

Abdomen, gros et globuleux; portant des tubercules très-
    allongés, mous, dirigés dans tous les sens, deux en
    avant s'étendant sur le corselet, deux de chaque côté
    plus longs, et un seul en arrière.

Pattes, courtes, robustes, latérales, les deux premières paires
    beaucoup plus allongées que les postérieures; dans
    l'ordre 1, 2, 4, 3.

Couleur, jaune uniforme, extrémité des pattes noire.

Taille, 1 centimètre et demi.

Patrie : Brésil.

Habitudes : inconnues.

UNE SEULE ESPÈCE.

| E. hétérogaster, | *E. heterogaster,* | Walckenaer, | Brésil. |

Ce genre, le plus singulier de la famille des thomisiformes à cause de l'armure de son abdomen, est aussi un
des plus rares : les musées de l'Europe n'en possèdent
qu'une dizaine d'individus appartenant à la même espèce.

Par sa forme, ses tubérosités, etc., il rappelle le facies des gastéracanthes; mais il appartient sans nul doute à la famille des latérigrades, et ses caractères les plus essentiels le placent à côté des thomises. Cette aranéide habite le Brésil, où elle a été trouvée aux environs de Rio-Janeiro.

NEUVIÈME FAMILLE.

MYRMÉCIFORMES. e s.

Je crois qu'il est utile de former une famille particulière pour le genre *myrmecia* de Walckenaer.

En effet, ce genre ne se rapproche réellement d'aucun de ceux que nous avons étudiés précédemment, il est par tous les détails de son organisation un type singulier et unique.

Le corps des aranéides qui le composent, n'est pas simplement divisé en deux tronçons, mais chacun de ces tronçons est lui-même formé de plusieurs anneaux, nettement séparés par un profond étranglement; par cette particularité, les myrmécies s'éloignent du type aranéide, et se rapprochent un peu de celui des insectes, chez lesquels comme on le sait, les anneaux ou zoonites du corps sont bien distincts et nombreux.

Comme Walckenaer en fait la remarque, la tête large et tronquée des myrmécies ressemble à celle d'une atte, mais leurs pattes longues, fines et presque égales, leurs yeux égaux et placés sur deux rangs, les rapprochent davantage des araignées latérigrades ou thomisiformes. Leur lèvre présente des plis transversaux qui la font paraître formée de plusieurs pièces; l'ensemble de la bouche et les pattes-mâchoires sont semblables à ceux des dolomèdes.

J'ai placé provisoirement à côté des myrmécies, le genre Chersis, à cause du placement de ses yeux et de la largeur de sa tête; mais il est probable qu'il doit constituer une famille à part.

Deux genres. *Myrmecia, Chersis.*

92ᵉ Genre. **MYRMÉCIE,** *Myrmecia*. Walckenaer.

(μύρμηξ, fourmi.)

Yeux, huit, à prunelle distincte, sur deux lignes de quatre yeux chacune : la supérieure beaucoup plus large que l'antérieure ; les quatre yeux intermédiaires des deux lignes sont les plus gros et forment un carré ; les latéraux supérieurs sont rejetés sur les parties latérales et supérieures du front.

Fig. 206.

Lèvre, ovale et très-allongée, séparée en deux par un sillon transverse.

Pattes-mâchoires, à coxopodites allongés, droits, dilatés et arrondis à leur extrémité ; à dernier article très-simple dans le mâle, à peine plus large que celui de la femelle.

Mandibules, courtes, verticales, à tiges renflées.

Corselet, très-grand : renflé de distance en distance, et étranglé entre l'insertion de chaque paire de pattes. Ces renflements sont au nombre de deux, de trois ou de quatre.

Abdomen, très-petit, de la dimension et de la forme du dernier renflement céphalo-thoracique.

Pattes, fines et allongées, de la longueur suivante : 1, 4, 2, 3.

Couleur, uniforme, jaune ou roux-clair.

Taille, au-dessus de la moyenne, de 1 à 2 centimètres.

Patrie : toutes sont exotiques.

Habitudes : araignées vivant sur les arbustes, tendant des fils.

ESPÈCES.

M. fauve,	*M. fulva*,	Latreille,	Brésil.
M. noire,	*M. nigra*,	Perty,	Brésil.
M. mélanocéphale,	*M. melanocephala*,	Mac-Leay,	Cuba.
M. à croissant,	*M. lunata*,	Abbot,	Géorgie.
M. rouge,	*M. rufa*,	Abbot,	Géorgie.
M. sombre,	*M. caliginosa*,	Abbot,	Géorgie.
M. vértébrée,	*M. vertebrata*,	Buquet. (*col.*)	Amérique.

Aucune araignée ne présente un aspect aussi singulier que la myrmécie ; la forme renflée et puis étranglée de distance en distance de son corps, qui lui donne l'apparence d'un hyménoptère des genres *formica* et surtout *myrmica*, lui a valu son nom qui est juste et exprime très-bien sa forme. Aussi les myrmécies doivent être considérées comme un type de famille, ainsi que l'a déjà fait M. Koch.

Walckenaer en formait un genre voisin des saltiques : en effet, nous trouvons dans sa forme quelque ressemblance avec ces dernières, et surtout avec certaines d'entre elles, qui ont l'abdomen un peu étranglé et les pattes fines et allongées.

Ces analogies ne peuvent être méconnues, mais elles ne reposent toutes que sur des formes extérieures et non sur des caractères importants.

ESPÈCES PRINCIPALES.

Je dois d'abord dire quelques mots de leur forme, puis j'exposerai brièvement les particularités qui distinguent les deux espèces les plus communes.

Le corselet, dans les myrmécies, est au moins quatre

Fig. 207.

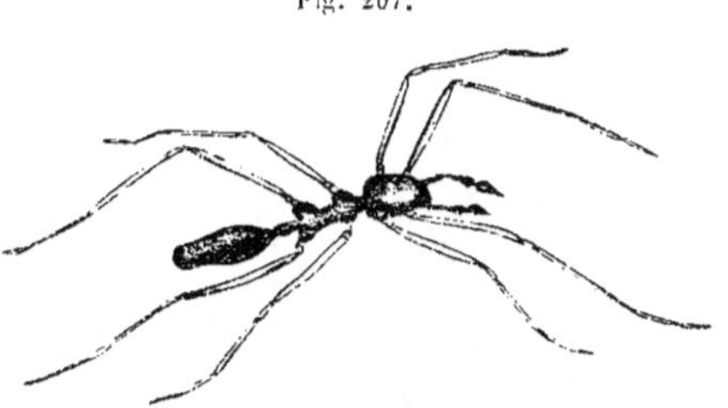

fois plus long que l'abdomen, il est d'une étroitesse extrême, surtout en arrière, où il est presque filiforme, et semblable à un pédicule ; de distance en distance, il est renflé, de sorte qu'il paraît formé de plusieurs segments, et a un aspect noueux : le premier renflement est le plus grand, il est tronqué en avant, et supporte les mandibules. L'abdomen est d'une petitesse excessive et est suspendu au dernier renflement du corselet, dont il a la forme et la grosseur ; il paraît faire partie du céphalothorax et en être la continuation.

La *myrmécie fauve* est, comme l'indique son nom, d'une couleur jaune rougeâtre assez uniforme ; l'abdomen est grisâtre ; les pattes sont jaune clair ; le corselet a trois renflements successifs.

La *myrmécie rouge* est rousse, et a un corselet divisé en deux renflements ; l'abdomen et la quatrième paire de pattes sont plus foncés que le corselet et que la première paire.

Ces deux espèces viennent de l'Amérique, particulièrement du Brésil et de la Géorgie. M. Abbot, auquel nous devons la connaissance de presque toutes les espèces, dit qu'elles vivent sur les arbres ; que, pour les prendre, il n'avait qu'à secouer les jeunes chênes et qu'elles tombaient à terre.

93ᵉ Genre. **CHERSIS**, *Chersis*. Walckenaer.

(χέρσος, desert.)

Synonymie : *Palpimanus*, Dufour; *Platyscelum*, Audoin.

Yeux, inégaux, sur deux lignes, l'antérieure droite, peu large, dont les deux yeux intermédiaires sont les plus gros ; la ligne supérieure formée de quatre yeux petits, très-écartés, dont les deux latéraux sont plus reculés et rejetés sur les parties latérales.

Fig. 208.

Lèvre, longue, triangulaire, pointue à son sommet, tronquée à sa base.

Mâchoires, assez allongées, à côté interne oblique, à côté externe droit, à extrémité élargie et arrondie.

Palpes, courts.

Corselet, globuleux et très-bombé.

Abdomen, ovale-oblong, plus long, mais moins large que le corselet.

Pattes, courtes, robustes, de la longueur 1, 2, 4, 3. La première paire est extrêmement renflée, et les derniers articles sont recourbés en dedans.

Couleur, uniforme, brun foncé, à reflets rougeâtres.

Taille, 4 à 5 millimètres.

Patrie : nord de l'Afrique.

Habitudes : araignées errant lentement, se réfugiant sous les pierres, dans les champs.

ESPÈCES.

C. bossue,	C. *gibbula*,	Dufour,	Espagne.
C. de Savigny,	C. *Savignyi*,	Savigny,	Égypte.
C. douteuse,	C. *dubia*,		Naples.

Si la position des yeux des chersis n'était différente de celle des attes et surtout des saltiques, les quelques espèces qui composent ce genre, pourraient facilement être confondues avec ces dernières, car la forme de la chersis ressemble à celle de la saltique fourmi. Cependant ce genre s'en éloigne beaucoup et a été démembré des attes depuis plus longtemps que les saltiques, et dès sa découverte.

Ce fut M. Léon Dufour qui, le premier, trouva dans les Pyrénées cette curieuse araignée qu'il nomma *palpimane*, nom qui ne me paraît pas lui convenir, car ses palpes sont courts et n'ont point la forme de mains. M. Savigny retrouva une chersis en Afrique, et M. Andoin qui rédigea l'explication des planches du grand ouvrage sur l'Égypte, l'appela *platyscelum*.

Savigny avait bien observé que les chersis vivent sous les pierres, qu'elles courent lentement, qu'elles palpent le terrain avec leurs pattes antérieures, mais jusque dans ces dernières années, les mœurs de ces araignées étaient presque inconnues, lorsque M. Lucas observa la *chersis bossue* en Algérie, et donna sur elle les détails suivants :

« Dans toute l'Algérie, cette espèce se tient sous les « pierres humides, et semble sonder le terrain avec « sa première paire de pattes, qui est toujours en mou-« vement, lorsqu'elle veut se transporter d'un endroit « à un autre. Ayant enfermé dans une boîte à parois « très-lisses plusieurs de ces aranéides, j'ai remarqué « qu'elles avaient tendu çà et là quelques fils de soie, « à l'aide desquels elles se tenaient sur les parties « verticales. Je ne sais pas quels sont les moyens mis « en usage par cette espèce pour pourvoir à sa nour-« riture, elle est si peu agile dans ses mouvements « que, probablement, elle n'attaque que les animaux « sédentaires. La chersis bossue semble vivre isolée,

« excepté dans le jeune âge, où j'en ai quelquefois ren-
« contré de réunies au nombre de cinq ou six individus.
« Ce n'est jamais par terre que j'ai surpris cette aranéide,
« mais bien dans les anfractuosités des grosses pierres,
« et quelquefois aussi sous les écorces des arbres. »

La couleur du corps est brun rouge ; les pattes sont
plus foncées.

Un caractère singulier éloigne les chersis des autres
aranéides, c'est l'absence de petites griffes aux deux
pattes antérieures.

Une aranéide exotique, fort peu connue, et nommée
othiophops par M. Mac Leay, présente la même particularité, mais son facies ainsi que la disposition de ses yeux la
feront sans doute classer parmi les latérigrades ou thomisiformes.

CATALOGUE SYNONYMIQUE

DES ARANÉIDES D'EUROPE.

Ire Famille. SCYTODIFORMES, e. s.

1er *Genre*. **SCYTODA**, Latreille.

1. Scytoda thoracica, Latreille, Europe.

> D. F (1). Walckenaer, Histoire des insectes aptères, t. I, p. 270, pl. 11, fig. 3.
> F. Guérin, Iconographie du règne animal, Arachn., pl. I, fig. 2.
> F. Savigny, Arachn. d'Égypte, pl. 5, fig. 1.
> F. Dugès, dans Cuvier, pl. 9, fig. 1.
> F. Lucas, Exploration scientifique de l'Algérie, Arachn., pl. 2, fig. 3.

> Syn. *Scytoda tigrina*, Koch, die Arachn., t. V, p. 87, fig. 398.

2e *Genre*. **OMOSITA**, Walckenaer.

2. Omosita rufescens, L. Dufour, Espagne, Pyrénées.

> D. F. Dufour, Annales des sciences physiques, t. V. p. 203, pl. 76, fig. 5.
> F. Savigny, Égypte, Arachn. pl. 5, fig. 2.

3. Omosita erythrocephala, Koch, Grèce.

> D. F. Koch, Die arachniden, t. V, p. 90, fig. 399 ♂, 400 ♀.

---

(1) D. description, F. figure.

3ᵉ *Genre.* **RACHUS**, Walckenaer.

4. **Rachus quadrimaculatus**, Lucas, France méridionale.

> D. Dugès, Annales des sciences naturelles. 1836, p. 160.
> D. F. Lucas, Exploration scientifique de l'Algérie, p. 239, pl. 15, fig. 2.

> Syn. *Pholcus sexoculatus*, Dugès, *loc. cit.*
> *Pholcus quadrimaculatus*, Lucas, *loc. cit.*

4ᵉ *Genre.* **PHOLCUS**, Walckenaer.

5. **Pholcus phalangoïdes**, Walckenaer, Europe.

> D. F. Walckenaer, Ins. aptères, t. I, p. 652, pl. 8, fig. 2 ♀, fig. 3 ♂.
> F. Dugès, dans Cuvier (atlas), pl. 9, fig. 5.

> Syn. *Pholcus opilionoïdes*, Koch, Arachniden, t. IV, p. 95, fig. 311.
> *Pholcus nemastoïdes*, Koch, *ibid.*, t. IV, fig. 312 (♀ var.).
> *Pholcus impressus*, Koch, *ibid.*, t. IV, fig. 313 (♂ Jⁿᵉ var.).

IIᵉ Famille. MYGALIFORMES. e. s.

5ᵉ *Genre.* **MYGALE**, Walckenaer.

6. **Mygale valenciana**, Dufour, Espagne.

> D. Dufour, Annales des sciences physiques, t. V, p. 27.
> F. Dufour, Observation sur quelques aranéides, pl. 73.

7. **Mygale icterica**, Koch, Grèce, Espagne.

> D. F. Koch, Arachniden, t. V, p. 22, fig. 351.
> D. F. Lucas, Annales de la Société Entomologique, année 1859.

> Syn. *Mygale luctuosa* Lucas, *loc. cit.*

8. **Mygale calpeiana**, Walckenaer, Corse.

> D. F. Walckenaer, Histoire des insectes aptères, t. I, p. 229.
> D. F. Hahn, monographie der spinnen, pl. 1.

6⁰ *Genre*. **MYGALODONTA** , E. Simon.

9. **Mygalodonta cœmentaria,** WALCKENAER, Europe méridionale.

    D. WALCKENAER, Faune française, aranéides, p. 2.
    D. DUFOUR, Observation sur quelques aranéides, p. 29.
    F. DUGÈS, dans Cuvier, pl. 1, fig. 1 ♂ , fig. 2 ♀ .

  Syn. ♀ *Aranea Sauvagesii*, LATREILLE, Mémoire de la Société d'his-
    toire naturelle, p. 121.
      ♂ *Mygale carminans* , DUFOUR, Observations sur quelques ara-
    néides, p. 28, pl. 63.
      ♂ *Mygale carminans*, LATREILLE, Dictionnaire d'histoire naturelle,
    t. XXII.
      ♂ ♀ *Mygale cœmentaria*, WALCKENAER, Aptères, t. I, p. 235.
    Cteniza cœmentaria, LATREILLE, Histoire naturelle des crustacés,
    Insectes et Arachnides.

10. **Mygalodonta fodiens,** WALCKENAER, Corse, Grèce.

    D. F. WALCKENAER, Faune française, aranéides, p. 4.
    D. F. WALCKENAER, Histoire des insectes aptères, t. I, p. 237, pl. 5, fig. 2.
    D. F. KOCH, Die arachniden, t. III, p. 39, fig. 194.

  Syn. *Mygale Sauvagesii*, DUFOUR, Observations sur quelques ara-
    néides.
    Mygale fodiens et *ariana*, WALCKENAER, Tableau des aranéides.
    1805, p. 6.
    Cteniza graja, KOCH, *loc. cit.*

11. **Mygalodonta sicula,** LATREILLE, Sicile.

    D. LATREILLE, Cours d'entomologie, p. 509.
    D. WALCKENAER, Histoire des insectes aptères, t. I, p. 241.

7⁰ *Genre*. **ATYPA** , Latreille.

12. **Atypa Sultzeri,** LATREILLE, France, Allemagne.

    D. WALCKENAER, Faune française, aranéides, p. 7.
    F. DUGÈS, dans Cuvier, pl. 5, fig. 1.
    D. F. HAHN, Die arachniden, t. I, p. 117, fig. 88.
    D. F. KOCH, Die arachniden, t. XVI, p. 72, fig. 1547,—1547 var.

  Syn. *Oletera atypa*, WALCKENAER, *loc. cit.*

13. **Atypa bicolor,** LUCAS, France méridionale.

    D. F. LUCAS, Annales de la Société Entomologique, t. V, p. 213, pl. 5, fig. 5.

IIIe Famille. DRASSIFORMES. e. s.

8e *Genre.* **FILISTATA**, Walckenaer.

14. Filistata bicolor, Walckenaer, France méridionale.

    D. F. Walckenaer, Aranéides de France, p. 9 et 11, pl. 6, fig. 1, 2 et 3.
    D. F. Dufour, Annales de la Société Entomologique, 2e série, 1er trimestre, 1845,
        p. 68 et 69, pl. 6, fig. 1.
    F. Dugès, dans Cuvier, pl. 6, fig. 1.
    D. F. Koch, Arachniden, t. V, p. 6, fig. 343.
    F. Lucas, Exploration scientifique de l'Algérie, p. 97, pl. 1, fig. 6 ♂.

Syn. *Filistata testacea*, Latreille, Cours d'entomologie, p. 512.
    Teratodes attalicus, Koch, *loc. cit.*

9e *Genre.* **SEGESTRIA**, Walckenaer.

15. Segestria perfida, Walckenaer, Europe.

    D. Walckenaer, Aranéides de France, t. I, p. 197.
    F. Savigny, Descr. de l'Égypte, arach., pl. 1, fig. 2.
    F. Dugès, dans Cuvier (atlas, *Arachn.*), pl. 7, fig. 3 ♀.
    D. F. Koch, Die arachniden, t. V, p. 72, fig. 385 ♂, 386 ♀.

Syn. *Segestria florentina*, Rossi, Hahn, Lucas.
    Segestria cellaria, Latreille, Genera., crust. et insect., t. I,
        p. 88.

16. Segestria senoculata, Linné, Europe.

    D. Walckenaer, Aranéides de France, p. 194.
    D. F. Koch, Arachniden, t. V, p. 75, fig. 388.

Syn. *Segestria perfida*, Dugès.

17. Segestria bavarica, Koch, Europe méridionale.

    D. F. Koch, Arachniden, t. X, p. 93, fig. 818.
    F. Lucas, Exploration scientifique de l'Algérie (Arachn.), pl. 1, fig. 9.

Syn. *Segestria senoculata*, Lucas, *loc. cit.*

10e *Genre.* **DYSDERA**, Latreille.

18. Dysdera erythrina. Latreille, Europe.

    D. Latreille, Histoire naturelle des crustacés et des insectes, t. VII, p. 215.
    D. Walckenaer, Aranéides de France, p. 185.

F. Dugès, dans Cuvier (atlas), pl. 6, fig. 2.
D. F. Koch, Die arachniden, t. V, p. 76, fig. 389.

Syn. *Dysdera rubicunda*, Koch, *loc. cit.*, t. V, p. 79, fig. 390.
    Id.   Blackwall, Trans. of the. Lin. Soc., t. XX.

19. Dysdera crocea, Koch, Grèce, Belgique.
D. F. Koch, Die arachniden, t. V, p. 81, fig. 392 ♂ et 393 ♀ .

20. Dysdera punctata, Koch, Grèce.
D. F. Koch, *loc. cit.*, t. V, p. 84, fig. 395 et 396.

Syn. *Dysdera Templetoni*, Templeton, Zoological journal, t. V.

21. Dysdera lepida, Koch, Grèce.
D. F. Koch, *loc. cit.*, t. V, p. 85, fig. 397.

21 (*bis*). Dysdera pulchra, Templeton, Angleterre.
D. F. Templeton, Zoological journal, t. V, p. 404, pl. 17, fig. 10.

Syn. *Oonops (genus)*, ibid.
    Deletrix exilis, Blackwall, Mag. Edimb. Lond., t. X, p. 100.

22. Dysdera angustata, Lucas, Algérie, Par.
D. F. Lucas, Exploration scientifique de l'Algérie, p. 99, pl. 1, fig. 8.

23. Dysdera Hombergii, Walckenaer, Europe.
D. Dufour, Annales des sciences physiques, t. V, p. 40.
D. F. Koch, Die arachniden, t. X, p. 95, fig. 819 ♀ et 820 ♂ .

Syn. *Dysdera parvula*, Dufour, *loc. cit.*
    Dysdera gracilis, Reuss et Wider, Mu. sencken, t. I, p. 200.
    Dysdera Latreilli, Blackwall, London and Edimbourg zool.
    mag., t. I, p. 190.

11ᵉ *Genre.* **MACARIA**, Koch.

24. Macaria rufescens, E. Simon, Belgique.
D. Colore rufo et flavo, — cephalothorax convexus, omnino rufus, — oculi
sphærici, argentati, nigro marginati,— abdomen elongatum, in anteriore
parte flavo argentatum, in posteriore fuscum, — appendices omnino
flavi, — femora robusta et arcuata, — tibiæ et tarsi elongata et filiformia,
— sub lapidibus, habitat in Belgica regione.

25. Macaria fulgens, Walckenear, Europe.
D. Walckenaer, Aranéides de France, p. 164.
F. Walckenaer, Histoire des insectes aptères, p. 624, pl. 16, fig. 5.

Syn. *Drassus fulgens*, Walckenaer, *loc. cit.*
    Drassus relucens, Latreille, Gen. crust. et insect., t. I, p. 88.

Drassus relucens, HAHN, Die arachniden, t. II, p. 55, fig. 61.
Macaria aurulenta, KOCH, Die arachniden, t. VI, p. 94, fig. 499.

26. **Macaria fastuosa**, KOCH, Europe.
D. F. KOCH, Die arachniden, t. VI, p. 92, fig. 498.
Syn. *Drassus fastuosus*, WALCKENAER, Aptères., t. I, p. 622.
Clubiona formicaria, SUNDEVALL, Svins. spind., p. 34.

27. **Macaria lugubris**, WALCKENAER, Europe.
D. F. KOCH, Die arachniden, t. VI, p. 97, fig. 500.
Syn. *Drassus*, WALCKENAER, Aptères., p. 624.
Clubiona pulicaria, SUND., *loc. cit.*
Macaria nitens, KOCH, *loc. cit.*

28. **Macaria guttulata**, KOCH, Danube.
D. F. KOCH, Die arachniden, t. VI, p. 97, fig. 500.

29. **Macaria formosa**, KOCH, Allemagne.
D. F. KOCH, Die arachniden, t. VI, p. 97, fig. 501.

12ᵉ *Genre*. **MELANOPHORA**, Koch.

30. **Melanophora bimaculata**, KOCH, Grèce, Égypte.
D. F. KOCH, Die arachniden, t. VI, p. 81, fig. 488.
F. SAVIGNY, Égypte, arachn., pl. 5, fig. 8 (var.).

31. **Melanophora atra**, LATREILLE, Europe.
D. WALCKENAER, Aranéides de France (faune), p. 162.
D. F. KOCH, Arachniden, t. VI, p. 88, fig. 493, 494 et 495.
Syn. *Drassus ater.*, LATREILLE, Gen. crust. et insect., t. I, p. 87.
Ibid.   WALCKENAER, Hist. des insectes aptères, t. I, p. 618.
Melanophora petrensis, KOCH, Arachniden, t. VI, p. 89, fig. 494
(variété).

32. **Melanophora pumilia**, KOCH, Danube.
D. F. KOCH, Die arachniden, t. VI, p. 69, fig. 480 ♂ et 481 ♀.

33. **Melanophora oblonga**, KOCH, Europe.
D. F. KOCH, Die arachniden, t. VI, p. 71, 73 et 78, fig. 482, 484 et 487.
Syn. *Melanophora violacea*, KOCH, *loc. cit.*, p. 71, fig. 482 (♀ variété).
Melanophora flavimana, KOCH, *loc. cit.*, p. 73 fig. 484 (♂).
Melanophora oblonga, KOCH, *loc. cit.*, p. 78, fig. 487 (♀).

34. **Melanophora argolinensis**, KOCH, Grèce.
D. F. KOCH, Die arachniden, t. VI, p. 72, fig. 483.

35. **Melanophora pedestris**, Koch, Grèce.

>D. F. Koch, Die arachniden, t. VI, p. 82, fig. 489.

36. **Melanophora fusca**, Sundevall, Europe.

>D. F. Walckenaer, Aranéides de France (faune), p. 162.
>D. F. Koch, Die arachniden, t. VI, p. 85, fig. 491.

>Syn. *Drassus fuscus*, Walckenaer, Aptères., t. I, p. 617.
>>*Ibid*   Sundevall, Svins. spind., p. 27, n° 2.
>>*Drassus tibialis*, Hahn, Monog. der aran.
>>*Melanophora subterranea*, Koch, Arachnid., t. VI, p. 85, fig. 491
>>($♀ ♂$).
>>*Melanophora pusilla*, Koch, t. VI, p. 90, fig. 496 ($♀$ jeune).

37. **Melanophora electa**, Koch, Danube.

>D. F. Koch, Die arachniden, t. VI, p. 83, fig. 490.

13e *Genre.* **PYTHONISSA**, Koch.

38. **Pythonissa exornata**, Koch, Grèce.

>D. F. Koch, Die arachniden, t. VI, p. 63, fig. 476 ♂ et 477 ♀.

39. **Pythonissa gnaphosa**, Walckenaer, Europe.

>D. Walckenaer, Aranéides de France, p. 159.
>D.   *Ibid.*,   Histoire des insectes aptères, t. I, p. 616.

>Syn. *Drassus gnaphosus*, Walckenaer, *loc. cit.*

40. **Pythonissa maculata**, Koch. Grèce.

>D. F. Koch, Die arachniden, t. VI, p. 61, fig. 474 ♂ et 475 ♀.

41. **Pythonissa nocturna**, Linné, Europe.

>D. Walckenaer, Aranéides de France (faune franç.), p. 157.
>F. Koch, Arachniden, t. VI, p. 65, fig. 478.

>Syn. *Drassus nocturnus*, Walckenaer, *loc. cit.*
>>*Ibid.*   Sundevall, Svinsk. spind., 1832, p. 30.
>>*Pythonissa variana*, Koch, *loc. cit.*

42. **Pythonissa bicolor**, Hahn, Allemagne.

>D. F. Koch, Arachniden, t. VI, p. 67, fig. 479.
>F. Hahn, Arachniden, t. I, pl. 36, fig. 94.

>Syn. *Pythonissa tricolor*, Koch, *loc. cit.*
>>*Drassus tricolor*, Walckenaer, Aptères, t. IV, Supplément, p. 486.

43. **Pythonissa lucifuga**, Walckenaer, Europe.

>D. Walckenaer, Aranéides de France (faune franç.), p. 155.
>F. Dugès, dans Cuvier (atlas), pl. 7, fig. 1.

D F. Latreille, Genera crust. et insect., t. I, pl. 3, fig. 10.
D. F. Koch, Arachniden, t. VI, p. 54, fig. 468 ♂, 469 ♀, 470 ♀, var.
Syn. *Drassus lucifugus*, Walckenaer, Aptères., t. I, p. 613.
     Ibid.   .Sundevall, Svin. spind., p. 31.
     Drassus melanogaster, Latreille, *loc. cit.*, p. 87.

44. Pythonissa occulta, Koch, Allemagne.
D. F. Koch, Die arachniden, t. VI, p. 58, fig. 471 ♂, 472 ♀.
Syn. *Pythonissa nana*, Koch, *loc. cit.*, t. X, p. 118, fig. 832 (♀ jeune).

45. Pythonissa fumosa, Koch, Allemagne.
D. F. Koch, Die arachniden, t. X, p. 118, fig. 832.

46. Pythonissa lugubris, Koch, Grèce.
D. F. Koch, Arachniden, t. VI, p. 60, fig. 473.
Syn. *Drassus hellenicus*, Walckenaer, Aptères, t. IV, p. 485, Supp.

47. Pythonissa fuliginea, Koch, Allemagne.
D. F. Koch, Die arachniden, t. X, p. 120, fig. 834.

48. Pythonissa femoralis, Wider, Allemagne.
D. F. Koch, Die arachniden, t. VI, p. 56, fig. 471 ♂.
Syn. *Filistata femoralis*, Reuss et Wider, t. I, p. 206, fig. 5.
     Pythonissa fusca, Koch, *loc. cit.*

14ᵉ *Genre.* **DRASSUS**, Walckenaer.

49. Drassus lapidicolis, Walckenaer, Europe.
D. Walckenaer, Aranéides de France (faune), p. 129, n° 7.
F. Latreille, Genera crust. insect., t. I, pl. 3, fig. 98.
D. F. Koch, Arachniden, t. VI, p. 28, pl. 188, fig. 450 ♂ et 451 ♀.
Syn. *Clubiona lapidicola*, Walckenaer, *loc. cit.*, Latreille, *loc. cit.*
     Ibid.   Hahn, Arachniden, t. II, p. 29.

50. Drassus lividus, Walckenaer, Europe.
D. Walckenaer, Histoire des insectes aptères, t. I, p. 600.
D. F. Koch, Arachniden, t. VI, p. 21, fig. 153; t. X, p. 127, fig. 839.
Syn. *Clubiona livida*, Walckenaer, *loc. cit.*
     Clubiona listerii, Savigny, Arachnides d'Égypte, p. 157, pl. 5.
     Drassus lutescens, Koch, *loc. cit.*, t. VI, p. 21 ♀; t. X, p. 33
       (var. jeune).
     Drassus rufus, Koch, t. VI, p. 33, pl. 189, fig. 153 ♂, 154 ♀.
     Drassus cinereus, Hahn, Arachniden, t. I, p. 124, fig. 95.

51. **Drassus severus**, Koch, Grèce.

    D. F. Koch, *loc. cit.*, t. VI, p. 22, pl. 186, fig. 446 ♀; *ibid.*, t. X, p. 126, pl. 357, fig. 838 ♂.

    Syn. *Clubiona severa*, Walckenaer, Aptères, t. II, p. 479, Supplém.

52. **Drassus segestriformis**, Dufour, Europe méridionale.

    D. F. Dufour, Annales des sciences naturelles. t. VI, p. 9, pl. 9, fig. 1.

    D. F. Koch, Arachniden, t. X, p. 122, pl. 357, fig. 837.

    Syn. *Drassus fuscus*, Latreille, Gen. crust. et ins., t. I, p. 87, n° 2.
        Ibid.   Koch, *loc. cit.*

53. **Drassus sericeus**, Sundevall, Europe.

    D. Walckenaer, Histoire des insectes aptères, t. I, p. 619.

    D. F. Koch, Arachniden, t. VI, p. 37, fig. 457 ♂ et 458 ♀.

54. **Drassus murinus** (espèce douteuse), Hahn, Europe.

    D. F. Hahn, Arachniden, t. II, p. 54, fig. 141.

    D. F. Koch,   *ibid.*,   t. X, p. 122, fig. 836 ♀.

55. **Drassus cinereus**, Koch, Allemagne.

    D. F. Koch, *loc. cit.*, t. X, p. 128, pl. 358, fig. 840 ♀.

56. **Drassus troglodytes**, Koch, Grèce.

    D. F. Koch, *loc. cit.*, t. VI, p. 35, pl. 189, fig. 455 ♂ et 456 ♀.

    Syn. *Clubiona troglodyta*, Walckenaer, t. II, Supplém., p. 480.

57. **Drassus signifer**, Koch, Grèce.

    D. F. Koch, *loc. cit.*, t. VI, p. 31, pl. 188, fig. 452.

    Syn. *Clubiona lapidicolis*, Walckenaer, t. II, Supplém., p. 481.

58. **Drassus fallax**. Walckenaer, Europe.

    D. Walckenaer, Aranéides de France, p. 142. n° 10.

    D. F. Koch, Die arachniden, t. VI, p. 39, pl. 190, fig. 459.

    Syn. *Drassus lentiginosus*, Koch, *loc. cit.*
        Clubiona fallax, Walckenaer, *loc. cit.*

15ᵉ *Genre*. **ARGYRONETA**, Walckenaer.

59. **Argyroneta aquatica**, Walckenaer, Europe (nord).

    D. F. Walckenaer, Histoire des insectes aptères, t. I, p. 378, pl. 22, fig. 4ᵉ, 4ᵈ.

    D. F. Hahn, Arachniden, t. II, p. 33, pl. 51, fig. 118.

    F. Lucas, Histoire des crustacés et Arachnides, pl. 8, fig. 4.

    F. Dugès, dans Cuvier, édition de 1829, pl. 9, fig. 3; pl. 15, f, 10.

    D. F. Latreille, Gener. crust. et insect., t. I, pl. 3, fig 14.

16ᵃ *Genre.* **CLUBIONA**, Latreille.

60. Clubiona holosericea, Latreille, Europe.

D. F. Walckenaer, Aranéides de France, p. 112, n° 1, pl. 7, fig. 8.
F. Hahn, Mong. der. spin., pl. 4, fig. A.
D. F. *Ibid.*, Die Arachniden, t. I, p. 112, pl. 112, fig. 84.

Syn. *Clubiona trivialis*, Koch, Arachniden, t. X, p. 132, pl. 359, fig. 844 ♂, 845 ♀.

61. Clubiona amarantha, Walckenaer, Europe.

D. Walckenaer, Aranéides de France (faune), p. 115, n° 2.
D. F. Hahn, Arachniden, t. I, p. 113, pl. 29, fig. 85.

Syn. *Clubiona pallens*, Hahn, Arachn., t. I.
Clubiona erratica, Koch, Arachniden, t. X, p. 131, pl. 359, fig. 842.
Clubiona brevipes, Blackwall, Trans. of the Lin. Soc., t. XVIII, 1841, p. 603.

62. Clubiona pallens, Koch, Europe.

D. F. Koch, Arachniden, t. VI, p. 19, pl. 185, fig. 443 ♂ et 444 ♀.

Syn. *Clubiona castanea*, Walckenaer, Aranéides de France, p. 122.—
Ibid., Histoire des aptères, t. I, p. 592.

63. Clubiona phragmitis, Koch, Allemagne.

D. F. Koch, *loc. cit.*, t X, p. 133, pl. 360, fig. 846 ♂ et 847 ♀.

63 *bis.* Clubiona pellucida (espèce douteuse), Koch, Bohême.

D. F. Koch, *loc. cit.*, p. 135, pl. 360, fig. 848 ♀.

64. Clubiona rubicunda (espèce douteuse), Koch, Bavière.

D. F. Koch, *loc. cit.*, t. X, p. 138, fig. 849.

65. Clubiona comta, Koch, Grèce, Algérie.

D. F. Koch, *loc. cit.*, ♀, t. VI, p. 16, fig. 440.
D. F. *Ibid.*, *loc. cit.*, ♂, t. X, p. 129, fig. 841.
D. F. Lucas, Exploration scientifique de l'Algérie, p. 212, pl. 12, fig. 9.

Syn. *Clubiona pallipes*, Lucas, *loc. cit.*

66. Clubiona incomta, Koch, Grèce.

D. F. Koch, *loc. cit.*, t. VI, p. 18, fig. 442 ♀.

67. Clubiona accentuata, Walckenaer, Europe.

D. F. Walckenaer, Aranéides de France, p. 124, n° 6 ; — Histoire naturelle des insectes aptères, p. 594, pl. 11, fig. 8ᵈ.
D. F. Hahn, Die arachniden, t. II, p. 8, pl. 39, fig. 99.

Syn. *Anyphœna (genus)*, Sundevall, Consp. arach., p. 20.

Anyphœna accentuata, KOCH, Ubers. des arachn. sys., 1850.
Clubiona punctata, HAHN, *loc. cit.*
Agelena obscura, SUNDEVALL, Weter. act. handl., 1831.

68. **Clubiona rupicola**, WALCKENAER, France.

D. WALCKENAER, Aranéides de France, p. 126 ; — Aptères, t. I, p. 595.

17ᵉ *Genre.* **AMAUROBIUS**, Koch.

69. **Amaurobius atrox**, DE GEER, Europe.

D. F. WALCKENAER, Aranéides de France (faune franç.), p. 146, n° I, pl. 7,
fig. 5 et 6.
D. WALCKENAER, Histoire naturelle des insectes aptères, t. I, p. 605.
F. HAHN, Die arachniden, t. I, pl. 30, fig. 87.
D. F. KOCH, Die arachniden, t. X, p. 116, fig. 831.

Syn. *Aranea nigricans,* LISTER, de Araneis, p. 68, fig. 21.
Clubiona atrox, WALCKENAER, *loc. cit.* — HAHN, *loc. cit.*
Ciniflo atrox, BLACKWALL. Trans. of the Linnean Soc., t. XVIII,
p. 473 et 607.

70. **Amaurobius roscidus**, KOCH, Allemagne.

D. F. KOCH, Arachniden, t. X, p. 116, fig. 831.

Syn. *Clubiona roscida,* WALCKENAER, t. II, p. 480, Supplément.

71. **Amaurobius tetricus**, KOCH, Carniole.

D. F. KOCH, Arachniden, t. VI, p. 43, fig. 462.

Syn. *Clubiona tetrica,* WALCKENAER, t. II, p. 483, Supplément.

72. **Amaurobius ferox**, WALCKENAER, Europe.

D. F. WALCKENAER, Aranéides de France, p. 150, pl. 4, fig. 12.
D. F. KOCH, Die arachniden, t. VI, p. 41, fig. 460 et 461.

Syn. *Clubiona ferox,* WALCKENAER, *loc. cit.*
Clubiona claustraria, HAHN, Arachniden, t. I, p. 114, pl. 3, fig. 86.

73. **Amaurobius saxatilis**, BLACKWALL, Europe.

D. BLACKWALL, Trans. of the Linnean Society, vol. XVIII, p. 618.
D. F. KOCH, Arachniden, t. VI, p. 45, pl. 92, fig. 463 et 464.

Syn. *Cœlotes saxatilis,* BLACKWALL, *loc. cit.*
Drassus saxatilis, BLACKWALL, Researches in zoologia, p. 332.
Clubiona saxatilis, BLACKWALL, London and Edim. mag., t. III,
p. 436.
Amaurobius terrestris, KOCH, *loc. cit.*

74. **Amaurobius niger**, WALCKENAER, France.

D. WALCKENAER, Histoire naturelle des insectes aptères, t. I, p. 607.

75. Amaurobius montanus, Koch, Allemagne.

> D. F. Koch, Arachniden, t. VI, p. 418, pl. 117, fig. 465.
>
> Syn. *Amaurobius tigrinus*, Koch, Ubers. des ara. syst. 1837.

76. Amaurobius atropos, Walckenaer, Europe.

> F. Walckenaer, Aranéides de France, p. 170, n° 8.
> F. Koch, Die arachniden, t. X, fig. 830.
>
> Syn. *Aranea terrestris*, Reuss et Wider, Mus. senck., p. 215.
> *Drassus atropos*, Walckenaer, *loc. cit.* — *Ibid.*, Apt., t. I, p. 628.
> *Amaurobius claustrarius*, Koch, *loc. cit.*

77. Amaurobius trucidator, Walckenaer, France.

> D. Walckenaer, Aranéides de France, p. 172, n° 9.
> F.   *Ibid.*,   Histoire naturelle des insectes aptères, t. I, p. 629.

18ᵉ *Genre.* **ANYPHŒNA**, Sundevall.

78. Anyphœna nutrix, Walckenaer, Europe.

> D. Walckenaer, Aranéides de France, p. 135, n° 8.
> F. Dugès, dans Cuvier, pl. 8, fig. 1 ♂.
> D. F. Koch, Arachniden, t. VI, pl. 182, fig. 434 ♂ et 435 ♀.
>
> Syn. *Drassus maxillosus*, Reuss et Wider, Mus. senck., t. I, p. 209.
> *Clubiona nutrix*, Walckenaer, Histoire naturelle des insectes aptères, t. I, p. 601.
> *Anyphœna nutrix*, Koch, Ubers. des arachniden syst., 1837, p. 18.
> *Cheiracanthum nutrix*, Koch, Arachniden, t. VI, p. 9.
> *Cheiracanthum pelasgicum*, Koch, *ibid.*, p. 12, fig. 436, 437.

79. Anyphœna erratica, Walckenaer, Europe.

> D. Walckenaer, Aranéides de France, p. 139, n° 9.
> D. F. Koch, Arachniden, t. VI, p. 14, pl. 184, fig. 338 ♂, 339 ♀.
>
> Syn. *Clubiona errans*, Walckenaer, *loc. cit.*
> *Clubiona erratica*, Walckenaer, Tabl. ara., p. 43. — *Ibid.*, Aptères, t. I, p. 602, n° 13.
> *Clubiona nutrix*, Latreille, Gen. crust. et ins., t. I, p. 93.
> *Clubiona dumetorum*, Hahn, Monographie, fas. 7. — *Ibid.*, Arachniden, t. II, p. 7.
> *Cheiracanthum carnifex*, Koch, *loc. cit.*, p. 14.

IVe Famille. THÉRIDIFORMES. e. s.

19e *Genre.* **CLOTHO**, Latreille.

80. Clotho Durantii, LATREILLE, Europe méridionale.

> D. LATREILLE, Gener. crust. et insect., t. II, p. 327.
> D. F. WALCKENAER, Histoire naturelle des insectes, t. I, p. 636, pl. 14, fig. 3ᵈ.
> F. SAVIGNY, Arachnides, Égypte, pl. 3, fig. 6.
> F. DUGÈS, dans Cuvier, pl. 6, fig. 2.
> D. F. KOCH, Arachniden, t. X, p. 87, fig. 812.
>
> Syn. *Uroctrea quinque maculata*, DUFOUR, Ann. des sciences physiques,
>   p. 43, pl. 76, fig. 1.
>   *Clotho Gondotii*, LATREILLE, Cours d'entomologie, t. I, p. 520.
>   *Ibid.*,   WALCKENAER, *loc. cit.*, p. 638.
>   *Ibid.*,   KOCH, *loc. cit.*, t. X, p. 86, fig. 813.
>   *Clotho stellata*, KOCH, *loc. cit.*, t. X, p. 88, fig. 815.

81. Clotho anthracina, KOCH, Fiume.

> D. F. KOCH, Aarachniden, t. X, p. 103, fig. 824.

20e *Genre.* **ENYO**, Savigny.

82. Enyo longipes, SAVIGNY, Europe.

> D. F. SAVIGNY, Égypte, Arachnides, p. 136, n° 8, pl. 3, fig. 8 ♂.
> D. WALCKENAER, Histoire naturelle des insectes, p. 640.
>
> Syn. *Lucia germanica*, KOCH, Deuts. crust. myr. arachn., H. 8, n° 3.
>   *Enyo germanica*, KOCH, Die arachniden, t. X, p. 80, pl. 348.
>   *Clotho longipes*, WALCKENAER, *loc. cit.*

83. Enyo græca, KOCH, Grèce.

> D. F. KOCH, Die arachniden, t. X, p. 80, pl. 348, fig. 811 ♀.

84. Enyo nitida, SAVIGNY, Europe méridionale.

> D. F. SAVIGNY, Égypte, arachniden, p. 135, pl. 3, fig. 7.
> F. DUGÈS, dans Cuvier, pl. 14, fig. 5.
> D. F. Histoire naturelle des insectes aptères, t. I, p. 639, pl. 16, fig. 6ᵈ.
>
> Syn. *Clotho nitida*, WALCKENAER, *loc. cit.*
>   *Clotho occitanica*, DUGÈS, *loc. cit.*

21ᵉ *Genre*. **ASAGENA**, Sundevall.

85. Asagena phalerata, SUNDEVALL, Europe.

D. WALCKENAER, Histoire naturelle des insectes aptères, t. II, p. 333.
F. HAHN, Die arachniden, t. II, pl. 20, fig. 60.
D. F. KOCH,   *Ibid.*,   t. VI, p. 98, pl. 204, fig. 502 ♂ et 503 ♀.

Syn. *Phalangium phaleratum*, PANZER, Fau. ins. germ., nᵛ 21.
Drassus phaleratus, SUNDEVALL, Svins. spindl., 1831, p. 133.
Asagena phalerata, SUNDEVALL, Cons. arachn., 1837, p. 19 et 20.
Aranea serratipes, SCHRANK, Fauna. boica. 3, p. 233, n° 2731.
Asagena serratipes, KOCH, *loc. cit.*, p. 98.
Theridio 4 signatum, HAHN, *loc. cit.*, p. 70.
Theridio signatum, WALCKENAER, *loc. cit.*

22ᵉ *Genre*. **THERIDIO**, Walckenaer.

86. Steatodum lineatum, CLERCK, Europe.

D. WALCKENAER, Histoire naturelle des insectes aptères, t. II, p. 285.
D. F. KOCH, Arachniden, t. XII, p. 133, pl. 427, fig. 1053 ♀, 1054 ♂ et 1055, var.

Syn. *Théridion rayé. — T. couronné. — T. ové*, WALCKENAER, tab. aran.
Araneus lineatus, CLERCK, Ara. suec., p. 60.
Araneus redimittus,   Ibid.,   p. 59.
Araneus ovatus,   Ibid.,   p. 58.
Aranea vitta, FOURCROY, Ent. Pa., p. 534, n° 12.
Theridio redimittum, LATREILLE, Gen. crust. et insect., t. I, p. 534, n° 12.
Theridium redimittum, HAHN, Monog. der. sp. fas. IV, pl. 4. — *Ibid.* Arachniden, t. II, p. 86, pl. 21.
Theridio ovatum, SUNDEVALL, Svins. spind., p. 6 (Act. Reg. Sc. Holm., 1832).
Steatoda redimitta, KOCH, Ubers. des. ara. sys., 1836, p. 9.

87. Steatedum reticulatum, KOCH, Grèce.

D. F. KOCH, Arachniden, t. XII, p. 136, fig. 1059.

88. Theridium sisyphum, WALCKENAER, Europe.

D. WALCKENAER, Histoire naturelle des insectes aptères, t. II, p. 298.
F. HAHN, Arachniden, t. II, pl. 58, fig. 132 ♀.
D. F. KOCH, Arachniden, t. VIII, p. 74, pl. 275, fig. 645 ♀; — *ibid.*, t. XII, fig. 1060.

Syn. *Araneus formosus*, CLERCK, Aran. suec., p. 56, n° 5. pl. 3, tab. 6.

Araneus lunatus, CLERCK, Aran, suec., p. 52, n° 3 pl. 3, tab. 7.
Theridium lunatum, HER. SCHÆFFER, p. 131, fig. 12 ♀, fig. 13 ♂.
 Ibid.   SUNDEVALL, Svins. spind., 1831, p. 111, n° 2.
 Ibid.   KOCH, *loc. cit.*, t. VIII, p. 74; — t. XII, p. 137.

89. Theridio tepidoriarum, KOCH, Europe.

D. F. KOCH, Arachniden, t. VIII, p. 75, pl. 273 et 274. fig. 646.

90. Theridio nervosum, WALCKENAER, Europe.

D. WALCKENAER, Histoire naturelle des insectes aptères, p. 301.
D. F. HAHN, Die arachniden, t. II, p. 48, fig. 133 ♀.
D. F. KOCH,   *Ibid.*,   t. VIII, p. 73, pl. 274, fig. 644 ♂.

Syn. *Aranea notata*, LINNÉ, Syst, nat.
  Aranea scopulorum, SCHRANK, Fauna boica III, 241, n° 2750.
  Araneus sisyphus, CLERCK, Aran. suec., p. 54, pl. 3, fig. 5.
  Theridio sisyphum, SUNDEVALL, Svins. spind., 1831, p. 8, n° 4.
  Theridio sisyphum, KOCH, dans. H. Scœf. Deust. ins.
   Ibid.   Arachniden, t. VIII, p. 73.

91. Theridio Abelardi, WALCKENAER, France.

D. WALCKENAER, Histoire naturelle des insectes aptères, t. II, p. 304.

92. Theridio pictum, WALCKENAER, Europe.

D. WALCKENAER, Histoire naturelle des insectes aptères, t. II, p. 304.
D. F. KOCH, Arachniden, t. XII, p. 139, pl. 429, fig. 1062 ♂, 1063 ♀.

Syn. *Theridium ornatum*, HAHN, Monog. der. spin., pl. 3.
  Steatoda picta, KOCH, Ubers. des arachn. syst., p. 9 n° 2.

93. Theridio tinctum, WALCKENAER, Europe.

D. WALCKENAER, *loc. cit.*, t. II, p. 308.

Syn. *Theridio pectinum*, SUNDEVALL, Svins. spind., p. 17, n° 10.
  Theridio irroratum, KOCH, Arachniden, t. IV, p. 120.

94. Theridio denticulatum, WALCKENAER, Europe.

D. F. WALCKENAER, *loc. cit.*, t. II, p. 305, pl. 21, fig. 3.

Syn. *Theridio melanurum*, HAHN, Monog. ar., fasc. VI, pl. 3.

95. Theridio simile, KOCH, Europe.

D. F. KOCH, Die arachniden, t. III, p. 62, pl. 94, fig. 215 ♀.
D. F.   *Ibid.*,   t. VIII, p. 79, pl. 275, fig. 649 ♂.
D. WALCKENAER, Histoire naturelle des insectes aptères, t. I, p. 314.

96. Theridio pulchellum, WALCKENAER, France, Allemagne.

D. WALCKENAER, *loc. cit.*, p. 311.

Syn. *Theridio vittatum*, KOCH, *loc. cit.*, t. III, p. 65, pl. 94 ♀.
  Ibid.   *Ibid.*   t. IV, p. 118, pl. 141, fig. 326.

97. Theridio candefactum, WALCKENAER, Europe.

D. WALCKENAER, *loc. cit.*, p. 313, n° 19.

Syn. *F. Theridio aulicum*, KOCH, *loc. cit.*, t. IV, p. 115, pl. 140 fig. 323 ♀

98. Theridio grossum, KOCH, Grèce.

D. F. KOCH, *loc. cit.*, t. IV, p. 112, pl. 160, fig. 321 ♀.
D. WALCKENAER, *loc. cit.*, t. II, p. 328, n° 38, Supp.

99. Theridio saxatile, WALCKENAER, Europe.

D. WALCKENAER, *loc. cit.*, t. II, p. 328.
F. KOCH, dans Schœffer, Deuts. ins., fig. 7 ♂ et 8 ♀.
D. F. KOCH, Die arachniden, t. IV, p. 116, pl. 141, fig. 324 ♂ et 325 ♀.

Syn. *Ero saxatilis*, KOCH, Ubers. des Arachn. syst. 1850, p. 16.

100. Theridio varians, HAHN, Allemagne, France.

D. WALCKENAER, Histoire naturelle des insectes aptères, t. II, p. 315, n° 21.

Syn. *Theridio leuconotum*, HAHN, Mon. araneor., fasc. VI, pl. 3.
Theridio varians, HAHN, Die arachniden, t. I, p. 93, pl. 22, fig. 71, 72.

101. Theridio carolinum, WALCKENAER, Europe.

D. WALCKENAER, Aranéides de France, p. 208 ;—*Ibid.*, Aptères, t. II, p. 315, n° 22.

Syn. *Theridio dorsiger*, HAHN, Mon. aran., fasc. VI, pl. 4, f. B.
Ibid.   Die arachniden, t. I, p. 82, pl. 20, fig. 61.
Aranea bimaculata, LINNÉ, Syst. nat., t. I, p. 1033, n° 26 ♂.
Linyphia bimaculata, KOCH, dans. H. Schœf. Deuts. ins., p. 127, fig. 23 ♂, 24 ♀.
Linyphia bimaculata, KOCH, Ubers. des arachn. syst., 1850, p. 19, n° 13.

102. Theridio venustum, WALCKENAER, France.

D. WALCKENAER, Histoire naturelle des insectes Aptères, t. II, p. 316, n° 23.

Syn. *Aranea purpurata*, PANZER, Fauna ins. germ., p. 85, n° 22.
Theridio lepidum, WALCKENAER, Tabl. aran., 1805, p. 75, n° 16.
Theridio venustum,   Ibid.   p. 75, n° 17.

103. Eucharium 4 punctatum, HAHN, Eur pe.

D. WALCKENAER, Histoire naturelle des insectes aptères, t. II, p. 290.
D. F. HAHN, Arachniden, t. I, p. 78, pl. 20, fig. 58 ♂.

Syn. *Aranea bipunctata*, LINNÉ, Faun. succ., p. 486.
Eucharia bipunctata, KOCH, Ubers. des Arachn. syst. 1850, p 16, n° 1.
Theridium thoracicum, HAHN, *loc. cit.*, p. 88, pl. 21, fig. 66.
Theridium quadripunctatum,   Ibid.   p. 78, pl. 20, fig. 58.

104. Eucharium triangulifer, WALCKENAER, Europe.

> D. WALCKENAER, Aptères, t. II, p. 324, n° 33.
> F.   *Ibid.*,   Hist. aran., fasc. III, fig. 6.

Syn. *Theridium venustissimum*, KOCH, Arachniden, t. IV, p. 114
> pl. 140, fig. 322 (♀ var.).

105. Eucharia castanea, CLERK, Allemagne.

> D. F. KOCH, Die arachniden, t. XII, p. 100, pl. 418, fig. 1028 ♂ et 1029 ♀.

Syn. *Araneus castaneus*, CLERK, Ar. suec., p. 49, n° 1, pl. 3, tab. 3.
> *Theridium castaneum*, SUNDEVALL, Svin. spind., 1832, p. 263, n° 8.
> *Eucharia hera*, KOCH, Dans H. Schœff., Deuts. ins., p. 134,
> fig. 8, 9.

106. Eucharia obscurum, WALCKENAER, Europe.

> D. WALCKENAER, Histoire naturelle des insectes aptères, t. II, p. 335, n° 45.

Syn. *Theridium obscurum*, HAHN, Arachniden, t. I, p. 83, fig. 62 ♀,
> variété.
> *Theridium 4-guttatum.* HAHN, Arachniden, t. I, p. 85, fig. 63 ♂,
> 64 ♀.

107. Eucharia braccatum, KOCH, Bohême.

> D. F. KOCH, Die arachniden, t. VIII, p. 85, pl. 276, fig. 656 ♀.

108. Eucharia coracinum, KOCH, Allemagne.

> D. F. KOCH, Die arachniden, t. VIII, p. 84, pl. 276, fig. 655 ♀.

109. Eucharium triste, WALCKENAER, Europe.

> D. WALCKENAER, Histoire naturelle des insectes aptères, p. 291, n° 5.
> D. F. KOCH, Arachniden, t. VIII, p. 276, fig. 653 ♂ et 654 ♀.

Syn. *Theridium triste*, HAHN, Arachniden, t. I, p. 89, pl. 21, fig. 67.
> *Theridium thoracicum,*   Ibid.   p. 88, pl. 21, fig. 66.
> *Theridio dispar*, L. DUFOUR, Ann. sc. nat., 1824, t. II, p. 209;
> pl. 10, fig. 4.

110. Eucharium albens, BLACKWALL, Angleterre.

> D. BLACKWALL, Trans. of the Linn. soc., 1841, t. XVIII, p. 627, n° 14.

111. Eucharium guttatum, WIDER, Europe.

> D. WALCKENAER, Histoire naturelle des insectes aptères, t. II, p. 318, n° 25.
> D. F. KOCH, Arachniden, t. VIII, p. 81, pl. 275, fig. 651 ♂ et 652 ♀.
> D. F. WIDER, Museum. senck., t. I, p. 241, pl. 16, fig. 7.

111 (bis). Eucharium civile (1), LUCAS, Paris.

> D. F. LUCAS, Annales de la Société Entomologique, année 1849.

---

(1) Ne connaissant pas les yeux de cette espèce, nous ne savons à quel sous-genre
elle doit appartenir; ce n'est que par analogie que nous l'appelons *Eucharium*.

112. Phrurolithum priapeium, WALCKENAER, France.

D. WALCKENAER, Histoire naturelle des insectes aptères, t. II, p. 327, n° 37.

113. Phrurolithum sanguinolentum, WALCKENAER, Europe.

D. WALCKENAER, *loc. cil.*, t. II, p. 326, n° 36.

Syn. F. *Phrurolithus rufescens*, KOCH, Arachniden, t. VI, p. 113, pl. 207, fig. 514 ♀.

114. Phrurolithum urtice, WALCKENAER, Europe.

D. WALCKENAER, *loc. cit.*, t. II, p. 326.

Syn. F. *Phrurolithus ornatus*, KOCH, Arachniden, t. VI, p. 114, pl. 208, fig. 515 ♀.

115. Phrurolithum punctatum, WALCKENAER, France.

D. WALCKENAER, *loc. cil.*, p. 326, n° 35.

116. Phrurolithum maculatum, WALCKENAER, Europe.

D. WALCKENAER, Histoire naturelle des insectes aptères, t. II, p. 293.
D. F. KOCH, Arachniden, t. VI, p. 100, pl. 204, fig. 504 ♂ et 505 ♀.

Syn. *Aranea corollata*, LINNÉ, Syst. nat.
Eucharia corollata, KOCH, übers. des. arac. syst., 1836.
Phrurolithus corollatus, KOCH, Arachniden, t. VI, p. 100.
Aranea albo-lunata, PANZER, D. J. C. Schœf. icon. ins. Rat., 1804, p. 200, pl. 255.
Theridio albo-maculatum, SUNDEVALL, Svins spind., p. 10. 1831.
        Ibid.   HAHN, Arachniden, t. I, p. 79, pl. 20.
Theridio maculatum, WALCK, *loc. cit.*, p. 293.
Theridio paykullianum (var.), *Ibid.* p. 295.

117. Phrurolithum festivum, KOCH, Allemagne.

D. F. KOCH, Die arachniden, t. VIII, p. 110, pl. 207, fig. 511 ♂ et 512 ♀.

118. Phrurolithum parvulum, E. S. Allemagne.

D. F. KOCH, Die arachniden, t. VIII, p. 111, pl. 207, fig. 513 ♂.

Syn. *Phrurolithus minimus*, KOCH, *loc. cit.*

119. Phrurolithum minimum, WIDER, Europe.

D. F WIDER, Museum. senck., t. I, p. 249, pl. 17, fig. 2.
D. WALCKENAER, Histoire naturelle des insectes aptères, t. II, p. 320, n° 27.

120. Phrurolithum pallipes, KOCH, Grèce.

D. F. KOCH, Die arachniden, t. XII, p. 78, pl. 418, fig. 1026 ♀.

121. Phrurolithum trifasciatum, KOCH, Danube.

D. F. KOCH, *loc. cit.*, t. VIII, p. 116, pl. 208, fig. 516 ♀.

122. Phrurolithum hamatum, KOCH, Grèce.

D. F. KOCH, *loc. cit.*, t. VIII, p. 105, pl. 206, fig. 507 ♂ et 508 ♀.

23ᵉ *Genre*. **LATRODECTUS**, Walckenaer.

123. Latrodectus erebus, Savigny, Espagne-Égypte.

D. F. Savigny, Égypte, Arachnides, p. 3, pl. 9.

D. F. Dufour, Annales des sciences naturelles, t. IV, p. 1, pl. 69, fig. 1.

Syn. *Theridio lugubris*, Dufour. *loc. cit.*

124. Latrodectus hispidus, Koch, Grèce.

D. F. Koch, Die arachniden, t. III, p. 9, pl. 75, fig. 166 ♀. 1836.

Syn. *Meta hispida*, Koch, *loc. cit.*

125. Latrodectus schuchii, Koch, Grèce.

D. F. Koch, Die arachniden, t. III, p. 10, pl. 75, fig. 167 ♀. 1836.

Syn. *Meta schuchii*, Koch, *loc. cit.*

126. Latrodectus malmignathus, Walckenaer, Europe méridion.

D. F. Walckenaer, Histoire naturelle des insectes Aptères, t. I, p. 642, n° 1,
pl. 14, fig. 4ᵈ. 1836.

D. Raikem, Annales des sciences naturelles, zoologie, 1848.

Syn. *Aranea tredecim-guttata*, Rossi, Fauna Etrusca, t. II, p. 136,
pl. 9, 1790.

Aranea tredecim-guttata, Fabricius, Entom. syst., p. 409, n° 8,
1775.

F. *Latrodectus tredecim-guttatus*, Koch, Arachniden, t. IV,
p. 39, fig. 273, 1838.

127. Latrodectus martius, Savigny, Italie.

D. F. Savigny, Description de l'Égypte, t. XXII, p. 354, pl. 3, fig. 10.

D. Walckenaer, Histoire naturelle des insectes aptères, t. I, p. 644, n° 2.

Syn. F. *Phrurolithus lunatus*, Koch, Die arachniden, t. VI, p. 107,
pl. 206, fig. 509, 1839.

24ᵉ *Genre*. **ERO**, Koch.

128. Ero tuberculata, de Geer, Europe.

D. Walckenaer, Histoire naturelle des insectes aptères, t. II, p. 330, n° 41,
1837.

D. F. Koch, Die arachniden, t. XII, p. 107, pl. 420, fig. 1034 ♀, 1845.

Syn. *Aranea tuberculata*, de Geer, Mem., t. VII, p. 227, n° 8, pl. 13.

Theridio aphane, Walckenaer, *loc. cit.*

129. Ero variegata, Koch, Europe.

D. Koch, dans H. Schœffer, Deuts. ins., n°ˢ 6 et 7.

D. F. *Ibid.*, Arachniden, t. XII, p. 106, pl. 420, fig. 1033 ♀, 1848.

Syn. *Theridio thoracicum*, WIDER, Mus. senck., pl. 14, fig. 11.
Theridio callens, BLACKWALL, Trans. of the Lin. soc. t. XVIII.
Ero atomaria, KOCH, Arachniden, *loc. cit.*

25ᵉ *Genre.* **UPTIOTA**, Walckenaer.

130. **Uptiota mithras**, WALCKENAER, Europe.

D. F. WALCKENAER, Histoire naturelle des insectes Aptères, t. I, p. 277, n° 1,
pl. 7, fig. 1.
D. F. KOCH, Arachniden, t. XII, p. 94, pl. 417, fig. 1023 ♂ et 1024 ♀.

Syn. *Scytodes mithras*, WALCKENAER, Ins. apter., t. I, p. 275, n° 5.
Uptiotes anceps, WALCKENAER, *Ibid.*, t. I, p. 277, pl. 7, fig. 1ᵈ.
Uptiotes anceps Schreberi, WALCKENAER, *Ibid.*, p. 278, n° 2,
pl. 7, fig. 2ᵈ.
Mithras paradoxus, KOCH, *loc. cit.*, t. XII, p. 94, fig. 1023, 1024.
Mithras undulatus,   *Ibid.*   p. 96, fig. 1025.

26ᵉ *Genre.* **DICTYNA**, Sundevall.

131. **Dictyna benigna**, WALCKENAER, Europe.

D. WALCKENAER, Histoire naturelle des insectes Aptères, t. II, p. 337, n° 47.
D. F. KOCH, Die arachniden, t. III, p. 27, pl. 83, fig. 184 ♂ et 185 ♀, 1836.
F. DUGÈS, dans Cuvier, Arachnides, pl. 10, fig. 1 ♀.

Syn. *Araneus minimus cinereus*, LISTER, De Araneis, p. 55, pl. 15.
Theridio benignum, WALCKENAER, *loc. cit.*
Theridio benignum, SUNDEVALL, Svins. spind. (Ac. Reg. Sc. Holm.,
1831), p. 122.
Dictyna benigna, SUNDEVALL, Cons. arachniden, p. 16, 1837.
Drassus parvulus, BLACKWALL, Researches in zoology., p. 337.
Clubiona parvula,   Ibid.   The London and Edinburgh ma-
gazine and Journal of sciences, t. III, p. 437.
Ergatis benigna, BLACKWALL, Trans. of the Lin. soc., vol. XVIII,
p. 608.

132. **Dictyna latens**, KOCH, Europe,

D. WALCKENAER, Histoire naturelle des insectes Aptères, t. II, p. 340, n° 48.
D. F. KOCH, Die arachniden, t. III, p. 29, pl. 83, fig. 186 ♀, 1836.

Syn. *Aranea latens*, FABR. Entomol. syst., t. II, p. 409, n° 6, 1775.
Araneus pusillus lividus, LISTER, De araneis, p. 56, fig. 16.
Ergatis latens, BLACKWALL, Tr. of the Lin. soc., t. XVIII, p. 608.

133. Dictyna viridissima, WALCKENAER, Europe.

D. WALCKENAER, Aranéides de France (faune fr.), p. 176, n° 11, 1830.

Syn. *Theridio viride*, WIDER, Mus. senckerb., t. I, p, 246, pl. 16, fig. 11.
Dictyna variabilis, KOCH. Die arachniden, t. III, p. 29, fig. 187.
Drassus viridissimus, WALCKENAER, *loc. cit.*, — Ibid. Hist. nat. des insectes aptères, t. I, p. 631.
Ergatis viridissima, BLACKWALL, Trans. of the Lin. soc., t. XVIII, p. 608.

134. Dictyna flavescens, WALCKENAER, Europe.

D. WALCKENAER, Histoire naturelle des insectes Aptères, t. I, p. 632, n° 22.

Syn. *Drassus flavescens*, WALCKENAER, *loc. cit.*
Theridio marginellum, WIDER, Mus. senckerb., t. I, p. 244, pl. 16, fig. 10.
Ergatis flavescens, BLACKWALL, Trans. of the Linn. soc., t. XVIII, p. 608.

27ᵉ *Genre.* **ERYGONA**, Savigny.

135. Erygona vagans, SAVIGNY, Europe.

D. F. SAVIGNY, Desc. Égypte, arachn., t. I, 2ᵉ partie, p. 115, pl. 1, fig. 9.
D. F. WALCKENAER, Histoire naturelle des insectes Aptères, t. II, p. 345, n° 1, pl. 17, fig. 2.
D. F. KOCH, Die arachniden, t. VIII, p. 90, pl. 278, fig. 659 ♂ et 660 ♀, 1840.
F. DUGÈS, dans Cuvier (atlas), pl. 14, fig. 8.

Syn. *Theridio dentipalpis*, WIDER, Mus. senck., t. I, p. 248, pl. 17, fig. 1.
Erygone dentipalpis, KOCH, *loc. cit.*
Argus vagans, WALCKENAER, *loc. cit.*

136. Erygona longimana, WALCKENAER, Europe.

D. F. KOCH, Die arachniden, t. VIII, p. 93, pl. 278, fig. 661 ♂ et 662 ♀.

Syn. *Linyphia longipalpis*, SUNDEVALL, Svins. spind. (Ac. Sc. Holm.), p. 25, 1829.
Argus longimanus, WALCKENAER, Aptères, t. II, p. 346 n° 2.

137. Erygona serotina, KOCH, Allemagne.

D. F. KOCH, Die arachniden, t. VIII, p. 93, pl. 279, fig. 663 ♂ et 664 ♀.

28ᵉ *Genre.* **MICRYPHANTES**, Koch.

138. Micryphantes fuscipalpus, KOCH, Allemagne.

D. F. KOCH, Arachniden, t. III, p. 47, fig. 202.

Syn. *Argus fuscipalpus*, Walckenaer, Hist. Aptères, p. 358, n° 20.
   Micryphantes fuscipalpus, Koch, *loc. cit.* p. 46, fig. 202.
   Micryphantes rurestris,   *Ibid.*   p. 84, fig. 231.

139. Micryphantes rufipalpus, Koch, Allemagne.

D. F. Koch, Arachniden, t. III, p. 66, fig. 218 ♂ et 217 ♀.

Syn. *Micryphantes punctulatus* (var.), Koch, Arachniden, t. III, p. 12, fig. 170.

140. Micryphantes rufus, Wider, Allemagne.

Syn. *Theridio rufum*, Wider, Mus. senck., t. I, p. 223, pl. 15, fig. 3.
Syn. *Argus rufus*, Walckenaer, Hist. nat. apt., t. II, p. 348, n° 5.

141. Micryphantes comatus, Wider, Europe.

Syn. *Theridio comatum*, Wider, M. S., t. I, p. 225, pl. 15.
   Argus comatus, Walckenaer, Hist. nat. apt., t. II, p. 353, n° 2.

142. Micryphantes erythrocephalus, Koch, Europe.

D. F. Koch, Arachniden, t. III, p. 85.—*Ibid.*, t. VIII, p. 98, fig. 667 ♂ et 668 ♀.

Syn. *Nerieneus dubius*, Blackwall, Trans. of the Lin. soc., t. XVIII, p. 652.
   Theridium erythrocephalum, Walckenaer, Apt., t. II, sup., p. 505.
   Argus dubius,   *Ibid.*, t. IV, supp., p. 513.

143. Micryphantes graminicolis, Sundevall, Europe.

D. Walckenaer, Histoire naturelle des insectes Aptères, p. 351, n° 9.
D. F. Koch, Arachniden, t. IV, p. 121, fig. 328 ♂ et 329 ♀.

Syn. *Linyphia concolor*, Wider, Mus. senck., t. I, p. 267, pl. 18 ♂.
   Linyphia graminicola, Sundevall, Konigl. vet. act. Holm., 1829, p. 213.
   Theridio rubripes, Hahn, Arachniden, t. I, p. 92, fig. 70.
   Theridio graminicolis,   Ibid., p. 92, fig. 71.
   Micryphantes tessellatus, Koch, Arach,, t. III, pl. 101, fig. 234.
   Micryphantes rubripes,   Ibid.,   t. IV, p. 121, fig. 328.

144. Micryphantes bicolor, Hahn, Allemagne.

D. F. Koch, dans H. Schœffer, Deuts. ins. p. 124, fig. 19.

Syn. *Theridium bicolor*, Hahn, Arachniden, t. I, p. 91, fig. 69.

145. Micryphantes thoracicus, Hahn, Allemagne.

D. F. Hahn, Arachniden, t. I, p. 88, fig. 66.

146. Micryphantes viarius, Blackwall, Angleterre.

Syn. *Nerieneus viarius*, Blackwall, Trans. of the soc. Lin., t. XVIII, p. 645.

147. Micryphantes errans, Blackwall, Angleterre.

Syn. *Nerieneus errans*, Blackwall, *loc. cit.*, t. XVIII, p. 643.
   Argus errans, Walckenaer, Aptères. t. IV supp., p. 511.

148. Micryphantes ovatus, Koch, Europe.

D. Koch, dans H. Schœffer, Deuts. ins., p. 121, n° 19 ♂.
D. F. Koch, Arachniden, t. VIII, p. 96, fig. 665 ♂ et 666 ♀.

Syn. *Theridio parvipalpus*, Wider, Mus. senckb., t. I, p. 226, pl. 15, fig. 6.
Argus parvipalpus, Walckenaer, Aptères, t. II, p. 349.

149. Micryphantes æqualis, Koch, Europe.

D. F. Koch, Arachniden, t. VIII, p. 101, fig. 669 ♂ et 670 ♀.

Syn. *Nerieneus mundus*, Blackwall, Trans. of the Lin. soc., t. XVIII,
p. 643.

150. Micryphantes pullus, Blackwall, Angleterre.

D. Blackwall, Trans. of the Lin. soc., t. XVIII, p. 646.

Syn. *Nerieneus pullus*, Blackwall, *loc. cit.*

151. Micryphantes minimus, Blackwall, Angleterre.

Syn. *Nerieneus minimus*, Blackwall, *loc. cit.*, t. XVIII, p. 648.

152. Micryphantes gracilis, Blackwall, Angleterre.

Syn. *Nerieneus gracilis*, Blackwall, *loc. cit.*, t. XVIII, p. 646.

153. Micryphantes albertinæ, Walckenaer, France.

Syn. D. *Argus albertinæ*, Walckenaer, Hist. ins. apt., t. II, p. 349.

154. Micryphantes formivorus, Walckenaer, France, Angleterre.

D. Walckenaer, Histoire naturelle des insectes Aptères, t. II, p. 350, n° 8.

Syn. *Argus formivorus*, Walckenaer, *loc. cit.*
Theridio fuscum, Blackwall, Trans. of the Lin. soc., t. XVIII,
p. 626, n° 3.

155. Micryphantes laminatus, Koch, Allemagne.

D. F. Koch, Die arachniden, t. XII, p. 149, fig. 1070 ♀.

156. Micryphantes phœpus, Koch, Allemagne.

D. F. Koch, Arachniden, t. XII (1845), p. 151, pl. 471.

Syn. *Theridio phœpus*, Walckenaer, Aptères, t. IV, Suppl., p. 495.

157. Micryphantes bipunctatus, E. S. Belgique.

D. Oculi superiores, sicut inferiores, æque distantes, — pedibus brevibus, exi-
libus, fusco-rufescente. — Cephalothorace parvo, nigro-nitido. — Abdomine nigro-æneo — duplex punctum albescens satisque latum super ori-
ficia spirantia.
Habitat sub lapidibus, repertus est in Belgica regione.

158. Micryphantes alutacius, Koch, Allemagne.

D. F. Koch, Arachniden, t. XII (1845), p. 153, pl. 472, fig. 1073 ♀.

Syn. *Dictyna alutacia*, Koch, Ubers. des arachn. sys., 1836, p. 12.

159. Micryphantes villosus, Koch, Allemagne.

D. F. Koch, Arachniden, t. XII, p. 155, pl. 472, fig. 1075 ♀.

160. Micryphantes crassipalpus, Koch, Europe.

D. F. Koch, Arachniden, t. IV, p. 128, fig. 330 ♂ et 331 ♀.

Syn. *Argus crassipalpus*, Walckenaer, Aptères, t. II, p. 353, n° 10.

161. Micryphantes hystericus, Koch, Bavière.

D. F. Koch, Arachniden, t. XII (1845), p. 155, pl. 472, fig. 1074 ♀.

Syn. *Dictyna hysterica*, Koch, Ubers. des arachn. sys., 1837, fasc. I, p. 12.

162. Micryphantes gibbosus, Blackwall, Angleterre.

Syn. *Nerieneus gibbosus*, Blackwall, Trans. of the Lin. soc., t. XVIII, p. 653.

163. Micryphantes tuberosus, Blackwall, Angleterre.

Syn. *Nerieneus tuberosus*, Blackwall, *loc. cit.*, p. 654.

164. Micryphantes isabellinus, Koch, Europe.

D. F. Koch, Arachniden, t. VIII, p. 109, fig. 676 ♂, 677 ♀, 678 ♀ var.

Syn. *Theridio dysderoïdes*, Wider, Mus. senckb., t. I, p. 247, pl. 16, fig. 12.
Argus dysderoïdes, Walckenaer, Hist. nat. ins. apt., t. II, p. 357, n° 18.
Theridio chelyfer, Wider, *loc. cit.*, t. I, p. 237, pl. 16.
Argus chelyfer, Walckenaer, t. II, p. 364, n° 28.

165. Micryphantes variegatus, Blackwall, Angleterre.

Syn. *Nerieneus variegatus*, Blackwall, Trans. of the Lin. soc., t. XVIII, p. 650.

166. Micryphantes pantherinus, Koch, Europe.

D. F. Koch, Arachniden, t. III, p. 69, fig. 221.

Syn. *Theridio parallelus*, Wider, Mus. senckemb., t. I, p. 234, pl. 16, fig. 1.
Argus parallelus, Walckenaer, Hist. apt., t. II, p. 366.
Walckenaera turgida, Blackwall, Trans. Lin. soc., t. XVIII, p. 630, 1841.

167. Micryphantes flavomaculatus, Koch, Allemagne.

D. F. Koch, Arachniden, t. III, p. 67, fig. 220 ♀.

168. Micryphantes quaternus, Walckenaer, France.

D. Walckenaer, Histoire naturelle des insectes Aptères, t. II, p. 358, n° 21.

Syn. *Argus quaternus*, Walckenaer, *loc. cit.*

169. **Micryphantes Mathildæ**, Walckenaer, France.
>   Walckenaer, *loc. cit.*, t. II, p. 359, n° 22.

Syn. *Argus Mathildæ*, Walckenaer, *loc. cit.*, ibid.

170. **Micryphantes Ceciliæ**, Walckenaer, France.
>   D. Walckenaer, *loc. cit.*, t. II, p. 360, n° 23.

Syn. *Argus Ceciliæ*, Walckenaer, *loc. cit.*, ibid.

171. **Micryphantes abnormis**, Blackwall, Angleterre.

Syn. *Nerieneus abnormis*, Blackwall, Trans. Lin. soc., t. XVIII, p. 649.

172. **Micryphantes lichensis**, Wider, Allemagne.
>   D. F. Wider, Mus. senck., t. 1, p. 240, pl. 16, fig. 6.

Syn. *Theridio lichensis*, Wider, *loc. cit.*
   Argus lichensis, Walckenaer, Hist. apt., t. II, p. 356, n° 16.
   Micryphantes olivaceus, Koch, dans H. Schœffer, Deuts. ins., t, IV, n° 5, 6.

173. **Micryphantes affinis**, Wider, Allemagne.

Syn. *Theridio affine*, Wider, Mus. Senck., t. I, pl. 15, fig. 5.
   Argus affinis, Walckenaer, Hist. apt., t. II, p. 354, n° 12.

174. **Micryphantes longipalpus**, Wider, Allemagne.

Syn. *Theridio longipalpus*, Wider, Mus. senck., t. I, p. 227, pl. 15, fig. 7.
   Argus longipalpus, Walckenaer, Aptères, t. II, p. 354, n° 13.

175. **Micryphantes dentatus**, Wider, Allemagne.

Syn. *Theridio dentatum*, Wider, M. S., t. I, p. 229, pl. 15, fig. 8.
   Argus dentatum, Walckenaer, Aptères, t. II, p. 354, n° 14.

176. **Micryphantes terrestris**, Wider, Europe.

Syn. *Theridio terrestre*, Wider, M. S., t. I, p. 239, pl. 16, fig. 5.
   Argus terrestris, Walckenaer, H. N. I. A., t. II, p. 355, n° 15.
   Micryphantes longipes, Koch, dans H. Schœf. Deuts. ins., p. 121, fig. 22 ♂.

177. **Melicertus acuminatus**, Wider, Europe.
>   D. Walckenaer, Histoire naturelle des insectes Aptères, t. II, p. 370, n° 36.
>   D. F. Koch, Arachniden, t. IV, p. 130, pl. 143, fig. 322 ♂.

Syn. *Theridio acuminatum*, Wider, Mus. senck., t. I, p. 3, pl. 16, fig. 11 a. f.
   Argus acuminatus, Walckenaer, *loc. cit.*

178. **Melicertus elevatus**, Koch, Europe.
>   D. Walckenaer, Histoire naturelle des insectes Aptères, t. II, p. 269, n° 36.
>   D. F. Koch, Die arachniden, t. IV, p. 133, fig. 334 ♂ et 335 ♀.

Syn. *Theridio elongatum*, WIDER, Mus. senck., t. I. p. 233.
Argus elongatus, WALCKENAER, *loc. cit.*
Micryphantes galeatus, KOCH, dans H. Schœffer, Deut. ins.,
p. 121, fig. 23 ♂.
Walckenaera picina, BLACKWALL, Tr. Lin. soc., t. XVIII, p. 640.

179. Melicertus bicornis, WIDER, Europe.

D. WALCKENAER, Histoire naturelle des insectes Aptères, t. II, p. 365, n° 29.

Syn. *Aranea rufipes*, LINNÉ, Syst. nat., t. I, p. 1033;—Ibid., Fau. suec.,
n° 2009.
Aranea rufipes, MULLER, Fau. ins. Fried., p. 93, n° 833.
Aranea rufipes, OTHON FABRICIUS, faun. grœnl., p. 226, n° 206.
Linyphia rufipes, SUNDEVALL, Svins. spind., 1829, p. 215.
Theridio bicornis, WIDER, Mus. senck., t. III, p. 200, pl. 14,
fig. 12.
Argus bicornis, WALCKENAER, *loc. cit.*
Micryphantes cespitum, KOCH, Die arachniden, t. VIII, p. 104,
fig. 673 ♂ 674 ♀.
Walckenaera nemoralis, BLACKWALL, Tr. Lin. soc., t. XVIII,
p. 641, n° 27.

180. Melicertus bicuspidatus, KOCH, Allemagne.

D. F. KOCH, Arachniden, t. IV, p. 138, pl. 144, fig. 338 ♂ et 339 ♀.

Syn. *Argus bicuspidatus*, WALCKENAER, Histoire naturelle des Aptères, t. II, p. 371, n° 37.
Walckenaera atra, BLACKWALL, Trans. of the Lin. soc., t. XVIII,
p. 631.

181. Melicertus bifrons, BLACKWALL, Angleterre.

Syn. *Walckenaera bifrons*, BLACKWALL, Trans. of the Lin. soc.,
t. XVIII, p. 634.

182. Melicertus ochropus, KOCH, Allemagne.

D. F. KOCH, Die arachniden, t. IV, p. 136, fig. 336 et 337.

Syn. *Argus ochropus*, WALCKENAER, Aptères, t. II, p. 366, n° 30.

183. Melicertus pusillus, WIDER, Europe.

Syn. *Theridio pusillum*, WIDER, Mus. senck., t. I, p. 243, pl. 17, fig. 9.
Argus pusillus, WALCKENAER, Aptères, t. II, p. 367, n° 32.

184. Melicertus parvus, BLACKWALL, Angleterre.

Syn. *Walckenaera parva*, BLACKWALL, Trans. of the Lin. soc., t. XVIII,
p. 635.

185. Melicertus punctatus, BLACKWALL, Angleterre.

Syn. *Walckenaera punctata*, BLACKWALL, *loc. cit.*, t. XVIII.

186. Melicertus humilis, BLACKWALL, *loc. cit.*, t. XVIII, p. 630.

Syn. *Walckenaera humilis*, Blackwall, *loc. cit.*, t. XVIII, p. 630.

187. **Melicertus pumilius**, Blackwall, Angleterre.

Syn. *Walckenaera pumilia*, Blackwall, *loc. cit.*, t. XVIII, p. 639.

188. **Pelecopsis inæqualis**, Koch, Allemagne.

Koch, Arachniden, t. VIII, p. 103, fig. 671 ♂ et 672 ♀.

189. **Widerius anticus**, Wider, Europe.

D. Walckenaer, Histoire naturelle des insectes Aptères, t. II, p. 357.

Syn. *Theridium anticum*, Wider, Museum Senckb., t. I, p. 221, pl. 15,
fig. 1.
Argus anticus, Walckenaer, *loc. cit.*
Micryphantes tibialis, Koch, Arachn., t. III, p. 89, fig. 203 ♀.
Ibid. Kock, Arachn., t. VIII, p. 107, pl. 232,
fig. 675 ♂.
Walckenaera apicata, Blackwall, Trans. of the Linnean soc.,
t. XVIII, p. 637.

190. **Widerius cucullatus**, Koch, Europe.

D. F. Koch, Die arachniden, t. III, p. 45, pl. 89, fig. 200 ♂ et 201 ♀.

Syn. *Argus cucullatus*, Walckenaer, t. II, p. 368, n° 34.
Walckenaera hiemalis, Blackwall, Trans. of the Linnean soc.,
t. XVIII, p. 632.

191. **Arrececrus camelinus**, Koch, Europe.

D. F. Koch, Die arachniden, t. III, p. 11. fig. 168 ♂ et 169 ♀.

Syn. *Theridio cornutum*, Wider, Museum senckb., p. 235, pl. 16, fig. 2.
Argus cornutum, Walckenaer, Histoire naturelle des insectes
Aptères, t. II, p. 367.
Linyphia alticeps, Sundevall, Svins spindl. (Ac. R. Ac. Holm.,
1831), p. 261.

192. **Arrececrus monoceros** (espèce douteuse), Wider, Allemagne.

D. F. Wider, Museum senckb., t. I, p. 236, pl. 16, fig. 3.

Syn. *Argus monoceros*, Walckenaer, Histoire naturelle des insectes
Aptères. t. II, p. 361.

29ᵉ *Genre*. **TEGENARIA**, Walckenaer.

193. **Tegenaria domestica**, Linné, Europe,

D. F. Walckenaer, Faune française, Aranéides, p. 205, n° 1, pl. 8, fig. 1 ♀ et
2 ♂, 1806.
D. Lucas, Annales de la Société Entomologique de France, 2ᵉ série, t. II,
p. 461, n° 1.
D. F. Koch, Die arachniden, t. VIII, p. 25, pl. 260, fig. 607 ♂ et 608 ♀, 1840.

D. F. Brandt, Und Ratzeburg, medizinische zoologie, p. 93, pl. 14, fig. 3, 1833.
D. F. Savigny, Desc. Egypt. arach., p. 3, pl. 1, fig. 5.

Syn. *Aranea domestica*, Lister, Arancis, p. 59, tit. 17, fig. 17 1677.
     Ibid.   Homberg, Mém. de l'Académie des sciences, p. 347, pl. 8, fig. 1, 1707.
     Ibid.   Panzer, Syst. nouv. des insectes, p. 116. 1795.
     Ibid.   De Geer, Mém., t. VII, p. 264, n° 19, pl. 15, fig. 11. 1744.
     Ibid.   Linné, Fauna suec., p. 487. 1761. — *Ibid.*, Syst. nat., p. 1031.
     Ibid.   Fabricius, Ent. system., t. II, p.412, n°21.1775.
     Ibid.   Olivier, Encycl. method. hist. nat., t. IV, p. 211. 1790.
     Ibid.   Latreille, Gen. crust. et ins., t. I, p. 96, n° 2. 1829.
     Ibid.   Dugès, dans Cuvier, Atlas, pl. 8, fig. 3. 1836.
Araignée brune domestique, Geoffroy, Histoire naturelle des insectes, t. I, p. 644. 1762.
Araneus domesticus, Clerck, Aran. suec., p. 76, pl. 2, t. 9.
Aranea stabularia, Koch, Deutschl. ins., H, p. 125, n° 13.
Aranea Derhamii, Scopoli, Ent. carn., p. 400, n° 1104.
Araignée découpée, Duméril, Cons. gén. sur la class. des insectes pl. 55. 1823.
Araignée découpée, Duméril, Dict. des sc. nat. ent. apt., fig. 1.
Agelena domestica, Sundewall, Svins. spind. (Ac. Reg. Sc. Holm.), p. 18, n° 1.
Philoica domestica, Koch, Ubers. der arac. syst., p. 13. 1836.
Tegen. domestica, Koch, Arach., t. VIII, p. 25, pl. 260, fig. 607, 608.
Tegen. petrensis, Koch, Arach., t. VIII, p. 27, pl. 260, fig. 609.

194. **Tegenaria murina**, Walckenaer, Europe.

D. Walckenaer, Histoire naturelle des insectes Aptères, t. II, p. 6, n° 4 1837.

Syn. *Agelena obscura*, Sundevall, Svinsk. spind., p. 21, n° 3. 1830.
Tegenaria cubicularis, Koch, dans H. Schœff., p. 125, n° 12.
Tegenaria saxatilis,   *ibid.*,   p. 125, n° 10.
Aranea longipes, Fuessly, Verz. d. bekant. schweitz. insek., n° 1210. 1775.
Aranea longipes, Sulzer, Geschic. d. ins. n. d. lin. syst., p. 253, tit. 29, fig. 12. 1776.
Tegenaria longipes, Koch, Die arachniden, t. VIII, p. 36, pl. 263, fig. 617. 1841.

195. **Tegenaria Guyonii**, Guérin, Grèce, Algérie.

F. Guérin, Iconographie du règne animal de Cuvier, Arach., pl. 2, fig. 1.
D. Walckenaer, Histoire naturelle des insectes Aptères, t. II, p. 5, n°2. 1837.
D. Lucas, Exploration scientifique de l'Algérie, p. 241, n° 192. 1841.
D. F. Koch, Die arachniden, t. VIII, p. 29, pl. 264, fig. 610 ♂ et 611 ♀. 1841.

Syn. *Tegenaria intricata*, Koch, *loc. cit.* (Grèce).

196. Tegenaria pagana, Koch, Grèce.

D. F. Koch, Die arachniden, t. VIII, p. 31, fig. 612 ♂ et 613 ♀.

197. Tegenaria stabularia, Koch, Grèce.

D. F. Koch, Die arachniden, t. VIII, p. 32, fig. 614.

198. Tegenaria agrestis, Walckenaer, Europe.

D. F. Walckenaer, Faune française, aranéides, p. 222, n° 3, pl. 8, fig. 3 ; — *ibid.*, Aptères, pl. 16, fig. 3.
D. F. Koch, Die arachniden, t. VIII, p. 34, pl. 263, fig. 615 ♂ et 616 ♀. 1841.

Syn. *Agelena campestris*, Sundevall, Svins. spind., p. 125, n° 1. 1836.
Aranea campestris, Koch, In. H. Schaeff. Deuts. ins., p. 124, n° 20.
Aranea illigera, Rossi, Fauna etrusc., t. II, p. 130, n° 970.
Tegenaria campestris, Koch, Arachniden, t. VIII.
Tegenaria scalaris, Brandt, Und Ratzeburg mediz. zool., t. II, p. 95, pl. 14. 1833.

199. Philoica civilis, Walckenaer, Europe.

D. F. Walckenaer, Faune française, aranéides, p. 218, pl. 8, fig. 4 ; — *ibid.*, Aptères, t. II, p. 7, pl. 16.
D. F. Koch, Die arachniden, t. VIII.

Syn. *Araignée privée*, Walckenaer, Faune paris., t. II, p. 212. 1803.
Ibid.   Latreille, Histoire naturelle des crustacés et des insectes, t. VII, p. 228, n° 18. 1805.
Tégénaire privée, Walckenaer, Tab. des aranéides, p. 49, n° 2, 1805.
Araignée agreste, Kummer (Mss.), pl. 5 ♂.
Agelena civilis, Sundevall, Svins. spindl., p. 20, n° 2. 1830.
Aranea domestica, Lyonnet, Recherches sur l'anatomie et les métamorphoses des insectes, p. 72, pl. 8. 1832.
Aranea domestica, Lister, Hist. anim. angl., tit. 18.
Tegenaria domestica, Koch, dans H. Schœff., p 125, fig. 21 ♂, fig. 22 ♀. 1830.

200. Philoica campestris, Walckenaer, Europe.

D. Walckenaer, Histoire naturelle des insectes Aptères, t. II, p. 9, n° 7. 1837.
D. F. Koch, Die arachniden, t. VIII, p. 50, pl. 268, fig. 631 ♂ et 632 ♀.

Syn. *Tegenaria sylvicola*, Koch, dans H. Schœffer, p. 125, n° 14.
Tegenaria notata,   *ibid.*,   p. 125, n° 16.
Tegenaria agrestis, fusca, parva, Walckenaer, Faune française, p. 221. 1806.
Tegenaria notata, Othon Fabricius, Fauna groënl., p. 226, n° 205. 1780.
Tegenaria notata, Lucas, Annales de la Société Entomologique, t. II, 2ᵉ série, p. 467. 1841.

Clubiona domestica, WIDER, Museum senckb., t. I, p. 214, pl. 14, fig. 9.
Philoica notata, KOCH, Arachn., t. VIII, *loc. cit.*
Clubiona epimelas, WALCKENAER, Hist. nat. apt., t. I, p. 592.
Clubiona fucata, BLACKWALL, Trans. of the Lin. soc., t. XVIII, p. 605.

201. **Philoica advena**, KOCH, Allemagne.

D. F. KOCH, Die arachniden, t. VIII, p. 57, fig. 633.

Syn. *Clubiona advena*, WALCKENAER, Histoire naturelle des aptères, t. IV, Supplément.

202. **Philoica cicurea**, KOCH, Europe.

D. KOCH, dans H. Schœffer, p. 128, n° 16. 1836.
D. F. *Ibid.*, Die arachniden, t. VIII, p. 40, fig. 620. 1841.

203. **Philoica atrica**, KOCH, Allemagne.

D. F. KOCH, Die arachniden, t. X, p. 105, pl. 353, fig. 825. 1845.

204. **Philoica coarctata**, Dufour, France méridionale.

D. F. Léon DUFOUR, Annales des sciences naturelles, p. 4, pl. 10, fig. 1. 1831.

205. **Philoica emaciata**, WALCKENAER, France, Angleterre.

D. WALCKENAER, Histoire naturelle des insectes Aptères, t. II, p. 14.

Syn. *Agelena prompta*, BLACKWALL, Trans. of the Lin. soc., t. XVIII, p. 621.

30ᵉ *Genre.* **AGELENA**, Walckenaer.

206. **Agelena labyrinthica**, LINNÉ, Europe.

D. F. WALCKENAER, Aranéides de France (faune franç.), p. 226, pl. 9, fig. 1.
F. H. SCHOEFFER, Icon. ins., pl. 19, fig. 8.
D. F. HAHN, Die arachniden, t. II, p. 61, fig. 150 ♂ et 151 ♀.

Syn. *Aranea labyrinthica*, LINNÉ, Fau. suec., p. 487, n° 2003. 1761.
     Ibid.   LATREILLE, Gen. crust. et ins., t. I, p. 95.
Araneus labyrinthicus, CLERCK, Aran. suecic., p. 36, pl. 2, fig. 18. 1693.
Araneus cinereus, maximus, LISTER, Anim. angl., p. 60, fig. 18. 1698.
Agelena orientalis, KOCH, Arachniden, t. VIII, p. 58, pl. 269, fig. 634 ♂.

207. **Agelena gracilens**, KOCH, Allemagne.

D. F. KOCH, Die arachniden, t. VIII, p. 58, pl. 269, fig. 635 ♂.

208. **Hahnia sylvicola**, KOCH, Allemagne.

D. F. KOCH, Die arachniden, t. XII, p. 158, pl. 432, fig. 1076 ♂ et 1077 ♀.

Syn. *Agelena celans*, BLACKWALL, Trans. of the Linn. Soc., t. XVIII,
    p. 624.
    Tegenaria sylvicola, WALCKENAER, Aptères, t. IV, Supp., p. 464.
    Argus celans;   *ibid.,*   *ibid.,*   p. 504.

209. Habnia pusilla, KOCH, Allemagne.

D. F. KOCH, Die arachniden, t. VIII, p. 61, pl. 270, fig. 637 ♂ et 638 ♀.

210. Habnia pratensis, KOCH, Allemagne.

D. F. KOCH, Die arachniden, t. VIII, p. 64, pl. 270, fig. 639.

Syn. *Agelena elegans*, BLACKWALL, Trans. of the Linn. Soc., t. XVIII,
    p. 619.

211. Habnia montana (espèce douteuse), BLACKWALL, Angléterre.

Syn. *Agelena montana*, BLACKWALL, Trans. of the Linn. Soc., t. XVIII,
    p. 622.

212. Habnia nava (espèce douteuse), BLACKWALL, Angleterre.

Syn. *Agelena nava*, BLACKWALL, *loc. cit.*, t. XVIII, p. 622.

31ᵉ *Genre.* **TEXTRIX**, Sundevall.

213. Textrix lycosina, SUNDEVALL, Europe.

D. WALCKENAER, Histoire naturelle des insectes aptères, t. II, p. 15, nᵒ 14.
D. F. KOCH, Die arachniden, t. VIII, p. 46, pl. 266, fig. 623 ♂ et 624 ♀.

Syn. *Aranea fuliginea*, LISTER, Hist. anim. angl., p. 67, fig. 20, 1678.
    Tegenaria fuliginea, LUCAS, Ann. de la Soc. Ent., 2ᵉ série, t. II,
    p. 470, 1841.
    Aranea Rœselii, SCOPOLI, Faun. Carn., p. 395, nᵒ 1887, 1762.
    Araignée dentelée, OLIVIER, Encyc. méthod., hist. nat., t. IV,
    p. 194, 1789.
    Aranea maculata, Léon DUFOUR, Ann. des sc. nat., t. I, p. 6,
    pl. 10, 1831.
    Agelena lycosina, Herrich, SCHÆFFER, icon. ins. p. 128, nᵒ 15.
        Ibid.,   SUNDEVALL, Svins. Spind., p. 23, nᵒ 5, 1830.
    Tegenaria lycosina, WALCKENAER, *loc. cit.*

214. Textrix torpida, KOCH, Allemagne, Italie.

D. F. KOCH, Die arachniden. t. VIII, p. 48, pl. 274, fig. 625 ♂ et 626 ♀.

215. Textrix vestiva, KOCH, Grèce.

D. F. KOCH, Die arachniden, t. VIII, p. 52, pl. 267, fig. 628 ♂ et 629 ♀.

216. Textrix ferruginea, KOCH, Grèce.

D. F. KOCH, Die arachniden, t. VIII, p. 50, pl. 267, fig. 627 ♀.

Syn. (?) *Lycosoïdes rufithorax*, LUCAS, Explor. scient. de l'Algérie,
    p. 125, pl. 4, fig. 4.

32ᵉ *Genre*. **LINYPHIA**, Walckenaer.

217. Linyphia montana, CLERCK, Europe.

> D. F. WALCKENAER, Histoire naturelle des insectes aptères, t. II, p. 23 , n° 1,
> pl. 16, fig. 4. 1837.
> D. F. KOCH, Die arachniden, t. XII, p. 113, pl. 422, fig. 1030 ♂ et 1031 ♀.
> F. DUGÈS, dans Cuvier, arachnides (atlas), pl. 10, fig. 3.

> Syn. *Araneus montanus*, CLERCK, Aran. suec., p. 64, pl. 3, fig. 1, 2 et 3.
> *Aranea resupina sylvestris*, DE GEER, Mém. pour serv. à l'hist.
> des insectes, t. VII, p. 244.
> *Linyphia triangularis*, WALCKENAER, Hist. natur. des aran.,
> pl. 5, fig. 9.
> *Ibid.*,   LATREILLE, Gen. crust. et ins., t. I, p. 100.
> *Ibid.*,   SUNDEVALL, Svins. Spindl., p. 28, 1830.

218. Linyphia triangularis, CLERCK, Europe.

> D. WALCKENAER, Histoire naturelle des insectes aptères, t. II, p. 240, n° 2.
> D. F. KOCH, Die arachniden, t. XII, p. 118, pl. 423, fig. 1041 ♂ et 1042 ♀.

> Syn. *Araneus triangularis*, CLERCK, Aran. suec., p. 71, pl. 3, fig. 1.
> *Aranea albini*, SCOPOLI, Ent. carn., p. 36, n° 1089.
> *Linyphia Walckenaeria*, RISSO, Hist. nat. de l'Europe méridion.,
> t. V, p. 169.
> *Linyphia marginata*, WIDER, Mus. senck., p. 253, pl. 17, fig. 5.
> *Ibid*,   KOCH, dans H. SCHÆFFER, Deuts. ins.,
> p. 127, n° 22.
> *Ibid.*,   KOCH, Arachniden, *loc. cit.*

219. Linyphia resupina, WIDER, Europe.

> D. WALCKENAER, Histoire naturelle des insectes aptères, t. II, p. 242, n° 3.
> D. F. KOCH, Die arachniden, t. XII, p. 109, pl. 421, fig. 1035 ♂ et 1036 ♀.

> Syn. *Aranea resupina, domestica*, DE GEER, Mém. pour serv. à l'hist.
> des insect., t. VII, p. 251.
> *Araneus niger aut castaneus*, LISTER, Anim. angl., p. 64, tit. 19,
> fig. 19.
> *Araignée montagnarde*, LATREILLE, Hist. nat. des crust. et des
> insect., t. VII, p. 248.
> *Araignée montagnarde*, OLIVIER, Encycl. méthod., t. IV, p. 208,
> n° 35.
> *Araneus pinnatus*, MULLER, Zool. dans. Prod., n° 2328, p. 303.

220. Linyphia emphana, WALCKENAER, France.

> D. WALCKENAER, Histoire naturelle des insectes aptères, t. II, p. 245, nᵐ 4.

221. Linyphia thoracica, WIDER, Allemagne.

> D. F. WIDER, Museum senckb., t. 1, p. 261, pl. 17, fig. 10.

Syn. *Araneus cellulanus*, CLERCK, Aran. suec., p. 62, n° 7, pl. 4, fig. 12.
Meta cellulana, KOCH, Die Arachn., t. VIII, p. 123, pl. 287, fig. 691 ♂, 692 ♀.

222. **Linyphia tigrina**, WIDER, Europe.

D. WALCKENAER, Aptères, t. II, p. 274, n° 29.

Syn. *Linyphia sœpium*, KOCH, Ubers. des. arac. syst., p. 10, 1836.
Meta tigrina, KOCH, Die arachn., t. XII, p. 130, pl. 436, fig. 1051 ♂, 1052 ♀.

223. **Linyphia fructorum**, WALCKENAER, Europe.

D. WALCKENAER, Aptères, t. II, p 248, n° 5.
D. F. KOCH, Arachniden, t. XII, p. 123, pl. 424, fig. 1044 ♂, 1045 ♀ et 1046 ♂, var.

Syn. *Linyphia quadrata*, WIDER, Mus. senck., p. 251, pl. 17, fig. 3.

224. **Linyphia pratensis**, WIDER, Europe.

D. WALCKENAER, Histoire naturelle des insectes aptères, t. II, p. 250, n° 6.
D. F. KOCH, Arachniden, t. XII, p. 121, pl. 423, fig. 1043 ♂.

Syn. *Linyphia sylvatica*, BLACKWALL, Trans. of the Linn. Soc., t. XVIII.

225. **Linyphia pascuensis**, WALCKENAER, France.

D. WALCKENAER, Histoire naturelle des insectes aptères, t. II, p. 251, n° 7.

226. **Linyphia multiguttata**, WIDER, Europe.

D. WALCKENAER, Aptères, t. II, p. 252, n° 8.
D. F. WIDER, Museum senckb., t. I, p. 255, pl. 17, fig. 6.
D. F. KOCH, Die arachniden, t. XII, p. 110, pl. 421, fig. 1037 ♀.

227. **Linyphia peltata**, WIDER, Europe.

D. WALCKENAER, Histoire naturelle des insectes aptères, t. II, p. 253.
D. F. WIDER, Museum senckb., p. 256, pl. 17, fig. 7.

228. **Linyphia domestica**, WIDER, Europe.

D. WALCKENAER, Histoire naturelle des insectes aptères, p. 255, n° 10.
D. F. WIDER, Museum senckb., t. I, p. 265, pl. 18, fig. 1.

Syn. *Linyphia crypticola*, KOCH, dans H. SCHÆFFER, Deuts. inst., p. 124, fig. 23.

229. **Linyphia tenebricola**, WIDER, Europe.

D. WALCKENAER, Histoire naturelle des insectes aptères, t. II, p. 257.
D. F. WIDER, Museum senckb., t. I, p. 267, pl. 18, fig. 2.

230. **Linyphia elegans**, WALCKENAER, France.

D. WALCKENAER, Histoire naturelle des insectes aptères, t. II, p. 258, n° 12.

231. **Linyphia phrygiana**, KOCH, Europe.

D. F. KOCH. Die arachniden, t. III, p. 83, pl. 100, fig. 229 ♂ et 230 ♀.
D. WALCKENAER, Histoire naturelle des insectes aptères, t. II, p. 260, n° 14.

232. **Linyphia longidens**, WALCKENAER, Europe.

D. WALCKENAER, Histoire naturelle des insectes aptères, t. II, p. 264, n° 18.

Syn. *Theridion damier*, WALCKENAER, Tabl. des aran., p. 76, n° 22.
 Micryphantes sylvarum, KOCH, Arachn., t. III, pl. 101, f. 233 ♀.

233. Linyphia crocea (espèce douteuse), WALCKENAER, France.

D. WALCKENAER, *loc. cit.*, t. II, p. 266, n° 19,

234. Linyphia bucculenta, CLERCK, Europe.

D. WALCKENAER, *loc. cit.*, t. II, p. 274, n° 31.

Syn. *Aranea bucculenta*, CLERK, Aran. suec., p. 63, pl. 4, fig. 1.
 Theridion gonflé, WALCKENAER, *loc. cit.*, Atlas, pl. 21, fig. 3ᵈ.
 Linyphia terricola, KOCH, Die Arachniden, t. XII, p. 125, pl. 425,
 fig. 1047.

235. Linyphia cleytonæ, BLACKWALL, Angleterre.

D. BLACKWALL, *loc. cit.*,

236. Linyphia obscura, BLACKWALL, Angleterre.

D. BLACKWALL, *loc. cit.*,

237. Linyphia gracilis, BLACKWALL, Angleterre.

D. BLACKWALL, *loc. cit.*,

238. Linyphia concolor, WIDER, Europe.

D. WALCKENAER, Histoire naturelle des insectes aptères, t. II, p. 270, n° 23.

239. Linyphia delicatula, WALCKENAER, France.

D. WALCKENAER, Histoire naturelle des insectes aptères, t. II, p. 271, n° 24.

240. Linyphia luctuosa, WALCKENAER, France.

D. WALCKENAER, Histoire naturelle des insectes aptères, t. II, p. 271, n° 25.

241. Linyphia lugubris (espèce douteuse), WALCKENAER, France.

D. WALCKENAER, Histoire naturelle des insectes aptères, t. II, p. 272, n° 36.

242. Linyphia globosa, WIDER, Europe.

D. F. WIDER, Museum senckb., p. 259, pl. 17, fig. 9.
D. WALCKENAER, Histoire naturelle des insectes aptères, t. II, p. 272, n° 27.

243. Linyphia merianæ, SCOPOLI, Europe méridionale.

D. F. KOCH, Die arachniden, t. VIII, p. 121, fig. 688 ♂ et 689 ♀.

Syn. *Meta meriana*, KOCH, *loc. cit.*

244. Linyphia crypticola, WALCKENAER, Europe.

D. WALCKENAER, Aptères, t. II, p. 275, n° 32. 1836.

Syn. *Theridio crypticolum*, WALCKENAER, Tab. des aran., p. 75,
 n° 18, fig. 75, 1806.
 Linyphia nebulosa, SUNDEVALL, Svins. Spind., p. 31, n° 9 (act.
 Reg. sc. Holm. 1829).
 Linyphia furcula, KOCH, Die Arachniden, t. XII, p. 116, fig. 1040.

245. **Linyphia frenata**, Walckenaer, Europe.

> D. Walckenaer, Aptères, t. II, p. 279.

> Syn. *Theridium nebulosum*, Hahn, Monog. der. Spin., fasc. VI, pl. 4, fig. A.

246. **Linyphia signata**, Hahn, Europe.

> D. Walckenaer, Hist. nat. des Aptères, t. II, p. 336.

> Syn. *Theridio ampullaceum*, Walckenaer, *loc. cit.*
> *Theridio signatum*, Hahn, Arach., t. II, p. 40, fig. 125.

247. **Linyphia fusca**, Blackwall, Angleterre.

> D. Blackwall, Trans. of the Linn. Soc., t. XVIII.

248. **Linyphia cauta**, Blackwall, Angleterre.

> D. Blackwall, Trans. of the Linn. Soc., t. XVIII.

249. **Linyphia rubra**, Blackwall, Angleterre.

> D. Blackwall, Trans. of the Linn. Soc., t. XVIII.

250. **Linyphia insignis**, Blackwall, Angleterre.

> D. Blackwall, *loc. cit.*,

251. **Linyphia circumflexa**, Koch, Hongrie.

> D. F. Koch, Die arachniden, t. XII, p. 128, pl. 426, fig. 1050 ♂.

33e *Genre.* **PACHYGNATHA**, Sundevall.

252. **Pachygnatha maxillosa**, Hahn, Europe.

> D. Walckenaer, Histoire naturelle des insectes aptères, t. II, p. 267, n° 20.

> Syn. *Theridium maxillosum*, Hahn, Die Arachniden, t. II, p. 37, f 122.
> *Linyphia maxillosa*, Walckenaer, *loc. cit.*
> *Pachygnatha listeri*, Sundevall, Svins. Spind. (Acta sc. Holm. 1829).
> *Pachygnatha listeri*, Koch, Die Arachniden, t. XII, p. 142, fig. 1064 ♀.

253. **Pachygnatha degeeri**, Sundevall, Europe nord.

> D. Walckenaer, Histoire naturelle des insectes aptères, t. II, p. 269, n° 21.
> D. F. Koch, Die arachniden, t. XII, p. 143, fig. 1065.

> Syn. *Theridio vernale*, Hahn, Arachniden, t. II, p. 38, fig. 123.
> *Linyphia degeeri*, Walckenaer, *loc. cit.*
> *Manduculus limatus*, Blackwall, Trans. of the Linn. Soc., t. XVIII et XX.

254. **Pachygnatha Clerckii**, Sundevall, Europe.

> D. Sundevall, Svins. spindl., p. 21, n° 1 (Act. Reg. Ac. Scient. Holm. 1829).

D. F. Koch, Die arachniden, t. XII, p. 146, fig. 1067.

Syn. *Linyphia Clerckii*, Walckenaer, Hist. nat. des insect. aptères,
t. II, p. 270, n° 22.

34ᵉ *Genre.* **BOLYPHANTES**, Koch.

255. Bolyphantes trilineatus, Koch, Europe.

D. F. Koch, Die arachniden, t. VII, p. 69, pl. 272, fig. 641 ♂.

Syn. *Araneus trilineatus*, Linné, Syst. nat., t. II, p. 1031, n° 10.
Aranea lineata, Linné, Fauna suec., p. 48, n° 2001.
Theridio reticulatum, Hahn, Die Arachniden, t. II, p. 39, pl. 54,
fig. 124.
Linyphia reticulata, Walckenaer, Hist. nat. des ins. aptères,
t. II, p. 266.
Nerieneus trilineatus, Blackwall, Trans. of the Linn. Soc., t. XX.

256. Bolyphantes alpestris.

D. F. Koch, Die arachniden, t. VIII, p. 70, pl. 272, fig. 642.

257. Bolyphantes stramineus.

D. F. Koch, Die arachniden, t. VIII, p. 71, pl. 272, fig. 643.

Vᵉ Famille. ÉPÉIRIFORMES.

35ᵉ *Genre.* **NUCTOBIA**, E. Simon.

258. Meta fusca, De Geer, Europe.

D. Walckenaer, Histoire naturelle des aptères, t. II, p. 84.
F. *Ibid.*,   Faune française, aran., pl. 10, fig. 6.
D. F. Koch, Arachniden, t. VIII, pl. 287, fig. 685 ♂, 686 ♀, 687 Jⁿᵉ.

Syn. *Aranea fusca*, Lister, Araneis.
Epeira fusca, Walckenaer, *loc. cit.*
Epeira menardi, Latreille, Hist. nat. crust. et ins., t. VII,
p. 266, n° 78.
Epeira menardi, Latreille, Gen. crust. et ins., p. 108, n° 12.

259. Zilla callophyla, Walckenaer, Europe.

D. Walckenaer, Aptères, t. II, p. 70.
F. Schæffer, Incon. ins., pl. 42, fig. 13.
F. Brant, Und Ratzeburg, medizinische zoologie (1833), t. II, pl. 14, fig. 5.

D. F. Koch, Arachniden, t. VI, pl. 216, fig. 538 ♂ et 539 ♀.

Syn. *Aranea callophyla*, Lister, De Araneis, p. 47, pl. 10, fig. 10.
Epeira callophyla, Walckenaer, *loc. cit.*; — Brant., *loc. cit.*
Epeira annulipes, Lucas, dans Webb et Berth., Hist. nat. des
Canaries, p. 41, pl. 6, fig. 2.

260. Zilla atrica.

D. F. Koch. Arachniden, t. XII, p. 103. pl. 419, fig. 1030 ♂ et 1031 ♀.

Syn. *Eucharia atrica*, Koch, *loc. cit.*
Zygia callophyla, Koch, dans H. Schæf., Ins. Deuts., p. 123,
pl. 17 ♂, pl. 18 ♀.

261. Zilla acalypha, Walckenaer, Europe.

D. Walckenaer, Histoire naturelle des insectes aptères, t. II, p. 50, n° 31.
D. F. Koch, Die arachniden, t. VI, p. 139, pl. 213, fig. 130 ♂ et 131 ♀.

Syn. *Epeira genistæ*, Hahn, Die Arachniden, t. I, p. 11, pl. 3, fig. 7 A.
Epeira acalypha, Walckenaer, *loc. cit.*

262. Zilla diodia, Walckenaer, Europe.

D. Walckenaer, Histoire naturelle des insectes aptères, t. II, p. 55, n° 42.

Syn. *Epeira diodia*, Walckenaer, *ibid.*
Zilla maculata, Koch, dans H. Schæffer, Deuts. Ins., p. 124,
n°ˢ 21, 22.
Zilla albimaculata, Koch, Die Arachniden, t. VI, p. 144, pl. 215,
fig. 534 ♂, 535 ♀.

263. Zilla inclinata, Sundevall, Europe.

D. Walckenaer, Histoire des insectes aptères, t. II, p. 82, n° 72.

Syn. *Epeira inclinata*, Sundevall, Svins. Spind. (Ac. sc. Holm. 1832),
p. 250, n° 11.
Epeira inclinata, Walckenaer, *loc. cit.*
Aranea reticulata, Linné, Fauna Suecica, p. 486, n° 1991.
Araneus notatus, Clerck, Aran. Suec., p. 46, n° 14.
Araneus segmentatus, *ibid.*, p. 45, n° 13, pl. 2, f. 1 et 2.
Epeira variegata, Risso, Hist. nat. de l'Europe méridion., t. V,
p. 170, n° 47.
Zilla reticulata, Koch, Die Arachniden, t. VI, p. 141, pl. 442,
fig. 532 ♀, 533 ♂.

264. Zilla antriada, Walckenaer, Europe.

D. Walckenaer (épéire), Histoire des insectes aptères, t. II, p. 83, n° 73.

Syn. *Zilla montana*, Koch, Die Arachniden, t. VI, p. 146, fig. 536 ♂,
537 ♀.

36e *Genre.* **ULOBORUS**, Walckenaer.

265. Uloborus Walckenaerius, Hahn, Europe méridionale.

    D. F. Walckenaer, Histoire naturelle des insectes Aptères, t. II, p. 228, n° 1,
        pl. 20, fig. 1.
    D. F. Hahn, Die arachniden,·t. I, p. 122, pl. 35, fig. 92.
    D. F. Koch, Die arachniden, t. XI, p. 161, fig. 955 ♂ et 956 ♀.
    F. Dugès, dans Cuvier (atlas), arach., pl. 10, fig. 1.

37e *Genre.* **TETRAGNATHA**, Walckenaer.

266. Tetragnatha extensa, Linné, Europe.

    D. Walckenaer, Histoire des insectes aptères, t. II, p. 203, n° 1.
    F. Dugès, dans Cuvier, pl. 10, fig. 5 ♂.
    D. F. Hahn, Die arachniden, t. II, p. 43, fig. 129.

    Syn. *Aranea extensa*, Linné, Fauna Suecica, p. 489, n° 1011.
        Ibid.   Fabricius, Entom. syst., t. II, p. 407, n° 1.
        Araneus ex viridi inaurata, Lister, De Araneis, tit. III, p. 30,
          n° 1.
        Araignée patte étendue, De Geer, Mém. pour servir à l'hist. des
          insect., t. VII, p. 236. 1778.
        Aranea quarta, Schæffer, Iconogr. insect., pl. 113, fig. 9.
        Aranea secunda,   *ibid.,*   pl. 49, fig. 8.
        Aranea prima,   *ibid.,*   pl. 49, fig. 9.
        Aranea solandri, Scopoli, Ent. carn., p. 398, n° 1105.
        Tetragnatha rubra, Risso, Hist. nat. de l'Europe mérid., p. 15,
          pl. 168.
        Tetragnatha gibba, Koch, Ubers. des Arachn. syst., fasc. 1, p. 5.
        Engnatha chrysoclora, Savigny, Desc. de l'Égypte, p. 119.

38e *Genre.* **SINGA**, Koch.

267. Singa conica, Pallas, Europe.

    D. Walckenaer, Histoire naturelle des insectes aptères, t. II, p. 138, n° 157.
    D. F. Koch, Die arachniden, t. XI, p. 145, fig. 943-45.

    Syn. *Araneus cinereus, sylvaticus*, Lister, De Animal. Angliæ, p. 32,
        tit. IV, fig. 4.
        Aranea conica, Pallas, Spicileg. zool., p. 48, pl. 1, fig. 16.
        Ibid.   De Geer, Mém. pour serv. à l'hist. des ins., t. VII,
        p. 231, pl. 13, fig. 16 à 20.
        Aranea triquetra, Sulzer, Geschichte, p. 254, tit. 30, fig. 2.
        Epeira conica, Walckenaer, *loc. cit.;* — Hahn, *loc. cit.*

Epeira conica, Léon Dufour, Annales des sciences naturelles, t. II, p. 207, n° 2, pl. 10, fig. 3.

268. Singa tubulosa, Walckenaer, Europe.

D. Walckenaer, Histoire naturelle des insectes aptères, t. II, p. 86, n° 76.
D. F. Koch, Die arachniden, t. III, p. 42, fig. 197 ♂ et 198 ♀.

Syn. *Araneus hamatus,* Clerck, Aran. Suecica, p. 51, Species, 2 et 3, fig. 4.
Araneus glaber, cruciger, Lister, De Animal. Angliæ, p. 40, tit. 7, fig. 7.
Epeira tubulosa, Walckenaer, *loc. cit.*
    Ibid.   Hahn, Die Arachniden, t. I, p. 10, fig. 6.
Singa hamata, Koch, Die Arachniden, t. III, p. 42, pl. 85, fig. 197 ♂ et 198 ♀.
Singa hamata, Koch, Ubersicht des Arachnidensystems, 1850, p. 14, n° 2.
Singa serrulata, Koch, *ibid.*, p. 14, n° 5.

269. Singa melanocephala, Koch, Allemagne, Belgique.

D. F. Koch, Die arachniden, t. III, p. 44, pl. 88, fig. 199 ♀.

270. Singa herii, Hahn, Allemagne.

D. Walckenaer, Histoire des insectes aptères, t. II, p. 89, n° 78.

Syn. *Epeira herii,* Walckenaer, *ibid.*
Epeira herii, Hahn, Die Arachniden, t. I, p. 8, pl. 2, fig. 5.
Singa trifasciata, Koch, Arachniden, t. XI, p. 151, pl. 318, fig. 918.

271. Singa nitidula, Koch, Hongrie.

D. F. Koch, Die arachniden, t. XI, p. 149, pl. 318, fig. 946 ♂, 947 ♀.

272. Singa nigrifrons, Koch, Grèce.

D. F. Koch, Die arachniden, t. XI, p. 153, pl. 318, fig. 949 ♀.

273. Singa anthracina, Koch, Allemagne.

D. F. Koch, Die arachniden, t. XI, p. 154, pl. 343, fig. 950 ♂.

Syn. *Micryphantes anthracinus,* Koch, Ubersicht des Arachniden systems, 1836, page 11.

274. Singa sanguinea, Koch, Allemagne.

D. F. Koch, Die arachniden, t. XI, p. 155, pl. 318, fig. 951.

39ᵉ *Genre.* **EPEIRA**, Walckenaer.

275. Miranda ceropegia, Walckenaer, Europe.

D. Walckenaer, Histoire naturelle des aptères, t. II, p. 51.

D. F. HAHN, Die arachniden, t. II, p. 46, fig. 131.
D. F. KOCH, Die arachniden, t. V, p. 51, fig. 370 ♂.
F. SCHÆFFER, Insect. Ratisb., pl. 226, fig. 6 ♂.

276. **Miranda adianta**, WALCKENAER, Europe.

D. WALCKENAER, Histoire naturelle des aptères, t. II, p. 52. n° 26.

Syn. *Epeira segmentata*, SUNDEVALL, Svins. spindl. (Act. Reg. Sc.
Holm., 1832), p. 247, n° 9.
Epeira scopetaria, HAHN, Die Arachniden, t. I, p. 48, pl. 57.
Miranda pictilis, KOCH, Die Arachniden, t. V, p. 50, pl. 158,
fig. 369.

277. **Miranda cucurbitina**, LINNÉ, Europe.

D. WALCKENAER, Histoire naturelle des aptères, t. II, p. 76, n° 64.
D. F. KOCH, Die arachniden, t. V, p. 53, pl. 159, fig. 371 ♂ et 372 ♀.

Syn. *Aranea viridis*, LISTER, De Anim. Angl., p. 34, tit. 5, tab. 1.
Araignée verte à points noirs, DE GEER, Mém. pour servir à l'hist.
des insect., t. VII, p. 233.
Aranea fischii, SCOPOLI, Entomol. carnio., p. 395, n° 1086.
Aranea senoculata, FABRICIUS, Entomol. syst., t. II, p. 426, n° 71.
    Ibid.   SCHRANCK, Fauna boica, n° 2772.
    Ibid.   H. SCHÆFFER, Regensb. insect., pl. 124, f. 6,
pl. 190, fig. 6. 1766.
Aranea cucurbitina, LINNÉ, Fauna Succica, p. 486, n° 1995.
    Ibid.   MULLER, Fauna ins. fried., p. 93, n° 825.
    Ibid.   • SCHRANCK, Fauna boica, p. 3, n° 2732.
    Ibid.   LATREILLE, Genera crust. et insect., p. 107,
n° 10.

278. **Miranda exornata**, KOCH, Hongrie.

D. F. KOCH, Die arachniden, t. XI, p. 158, pl. 396, fig. 953.

279. **Miranda hirsuta**, HAHN, Espagne.

D. HAHN, Die arachniden, t. I, p. 13, pl. 3, fig. 9.
D. WALCKENAER, Histoire naturelle des insectes aptères, t. II, p. 114, n° 120.
D. F. KOCH, Die arachniden, t. XVI, p. 75, fig. 1550 ♀.

280. **Atea agalena**, WALCKENAER, Europe.

D. WALCKENAER, Histoire naturelle des aptères, t. II, p. 36, n° 11.
D. F. KOCH, Die arachniden, t. XI, p. 137, pl. 316, fig. 936 ♂, 937 ♀, 938 ♂ var.

Syn. *Aranea littera X notatus*, CLERCK, Aran. Suec., p. 46, n° 14,
pl. 2, tab. 5.
Epeira strumii, HAHN, Die Arachniden, t. I, p. 12, pl. 3, fig. 8.

281. **Atea solers**, WALCKENAER, Europe.

D. WALCKENAER, Histoire naturelle des aptères, t. II, p. 41, n° 19.

Syn. *Aranea scopetaria*, CLERCK, Aran. Succica, p. 43, n° 11, pl. 2,
fig. 1.

Atea scopetaria, Koch, Die Arachniden, t. XI, p. 315, fig. 934 ♂, 935 ♀.

Epeira agalena, Hahn, Die Arachniden, t. II, p. 29, pl. 47, fig. 165.

282. Atea subfusca, Koch, Grèce.

D. F. Koch, Die arachniden, t. XI, p. 140, pl. 391, fig. 939 ♀.

283. Atea bituberculata, Walckenaer, Europe.

D. Walckenaer, Histoire naturelle des insectes aptères, t. II, p. 125, n° 136.

Syn. *Epeira aurantiaca*, Koch, dans H. Schæffer, Deuts. ins., p. 131.
Atea aurantiaca, Koch, Die Arachniden, t. XI, p. 141, pl. 391, fig. 938.

284. Atea melanogaster, Koch, Allemagne.

D. F. Koch, Die arachniden, t. XI, p. 143, pl. 392, fig. 941 ♂ et 942 ♀.

285. Atea drypta. Walckenaer, France.

D. Walckenaer, Histoire naturelle des aptères, t. II, p. 35.

286. Epeira (nuctenea) **umbratica**, Clerck, Europe.

D. Walckenaer, Histoire naturelle des insectes aptères, t. 2, p. 66, n° 52.
D. F. Savigny, Histoire de l'Égypte, Arachnides, p. 132, pl. 3, fig. 3.
D. F. Hahn, Die arachniden, t. 2, p. 24, pl. 46, fig. 112.
D. F. Koch, Die arachniden, t. II, p. 128, pl. 389, fig. 930 ♂ et 931 ♀.

Syn. *Araneus umbraticus*, Clerck. Aran. Succ., p. 31, n° 5, pl. 7.
Aranea cicatricosa, De Geer, Mémoires, t, VII, p. 225, pl. 12, fig. 19.
Aranea impressa, Fabricius, Entom. syst., p. 413, n° 24.
Ibid.   Lister, De Anim. Angliæ, p. 44.
Aranea octopunctata, Schranck, Insect. Austral.
Epeira umbratica, Koch, Ubers. des Arachn. syst., p. 13, n° 31.
Epeira pallida,   *ibid.*,   p. 13, n° 32.

287. Epeira sylvicultrix, Koch, Allemagne.

D. F. Koch, Die arachniden, t. XI, p. 131, fig. 932 ♂ et 933 ♀.

288. Epeira (eriophora) **vulpina**, Hahn, Italie.

D. F. Hahn, Die arachniden, t, II, p. 24, pl. 45, fig. 111.
D. Walckenaer, Histoire des insectes aptères, t. II, p. 69, n° 54.

289. Epeira (eriophora) **bicolor**, Koch, Hongrie.

D. F. Koch, Die arachniden, t. V, p. 57, pl. 160, fig. 374.
D. Walckenaer, Histoire naturelle des insectes aptères, t. II, p. 41, n° 21.

290. Epeira (neoscona**) scalaris**. Walckenaer, Europe.

D. Walckenaer, Histoire naturelle des insectes aptères, t. II, p. 40, n° 27.
F.   *Ibid.*,   Faune française, Aranéides, pl. 10, fig. 1.
D. F. Hahn, Die arachniden, t. II, p. 27, pl. 47, fig. 114.

Syn. *Aranea scalaris*, Fabricius, Entomol. syst., t. II, p. 419-445.

Aranea scalaris, PANZER, Fauna germ., p. 4, fig. 24.

    Ibid.   CEDERHIELEM, Fauna ingricæ prodromus, p. 194, n° 593.

Araneus ocellatus, CLERCK, Aran. Succ., p. 34, pl. 1, tab. 8.

Araneus betulæ, SULZER, tab. 29, pl. 1, fig. 9.

Araneus pyramidatus, CLERCK, *loc. cit.*, p. 36, pl. 1, tab. 9.

Epeira pyramidata, H. SCHÆFFER, Icon. des ins., p. 124, pl. 17 ♂, pl. 18 ♀.

    Ibid.   SUNDEVALL, Svins. spind. (Ac. Reg. Sc. Holm., 1832.)

    Ibid.   KOCH, Die Arachniden, t. XI, p. 107, pl. 384, fig. 912 ♂ .

291. **Epeira** (neoscona) **apoclysa**, WALCKENAER, Europe.

D. WALCKENAER, Histoire naturelle des insectes aptères, t. II, p. 61, n° 49.

D. F.   *Ibid.*,   Histoire des Aranéides, fasc. 5, fig. 1 ♂ et 2 ♀.

F. SAVIGNY, Description de l'Égypte, Arachnides, p. 128, pl. 2, fig. 10; — pl. 3, fig. 10.

D. F. HAHN, Die arachniden, t. II, p. 30, pl. 48, fig. 116.

Syn. *Aranea arundinacea*, LINNÉ, Syst. naturæ, t. II, p. 1031, n° 7.

Aranea marmorea, SCHRANCK, Fauna boica, n° 2730.

Aranea filum,   *ibid.,*   n° 2747.

Araneus cornutus, CLERCK, Aran. Suecica, p. 39, n° 9, pl. 1, f. 11.

Aranea livida, rufa, BARBUT, Gener. des insect., p. 34, pl. 18.

Epeira arundinacea, KOCH, Die Arachniden, t. XI, p. 109, pl. 385, fig. 913 ♂ .

292. **Epeira** (neoscona) **dumetorum**, HAHN, Europe centrale.

D. F. HAHN, Die arachniden, t. II, p. 31, pl. 41, fig. 117.

Syn. *Araneus patagiatus*, CLERCK, Aran. Succ., p. 38, n° 8, pl. 1, t. X.

Aranea angulata, SULZER, Alegck. Gesch. des ins., p. 254, fig. 13.

Epeira patagiata, KOCH, Die Arachniden, t. XI, p. 115, pl. 386, fig. 916 ♂, 917 à 919 var.

Epeira apoclysa, var. E, WALCKENAER, Aptères, t. II, p. 61.

293. **Epeira** (neoscona) **nauseosa**, KOCH, Allemagne.

D. F. KOCH, Die arachniden, t. XI, p. 120, pl. 387, fig. 922 ♀ et 923 ♀ var.

Syn. *Epeira munda*, KOCH, dans H. Schæffer, Deuts. ins., p. 134, t. IV.

Epeira apoclysa, var. C. WALCKENAER, Aptères, t. II, p. 61.

294. **Epeira** (neoscona) **sericea**, CLERCK, Europe.

D. F. KOCH, Die arachniden, t. XI, p. 110, pl. 315, fig. 914 ♂ et 915 ♀,

Syn. *Araneus sericeus*, CLERCK, Aran. Suec., p. 40, pl. 2, fig. 1 et 2.

Epeira virgata, HAHN, Die Arachniden, t. II, p. 46.

Epeira apoclysa (var.), WALCKENAER, Aptères, t. II, p. 61.

295. **Epeira** (neoscona) **pallida**, OLIVIER, France méridionale.

> D. OLIVIER, Encyclopédie méthodique, Histoire naturelle, t. IV, p. 200, n° 6.

Syn. *Epeira Olivieri*, WALCKENAER, Hist. nat. des Aptères, t. II, p. 49.

296. **Epeira** (neopora) **diadema**, CLERCK, Europe.

> D. WALCKENAER, Histoire naturelle des insectes aptères, t. II, p. 29, n° 1.
> F.   *Ibid.*,   Faune française, Aranéides, pl. 10, fig. 3.
> D. F. HAHN, Die arachniden, t. II, p. 22, pl. 45, fig. 110.
> D. F. KOCH, Die arachniden, t. XI, p. 103, pl. 384, fig. 910 ♂.
> D. F. BRANDT. Und RATZEBURG, medizinische zoologie, t. II, p. 36, pl. 14, fig. 1,
>   1833.
> F. GUÉRIN, Traité élémentaire d'histoire naturelle, pl. 41, fig. 5.

Syn. *Araneus diademus*, CLERCK, Aran. suecica, p. 25, n° 2, pl. 1, fig. 4.
  Araneus Pelegiaca,   *ibid.*   p. 27, n° 3, pl. 1, fig. 5.
  Aranea diadema, SCHÆFFER, Iconog. insect. Ratisbon, pl. 21,
    fig. 2.
  Aranea maxima, LINNÉ, Systema naturæ, tab. 5, fig. 2. 1748.
  Araneus Rufus, cruciger, LISTER, De Aran. Angliæ, p. 28, tit. 2,
    fig. 2.
  Aranea cruciger, DE GEER, Mémoires, t. VII, p. 218, n° 1, pl. 11,
    fig. 3, 6 et 7.
  Araignée à croix papale, GEOFFROY, Hist. des ins., t. II, p. 647,
    n° 10.
  Aranea myagrilla, WALCKENAER, Faune parisienne, t. II, p. 193,
    n° 8.
  Aranea linnei, SCOPOLI, Entomol. carnio., p. 392, n° 1077.
  Epeira stellata, KOCH, in. H. Schæffer, Deuts. ins., p. 134.
  Epeira diadema, KOCH, Die Arachniden, t. XI, p. 103, pl. 384,
    fig. 910 ♂.
  Epeira stellata, KOCH, *ibid.*, t. XI, p. 104, pl. 384, fig. 911 ♀.
  Epeira lutea, KOCH, *ibid.*, t. XI, p. 123, pl. 387, fig. 926 ♂,
    927 ♀.

297. **Epeira** (neopora) **Alsina**, WALCKENAER, Europe centrale.

> D. WALCKENAER, Histoire naturelle des insectes Aptères, t. II, p. 33, n° 2.
> D. F. KOCH, Die arachniden, t. XI, p. 122, pl. 388, fig. 924 ♂ et 925 ♀.

298. **Epeira** (neopora) **cratera**, WALCKENAER, Europe.

> D. WALCKENAER, Histoire naturelle des insectes aptères, t. II, p. 35, n° 10.
> F. SCHÆFFER, Iconog. insect. Ratisbon., pl. 49, fig 5 et 6.

299. **Epeira** (neopora) **myabora**, WALCKENAER, France.

> D. WALCKENAER, Histoire naturelle des insectes aptères, t. II, p. 39, n° 15.

300. **Epeira** (neopora) **triguttata**, FABRICIUS, Europe occidentale.

> D. WALCKENAER, *loc. cit.*, t. II, p. 39, n° 16.

Syn. *Aranea triguttata*, FABRICIUS, Ent. syst., t. II, p. 419, n° 46.

301. **Epeira** (neopora) **jenisoni**, Koch, Europe centrale.

D. F. Koch, Die arachniden, t. XI, p. 126, pl 389, fig. 928 ♂ et 929 ♀.

Syn. *Epeira bohemica*, Koch, die Arachniden, t. V, p. 59, pl. 161, fig. 376 ♂ 377 ♀.

302. **Epeira** (neopora) **quadrata**. Fabricius, Europe.

D. Walckenaer, Histoire naturelle des insectes aptères, t. II, p. 56.
D. F.   *Ibid.*,   Faune française, Aran., pl. 10, fig. 4.
D. F. Koch, Die arachniden, t. V, p. 66, pl. 162. fig. 381 ♂.
D. F. Léon Dufour, Annales des sciences naturelles, t. II, p. 205, pl. 10, fig. 2. 1824.

Syn. *Aranea quadrata*, Fabricius, Entomol. syst. t. II, p. 415, n° 32.
Aranea quadrimaculata, De Geer, Mémoires, t. VII, p. 223, pl. 12, f. 18.
    Ibid.   Walckenaer, Aran. de France (faune),
Aranea regalis, Panzer, p. 40, fig. 21.
    Ibid.   Clerck, Aran. Suecica, p. 27, pl. 1, fig. 3.
    Ibid.   Lister, de Aran. Angliæ, p. 42, tit. 18, fig. 8.
    Ibid.   Sundevall, Svins, spind. (*Ac. Reg. sc. Holm.*), p. 289, spec. 4.

303. **Epeira** (neopora) **marmorea**, Fabricius, Europe.

D. Walckenaer, Histoire naturelle des insectes aptères, t. II, p. 58, n° 45.
D. F. Koch, Die arachniden, t. V, p. 63, pl. 162, fig. 379 ♂ et 380 ♀.

Syn. *Aranea aurantio maculata*, De Geer, Mémoires, t. VII, p. 222, n° 3, pl. 12.
Aranea marmorea, Fabricius, Ent. syst., t. II, p. 415, n° 3.
    Ibid.   Tremeyer, Ricerche sulla seta de Ragni, p. 24, pl. 2, fig. 4.
Araneus marmoreus, Clerck, Aran. Suec., p. 29, spec. 4, pl. 1, fig. 2.
Araneus label, Clerck, Aran. Suec., p. 30, pl. 1, fig. 6.
Aranea mellitagria, Walckenaer, Faune parisienne, t. II, p. 191.

304. **Epeira** (cyrtophora) **angulata**, Linné, Europe.

D. Walckenaer, Histoire naturelle des insectes aptères, t. II, p. 123, n° 132.
D. F.   *Ibid.*,   Aranéides de France, pl. 9, fig. 3.
D. F. Hahn, Die arachniden, t. II, p. 17, pl. 44, fig. 108.
D. F. Koch, Die arachniden, t. XI, p. 77, pl. 379, fig. 894-895.

Syn. *Aranea angulata*, Linné, Syst. nat., n° 1031, p. 8.
    Ibid.   Fabricius, Entomol. system., t. II, p. 414, n° 29.
Aranea angulata, Clerck, Aran. Suecica, p. 22, pl. I, fig. 1 à 3.
Aranea angulata, De Geer, Mémoires, t. VII, p. 221, n° 2, pl. 12, fig. 1 et 2.
Epeira eremita, Koch, dans H. Schœffer, Deuts. ins. n° 131, 133.
Epeira cornuta, Walckenaer, *loc. cit.*

305. Epeira (cyrtophora) **gistlii**, Koch, Allemagne.

D. F. Koch, Die arachniden, t. XI, p. 85, pl. 390, fig. 898 ♀.

306. Epeira (cyrtophora) **spinivulva**, L. Dufour, Europe méridion.

D. Léon Dufour, Annales des sciences physiques, 1835.
D. F. Hahn, Die arachniden, t. II, p. 20, pl. 44, fig. 109.

Syn. *Epeira pectoralis*, Koch, Ubersicht des Arachnidensystems, p. 3, (1836).
Epeira Schreibersii, Koch, die Arachniden, t. XI, p. 90, pl. 381, fig. 900 ♂ 901 ♀.

307. Epeira (cyrtophora) **cornuta**. E. S., Europe.

Syn. *Epeira angulata*, Walckenaer, Hist. nat. des Aptères, t. II, p. 121, n° 131.
Epeira angulata, Walckenaer, Faune fran. aran., pl. 9, fig. 4 (la synonymie est à changer).
Epeira regia, Koch, dans Schæffer, Deuts. ins., p. 129, tit. XX.
Ibid.   Koch, die Arachniden, t. XI, p. 88, pl. 380, fig. 899 ♂.

308. Epeira (cyrtophora) **bicornis**, Walckenaer, Europe.

D. Walckenaer, Histoire naturelle des insectes aptères, t. II, p. 124, n° 133.
F.   *Ibid.*,   Faune française, aran., pl. 9, fig. 5.
D. F. Koch, Die arachniden, t. XI, p. 92, pl. 382, fig. 902 ♂ et 903 ♀.

Syn. *Epeira arbustorum*, Koch, Ubersicht des Arachnidensystems fasc. 1, p. 185.

309. Epeira (cyrtophora) **Gibbosa**, Walckenaer, France.

D. Walckenaer, Histoire naturelle des insectes aptères, t. II, p. 125, n° 134.

310. Epeira (cyrtophora) **cruciata**, Walckenaer, Europe.

D. Walckenaer, Histoire naturelle des insectes aptères, t. II, p. 125, n° 13

Syn. *Epeira pinetorum*, Koch, die Arachniden, t. XI, p. 95, pl. 382, fig. 905 ♀.

311. Epeira (Cyrtophora) **dromedaria**, Walckenaer, Europe.

D. Walckenaer, Histoire naturelle des insectes aptères, t. II, p. 126, n° 137.
D. F. Koch, Die arachniden, t. XI, p. 98, pl. 383, fig. 906 ♂ et 907 ♀.

Syn. *Epeira Ultrichii*, Hahn, t. II, p. 66, fig. 159.

312. Epeira (cyrtophora) **pulchra**, Koch, Allemagne.

D. F. Koch, Die arachniden, t. II, p. 100, pl. 388, fig. 908 ♂.

313. Epeira (cyrtophora), **furcata**, Walckenaer, France.

D. Walckenaer, Histoire naturelle des insectes aptères, t. II, p. 120, n° 138.
F.   *Ibid.*,   Faune française, aran., pl. 9, fig. 6.

314. Epeira (cyrtophora) **grossa**, Koch, Italie, Grèce.

D. F. Koch, Die arachniden, t. XI, p. 82, pl. 380, fig. 896 ♀, 897 ♀ var.

Syn. *Epeira gigas*, Koch, in H. Schæffer, Deuts. ins., II. 129, 21 et 22.

315. Epeira (cyrtophora) **opuntiæ**, L. Dufour, Europe, Midi.

> D. F. L. Dufour, Description de six aranéides nouvelles (Ann. des scien. phys.
> 1820), p. 5, pl. 69.
> D. F. Walckenaer, Histoire naturelle des insectes aptères, t. II, p. 140, pl. 18,
> fig. 2ᵈ.
> D. F. Koch, Die arachniden, t. XI, p. 102, pl. 382, fig. 909.
>   F. Vinson, Aranéides des iles de la Réunion, Maurice et Madagascar, pl. 9,
> fig. 1. 1863.

> Syn. *Epeira carcti-opuntiæ*, Lucas, Arach. des Canaries.

316. Epeira (cyrtophora), **citricola**, Forskael, Italie.

>   D. Walckenaer, Histoire naturelle des insectes aptères, t. II, p. 143, nᵘ 160.

> Syn. *Aranea citricola*, Forskael, Desc. animal. havniæ (1775) p. 86,
> nᵘ 27.
>   *Aranea citricola*, Forskael, Icon. Reg. Nat., pl. 24, fig. D et *d*.

317. Epeira (cyrtophora), **oculata**, Walckenaer, Europe méridionale.

> D. Walckenaer, Histoire naturelle des insectes aptères, t. II, p. 144, nᵘ 162.

40ᵉ *Genre*. **NEPHILA**, Leach.

318. Nephila fasciata, Olivier, Europe méridionale.

> D. F. Walckenaer, Aranéides de France (faune), p. 234, n° 1, pl. 9, fig. 2.
>   D.   *Ibid.*,   Histoire naturelle des insectes aptères, t. II, p. 104, n° 102.
>   D. L. Dufour, Annales des sciences physiques, t. IV; Observations sur quel-
> ques arachnides.
>   F. Dugès, dans Cuvier (atlas, *Arachn.*), pl. 11, fig. 1 ♀, 1ᵃ ♂.
> D. F. Koch, Die arachniden, t. XI, p. 159, fig. 954 ♀.

> Syn. *Aranea fasciata*, Olivier, Encyclopédie méthodique, t. IV,
> p. 198, pl. 256.
>   *Aranea fasciata*, Latreille, genera crust. et insect., t. I, p. 106,
> spec. 8.
>   *Aranea formosa*, Cyrillo, Entomologia Neapolitana, p. 7, pl. 9,
> fig. 3.
>   *Aranea formosa*, de Villers, Car. Linnei. entomol. t. IV, p. 130,
> pl. 10, fig. 10.
>   *Aranea phragmitis*, Rossi, Fauna Etrusca, t. II, p. 128, n° 964.
>   *Aranea zebra*, Sulzer, Abgekurtzete Geschichte (1776), p. 254.
>   *Aranea pulchra*, Razoumowsky, Hist. nat. du Jurat., p. 244, pl. 3.
>   *Ibid.*   Tremeyer, Ricerche e sperimenti sulla seta dei
> Ragni, p. 24, pl. 2.
>   *Epeira fasciata*, Walckenaer, Dufour, Dugès, *loc. cit.*
>   *Argyopes fasciata*, Savigny, Desc. Egypt. Arachn.

319. Nephila transalpina, Koch. Suisse.

D. F. Koch, Die arachniden, t. V, p. 38, pl. 153, fig. 356 ♂ et 357 ♀.

Syn. *Miranda transalpina*, Koch, Deutschl. ins., p. 128, n° 14.

41ᵉ *Genre*. **ARGYOPES**, Savigny.

320. Argyopes aurelia. Savigny, Europe méridionale.

D. F. Savigny, Description de l'Égypte, Arachn., p. 122, n° 5, pl. 2, fig. 5.
D. Walckenaer, Aranéides de France (faune), p. 239.
D.   *Ibid.*,   Histoire naturelle des insectes aptères, t. II, p. 107, n° 103.

Syn. *Aranea trifasciata*, Forskael, Desc. animal., p. 86, n° 30, pl. 24.
Aranca fasciata, Poiret, Observations sur quelques insectes de Barbarie (Journal de phys., 1787).
Epeira aurelia, Walckenaer, *loc. cit.*
Epeira Webbii, Lucas, Arachn. des Canaries, p. 38, pl. 6, fig. 5.

321. Argyopes sericea. Olivier, Espagne.

D. F. Savigny, Description de l'Égypte, Arachn., t. I, p. 124, pl. 2, fig. 6.
D. Walckenaer, Histoire naturelle des insectes aptères, t. II, p. 116, n° 123.

Syn. *Aranea sericea*, Olivier, Encyclop. method., t. IV, p. 199, n° 2.
Epeira sericea, Walckenaer, *loc. cit.*
Ibid.,   Latreille, Genera crust. et insect., t. I, p. 107.
Ibid.,   Hahn, Die arachniden, t. I, p. 8, pl. 2, fig. 4.

42ᵉ *Genre*. **ERESA**, Walckenaer.

322. Eresa Walckenaeri, Brullé, Grèce.

D. F. Brullé, Expédition de Morée, Histoire naturelle, p. 51, n° 17, pl. 28, fig. 4.
D. Walckenaer, Histoire naturelle des insectes aptères, t. I, p. 398, n° 5.

Syn. *Eresus ctenizoides*, Koch, Die arachniden, t. III, p. 29, fig. 176.
Eresus luridus, Koch, Die arachniden, t. III, p. 20, fig. 177.

323. Eresa frontalis, Walckenaer, Espagne.

D. F. Walckenaer, Aranéides de France (faune), p. 39, pl. 4, fig. 3 et 4.
D. Latreille, Nouveau dictionnaire d'histoire naturelle, t. X, p. 393.

Syn. *Eresus ruficapillus*, Koch, Die arachniden, t. XIII, p. 4, pl. 433, fig. 1080.

324. Eresa imperialis, L. Dufour, Espagne, Grèce.

D. F. Dufour, Annales des sciences physiques, t. VI, 1824 ; Observations sur quelques aranéides, p. 3, pl. 69.
D. Walckenaer, Histoire naturelle des insectes aptères, t. I, p. 397, n° 4.

Syn. *Eresus theisi*, Brullé, Exp. sc. de Morée, pl. 28, fig. 11.

Eresus petaguæ, SAVIGNY, Égypte, Arachn., pl. 4, fig. 11.
Eresus mœrens, KOCH, Die arachniden, t. XIII, p. 1, fig. 1078.
Eresus pruinosus, KOCH, Die arachniden, t. XIII, p. 3, fig. 1079.

325. Eresus adspersa, KOCH, Grèce.

D. F. KOCH, Die arachniden, t. XIII, p. 8, pl. 434, fig. 1083 ♀.

326. Eresa acanthophila, L. DUFOUR, Espagne, France méridionale.

D. F. DUFOUR, Annales des sciences physiques, t. IV; Observations sur quelques arachnides, p. 14, pl. 95.
D. F. WALCKENAER, Histoire naturelle des insectes aptères, t. I, p. 399, pl. 11.

Syn. *Érèse rayée*, WALCKENAER, Aranéides de France (faune), p. 40, pl. 4, fig. 3.
  Ibid. LATREILLE, Nouveau dictionnaire d'hist. naturelle, t. X, p. 395.
Eresus unifasciatus, KOCH, Die arachniden, t. XIII, p. 4, pl. 434, fig. 1081.

327. Eresa Dufourii, SAVIGNY, Espagne, Égypte.

D. F. SAVIGNY, Égypte, Arachnides, p. 151, pl. 4, fig. 12.
D. WALCKENAER, Histoire naturelle des insectes aptères, t. I, p. 400, n° 7.

Syn. *Eresus fuscifrons*, KOCH, Die arachniden, t. XIII, fig. 1084.

328. Erythrophora cinnaberina, WALCKENAER, Europe.

D. F. WALCKENAER, Faune française, Aran., p. 38, pl. 4, fig. 7 et 8.
D. F. *Ibid.*, Histoire naturelle des insectes aptères, t. I, p. 395, n° 1, pl. 11, fig. 6ᵈ.
F. DUGÈS dans Cuvier. Arachn (atlas), pl. 14, fig. 2.

Syn. *Eresus 4-guttatus*, HAHN, Die arachniden, t. II, p. 45, pl. 12, fig. 34.
  Ibid. COQUEBERT, Illust. icon. insect., p. 122, pl. 24.
  Ibid. ROSSI, Fauna etrusca, t. II, p. 135, pl. 1, fig. 8-9.
Aranea moniligera, DE VILLERS, Entomol., t. IV, p. 128, n° 119, pl. 11, fig. 8.
Araignée rouge, OLIVIER, Encyclop. méth., t. IV, p. 221, n° 85, pl. 340.
  Ibid. SCHÆFFER, Icon. insect. Ratisbon., pl. 32.
Eresus Andouinii, BRULLÉ, Expéd. sc. de Morée, p. 57, pl. 28, fig. 10.
Eresus 4-guttatus, KOCH, Arachniden, t. IV, p. 104, fig. 316.
Eresus puniceus (var.), *ibid.* p. 102, fig. 315.
Eresus cinnaberinus, *ibid.* p. 106, fig. 318.

329. Erythrophora annulata, HAHN, Italie.

D. F. HAHN, Die arachniden, t. I, p. 45, pl. 12, fig. 35.
D. F. KOCH, Arachniden, t. XIII, p. 14, pl. 335, fig. 1037 ♂.

Syn. *Eresus illustris*, KOCH, *loc. cit.*, t. IV, p. 105, pl. 138, fig. 317 ♂.

VIe FAMILLE. SALTICIFORMES.

43e *Genre*. **ATTA**, Walckenaer.

1er *sous-genre*, ATTA.

330. Atta frontalis, WALCKENAER, Europe.

    D. WALCKENAER, Insectes aptères, *t.* I, p. 415.

    D. F. KOCH, Die arachniden, p. 44, fig. 1304 ♂ et 1305 ♀.

    Syn. *Euophrys frontalis*, KOCH, dans H. Schæffer, Deuts. ins., p. 128.

    Salticus maculatus, WIDER, Museum senckbergianum, t. I, p. 278.

    Attus striolatus, KOCH, *loc. cit.*, p. 47, fig. 1306 (variété).

331. Atta (balla) **petrensis**, KOCH, Europe.

    D. F. KOCH, Die arachniden, t. XIV, p. 49, fig. 1307 ♂.

332. Atta (balla) **heterophaltma**, WIDER, Allemagne.

    D. WIDER, Museum senckbergianum, t. I, p. 279, pl. 18, fig. 11.

    D. F. KOCH, Die arachniden, t. XIV, p. 50, fig. 1308 ♂.

    Syn. *Attus chalybeïus*, WALCKENAER, Faune française, Aran., p. 43.

        Ibid.   Histoire naturelle des Aptères, t. I, p. 412.

    Salticus chalybeïus, HAHN, Die arachniden, t. II, p. 42, pl. 55.

    Salticus heterophaltmus, WIDER, *loc. cit.*

    Euophrys suralis, KOCH, Ubersicht des Arachnidensystems, p. 34.

2e *Sous genre*. EUOPHRYS.

333. Euophrys coronata, WALCKENAER, Europe.

    D. WALCKENAER, Histoire naturelle des insectes aptères, t. I, p. 412.

    D. F. KOCH, Die arachniden, t. XIV, p. 24, fig. 1290 ♂, 1291 ♀; 1294 et 1295 (variétés unicolores).

    Syn. *Aranea corollata*, LINNÉ, Systema naturæ, t. II, p. 2.

    Araneus falcatus, CLERCK, Aran. suecica, p. 125.

    Araneus flammatus,   *Ibid.*,   p. 124.

    Aranea rupestris, SCHRANCK, Fauna boica. p. 532, n° 1106.

    Atta falcata, SUNDEVALL, Svinska spindlarness, 1832, p. 213.

    Salticus blancardi, HAHN, Die arachniden, t. I, p. 64, fig. 48 ♂.

    Salticus abietis,   *Ibid.*,   t. I, p. 61, fig. 46 ♀.

    Attus capreolus, WALCKENAER, Aranéides de France (faune.), p. 53, ♂

    Euophrys falcatus, KOCH, *loc. cit.*

Nota. — Walckenaer (t. IV, p. 411, supp.) prétend que les *dendryphantes dorsatus*, *leucomelas* et *lanipes* ne sont que les variétés de l'*attus coronatus*; cette assertion me parait erronée.

334. Euophrys limbata. Hahn, Allemagne. Italie.

> Syn. *Attus limbatus*, Hahn, Monographica der arachniden, fasc. 4, pl. 1.
>> *Ibid.*   Walckenaer, Histoire des insectes aptères, t. I,
>> p. 408, n° 7.
>> *Euophrys falcatus*, ♀ variété, Koch, Die arachniden, t. XIII,
>> pl. 472, fig. 1293.

335. Euophrys xanthogramma, Walckenaer, Europe.

> D. Walckenaer, Aranéides de France (faune), p. 52, n° 12.

> Syn. *Araneus subflavus*, Lister, Aran. Angliæ, p. 90, tit. 33.
>> *Salticus xanthogrammus*, Latreille, Diction. d'hist. nat., t. XXX,
>> p. 103.
>> *Euophrys falcatus* ♀ variété, Koch, Arachniden, t. XIII, pl. 472,
>> fig. 1292.
>> *Salticus gracilis*, Hahn, Arachniden, t. I, p. 73, pl. 18, fig. 55.

336. Euophrys striata, Walckenaer, Europe.

> D. Walckenaer, Histoire naturelle des insectes aptères, t. I, p. 422, n° 29.

> Syn. *Euophrys laetabunda*, Koch, Arachniden, t. XIV, p. 21,
>> fig. 1287 ♂, 1288-89 ♀.

337. Euophrys lunulata, Walckenaer, Europe.

> D. Walckenaer, Faune française, Aranéides, p. 54;
> D.   *Ibid.*,   Aptères, t. I, p. 416.

> Syn. *Euophrys farinosa*, Koch, Arachniden, t. XIII, p. 223, fig. 1268 ♀.
>> *Attus dorthesi*, Savigny, Égypte, Arachnides, n° 170, pl. 7, fig. 9.

338. Euophrys vigorata, Koch, Grèce.

> D. F. Koch, Die arachniden, t. XIV, p. 14, fig. 1282 ♂ et 1283 ♀.
> D. F. Lucas, Exploration scientifique de l'Algérie, Arachnides, p. 140, pl. 5,
>> fig. 9 ♂.

> Syn. *Saltica mauritanica*, Lucas, *loc. cit.*

339. Euophrys virgulata, Walckenaer, France.

> D. F. Walckenaer, Aranéides de France, p. 49, pl. 5, fig. 6 et 9.

> Syn. *Salticus littoralis*, Hahn, Die arachniden, t. I, p. 70, pl. 18.

340. Euophrys agilis, Hahn, Europe.

> D. Walckenaer, Aranéides de France (faune), t. I, p. 55, n° 17.
> D. F. Hahn, Die arachniden, t. I, pl. 18, fig. 54.

> Syn. *Attus callidus*, Walckenaer, *loc. cit.*; — *ibid.*, Aptères, t. I,
>> p. 417.
>> *Attus Soldanii*, Savigny, Égypte, Arachnides, p. 171, pl. 7,
>> fig. 17 ♂, fig. 18 ♀.

341. Euophrys (phœbe) bicolor, Walckenaer, Europe.

> D. Walckenaer, Aranéides de France (faune), p. 54, n° 15.

D. Walckenaer, Histoire naturelle des insectes aptères, t. I, p. 417, n° 20.

Syn. *Euophrys saxicola*, Koch, Die arachniden, t. XIV, fig. 1284 ♀, 1285 ♂.

(Peut-être le même que l'*attus xantogrammus* de Walckenaer.)

342. Euophrys (phœbe) **rupicola**, Koch, Italie.

D. F. Koch, Die arachniden, t. XIV, p. 19, fig. 1286 ♂.

343. Euophrys (phœbe) **floricola**, Koch, Allemagne.

D. F. Koch, Die arachniden, t. XIV, p. 39, fig. 1301 ♀.

344. Euophrys (ino) **pubescens**, Sundevall, Europe.

D. Walckenaer, Aranéides de France, p. 43; — *ibid.*, Aptères, p. 405.
D. F. Koch, Die arachniden, t. XIV, p. 9, fig. 1278 ♂ et 1279 ♀.
D. Sundevall, Svinska spindlarness, p. 206.
D. Hahn, Monog. der Aran.; — *ibid.*, Arachniden, t. II, p. 68.

345. Euophrys (ino) **tigrina**, Hahn, Europe.

D. Walckenaer, Histoire naturelle des insectes aptères, t. I, p. 410, n° 25.

Syn. *Salticus tigrinus*, Hahn, Die arachniden, t. I, p. 62, pl. 16, fig. 47 ♀.

346. Euophrys (ino) **nigra**, Walckenaer, Europe.

D. Walckenaer, Aranéides de France (faune), p. 56, n° 18.
D. Sundevall, Svinska spindlarness, p. 204, n° 3.

Syn. *Euophrys aprica*, Koch, Die arachniden, t. XIV, p. 4, pl. 469, fig. 1274.

347. Euophrys (ino) **psylla**, Walckenaer, Europe.

D. Walckenaer, Aranéides de France (faune), p. 45, n° 6.
D.   *Ibid.*,   Aptères, t. 1, p. 407.

Syn. *Araneus terebratus*, Clerck, Aran. suecica, p. 120, n° 5, pl. 5, fig. 15.
Euophrys terebrata, Koch, dans H. Schæffer, Deutschland, ins., p. 119, n° 3-4.
Euophrys terebrata, Koch, Die arachniden, t. XIV, p. 12, pl. 460, fig. 1280 ♂, 1281 ♀.
Attus terebratus, Sundevall, Svins. spindl., p. 205, fig. 12.

348. Euophrys (pandora) **litterata**, Walckenaer, Europe.

D. F. Walckenaer, Aranéides de France, p. 57, n° 20, pl. 5, fig. 6.

Syn. *Araneus striatus*, Clerck, Aran. succ., p. 119, n° 4, pl. 5, fig. 14.
Araneus V-notatus,   *Ibid.*,   p. 123, n° 7, pl. 5, fig. 17.
Salticus scolopax, Wider, Museum senck., t. III, p. 276, pl. 18, fig. 9.
Attus gesneri, Savigny, Egypte, Arachn. p. 170, pl. 7, fig. 12.

Euophrys festiva, Koch, dans H. Schæffer, Deuts. ins., p. 123, nᵒˢ 5-6.

Euophrys striata, Koch, Die arachniden, t. XIV, p. 1, pl. 469, fig. 1272 ♂, 1273 ♀.

349. **Euophrys** (maturna) **grossipes**, DE GEER, Europe.

D. WALCKENAER, Histoire naturelle des insectes aptères, t. I, p. 424, n° 32.

Syn. *Araneus arcuatus*, CLERCK, Aran. suecica, p. 125, n°10, pl. 6, fig. 1.
Aranea grossipes, DE GEER, Mémoires, t. VII, p. 116, pl. 17, fig. 11.
Aranea gœzenii, SCHRANCK, Entomol. ins., p. 534, n° 1112.
Euophrys arcuata, Koch, Die arachniden, t. XIV, p. 30, pl. 473, fig. 1298 ♂.

350. **Euophrys** (maturna) **fusca**, WALCKENAER, France, Suède.

D. WALCKENAER, Histoire naturelle des insectes aptères, t. I, p. 424, n° 33.

Syn. *Attus rufifrons*, SUNDEVALL, Svins. Spindl, p. 216, n° 14.

351. **Euophrys** (maturna) **pulverulenta**, WALCKENAER, Europe.

D. WALCKENAER, Aranéides de France (faune), p. 67, nᵘ 30.
D.   *Ibid.*,   Histoire naturelle des insectes aptères, t. I, p. 472, n° 130.

Syn. *Euophrys pratincola*, Arachniden, t. XIV, p. 32, pl. 473, fig. 1299.

352. **Euophrys** (maturna) **nivosa**, WALCKENAER, Europe.

D. WALCKENAER, Aranéides de France (faune française), p. 68, n° 31.
D.   *Ibid.*,   Histoire naturelle des insectes aptères, t. I, p. 473, nᵘ 131.

Syn. *Euophrys paludicola*, Arachn., t. XIV, p. 36, pl. 473, fig. 1300.

353. **Euophrys** (maturna) **candefacta**, WALCKENAER, France.

D. WALCKENAER, Aranéides de France (faune), p. 68, n° 32.
D.   *Ibid.*,   Histoire naturelle des insectes aptères, t. I, p. 472, uº 132.

354. **Euophrys** (dia) **quinquepartita**, WALCKENAER, Europe.

D. WALCKENAER, Aranéides de France, p. 41, n° 1 ; — *ibid.*, Histoire des aptères, t. I, p 403, n° 1.
D. F. Koch, Die arachniden, t. XIV, p. 27, pl. 473, fig. 1296 ♂ et 1297 ♀.

Syn. *Aranea littera insignis*, CLERCK, Aran. suec., p. 121, pl. 5, fig. 16.
Salticus quinque-partitus, HAHN, Die arachniden, t. II, p. 41, pl. 55, fig. 126.
Attus insignis, SUNDEVALL, Svinsk. Spindl. (ac. Reg. sc. Holm., 1832), p. 211, n° 9.
Attus redii, SAVIGNY, Égypte, Arachnides, p. 172, pl. 7, fig. 21.

355. **Euophrys** (dia) **arcigera**, WALCKENAER, France méridionale.

D. WALCKENAER, Histoire naturelle des insectes aptères, t. I, p. 421, n° 27.

Syn. *Salticus ravoisiæi*, LUCAS, Exploration sc. de l'Algérie, t. I, pl. 8, fig. 1 ♀.

356. **Euophrys** (dia) **atellana**, Koch, Grèce.

D. F. Koch, Die arachniden, t. XIV, p. 41, pl. 474, fig. 1302 ♀.

357. **Euophrys** (pales) **crucifera**, Sundevall, Europe.

> D. Walckenaer, Histoire naturelle des insectes aptères, t. I, p. 420, n° 26.
> D. Sundevall, Svins. spind. (ac. Reg. sc. Holm. 1832), p. 215, n° 13.
> D. F. Koch, Die arachniden, t. XIII, p. 221. pl. 468, fig. 1266.

> Syn. *Araneus sanctus*, Mouffet, Théat. ins., p. 254.

358. **Euophrys** (pales) **tripunctata**, Walckenaer, France.

> D. Walckenaer, Aranéides de France (faune), p. 57, n° 19.
> D.   *Ibid.*,   Histoire naturelle des insectes aptères, t. I, p. 418, n° 23.

359. **Euophrys** (parthenie) **fasciata**, Walckenaer, Europe méridionale.

> D. Walckenaer, Histoire naturelle des insectes aptères, t. I, p. 404, n° 8.

> Syn. *Salticus fasciatus*, Hahn, Monogr. des arachn., fasc. IV, pl. 1,
> fig. D, ♀.
> *Salticus fasciatus*, Hahn, Die arachn., t. I, p. 54, pl. 14, fig. 41 ♂.

360. **Euophrys** (parthenia) **bresnieri**, Lucas, Grèce, Algérie.

> D. F. Lucas, Explor. sc. de l'Algérie, p. 154, pl. 7, fig. 8 ♂.

> Syn. *Salticus bresnieri*, Lucas, *loc. cit.*
> *Euophrys lineata*, Koch, Die arachniden, t. XIV, p. 43, fig. 1303 ♂.

361. **Euophrys** (parthenie) **bivittata**, L. Dufour, Espagne.

> D. F. Dufour, Annales des sciences physiques, 1831, pl. 2, fig. 5, p. 15, n° 7.
> D. Walckenaer, Histoire des aptères, t. I, p. 423, n° 31.

3e sous-genre, Dendryphantes.

362. **Dendryphantes grossa**, Koch, Allemagne.

> D. Koch, Ubersicht des arachnidensystems, fasc. I, p. 32.

> Syn. *Marpissa grossa*, Koch, Die arachniden, t. XIII, p. 57, pl. 442,
> fig. 1125 ♀.

363. **Dendryphantes annulipes**, Walckenaer, Europe.

> D. Walckenaer, Histoire naturelle des insectes aptères, t. I, p. 417, n° 20.

> Syn. *Salticus annulipes*, Latreille, Dict. d'hist. nat., t. XXX, p. 100.
> *Salticus brevipes*, Hahn, die Arachniden, t. I, p. 75, fig. 56.
> *Marpissa brevipes*, Koch,   *ibid.*,   t. XIII, p. 58, pl. 442,
> fig. 1126 ♀.

364. **Dendryphantes nidicolens**, Walckenaer, Europe.

> D. F. Walckenaer, Aranéides de France, p. 50, pl. 5, fig. 14; — *ibid.*, Aptères,
> t. I, p. 414.

> Syn. *Dendryphantes nebulosus*, Koch, Die arachniden, t. XIII, p. 89,
> pl. 446, fig. 1151.

Nota. — Walckenaer (t. IV, p. 411) donne comme synonymes de l'*attus nidicolens*
les *dendryphantes nebulosus, marpissa muscosa*, et même l'*euophrys falcata* (fig. 1291)
de Koch. Il est évident que le *dendryphantes nebulosus* doit être seul cité.

365. Dendryphantes tardigrada, WALCKENAER, Europe.

D. WALCKENAER, Histoire naturelle des insectes aptères, t. I, p. 461.
D. F.   *Ibid.*,   Aranéides de France (faune), p. 61, n° 25, pl. 5, fig. 13.

Syn. *Araneus muscosus*, CLERCK, Aran. suec. p. 116, n° 2, pl. 5.
    Ibid.,   Schæffer, Iconog. ins. t. III, p. 226, fig. 5.
    Aranea Rumphii, SCOPOLI, Ent. carn, p. 401, n° 1110.
    Salticus Rumphii, LATREILLE, Gen. crust. et ins., p. 124, n° 3.
    Ibid.,   HAHN, Die arachniden, t. I, p. 50, pl. 5, fig. 13.
    Attus striatus, SUNDEVALL, Svins. spindl. (ac. Reg. sc. Holm.,
    1382), p. 204, n° 4.
    Marpissa muscosa, KOCH, Die arachn., t. XIII, pl. 443, fig. 1129 ♂.

366. Dendryphantes pini, DE GEER, Europe.

D. WALCKENAER, Aranéides de France (faune), p. 42, n° 2.
D. F. KOCH, Die arachniden, t. XIII, p. 81, pl. 445, fig. 1145 ♂ et 1146 ♀.

Syn. *Araneus hastatus*, CLERCK, Aran. suec., p. 115, n° 1, pl. 5, fig. 11.
    Aranea pini, DE GEER, Mémoires, t. VII, p. 115, n° 26, tab. 17,
    fig. 3 à 6.
    Salticus pini, HAHN, Monog. aran., t. VIII, pl. 4, fig. A, B.
    Ibid.,   *Ibid.*, Die arachniden, t. I, p. 59, n° 16, fig. 45.
    Attus bilineatus, WALCKENAER, *loc. cit.*; — *ibid.*, Aptères, t. I,
    p. 405, n° 3.
    Dendryphantes hastatus, KOCH, *loc. cit.*

367. Dendryphantes media, KOCH, Allemagne.

D. F. KOCH, Die arachniden, t. XIII, p. 77, pl. 455, fig. 1141 à 1143.

368. Dendryphantes canescens, KOCH, Grèce.

D. F. KOCH, Die arachniden, t. XIII, p. 80, pl. 445, fig. 1144 ♀.

369. Dendryphantes xanthomelas, KOCH, Hongrie.

D. F. KOCH, Die arachniden, t. XIII, p. 85, pl. 446, fig. 1148.

370. Dendryphantes dorsata, KOCH, Italie.

D. F. KOCH, Die arachniden, t. XIII, p. 84, pl. 456, fig. 1147 ♀.

371. Dendryphantes mucida, KOCH, Hongrie.

D. F. KOCH, Die arachniden, t. XIII, p. 86, pl. 456, fig. 1149 ♂.

372. Dendryphantes semilimbata, HAHN, Europe.

D. WALCKENAER, Histoire naturelle des insectes aptères, t. I, p. 408, n° 8.

Syn. *Salticus semilimbatus*, HAHN, Monog. der. aran., pl. 3, fig. B.
    Dendryphantes lanipes, KOCH, Arachn., t. XIII, p. 90, pl. 447,
    fig. 1152 ♀.

373. Dendryphantes maculata, KOCH, Hongrie.

D. F. KOCH, Arachniden, t. XIII, p. 86, pl. 446, fig. 1149.

Syn. *Attus quadripunctatus*, WALCKENAER, Aptères, t. IV, supp., p. 411,
    n° 23 *bis*.

374. **Dendryphantes aurata**, Koch, Italie.

> D. F. Koch, Die arachniden, t. XIII, p. 92, pl. 447, fig. 1154.

Nota. – Cette belle espèce (*voir* Walckenaer, t. IV, supp.), ne peut être confondue avec celles du genre *héliophana*.

4ᵉ *sous-genre*, Lagenicola, E. S.

375. **Lagenicola Doumercii**, Walckenaer, France, Belgique.

> D. ♀ Corpus subflavum.—Cephalothorax notatus insuper fasciâ nigrâ descriptâ in quadratum, ubi passim dispositi sunt omnes oculi, haud clarè conspicui; pars cephalothoracis posterior fimbriata exili lineâ, nigrâ in curvum productâ. — Abdomen in mediâ lineâ signatum tribus maculis nigris, quarum duæ anteriores trianguli formam offerunt, et posterior latior, supra fusulas depicta : tres aliæ maculæ, sub lacrymarum specie, in utroque latere positæ.— Artubus lucidis. — Fusulis nigris. — Sterno leviter marginato lineâ nigrâ. Long. 1ᵐᵐ 1/2 (E. S.).

44ᵉ *Genre.* **CYRTONOTA**, E. Simon.

376. **Calliethera scenica**, Linné, Europe.

> D. Walckenaer, Aranéides de France (faune), p. 44, n° 5, pl. 5, fig. 11.
> F. Dugès, dans Cuvier (atlas), pl. 14, fig. 4.
> D. F. Koch, Die arachniden, t. XIII, p. 37, pl. 439, fig. 1106 ♂ et 1107 ♀.

> Syn. *Araneus cinereus*, Lister, De aran., tit. 31, p. 87, fig. 31.
> *Aranea scenica*, Linné, Syst. nat., t. II, p. 1035.
>   *Ibid.*   Muller, Fn. ins. Friedl., p. 94.
>   *Ibid.*   Schranck, Fn. ins., p. 531.
>   *Ibid.*   Fabricius, Ent. syst., t. II, p. 422.
>   *Ibid.*   Schæffer, Icon. ins., pl. 44.
>   *Ibid.*   Albin, Natural spid., 1737, pl. 3.
> *Salticus scenicus*, Latreille, Genera crust. et ins., t. I, p. 123, n° 1.
>   *Ibid.*   Hahn, Die arachniden, t. I, p. 57, pl. 15, fig. 43 ♂, 44 ♀.
> *Attus scenicus*, Sundevall, Svins. splnd., 1832, p. 202, n° 1.
>   *Ibid.*   Walckenaer, *loc. cit.*, — *ibid.*, Aptéres, t. I, p. 406, n° 5.

377. **Calliethera histrionica**, Koch, Allemagne.

> D. F. Koch, Die arachniden, t. XIII, p. 42, pl. 439, fig. 1110 ♂ et 1111 ♀.
> (Peut-être le même que l'*attus psyllus* de Walckenaer.)

378. **Calliethera erratica**, Walckenaer, Europe.

> D. Walckenaer, Histoire naturelle des insectes aptères, t. I, p. 409.
> D. F. Koch, Die arachniden, t. XIII, p. 40, pl. 439, fig. 1109.

Syn. *Attus erraticus*, WALCKENAER, *loc. cit.*
   Salticus distinctus, BLACKWALL, Trans. of the Lin. soc., t. XVIII,
      p. 616.
   Calliethera cingulata, KOCH, *loc. cit.*

379. **Calliethera limbata**, HAHN, Allemagne.

D. WALCKENAER, Histoire naturelle des insectes aptères, t. I, p. 408.
D. F. KOCH, Die arachniden, t. XIII, p. 43, pl. 440, fig. 1112 ♂ et 1113 ♀.

Syn. *Salticus limbatus*, HAHN, Monographie der arachniden, fasc. 4,
      pl. 1, fig. C.
   Attus limbatus, WALCKENAER, *loc. cit.*
   Calliethera tenera, KOCH, *loc. cit.*

380. **Calliethera pulchella**, HAHN, Europe.

D. WALCKENAER, Histoire naturelle des insectes aptères, t. I, p. 421, n° 28.
D. F. KOCH, Die arachniden, t. XIII, p. 47, pl 440, fig. 1115 ♀.

Syn. *Salticus pulchellus*, HAHN, Monogr. des arachn., pl. 5, fig. 3.
   Attus maculatus, WALCKENAER, *loc. cit.*

381. **Calliethera varia**, KOCH, Allemagne.

D. F. KOCH, Die arachniden, t. XIII, p. 46, pl. 440, fig. 1114 ♀.

382. **Calliethera ambigua**, KOCH, Allemagne.

D. F. KOCH, Die arachniden, t. XIII, p. 48, pl. 440, fig. 1116 ♀.

383. **Philia sanguinolenta**, WALCKENAER, Europe.

D. WALCKENAER, Aranéides de France, p. 58, n° 22.
D. F. KOCH, Die arachniden, t. XIII, p. 56, pl. 442, fig. 1124 ♂.

Syn. *Aranea sloani*, SCOPOLI, Entom. carn., p. 401, n° 1108.
   Salticus sanguinolentus, HAHN, Die arachniden, t. I, p. 51,
      pl. 14, fig. 39.
   Attus sanguinolentus, WALCKENAER, t. I, p. 473, n° 133.

384. **Philia rubiginosa**, Eug. SIMON, Paris (Meudon).

D. ♀ Cephalothorace convexo, quadrato et nigro, cum pilis albis, ante stratis.
   —Abdomine brevi, insuper induto squamulis rubiginis colore, et passim
   longis pilis nigris. — Artus villosi et robusti; quatuor pedes anteriores
   omninò nigri et longiores; pedes posteriores fusco tenui, et ad imum sub-
   flavi. — Venter sub-obscuro colore. — Oculi sub-cærulei et lucidis.
   Long. 3^{mm} 1/2.

385. **Philia hæmorrhoica**, KOCH, Grèce.

D. F. KOCH, Die arachniden, t. XIII, p. 54, pl. 441, fig. 1121 ♀.

386. **Philia bilineata**, WALCKENAER, France.

D. WALCKENAER, Histoire naturelle des insectes aptères, t. I, p. 405.

45e *Genre.* **HELIOPHANA**, Koch.

387. Heliophana cuprea, WALCKENAER, Europe.

D. WALCKENAER, Aranéides de France (faune), p. 47, n° 8.
D. F. KOCH, Die arachniden, t. XIV, p. 56, pl. 476, fig. 1313 ♂, 1314 ♀ et 1315 ♀ var.

Syn. *Attus cupreus*, WALCKENAER, *loc. cit.*; — *ibid.*, Aptères, t. I, p. 409, n° 10.
Attus cupreus, SAVIGNY, Égypte, Arachn., p. 171, pl. 7, fig. 15.
Attus mouffetii, *ibid.* p. 177, pl. 7, fig. 16.
Salticus cupreus, HAHN, Die arachniden, t. II, p. 42, pl. 55, fig. 128.
Ibid. LUCAS, Explor. sc. de l'Algérie, p. 173.
Attus atrovirens, SUNDEVALL (ac. Reg. sc. Holm., 1832), p. 210, n° 8.

388. Heliophana muscora, WALCKENAER, Europe.

D. WALCKENAER, Aranéides de France (faune), p. 58, n° 21.

Syn. *Aranea truncorum*, LINNÉ, Syst. nat., t. II, p. 1036, n° 37.
Ibid. SCHRANCK, En. ins., n° 1105.
Attus muscorum, WALCKENAER, *loc. cit.*; — *ibid.*, Aptères, t. I, p. 411, n° 11.
Salticus æneus, HAHN, Die arachniden, t. I, p. 65, fig. 49.
Heliophanus truncorum, KOCH, Die arachniden, t. XIV, p. 51, pl. 475, fig. 1309 ♂, 1310 ♀.
Heliophanus metallicus, KOCH, Die arachniden, t. XIV, p. 60, pl. 476, fig. 1316 ♀.

389. Heliophana flavipes, HAHN, Allemagne.

Syn. *Salticus flavipes*, HAHN, Die arachniden, t. I, p. 66, fig. 50.
Heliophanus flavipes, KOCH, Die arachniden, t. XIV, p. 64, pl. 477, fig. 1320 ♂, 1321 ♀, 1322 ♀ var.
Heliophanus nitens, KOCH, Die arachniden, t. XIV, p. 63, pl. 477, fig. 1319 ♂, jeune var.

390. Heliophana aurata, KOCH, Allemagne, Italie.

D. KOCH, dans H. Schæffer, Deuts. ins., p. 128, n° 89.
D. F. *Ibid.*, Die arachniden, t. XIV, p. 54, pl. 474, fig. 1311 ♂ et 1312 ♀.

Syn. *Heliophanus auratus*, KOCH, Die arachn., t. XIV, p. 54, pl. 474, fig. 1311.
Heliophanus dubius, KOCH, Die arachn., t. XIV, p. 6, pl. 476, fig. 1317 ♂, 1318 ♀.
(Peut-être les *heliophanus nitens et micans*, du même auteur.)

391. Heliophana tricincta, KOCH, Salzbourg.

D. F. KOCH, Die arachniden, t. XIV, p. 67, pl. 477, fig. 1323 ♀.

392. Heliophana micans, (*espèce douteuse*), KOCH, Salzbourg.

D. F. KOCH, Die arachniden, t. XIV, p. 68, pl. 477, fig. 1324 ♀.

46ᵉ *Genre.* **SALTICA**, Latreille.

393. Saltica formicaria, DE GEER, Europe.

D. F. WALCKENAER, Aranéides de France, p. 62, nº 27, pl. 5, fig. 1.
D. F. KOCH, Die arachniden, t. XIII, p. 33, pl. 438, fig. 1101 ♂ et 1102 ♀.

Syn. *Aranea formicaria*, DE GEER, Mémoires, t. VII, p. 292, nº 29,
    pl. 18, fig. 1 et 2.
    Aranea formicaria, LISTER, De aran. Angliæ, p. 91, tit. 34.
    Attus formicarius, WALCKENAER, *loc. cit.; — ibid.*, Hist. aptères,
    t. I, p. 470, nº 126.

394. Saltica formiciformis, LUCAS, France (Paris).

D. LUCAS, Annales de la Société Entomologique, année 1849.

395. Saltica hilarula, KOCH, Reg. du Danube.

D. F. KOCH, Die arachniden, t. XIII, p. 31, pl. 438, fig. 1099 ♂ et 1100 ♀ var.

396. Saltica berolinensis, KOCH, Prusse.

D. F. KOCH, Die arachniden, t. XIII, p. 34, pl. 428, fig. 1103 ♂ et 1104 ♀.

397. Saltica venatoria, LUCAS, France.

F. LUCAS, Magasin de zoologie de M. Guérin, 1832, pl. 15, fig. 1, 2 et 3.

Syn. *Attus venator*, WALCKENAER, Hist. des aptères, t. I, p. 471, nº 128.

398. Saltica encarpata, WALCKENAER, France.

D. WALCKENAER, Histoire naturelle des insectes aptères, t. I, p. 471, nº 129.

Syn. *Attus encarpatus*, WALKENAER,   *Ibid.*

399. Pyrophora semirufa, KOCH, Europe.

D. WALCKENAER, Aranéides de France (faune), p. 60, nº 28.
D. F.   *Ibid.*,   Histoire naturelle des insectes aptères, t. I, p. 127, pl. 11.
    fig. 5 ♂, 6 ♀.
D. F. KOCH, Die arachniden, t. XIII, p. 24, pl. 437, fig. 1073 ♂.

Syn. *Atte fourmi*, LATREILLE, Dict. d'hist. nat., t. XXX, p. 105.
    Attus formicoïdes, WALCKENAER, *loc. cit.*

400. Pyrophora helvetica, KOCH, Suisse.

D. F. KOCH, Die arachniden, t. XIII, p. 26, pl. 437, fig. 1094 ♂ et 1095 ♀.

401. Pyrophora siciliensis.

D. F. KOCH, Die arachniden, t. XIII, p. 28, pl. 437, fig. 1096 ♂.

402. Pyrophora tyrolienis.

D. F. KOCH, Die arachniden, t. XIII, p. 29, pl. 437, fig. 1097 ♂ et 1098 ♂ Jⁿᵉ.

VIIe Famille. LYCOSIFORMES.

47e Genre. **TROCHOSIA**, Koch.

403. Arctosa singoriensis, Laxmann, Grèce, Chypre.

D. F. Hahn, Die arachniden, t. I, p. 98, pl. 24. fig. 74.
D. F. Koch, Die arachniden, t. V, fig. 406.

Syn. *Lycosa tarentula*, Hahn, Monog. der arach., 1822.
  Lycosa Latreilli, Hahn, Die arachniden, t. I.
   Ibid.,   Koch, *loc. cit.*
  Lycosa tarentuloïdes singoriensis, Walcken., Apt., t. I, p. 287.
  Arctosa Latreilli, Koch, Übers. Der. arach, 1850, p. 32.

404. Arctosa vultuosa, Koch, Grèce.

D. F. Koch. Die arachniden, t. V, p. 102. pl. 171, fig. 407 ♂ et 408 ♀.

405. Arctosa hellenica, Koch, Grèce.

D. F. Koch, Die arachniden, t. V, p. 102, pl. 172, fig. 409 ♀.

Syn. *Arctosa cingara*, Koch, *loc. cit.*, t. XIV, p. 129, fig. 1361 (♀ var.).

406. Arctosa liguriensis, Walckenaer, Italie.

D. Walckenaer, Histoire naturelle des insectes aptères, p. 288.

Syn. *Lycosa tarentuloïdes liguriensis*, *ibid.*

407. Arctosa allodroma, Walckenaer, Europe méridionale.

D. F. Walckenaer, Aranéides de France, p. 15, pl. 2, fig. 6.
D. Blackwall, Trans. of the Linnean Society, vol. XVIII, p. 615.
D. F. Koch, Die arachniden, t. V, p. 106, fig. 410 ♂ et 411 ♀.

Syn. *Lycosa picta*, Hahn, Arach., t. I, p. 106, pl. 17, fig. 79.
  Lycosa allodroma, Walckenaer, *loc. cit.* — Apt., p. 330.
  Arctosa variana, Koch, t. XIV, pl. 88, fig. 1359 ♀ (var).
  Lycosa cambrica, Blackwall, *loc. cit.*

408. Arctosa perita, Walckenaer, France, Allemagne.

D. Walckenaer, Aranéides de France, p. 25.
D. Latreille. Bulletin de la Société philomatique, t. I, p. 170.
D. F. Koch, Die arachniden, t. V, pl. 172, fig. 412.

Syn. *Lycosa perita*, Walckenaer, *loc. cit.* — *Ibid*. Apt., p. 318.
  Arctosa amylacea, Koch, *loc. cit.*

409. Arctosa cinerea, Sundevall, Europe.

D. Sundevall, Svin. spind., p. 190. 1832.
D. F. Koch, Arachniden, t. XIV, p. 88, fig. 1358 ♂, 1360 ♀.

Syn. *Lycosa lynx*, Hahn, Die arachniden, t. II, p. 3, fig. 104.
    Lycosa allodroma (var.), Walckenaer, Apt., t. I, p. 330.
    Lycosa farinosa, Koch, Arachn., t. XIV, p. 127, fig. 1360.

410. Arctosa picta, Koch, Europe.

D. F. Koch, Die arachniden, t. XIV, p. 130, fig. 1362 ♂ et 1363 ♀.

Syn. *Arctosa lynx*, Koch, *loc. cit.*, p. 133, fig. 1364 ♀ (var.).

411. Trochosa umbraticola, Koch, Grèce.

D. F. Koch, Die arachniden, t. XIV, p. 137, fig. 1368 ♀.

412. Trochosa agretyca, Walckenaer, Europe.

D. Walckenaer, Aptères, t. I, p. 308, n° 17;
D.   *Ibid.*,   Aranéides de France, p. 18, n° 5.
D. F. Koch, Arachniden, t. XIV, fig. 1371, 1374 ♂, 1372, 1373 ♀.

Syn. *Lycosa agretyca*, Walckenaer, *loc. cit.*
    Lycosa trabalis, Sundevall, Sv. spend. 1832, p. 182, n° 8.
    Trochosa trabalis, Koch, Arachniden, t. XIV, p. 141.
    Trochosa intrica,   *Ibid.*, p. 136, fig. 1367 (♀ var.).

413. Trochosa ruricola, DE Geer, Europe.

D. Latreille, Gen. crust. et ins., t. I, p. 120, n° 2.
D. F. Koch, *loc. cit.*, pl. 591, fig. 1369 ♂ et 1370 ♀.

Syn. *Lycosa ruricola*, Sundevall, Sv. spind. 1832, p. 192.
    Lycosa agretyca, Walckenaer, Apt., p. 308.
    Lycosa lapidicola, Hahn, Monog. der spin., t. I, fig. B.
    Lycosa alpina,   *Ibid.*, Arachniden, t. II, p. 57, fig. 146.

48e *Genre*. **LYCOSA**, Latreille.

414. Tarentula apuliæ, Aldrovande, Italie, Espagne.

D. F. Walckenaer, Histoire naturelle des insectes aptères, t. I, p. 281, pl. 7,
    ♀ fig. 3^d en dessus, 3e en dessous.
D. F. Koch, Die arachniden, t. V, p. 112, pl. 174, fig. 413 ♂.
D. F. Hahn, Die arachniden, t. I, pl. 23, fig. 73 ♀.
F. Guérin, Iconographie du règne animal, Arachnides, pl. 1, fig. 6.

Syn. *Lycosa fascii ventris*, L. Dufour, Ann. des sc. nat., 1835, p. 101.

415. Tarentula narbonensis, Walckenaer, France (midi).

D. F. Walckenaer, Aranéides de France, p. 12, pl. 1, fig. 1 ♀, f. 2 ♂.
F.   *Ibid.*,   Histoire des Aptères, pl. 8, fig. 1 ♀.
D. F. Koch, Die arachniden, t. XIV, p. 145, pl. 493, fig. 1275.
F. Dufour, Annales des sciences naturelles, 1835, t. III, pl. 5, fig. 1.

Syn. *Lycosa tarentula hispanica*, Walckenaer, Aptères, t. I, p. 2
    (var.).
    Lycosa melanogaster, Latreille, Nouv. dictionn. d'hist. nat.,
    t. XVIII, p. 291.

Lycosa melanogaster, Hahn, Die arachniden, t. I, p. 102.

416. Tarentula prægrandis, Hahn, Grèce.

D. Brullé, Expédition scientifique de Morée, t. I, part. zool., 1832, p. 9.
D. F. Koch, Die arachniden, t. III, p. 22, fig. 180.
   Ibid.,   t. V, p. 114, pl. 173, fig. 414 ♀.
Syn. *Lycose tarentule*, Brullé, *loc. cit.*
  Lycosa tarentula hellenica, Walckenaer, Aptères, t. I, p. 283.

417. Tarentula rubiginosa (espèce douteuse), Koch, Italie.

D. F. Koch, Die arachniden, t. V, p. 121, fig. 416 ♀.

418. Tarentula grisea, Koch, Grèce.

D. F. Koch, Die arachniden, t. XIV, p. 161, pl. 497, fig. 1386 ♀.

419. Tarentula famelica, Koch, Grèce.

D. F. Koch, Die arachniden, t. V, p. 123, fig. 417 ♀.

420. Tarentula tarentulina, Savigny, France (midi).

D. Walckenaer, Aptères, t. I, p. 304.
D. F. Savigny, Aranéides d'Égypte, pl. 4, fig. 2.
F. Dugès, dans Cuvier, Arach., pl. 13, fig. 2.
D. F. Koch, Die arachniden, t. XIV, p. 163, pl. 492, fig. 1387 ♂ et 1388 ♀.
Syn. *Lycosa radiata*, Latreille, Genera crust. et ins., p. 120.
  Lycosa aculeata, Sundevall, Svin. spind., p. 188, n° 15.
  Lycosa maculata, Hahn, Monog. der. arachn., p. 3, pl. 33.
  Lycosa inquilina, Koch, *loc. cit.*

421. Tarentula captans (?), Walckenaer, Europe (midi).

D. Walckenaer, Histoire naturelle des insectes aptères, t 1, p. 306, n° 13.

422. Tarentula fabrilis, Clerck, Europe.

D. F. Walckenaer, Aranéides de France (faune), p. 17, pl. 2, fig. 5.
D. F. Koch, Arachniden, t. XIV, p. 168, pl. 498, fig. 1389, 1391 ♂, 1392, 1393 ♀.
Syn. *Lycosa sabulata*, Hahn, Arach., t. I, p. 16, pl. 5, fig. 13.
  Lycosa lugubris, *ibid.*, etc.

423. Tarentula vorax, Walckenaer, Europe.

D. Walckenaer, Aranéides de France, p. 22.
F. Koch, dans Schæffer, Icon. ins., t. II, fig. 6.
D. F. Koch, Arachniden, t. XIV, p. 173, pl. 499, fig. 1393 ♂ et 1394 ♀.
Syn. *Aranea pulverulenta*, Clerck, Aran. suec., p. 93.
  Lycosa arenaria,— *L. bifasciata*,— *L. pulverulenta*, Koch, dans
   Schæffer, Deutscht. ins., t. XVII et XVIII.
  Lycosa flava lineata, Latreille, Nouv. dict. d'hist. nat.

424. Tarentula sagittata, Koch, Grèce.

D. F. Koch, Die arachniden, t. XIV, p. 177, fig. 1395.
D. F. Lucas, Exploration scientifique de l'Algérie, Aran., p. 114, pl. 3, fig. 5.

Syn. *Lycosa numida*, Lucas, *loc. cit.*

425. Tarentula trucidatoria, Walckenaer, Europe.

D. Walckenaer, Histoire naturelle des insectes aptères, p. 311, n° 19.
D. F. Savigny, Histoire de l'Égypte, Arachn., p. 147, pl. 4, fig. 6.
D. F. Koch, Die arachniden, t. XIV, p. 178, pl. 500, fig. 1396 ♂ et 1397 ♀.

Syn. *Lycosa agretyca*, Savigny, *loc. cit.*
Lycosa tœniata, Koch, *loc. cit.*

426. Tarentula velox, Walckenaer, Europe.

D. F. Walckenaer, Aranéides de France, p. 24, pl. 3, fig. 4;
D. *Ibid.*,   Aptères, t. 1, p. 319.
D. F. Savigny, Arachnides d'Égypte, p. 147, pl. 4, fig. 7.

Syn. *Lycosa cursor*, Hahn, Die arachniden, t. I, p. 17, pl. 5, fig. 14.
Lycosa nilotica, Savigny, *loc. cit.*

427. Tarentula campestris, Walckenaer, Europe.

D. Walckenaer, Aranéides de France, p. 19, n° 6.
D. F. Koch, Die arachniden, t. XIV, p. 196, pl. 503, fig. 1406 ♂, 1407 ♀ et
1408 ♀ var.

Syn. *Lycosa fusca*, Lister, Araneis, tit. 26, p. 73, fig. 26.
Lycosa miniata, Koch, *loc. cit.*

428. Tarentula fuscipes, Koch, Grèce.

D. F. Koch, Arachniden, t. XIV, p. 182, pl. 500, fig. 1398.

429. Tarentula graminicola, Walckenaer, Europe.

D. Walckenaer, Aranéides de France, p. 21, n° 8.
D. F. Koch, Die arachniden, t. XIV, p. 183, pl. 501, fig. 1399 ♂ et 1400 ♀.

Syn. *Araneus cuneatus*, Clerck, Aran. suec., p. 99, n° 10, pl. 4.
Lycosa vorax, Hahn, Die arachniden, t. I, p. 105, pl. 26, fig. 78.
Lycosa cuneata, Sundevall, Svin. spindl. (ac. Reg. sc. Holm.,
1832), p. 187, n° 14.
Lycosa cuneata, Koch, *loc. cit.*

430. Tarentula gasteinensis, Koch, Allemagne.

D. F. Koch, Die arachniden, t. XIV, p. 187, pl. 501, fig. 1401 ♂ et 1402 ♀.

431. Tarentula armillata, Walckenaer, Europe.

D. Walckenaer, Histoire naturelle des insectes aptères, t. I, p. 317.
D. F. Koch, Die arachniden, t. XIV, p. 190, pl 502, fig. 1403 ♂ et 1404 ♀.

Syn. *Lycosa clavipes*, Koch, dans Schæff., p. 122.; — *ibid.*, Arachn.,
t. XIV.
Lycosa cuneata, Sundevall, Svins. spindl. (1832), p. 187,
n° 14 ♀.
Lycosa barlipes, Sundevall, *loc. cit.*, p. 184, n° 11 ? ♂

432. Tarentula nivalis, Clerck, Europe.

D. F. Koch, Die arachniden, t. XIV, p. 199, p. 199, pl. 504, fig. 1410.
D. F. Lucas, Exploration scientifique de l'Algérie, Arachn., p. 119, pl. 3, fig. 9.

Syn. *Lycosa gracilenta*, Lucas, *loc. cit.*
  Lycosa borealis, Sundevall (ac. Reg. sc. Holm.), p. 180,
  n° 6 ♀ (1832).

433. Tarentula andrenivora, Walckenaer, Europe.

  D. F. Walckenaer, Aranéides de France (faune), p. 23, n° 10, pl. 2, fig. 2 et 3.
  D. F. Koch, Die arachniden, t. XIV, p. 194, pl. 502, fig. 1405.
  D. F. Lucas, Exploration scientifique de l'Algérie, p. 113, pl. 3, fig. 3.

  Syn. *Lycosa alpica*, Koch, *loc. cit.*
  Lycose entrecoupée, Latr., Nouveau dictionnaire d'histoire natu-
    relle, t. XVIII, p. 295.
  Lycosa albo-fasciata, Brullé, Expédition sc. de Morée (articulés),
    pl. 28, fig. 7.
  Lycosa valida, Lucas, *loc. cit.*

433 *bis*. Tarentula albostriata, Grube.

  D. Grube, Bulletin de l'académie des sciences de Saint-Pétersbourg, 1861.

434. Leimonia paludicola, Clerck, Europe.

  D. Walckenaer, Aranéides de France, p. 26, n° 15.
  D. F. Koch, Arachniden, t. XIV, p. 10. fig. 1421 ♂ et 1422 ♀.

  Syn. *Aranea palustris*, Muller, Fn. ins. Friedl., p. 94, n° 844.
  Aranea littoralis, de Geer, Mémoires, t. VII, p. 111.
  Lycosa obscura, Blackwall, Trans. of. the linn. soc., t. XVIII,
    p. 611, n° 4.

435. Leimonia nigra, Koch, Allemagne.

  D. F. Koch, Die arachniden, t. XIV, p. 13, fig. 1423 ♂ et 1424 ♀.

  Syn. *Lycosa audax*, Walckenaer, Apt., t. I, p. 335, n° 50.

436. Leimonia pallida, Walckenaer, Europe.

  D. Walckenaer, Aranéides de France (faune), p. 29, n° 4.
  F. Hahn, Monog. 3 heft., pl. 3, fig. 2.
  D. F. Koch, Arachniden, t. XV, p. 19, pl. 509, fig. 1427 ♀.

  Syn. *Lycosa Wagleri*, Hahn, *loc. cit.*
    Ibid.   Koch, *loc. cit.*
  Lycosa littoralis, Walck., *loc. cit.*

437: Leimonia blanda, Koch, Tyrol.

  D. F. Koch, Die arachniden, t. XV, p. 21, pl. 510, fig. 1428 ♂, 1429 ♀ et 1430 var.

438. Leimonia riparia, Koch, Grèce.

  D. F. Koch, Die arachniden, t. XV, p. 29, pl. 512, fig. 1435 ♂ et 1436 ♀.

439. Leimonia fulvolineata, Lucas, Grèce.

  D. F. Lucas, Exploration scientifique de l'Algérie, p. 114, pl. 3, fig. 4.

Syn. *Lycosa invenusta*, Koch, Arachn., t. XV, p. 27, fig. 1434 ♀.

440. **Leimonia fumigata,** Linné, Europe.

D. F. Koch, Die arachniden, t. XV, p. 16, pl. 509, fig. 1425 ♂ et 1426 ♀.

Syn. *Lycosa fumigata*, Walckenaer, Hist. apt., t. I, p. 334.
Lycosa paludicola, Sundevall, Sv. spind. (Ac. sc. Holm.). p. 179.
Lycosa latitans, Blackwall, Trans. lin. soc., t. XIII.

441. **Leimonia solers**, Walckenaer, Europe.

D. Walckenaer, Histoire naturelle des insectes aptères, t. I, p. 319.
D. F. Koch, Die arachniden, t. XV, p. 25, pl, 511, fig. 1432.

Syn. *Lycosa lignaria*, Sundevall, *loc. cit.*, p. 174, n° 1.
Lycosa pullata, Koch, *loc. cit.*

442. **Leimonia atomaria**, Koch, Grèce.

D. F. Koch, Die arachniden, t. XV, p. 31, pl. 512, fig. 1437.

443. **Lycosa saccata**, Linné, Europe.

D. Walckenaer, Aranéides de France (faune), p. 27, n° 16.
D. Latreille, Genera crust. et insect., t. I, n° 3.
D. F. Hahn, Arachniden, t. I, p.108, fig. 81.
D. F. Koch, Die arachniden, t. XV, p. 51, pl. 517, fig. 1451 ♂ et 1452 ♀.

Syn. *Aranea Lyonetti*, Scopoli carniol.
Araneus amentatus, Clerck, Ar. suec., p. 96, n° 8, pl. 4.
Aranea niger, Lister, De araneis, p. 77.

444. **Lycosa alacris**, Koch, Europe.

D. F. Koch, Die arachniden, t. XIV, p. 39, pl. 514, fig. 1443 ♂ et 1444 ♀.
D. Walckenaer, Aranéides de France, p. 24, n° 13.

Syn. *Lycosa sylvicola*, Sundevall (ac. Reg. sc. Holm., 1832), p. 176,
n° 3.
Lycosa lugubris, Walckenaer, *loc. cit.*
Ibid., Hist. des aptères, t. I, p. 829.

445. **Lycosa arenaria**, Savigny, Égypte, Grèce.

D. F. Savigny, Arachnides d'Égypte, p. 1, pl. 4, fig. 3.
D. F. Koch, Die arachniden, t. XV, p. 53, pl. 517, fig. 1453 ♂ et 1454 ♀.

Syn. *Lycosa proxima*, Koch, *loc. cit.*

446. **Lycosa monticola**, Sundevall, Europe.

D. Walckenaer, Histoire des insectes aptères, p. 327 et 328, n°s 38 et 39.
D. F. Koch, Die arachniden, t. XV, p. 42, pl. 515 et 516.

Syn. *Aranea dorsalis*, Fabr., Ent. syst., t. II, p. 421.
Ibid., Schranck, Fau. boica.

Lycosa saccigera, WALCKENAER, *loc. cit.*, p. 327 (variété).
Lycosa arenaria, KOCH, *loc. cit.*, p. 36, pl. 14, fig. 1441 ♂, 1442 ♀.

447. Lycosa agilis, WALCKENAER, Europe.

D. F. WALCKENAER, Aranéides de France (faune), p. 23, n° 11, pl. 3, fig. 6.

Syn. *Lycosa alpina*, HAHN, Die arachniden, t. II, p. 55, pl. 63.
Lycosa cursoria, KOCH, Die arachniden, t. XV, p. 49, pl. 516, fig. 1450 ♀.

448. Lycosa striatipes, KOCH, Allemagne.

D. F. KOCH, Die arachniden, t. XV, p. 32, pl. 513, fig. 1439 ♀.

449. Lycosa bifasciata, KOCH, Allemagne.

D. F. KOCH, *loc. cit.*, t. XV, p. 34, pl. 13, fig. 1439 ♂ et 1440 ♀.

450. Potamia piratica, CLERCK, Europe.

D. WALCKENAER, Aranéides de France, p. 30, n° 18.
D. F. KOCH, Die arachniden, t. XV, p. 1, pl. 505, fig. 1413 ♂ et 1414 ♀.

Syn. *Aranea palustris*, LINNÉ, Fa. suec. — Fabr. Ent. syst. — Schranck. Fauna boica.

451. Potamia piscatoria, CLERCK, Europe.

D. F. KOCH, Die arachniden, t. XV, p. 6, pl. 506, fig. 1417 à 1419.
D. WALCKENAER, Histoire des insectes aptères, t. I, p. 311.

Syn. *Lycosa accentuata*, LATREILLE, Nouv. dict. d'hist. nat., t. XVIII.
Ibid.,   WALCKENAER, *loc. cit.*

452. Potamia palustris, KOCH, Europe.

D. F. KOCH, *loc. cit.*, t. XV, p. 4, pl. 505, fig. 1415 ♂ et 1416 ♀.

Syn. *Lycosa albipunctata*, WALCKENAER, t. II, p. 453 (suppl.).

453. Potamia sericea, KOCH, Allemagne.

D. F. KOCH, *loc. cit.*, t. XV, p. 8, pl. 507, fig. 1420.

<h2 style="text-align:center">49e Genre. LYCOSINA, E. Simon.</h2>

454. Lycosina albimana, WALCKENAER, Europe.

D. WALCKENAER, Aranéides de France, p. 31.
D. *Ibid.*, Histoire des insectes aptères, p. 341.
D. F. KOCH, *loc. cit.*, t. XIV, p. 202, pl. 504, fig. 1411 ♂ et 1412 ♀.

Syn. *Lycosa albimana*, WALCKENAER, *loc. cit.*
Ibid.,   KOCH, *loc. cit.*
Aulonia albimana, KOCH, Ubersicht des Arachnidensystems, 1850, p. 34, n° 1.
Aulonia albimana, SIEMASCHKO, Horac societ. entom. Rossicae, 1861.

50ᵉ *Genre*. **ZORA** , Koch.

455. Zora lycæna, WALCKENAER, Europe.

> D. WALCKENAER, Histoire des insectes aptères, t. I, p. 348, n° 5.
> F. DUFOUR, Annales des sciences naturelles, t. XXII, pl. 11, fig. 1.
> D. F. KOCH, Die arachniden, t. XIV, p. 102, fig. 1343 ♂ et 1344 ♀.

> Syn. *Dolomedes errans*, L. DUFOUR, *loc. cit.*
> *Dolomedes lycæna*, WALCKENAER, *loc. cit.*
> *Dolomedes hippomene*, SAVIGNY, Arachn. d'Égypte, p. 148, pl. 4,
> fig. 9.
> *Lycæna spinimana*, SUNDEVALL, Conspectus arachnidum, p. 266,
> n° 1.
> *Zora spinimana*, KOCH, *loc. cit.*

456. Zora spinimana, L. DUFOUR, Europe méridionale.

> D. WALCKENAER, Histoire des insectes aptères, t. I, p. 455.
> D. F. DUFOUR, Annales des sciences physiques, t. V, p. 50, pl. 76, fig. 3.
> D. F. KOCH, Die arachniden, t. XIV, p. 105, fig. 1345 ♀.

> Syn. *Dolomedes spinimana*, L. DUFOUR, *loc. cit.*
> *Dolomedes Dufourii*, WALCKENAER, *loc. cit.*
> *Dolomedes ocreatus*, KOCH, dans Wagner un Regens Alg.
> *Zora ocreata*, KOCH, Die arachniden, t. XIV, p. 105.
> *Lycosa ocreata*, LUCAS, Exploration scientifique de l'Algérie,
> p. 107, n° 21.

51ᵉ *Genre*. **DOLOMEDES** , Walckenaer.

457. Dolomedes fimbriata, CLERCK, Europe.

> D. WALCKENAER, Aranéides de France, p. 33.
> D.   *Ibid.*,   Histoire naturelle des insectes aptères, t. I, p. 345.
> D. F. KOCH, Die arachniden, t. I, p. 14, fig. 10.

> Syn. *Araneus fimbriatus*, CLERCK, Aran. suec., p. 106, n° 18, pl. 5,
> fig. 9.
> *Araneus plantarius*, CLERCK, Aran. suec., p. 105, n° 17, pl. 5,
> fig. 8.
> *Araneus undatus*, CLERCK, Aran. suec., p. 100, n° 11, pl. 5, fig. 1.
> *Aranea fimbriata*, MULLER, Faun. ins. Fried., p. 94, n° 843.
> *Ibid.*   FABRICIUS, Ent. syst., t. II, p. 421, n° 53.
> *Ibid.*   LINNÉ, Syst. naturæ, t. II, p. 1033, n° 23.
> *Aranea virescens*, LINNÉ,   *ibid.*,   t. II, p. 1036, n° 42.
> *Aranea fimbriata*, SCHRANCK, En. ins., p. 528. — Fauna boica,
> t. III, p. 237.
> *Aranea paludosa*, DE GEER, Mémoires pour servir à l'histoire
> des insectes, t. VII, p. 118, n° 23.

Aranea marginata, DE GEER, *ibid.*, p. 114, n° 24, tab. 16.
Aranea punctata, SCHRANCK, Fauna boïca, p. 237, n° 2741.
Dolomedes fimbriatus, WALCKENAER, Tableau des aranéides, p. 16, n° 2.
Dolomedes limbatus, HAHN, Die arachniden, t. I, p. 15, fig. 11.
Dolomedes marginatus, HAHN,   *ibid.*,   t. I, p. 15, fig. 12.
Dolomedes riparius, HAHN,   *ibid.*,   t. II, p. 59, fig. 148.
Dolomedes plantarius, HAHN,   *ibid.*,   t. II, p. 60, fig. 149.
Dolomedes marginatus, WALCKENAER, Histoire des insectes aptères, t. I, p. 345, n° 1.
Dolomedes plantarius, WALCKENAER, *ibid.*, t. I, p. 353, n° 7.

52ᵉ *Genre*. **CTENUS**, Walckenaer.

458. Ctenus oudinotii, WALCKENAER, France.

D. F. WALCKENAER, Histoire des insectes aptères, t. I, p. 368, pl. 11, fig. 4³.

53ᵉ *Genre*. **OCYALA**, Sundevall.

459. Ocyala mirabilis, CLERCK, Europe.

D. F. WALCKENAER, Aranéides de France, p. 34, n° 3, pl. 4, fig. 1.
D. F. KOCH, Die arachniden, t. XIV, p. 107, fig. 1346.
F. Dugès dans Cuvier, Arachn., pl. 13, fig. 1.

Syn. *Aranea mirabilis*, CLERCK, Aran. suec., p. 108, spec. 19, pl. 5, fig. 10.
Aranea rufo-fasciata, DE GEER, Mémoires, t. VII, p. 269, n° 21, pl. 16, fig. 1 à 8.
Aranea rufo-fasciata, SCHÆFFER, Icon. ins. Ratisb., pl. 185, fig. 5.
Dolomedes mirabilis, HAHN, Die arachniden, t. II, p. 35, fig. 120.
    Ibid.   WALCKENAER, *loc. cit.* — Hist. des aptères, t. I, p. 356, n° 9.
    Ibid.   SCHRANCK, Fauna boïca, t. III, p. 236, n° 2738.
Ocyala rufo-fasciata, KOCH, *loc. cit.*, t. XIV, p. 110, fig. 1347 ?

460. Ocyala murina, KOCH, Grèce.

D. F. KOCH, Die arachniden, t. XIV, p. 111, fig. 1348.

54ᵉ *Genre*. **OXYOPES**, Latreille.

461. Oxyopes variegata, LATREILLE, Europe méridionale.

D. WALCKENAER, Aranéides de France (faune franç.) t. I, p. 36, n° 1.

D. F. Hahn, Die arachniden, t. II, p. 36, fig. 121.
D. F. Koch, Die arachniden, t. V, p. 95, fig. 403.

Syn. *Sphasus heterophalmus*, Walckenaer, *loc. cit.* — Histoire des
   aptères, t. I, p. 373, n° 1.
   Sphasus variegatus, Koch, *loc. cit.*

462. **Oxyopes italica**, Walckenaer, Italie.

D. Walckenaer, Aranéides de France, p. 37.
F. Dugès, dans Cuvier (atlas), pl. 12, fig. 6.

Syn. *Sphasus transalpinus*, Walckenaer, *loc. cit.*
   Sphasus italicus, Walckenaer, Histoire des insectes aptères, t. I,
      p. 374, n° 2, pl. 11, fig. 2ᵈ.
   Sphasus gentilis, Kock, Die arachniden, t. V, p. 97, fig. 404.
   Oxyopes transalpinus, Dugès, *loc. cit.*

463. **Oxyopes lineata**, Walckenaer, France méridionale.

D. Walckenaer, Aranéides de France, p. 37, n° 2.
D. F. Koch, Die arachniden, t. III, p. 12, pl. 77, fig. 171 ♂ et 172 ♀.

Syn. *Sphasus lineatus.* — Koch, *loc. cit.* — Walckenaer, *loc. cit.* —
   Ibid., Aptères, p. 375, n° 3.
   Sphasus lineatus, Lucas, Explor. sc. de l'Algérie, p. 132, n° 58.
   Oxyopes variegatus, Latreille, Gen. crust. et insect., t. I,
      p. 117, n° 2.

VIIIᵉ Famille. THOMISIFORMES.

55ᵉ *Genre.* **SPARASSA**, Walckenaer.

464. **Sparassa smaragdula**, Fabricius, Europe.

D. F. Walckenaer, Aranéides de France (faune française), p. 101, n° 1, pl. 7,
      fig. 4.
F. Dugès, dans Cuvier (atlas), pl. 11, fig. 4.
D. F. Koch, Die arachniden, t. XII, p. 87, fig. 1019.

Syn. ♀ *Araneus virescens*, Clerck, Aran. suec., p. 158, pl. 6, tab. 4.
   ♀ *Araignée toute verte*, de Geer, Mémoires, t. VII, p. 252, pl. 18,
      fig. 6 à 16.
   ♀ *Aranea smaragdina*, Fabricius, Ent. syst., t. II, p. 412, n° 18.
   ♀ *Araneus roseus*, Clerck, Aran. suec., p. 237, n° 6, pl. 6, fig. 7.
   ♂ *Sparassus roseus*, Walckenaer, Faune française, Aran.,
      p. 103, n° 1, pl. 7, fig. 3.
   Micrommata smaragdula, Latreille, *loc. cit.*
   Micrommata smaragdula, Dugès, *loc. cit.*

Micrommata smaragdula, HAHN, Die arachniden, t. I, p. 119, pl. 33, fig. 8 A.
Sparassus virescens, KOCH, *loc. cit.*

465. Sparassa ornata, WALCKENAER, France.

D. WALCKENAER, Aranéides de France (faune française), p. 106, n° 2, pl. 7, fig. 2.
D. SUNDEVALL, Svin. spindl. (ac. Reg. sc. Holm. 1832), p. 271.
D. F. KOCH, Die arachniden, t. XII, p. 90, fig. 1021.

466. Sparassa ligurina, KOCH, Grèce.

D. F. KOCH, Die arachniden, t. XII, p. 89, fig. 1020.

467. Sparassa argelasii, L. DUFOUR, Europe méridionale.

D. DUFOUR, Observations sur quelques aranéides (Annales des sciences physiques, t. VI), p. 306.
D. F. WALCKENAER, Aranéides de France (faune française), p. 108, n° 3, pl. 7, fig. 191 ♂.

Syn. *Micrommata argelasi*, DUFOUR, *loc. cit.*
Philodromus Linnei, SAVIGNY, Égypte, Arachnides, p. 160, pl. 6, fig. 2.
Ocypetes tersa, KOCH, Die arachniden, t. XII, p. 39, pl. 406, fig. 980 ♂, 981 ♀.

468. Sparassa spinica, L. DUFOUR, Europe méridionale.

D. F. DUFOUR. Annales des sciences physiques, 1831, p. 7, n° 3, pl. 10, fig. 3.
D. WALCKENAER, Histoire des insectes aptères, t. I, p. 586, n° 6.

Syn. *Micrommata spinica*, L. DUFOUR, *loc. cit.*
Ocypetes tersa (variété), KOCH, Die arachniden, t. IV, p. 83, pl. 132, fig. 305 ♀.

56° *Genre.* **THANATA**, Koch.

469. Thanata parallela, KOCH, Grèce.

D. F. KOCH, Die arachniden, t. IV, p. 87, pl. 132, fig. 307 ♀.
(Peut-être le même que le *ctenus oudinotii* de Walckenaer, n° 457.)

470. Thanata rhombifera, WALCKENAER, Europe.

D. F. WALCKENAER, Aranéides de France (faune française), p. 95, pl. 6, fig. 8.
F. DUGÈS, dans Cuvier (atlas, *Arachn.*), pl. 12, fig. 3.

Syn. *Araneus formicinus*, CLERCK, Aran. suec., p. 134, pl. 6, tab. 2.
Thomisus rhomboicus, HAHN, Die arachniden, t. I, p. 111, pl. 26, fig. 83.
Thomisus fabricii, SAVIGNY, Égypte, Arachnides, p. 161, pl. 6, fig. 3 ♂.
Philodromus albini, SAVIGNY, Égypte, Arachnides, pl. 6, fig. 4 ♀.
Philodromus rhombiferens, WALCKENAER, *loc. cit.*
Ibid., Aptères, t. 1, p. 559, n° 12.

Philodromus formicinus, SUNDEVALL (ac. Reg. sc. Holm., 1831),
p. 229, n° 7.
Thanatus formicinus, KOCH, Ubersicht des arachnidensystems
(1837), p. 28, n° 1; — (1850), p. 40, n° 1.

471. Thanata oblonga, WALCKENAER, Europe.

D. F. WALCKENAER, Aranéides de France, p. 94, n° 7, pl. 6, fig. 9.

Syn. *Thomisus oblongus,* HAHN, Die arachniden, t. I, p. 110, pl. 28,
fig. 82.
Philodromus oblongus, WALCKENAER, *loc. cit.* — *Ibid.,* Histoire
des aptères, t. I, p. 558.
Philodromus trilineatus, SUNDEVALL, Ac. reg. sc. Holm., p. 227,
n° 5.
Thanatus trilineatus, KOCH, Ubersicht des arachnidensystems
(1837), p. 28, n° 2; — *ibid.,* (1850), p. 40, n° 2.

472. Thanata striatus, KOCH, Grèce.

D. F. KOCH, Die arachniden, t. XII, p. 92, fig. 1022 ♀.

57° *Genre.* **EPISINA**, Walckenaer.

473. Episina truncata, WALCKENAER, Europe.

D. F. WALCKENAER, Aptères, t. II, p. 375, pl. 21.
D. F. KOCH, Die Arachniden, t. XI, p. 166, fig. 958.

Syn. *Episina algerica,* LUCAS, Exploration scientifique de l'Algérie,
p. 269, pl. 17.

58° *Genre.* **PHILODROMA**, Latreille.

474. Philodroma cespiticola, WALCKENAER, Europe.

D. WALCKENAER, Aranéides de France (faune française), p. 91, n° 5.
D.   *Ibid.,*   Histoire naturelle des insectes aptères, t. I, p. 555, n° 8.

Syn. *Thomisus histrio,* LATREILLE, Nouv. dict. d'hist. nat. t. XXXIV,
p. 36.
Philodromus fusco-marginatus, SUNDEVALL, Sv. Spindl., p. 224,
n° 2.

475. Philodroma aureola, CLERCK, Europe.

D. WALCKENAER, Aranéides de France (faune française), p. 92, n° 6.
D.   *Ibid.,*   Histoire naturelle des insectes aptères, t. I, p. 556, n° 9.

Syn. *Araneus aureolus,* CLERCK, Aran. suec., p. 133, pl. 6, fig. 9.
Araignée brune bordée, DE GEER, Mémoires, t. VII, p. 301, pl. 18,
fig. 23 et 24.
Thomisus aureolus, DE HAHN, Die arachniden, t. II, p. 57,
fig. 144 ♂, 145 ♀.

476. Philodroma limbata, Sundevall, Europe.

> D. Walckenaer, Aranéides de France (faune française), p, 95, nᵘ 8.
> D. Sundevall, Svins. spindl. (ac. Reg. sc. Holm., 1832), p. 228, n° 6 ♂.
> D. F. Koch, Die arachniden, t. XII, p. 85, pl. 416, fig. 1017 ♂ et 1018 ♀,

477. Philodroma rufa, Walckenaer, France.

> D. Walckenaer, Aranéides de France, p, 91.
> D. *Ibid.*, Histoire des insectes aptères, t. I, p. 555.

59ᵉ *Genre*. **OLIOS**, Walckenaer.

478. Olios spongi-tarsis, Léon Dufour, Espagne.

> D. F. Dufour, Annales générales des sciences physiques, t. VI, p. 12, pl. 69,
> fig. 6.
> D. Walckenaer, Histoire naturelle des insectes aptères, t. I, p. 574, n° 14.

> Syn. *Micrommata spongi-tarsi*, L. Dufour, *loc. cit.*

60ᵉ *Genre*. **ARTAMA**, Koch.

479. Artama tigrina, Walckenaer, France.

> D. Walckenaer, Aranéides de France (faune française), p. 87, n° 1.

> Syn. *Aranea lœvipes*, Linné, Fauna succica, p. 2025.
> *Philodromus tigrinus*, Walckenaer, *loc. cit.*
> *Ibid.*, Aptères, t. I, p. 551, n° 1.

480. Artama jejuna, Panzer, Europe.

> D. Walckenaer, Aranéides de France (faune française), p. 97, n° 1 *bis*.
> D. F.   *Ibid.*,   Histoire naturelle des insectes aptères, t. I, p. 551, pl. 14,
> fig. 1ᵈ.
> D. F. Koch, Die arachniden, t. XII, p. 83, pl. 415, fig. 1015 ♂ et 1016 ♀.

> Syn. *Araignée tigrée*, de Geer, Mémoires, t. VII, p. 302, pl. 18, fig. 25.
> *Araneus margaritaceus*, Clerck, Aran. suec., p. 130, n° 2, pl. 6,
> fig. 3.
> *Aranea jejuna*, Panzer, Fauna german., p. 83, n° 21.
> *Thomisus lœvipes*, Hahn, Die arachniden, t. I, p. 120, pl. 34,
> fig. 90, B.
> *Philodromus jejunus*, Walckenaer, *loc. cit.*

481. Artama grisea, Hahn, Europe.

> D. Walckenaer, Aranéides de France (faune française), p. 90, n° 3.
> D. F. Koch, Die arachniden, t. XII, p. 8, pl. 415, fig. 1013 ♂ et 1014 ♀.

> Syn. *Philodromus pallidus*, Walckenaer, *loc. cit.*
> *Ibid.*, Aptères, t. I, p. 553.
> *Thomisus griseus*, Hahn, Die arachniden, t. I, p. 121, pl. 34,
> fig. 91.

482. Artama brevipes, WALCKENAER, Europe.

> D. WALCKENAER, Aranéides de France, p. 89, n° 9.

Syn. *Philodromus fallax*, SUNDEVALL, Svins. spindl. (ac. Reg. sc.
Holm.), p. 226, n° 4.

483. Artama corticina, KOCH, Allemagne.

> D. F. KOCH, Die arachniden, t. IV, p. 85, pl. 132, fig. 306 ♀.

61ᵉ *Genre.* **SELENOPS**, L. Dufour.

484. Selenops omalosoma, DUFOUR, Espagne.

> D. F. DUFOUR, Annales générales des sciences physiques (1820), p. 7, pl. 69,
> fig. 4.
> D. WALCKENAER, Histoire naturelle des insectes aptères, t. I, p. 544, pl. 12,
> fig. 5ᵈ.
> F. DUGÈS, dans Cuvier (atlas, *Arachn.*), pl. 12, fig. 1.

62ᵉ *Genre.* **XYSTICA**, Koch.

485. Xystica robusta, HAHN, Europe.

> D. F. HAHN, Die arachniden, t. I, p. 50, pl. 13, fig. 38 AG.
> D. WALCKENAER, Faune française, Aran., p. 72, n° 4.
> D.   *Ibid.*,   Histoire naturelle des insectes aptères, t. I, p. 505, n° 11.

Syn. *Thomisus obscurus*, HAHN, Monog. der spinn., fasc. 7, pl. 4, fig. C.
Thomisus robustus, HAHN, Die arachniden, *loc. cit.*
Thomisus fucatus, WALCKENAER, *loc. cit.*
Aranea fusco-marginata, DE GEER, Mémoires, t. VII, p. 301,
pl. 18, fig. 23 et 24.

486. Xystica marginata, WALCKENAER, France.

> D. WALCKENAER, Aranéides de France (faune française), p. 71, n° 2.
> D.   *Ibid.*,   Histoire naturelle des insectes aptères, t. I, p. 503, n° 7
> (*thomisus*).

487. Xystica bufo, L. DUFOUR, Espagne.

> D. F. DUFOUR, Annales des sciences physiques, t. V, p. 51, pl. 76, fig. 4.
> D. WALCKENAER, Histoire naturelle des insectes aptères, t. I, p. 506, n° 12.

Syn. *Thomisus bufo*, L. DUFOUR, WALCKENAER, *loc. cit.*
Thomisus brevipes, HAHN, Monog. von spinnen, fasc. IV, pl. 3, fig. 6.

488. Xystica cristata, CLERCK, Europe.

> D. WALCKENAER, Aranéides de France, p. 77, n° 9. 1806.
> D.   *Ibid.*,   Histoire naturelle des insectes aptères, t. 1, p. 521, n° 33. 1836.
> D. F. KOCH, Die arachniden, t. VIII, p. 70, pl. 412, fig. 1003 ♂ et 1004 ♀.

Syn. *Aranea viatica*, LINNÉ, Syst. nat., t. II, p. 1036, n° 43.
    Ibid.   MULLER, Fauna ins. Fried., p. 94, n° 842.
    Ibid.   SCHÆFFER, Iconog. ins., t. I, pl. 49, fig. 6.
    Ibid.   SCHRANCK, Fauna boica, t. III, p. 2.
   Aranea liturata, FABRICIUS, Ent. syst., t. II, p. 416, n° 33.
   Aranea viatica,   *ibid.*,   p. 412, n° 20.
   Thomisus ulmi, HAHN, Die arachniden, t. I, p. 38, pl. 10, fig. 30.
   Thomisus pini,   *ibid.*,   t. I, p. 28, pl. 8, fig. 23.
   Araneus cristatus, CLERCK, Aran. suec., p. 136, pl. 6, fig. 6.
   Thomisus cristatus, SUNDEVALL, Svins. spindl. (ac. Reg. sc.
     Holm.), p. 2, n° 217.
   Thomisus cristatus, WALCKENAER, Aranéides de France, p. 77,
     n° 9.
   Thomisus lituratus, WALCKENAER, Aranéides de France, p. 83,
     n° 16.
   Thomisus Clerckii, SAVIGNY, Égypte, Arachn., p. 165, pl. 6,
     fig. 13.
   Thomisus asper, LUCAS, Arachn. des Canaries, p. 32, pl. 7, fig. 1,
   Xysticus viaticus, KOCH, dans H. Schæffer, Deuts. ins., p. 130,
     fig. 13.
   Xysticus mordax, KOCH, dans H. Schæffer, Deuts. ins., p. 130.
     fig. 19 ♂, fig. 20 ♀.
   Xysticus viaticus, KOCH, Die arachniden, t. XII, p. 70, fig. 1003.
   Xysticus bifasciatus,   *ibid.*,   t. IV, p. 59, pl. 125,
     fig 286 ♂, 287 ♀.
   Xysticus græcus, KOCH, Die arachniden, t. IV, p. 65, pl. 124,
     fig. 291 ♀; — t. XII, p. 68, fig. 1002 ♂.

489. Xystica lateralis, HAHN, Allemagne.

  D. F. KOCH, Die arachniden, t. XII, p. 74, fig. 1005 à 1008.

  Syn. *Aranea audax*, SCHRANCK, Fauna boica.
    Xystica audax, KOCH, *loc. cit.*
    Thomisus lateralis, HAHN, Die arachniden, t. I, p. 40, pl. 10,
     fig. 31.
    Xystica cinerea (var.), KOCH, Arach., t. VI, p. 63, pl. 126,
     fig. 290 ♀.

490. Xystica lanio, KOCH, Allemagne (midi).

  D. F. KOCH, Die arachniden, t. XII, p. 77, fig. 1009 ♂, 1010 ♀, 1011 ♀ var.,
    1012 ♀ var.

  Syn. *Thomisus viaticus*, HAHN, Die arachniden, t. I, p. 35, fig. 29.
    Xysticus morio (var.), KOCH, Die arachniden, t. IV, p. 61,
     pl. 125, fig. 289 ♀.

491. Xystica grammica, KOCH, Grèce.

  D. F. KOCH, Die arachniden, t. IV, p. 57, pl. 124, fig. 285 ♀.

492. **Xystica sabulosa**, HAHN, Europe.

> D. F. KOCH, *loc. cit.*, t. IV, p. 64, fig. 999 ♂ et 1000 ♀.
> Syn. *Thomisus sabulosus*, HAHN, Die arachniden, t. I, p. 28, pl. 8,
> fig. 24.

493. **Xystica atomaria**, PANZER, Europe.

> D. WALCKENAER, Aranéides de France (faune), p. 79, n° 10; — *ibid.*, Insectes
> aptères, p. 523.
> Syn. *Aranea atomaria*, PANZER, Fauna germ., fasc. 74, pl. 19.
>> *Thomisus lynceus*, LATREILLE, Gener. ins. crust., t. I, p. 112,
>> spec. 3.
>> *Thomisus similis*, REUSS et WIDER, Museum senckenb., p. 275,
>> pl. 18, fig. 8.
>> *Thomisus Diana*, SAVIG. et AUD., Égypte, Arach., p. 165, pl. 7,
>> fig. 1.
>> *Thomisus horticola*, KOCH, Die arachniden, t. IV, p. 74, fig. 296
>> à 299.

494. **Xystica pratincola**, KOCH, Allemagne.

> D. F. KOCH, Die arachniden, t. IV, p. 77, pl. 130, fig. 300 ♂ et 301 ♀.

495. **Xystica confluens**, KOCH, Grèce.

> D. F. KOCH, Die arachniden, t. XII, p. 67, pl. 412, fig. 1001.

496. **Xystica brevipes**, HAHN, Europe.

> D. F. HAHN, Die arachniden, t. I, p. 30, pl. 8, fig. 25.
> D. WALCKENAER, Histoire naturelle des insectes aptères, t. I, p. 503, n° 8.
> Syn. *Thomisus brevipes*, HAHN, WALCKENAER, *loc. cit.*

497. **Xystica depressa**, KOCH, Grèce.

> D. F. KOCH, Die arachniden, t. IV, p. 67, pl. 126, fig. 292 ♀.

498. **Xystica cuneola**, KOCH, Grèce.

> D. F. KOCH, Die arachniden, t. IV, p. 79, pl. 130, fig. 302.
> Syn. *Thomisus cuneolus*, WALCKENAER. Aptères, t. II, p. 470, supp.

499. **Xystica pilosa**, WALCKENAER, Europe méridionale.

> D. WALCKENAER, Histoire naturelle des insectes aptères, t. I, p. 524, n° 35
> (*thomisus*).
> Syn. *Thomisus Lalandii*, SAVIGNY, Égypte, arachn., p. 165, pl. 6, fig. 12.

500. **Xystica onusta**, WALCKENAER, Europe.

> D. F. WALCKENAER, Aranéides de France, p. 77, pl. 6, fig. 195.
> D.   *Ibid.*,   Histoire naturelle des insectes aptères, t. I, p. 517, n° 23.
> Syn. *Thomisus peronii*, SAVIGNY, Égypte, Arachnides, p. 163, pl. 6,
> fig. 7, fig. 8, var.
> *Thomisus onustus*, WALCKENAER, *loc. cit.*

63e *Genre*. **THOMISA**, Walckenaer.

501. Phlæoides truncata, WALCKENAER, Europe.

D. F. WALCKENAER, Faune française, Aran., p. 75, n° 6, fig. 6.
D. F. HAHN, Monogr. der aran., 3ᵉ fasc., pl. 3, fig. C.

Syn. *Aranea truncata*, PALLAS, Spicilog. zool., p. 47, fas. 9, pl. 1. fig. 15.
Aranea horrida, FABRICIUS, Entomol. syst., p. 411, n° 16.
Ibid.,   SCHÆFFER, Insect. Ratisb., pl. 59, fig. 7.
Thomisus martinii, SAVIGNY, Égypte, Arachn., p. 163, pl. 6, fig. 9.
Thomisus horridus, KOCH, Arachn., t. IV, p. 49, fig. 280.

502. Phlæoides diadema, HAHN, Europe méridionale.

D. WALCKENAER, Faune française, Aranéides, p. 76, n° 7.
D. F. HAHN, Die arachniden, t. I, p. 49, pl. 13, fig. 37.
D. F. KOCH, Die arachniden, t. IV, p. 51, pl. 123, fig. 281 ♂ et 282 ♀.

Syn. *Thomisus abbreviatus*, WALCKENAER, *loc.; cit.*
Ibid., Apt., t. I, p. 516, n° 26.

503. Thomisa citrea, WALCKENAER, Europe.

D. F. WALCKENAER, Faune française, Aranéides, p. 79, fig. 11.
D. F. KOCH, Die arachniden, t. IV, p. 53, pl. 124, fig. 283 ♂ et 284 ♀.
F. DUGÈS, dans Cuvier (atlas), pl. 13, fig. 8.

Syn. *Araignée jaune citron*, DE GEER, Mém. p. s. à l'Hist. nat. d. ins.,
t. VII, p. 298, pl. 17.
Aranea quadrilineata, LINNÉ, Systema naturæ, p. 1032, n° 13.
Aranea calycina, LINNÉ, *ibid.*, p. 1030, n° 4.
Ibid., Fauna suecica, p. 486.
Araneus vatius, CLERCK, Aran. suecica, p. 126, pl. 6, fig. 5.
Aranea scorpioniformis, FABRICIUS, Ent. syst., t II, p. 420, n° 47.
Araignée citron, GEOFFROY, t. II. p. 642, n° 12, pl. 21, fig. 1.
Aranea hasselquistii, SCOPOLI, Ent. carn., n° 1102.
Ibid.,   PANZER, fig. 86, n° 22.
Thomisus calycinus ♀, HAHN, Monog. der. aran., fasc. 6, pl. 1,
fig. B*b*.
Thomisus quadrilineatus ♀, HAHN, Monog. der. aran., fasc. 6,
pl. 1, fig. A*a*.
Thomisus citreus ♀, HAHN, Monog. der aran., fasc. 7, pl. 3.
Thomisus daucii ♂,   *ibid.*,   fasc. 2, pl. 3, fig. C.
Thomisus citreus, HAHN, Die arachniden, t. I, p. 43, pl. 12, fig. 32.
Thomisus dansii   *ibid.*,   t. I, p. 33, pl. 9, fig. 27.
Thomisus ombellicolus, WALCKENAER ♀, Tabl. des aran. (1805),
p. 31, fig. 7 (les yeux).
Thomisus daucii ♀, WALCKENAER, Tabl. des aran. (1805), p. 32.
Thomisus citreus,   *ibid.*,   p. 32.
Thomisus calycinus, KOCH, Die arachniden, *loc. cit.*

504. Thomisa viridis, WALCKENAER, France et Allemagne.

> D. WALCKENAER, Histoire naturelle des insectes aptères, t. I, p. 528, n° 40.

Syn. *Thomisa pratensis*, HAHN, Monogr. der spin., fig. 7, pl. 2.
Thomisa diana, HAHN, Die archniden, t. I, p. 43, pl. 11, fig. 33.

505. Thomisa cerina. KOCH, Hongrie.

> D. F. KOCH, Die arachniden, t. XII, p. 60, pl. 411, fig. 996 ♀.

506. Thomisa lateralis, KOCH, Grèce.

> D. F. KOCH, Die arachniden, t. IV, p. 120, fig. 277 ♀.

507. Thomisa delicatula, WALCKENAER, Europe.

Syn. *Thomisus diana*, WALCKENAER, Faune fran. Aran., p. 72, n° 3,
> pl. 6, fig. 7.
Thomisus delicatulus, WALCKENAER, Faune fran. Aran. p. 82,
> n° 14.
Thomisus tricuspidatus, WALCKENAER, Faune fran. Aran., p. 83,
> n° 15.
Aranea tricuspidata, FABRICIUS, Entomol. syst., p. 414, n° 26.
Araignée mignarde, WALCKENAER, Faune parisienne, t. II, p. 232,
> n° 98 (1800).
Thomisus diana, HAHN, Monog. des Aran., pl. 3, fig. Aa.
Thomisus Hermanii, HAHN,   *ibid.*   pl. 3, fig. Bd.

508. Thomisa dorsata, FABRICIUS, Europe.

> D. WALCKENAER, Faune française, Aranéides, p. 84, fig. 18.
> D. F. HAHN, Monogr. der. Aran., pl. 4, fig. 6.
> D. F. KOCH, Die arachniden, t. XII, p. 56, pl. 410, fig. 991 ♂ et 992 ♀.

Syn. *Aranea dorsalis*, FABRICIUS, Ent. syst., t. II, p. 413, n° 22.
Thomisus floricolus, WALCKENAER, *loc. cit.*

509. Thomisa violacea, WALCKENAER, France.

> D. WALCKENAER, Faune française, Aran., p. 85, n° 19.
> D. *Ibid.*, Apt., t. I, p. 532, n° 47

510. Thomisa capparina, KOCH, Hongrie.

> D. F. KOCH, die Arachniden, t. XII, p. 58, pl. 410, fig. 993 ♂, 994 ♀.

511. Pachyptyla villosa, WALCKENAER, Europe.

> D. WALCKENAER, Faune française, Aran., p. 85, n° 20.
> D.   *Ibid.*,   Histoire naturelle des insectes aptères, t. I, p. 535, n° 54.
> D. LATREILLE, Nouveau dictionnaire d'histoire naturelle, t. XXXIV, p. 41.
> D. F. LUCAS, Exploration scientifique de l'Algérie, p. 192, n° 137, pl. 10, fig. 8.

Syn. *Thomisus Buffonii*, SAVIGNY, Descript. de l'Égypte, t. XXII, p. 397,
> pl. 6, fig. 10.

512. Pachyptyla bilineata, WALCKENAER, France.

> D. WALCKENAER, Aranéides de France (faune), p. 86, n° 22.
> D.   *Ibid.*,   Histoire naturelle des insectes aptères, t. I, p. 537, n° 56.

513. Pachyptyla devia, Koch, Hongrie.

> D. F. Koch, Die arachniden, t. XII, p. 61, pl. 411, fig. 997 ♀.

514. Synema rotundata, Walckenaer, Europe.

> D. F. Walckenaer, Faune française, Aranéides, p. 71, n° 1, pl. 6, fig. 4.
> D.   *Ibid.*,   Histoire naturelle des insectes aptères, t. I, p. 500, n° 1.
> D. F. Savigny, Description de l'Égypte, Arachn., p. 166, pl. 7, fig. 3 et 4.

> Syn. *Aranea globosa*, Fabricius, Ent. syst., t. II, p. 411, n° 15.
> *Aranea irregularis*, Panzer, Fauna insect. Germ., fig. 74, n° 20.
> *Thomisus globosus*, Hahn, Die arachn., t. I, p. 34, pl. 9, fig. 28.

Espèces douteuses : Thomisa fusca, T. coronata, T. arcigera.

> D. Grube, Bulletin de l'académie des sciences de Saint-Pétersbourg, 1861.

64e *Genre*. **OZYPTILA**, E. Simon.

515. Ozyptila claveata, Walckenaer, Europe méridionale.

> D. Walckenaer, Histoire naturelle des insectes aptères, t. I, p. 510, n° 20.

> Syn. *Thomisus hirtus*, Savigny, Descript. de l'Égypte, p. 104, pl. VI,
> fig. 11 ♂, fig. 12 ♀.
> *Ibid.*,   Die arachn., t. IV, p. 42, pl. 120, fig. 275 ♂, 276 ♀.
> *Thomisus hirtus*, Latreille, Dict. d'hist. nat., t. XXXIV. p. 41.

IXe Famille. MYRMÉCIFORMES, e. s.

65e *Genre*. **CHERSIS**, Walckenaer.

516. Chersis gibbulus, L. Dufour, Italie, Espagne.

> D. F. Dufour, Annales des sciences physiques, t. IV, p. 364, pl. 69, fig. 5, *a*, *b*, *c*.
> D. F. Walckenaer, Histoire naturelle des insectes aptères, t. I, p. 390, n° 1,
> pl. 10, fig. 1 et 2.
> F. Lucas, Exploration scientifique de l'Algérie, p. 134, n° 60, pl. 5, fig. 1.

> Syn. *Palpimanus gibbulus*, L. Dufour, Lucas, *loc. cit.*
> *Palpimanus hæmotinus*, Koch, Die arachn., t. III, p. 21, pl. 80,
> fig. 178 ♂, 179 ♀.
> *Platyscelum (genus)* Savigny, Égypte, Arachnides, p. 167, pl. 7,
> fig. 6 et 7.

Il a été découvert dans les grottes souterraines quelques arancides qui sont privées des organes de la vision et qui sont par cela même difficiles à classer avec certitude dans les familles précédentes.

M. Keyserling qui en a fait une révision dans le t. XII des *Recueils de la Société de zoologie et de botanique de Vienne*, en distingue les trois genres suivants, deux seulement sont européens (1) :

Genre **ANTHROBIA**, Wiegmann.

Anthrobia mammouthia, TELLKAMPF, Amérique du Nord.

> WIEGMANN, Archiv., t. X, p. 321, pl. 8.
> KEYSERLING, Verh. zool. bot. Gesell. in Wien., 1862, p. 539.

(Famille des Mygaliformes.)

Genre **STALITA**, Schiödte.

Stalita tænaria, SCHIÖDTE.

> SCHIÖDTE, Fauna subterranea, trans. of the ent. soc. lond., t. I, p. 148.
> KEYSERLING, *loc. cit.*, p. 510, pl. 16.

(Tribu des Ségestriens.)

Genre **HADITES**, Keyserling.

Hadites tegenarioides, KEYSERLING, île Lésina.

> KEYSERLING, *loc. cit.*, p. 542, pl. 16, fig. 2.

(Tribu des Linyphiens.)

---

(1) J'ai fait des recherches à ce sujet dans la grotte de Remouchamps (Belgique); mais je n'y ai trouvé aucune trace d'araignées : ces insectes ne pourraient probablement pas y vivre à cause de l'humidité de ses parois.

FIN DU CATALOGUE.

TABLE MÉTHODIQUE.

ANATOMIE ET PHYSIOLOGIE.

CLASSIFICATION ET DESCRIPTION.

PREMIÈRE FAMILLE.

DEUXIÈME FAMILLE.

TROISIÈME FAMILLE.

QUATRIÈME FAMILLE.

CINQUIÈME FAMILLE.

SIXIÈME FAMILLE.

SEPTIÈME FAMILLE.

HUITIÈME FAMILLE.

NEUVIÈME FAMILLE.

FIN DES TABLES.

ERRATA.

Pag. 4, lig. 11 : et M. Lucas en France, *lisez :* et plus tard M. Lucas en
France.

Pag. 46, lig. 23 : supprimez la *scytoda distincta.*

Pag. 50 : ajoutez à la synonymie : *Laxoscelis*, Templeton ;
ajoutez aux espèces : *omosites celeripes*, nord de l'Afrique.
[Le nom de *celeripes* est de beaucoup antérieur à celui
de *distincta* que M. Lucas donna en 1840 à cette scytode dans son exploration de l'Algérie, aussi ce dernier
doit-il être changé (Voir *Zool. Journal*, t. V)].

Pag. 105, lig. 3 : *lisez* : Synonymie : *Conops*, Templeton, Blackwall.

Pag. 106, lig. 12 : Algérie, *lisez :* France et Algérie.

Pag. 112 : à la synonymie ajoutez : *Corina*, Koch ; *Micaria*, Westring ;
Drassina, Grube ;
à la liste des espèces ajoutez : *Macaria rubripes*, *M. nigricans*, *M. amœna*, *M. memnonia*, *M. cingulata*, *M. tri-
color*, Koch, Mexique, Pensylvanie. (Les quelques belles
espèces américaines dont M. Koch a formé le genre *co-
rine*, et qu'il place à côté des *myrmécies*, appartiennent,
selon moi, au genre *macarie* ; Walckenaer (t. IV, sup.)
pense que ce sont des *sparasses*, mais cette opinion
me parait erronée.)

Pour la correction des espèces européennes dans les familles des drassiformes, des théridiformes et des épéiriformes, consultez le catalogue
synonymique.

Pag. 131 : à la synonymie, *effacez : Ciniflo* et *Cœlotes*, Blackwall,
et *Lucia.*

Pag. 138 : à la synonymie, après *Ciniflo*, ajoutez : *Cœlotes.*

Pag. 157 : après *OEcobius annulipes*, ajoutez :
OE. nigripalpis, L. Dufour, Algérie.

Pag. 159 : à la synonymie ajoutez : *Lucia*, Koch ; aux espèces effacez : *enyo germanica.*

Pag. 162 : 1ʳᵉ Tʀɪʙᴜ, *lisez :* 2ᵉ Tʀɪʙᴜ.

Pag. 162-163, lig. 7 : Sundewal, *lisez :* Sundevall.

Pag. 173, lig. 30 : étrangère à la France, *lisez :* Européenne. (Ni Walckenaer ni Koch n'avaient observé le travail singulier de
cette espèce ; je regrette que la fig. 69 le représente
d'une manière si imparfaite.)

Pag. 178, lig. 14 et 15 : 4ᵉ colonne { Allemagne, } *lisez :* { Pensylvanie.
{ Allemagne, }   { Colombie.

Pag. 186, lig. 1 : Koch, *lisez :* Sundevall.

Pag. 196 : les sous-genres *Walckenaera* et *Nerienea* doivent dis-
paraitre, et leurs espèces être réparties dans les subdivisions précédentes (*Voir* Catalogue, p 471).

Pag. 202 :   ajoutez : *tegenaria annulipes*, Lucas, Nouvelle-Hollande.

Pag. 219 :   à la synonymie ajoutez : *Lycosoïdes*, Lucas (*ex. parte*).

Pag. 220 :   aux espèces ajoutez : *Textrix flavomaculata, T. digitalis, T. rufipes, T. rufithorax.* Lucas, Algérie.

Pag. 229 :   à la synonymie ajoutez : *Manduculus*, Blackwall.

Pag. 231 :   à la synonymie ajoutez : *Nerieneus*, Blackwall.

Pag. 248, lig. 3 : *mettez :* Synonymie : *Eugnatha*, Savigny; *Deinagnatha* White; *heterognatha*, Nicolet.

Pag. 271, lig. 41 : Savigny, *lisez :* Leach.

Pag. 283 :   à la fin de l'alinéa, ajoutez :

L'*argyopes aurelia*, également répandue en Espagne, en Algérie et aux Canaries, ressemble tellement à la néphile fasciée par son facies et les bandes transversales de son dos, que sans la forme très-différente de leurs mâchoires, ces deux espèces pourraient être confondues.

Pag. 311, lig. 18 : des prés, *pratensis, lisez :* des pierres, *petrensis.*

Pag. 315, lig. 7-8 : Neapel, *lisez :* Naples.

Quelques changements sont nécessaires pour les espèces européennes et algériennes, consultez le catalogue, p. 499.

Pag. 425 :   il est fort douteux que les sept espèces nommées par M. Nicolet, soient bien distinctes.

Pag. 455, n° 25, ajoutez à la synonymie : *Micaria* (genus), WESTRING. Aran. succ. desc., 1861.

Pag. 457, n° 35, à la synonymie ajoutez *Hecaerge nemoralis.* BLACKWALL. Ann. of nat. 1860.

Pag. 458, n° 49, ajoutez à la synonymie : *Drassodes* (genus), WESTRING. Aran suec. desc., 1861.

Après le **drassus lapidicolis**, ajoutez : n° 49 *bis :* **D. gracilis**, WESTRING. Aran. suec., 1861. Suède.

49 *ter.* **Drassus ferrugineus**, BLACKWALL. London, 1861. Angleterre.

49 *quater.* **Drassus prælongipes, subniger,** CAMBRIDGE. Ann. of nat., tit. 3. 1861. Erlangen.

Pag. 460, n° 67 *bis.* **Cl. formosa,** BLACKWALL. London, 1861.

Pag. 466, n° 102 : ajoutez à la synonymie : *ther. varians.* KOCH. Arachn., t. XII, p. 134, fig. 1036 à 1838.

Pag. 481, n° 212 *bis* (espèce douteuse). **Hahnia byndmanii,** BLACKWALL. Angleterre, 1861.

N° 212 *ter* (espèce douteuse). **Hahnia suffusca**, CAMBRIDGE. (An. of nat.) Erlangen.

Paris. — Imprimé par E. THUNOT et Ce, rue Racine, 26.

9 782329 346670